高职高专土建施工与规划园林系列『十二五』规划教材

园林植物病虫害防治

主　编　李本鑫　张　璐　王志龙
副主编　李宛泽　周　剑　吴建福　石　娜　马　丽
参　编　邹金环　娄喜艳　孙景梅　何　莉

華中科技大學出版社
http://www.hustp.com
中国·武汉

内容提要

本书是高等职业教育园林类专业系列教材之一，根据工学结合的目标和要求编写。全书以项目作引领，以典型工作过程为导向，将相关知识的学习贯穿在完成工作任务的过程中，通过具体的实施步骤完成预定的工作任务。以园林植物病虫害综合防治技术能力的培养为主线，从园林植物病虫害防治的岗位分析入手，针对绿化市场的需求，结合职业教育的发展趋势，将本书分为三大模块，即园林植物病虫害识别技术、园林植物病虫害综合防治技术和园林植物常发生病虫害防治技术。三大模块下又分为八个项目，即园林植物病害识别技术、园林植物昆虫识别技术、园林植物病虫害调查技术、园林植物病虫害预测预报技术、园林植物病虫害综合治理技术、园林植物常发生病害防治技术、园林植物常发生害虫防治技术和园林杂草与外来生物防治技术。每个项目下又分为若干个工作任务。在理论上重点突出实践技能所需要的理论基础，在实践上突出技能训练与生产实际的"零距离"结合，做到图文并茂，内容翔实。

本书可供高等职业院校园林类、园林工程等专业使用，也可作为观赏园艺专业相关课程的教学参考书，以及植保工、花卉工、绿化工等工种相关内容的培训教材。

图书在版编目(CIP)数据

园林植物病虫害防治/李本鑫，张璐，王志龙主编．—武汉：华中科技大学出版社，2013.5(2024.8 重印)
ISBN 978-7-5609-8986-0

Ⅰ.①园… Ⅱ.①李… ②张… ③王… Ⅲ.①园林植物-病虫害防治-高等职业教育-教材 Ⅳ.①S436.8

中国版本图书馆 CIP 数据核字(2013)第 102711 号

园林植物病虫害防治　　　　李本鑫　张　璐　王志龙　主编

策划编辑：袁　冲
责任编辑：胡凤娇
封面设计：刘　卉
责任校对：何　欢
责任监印：张正林
出版发行：华中科技大学出版社(中国·武汉)　　电话：(027)81321913
　　　　　武汉市东湖新技术开发区华工科技园　　邮编：430223
录　　排：华中科技大学惠友文印中心
印　　刷：武汉邮科印务有限公司
开　　本：787mm×1092mm　1/16
印　　张：16.75
字　　数：434 千字
版　　次：2024 年 8 月第 1 版第 9 次印刷
定　　价：48.00 元

前　　言

随着社会的不断进步，经济的不断发展，人们对生活环境质量的要求越来越高，特别是对园林绿化环境的要求更高。但是园林绿化的主要因素——植物在栽培和养护过程中常常受到各种病、虫、草的为害，这已经成为园林绿化过程中不可忽视的问题。所以，培养既懂得园林植物栽培技术，又懂得园林植物病虫害防治技术的实用型、技术型、应用型的人才是当今园林绿化事业的迫切要求。

“园林植物病虫害防治”是一门专业性、实践性很强的课程，也是园林专业的重要专业课程。本书以培养学生园林植物病虫害防治技术的职业能力为重点，将课程内容与行业岗位需求和实际工作需要相结合，课程设计以学生为主体、能力培养为目标、完成项目任务为载体，体现基于工作过程为导向的课程开发与设计理念。本书根据高等职业教育项目式教学的基本要求，以培养技术应用能力为主线，以必需、够用为原则确定编写大纲和内容。在写法上突出项目和任务实践，图文并茂，内容丰富。

本书的主要特色有如下几个方面。

(1) 每个模块下都有模块说明。各个项目下都有学习内容、教学目标和技能目标，说明完成本项目所要达到的目的。每个工作任务都通过任务驱动式(工作过程导向)的七个具体步骤来实施，即任务提出—任务分析—任务实施的相关专业知识—任务实施—任务考核—思考问题—拓展提高。

(2) 本书从内容到形式上力求体现我国职业教育发展方向，以专业服务和够用为原则，集中反映园林类专业课程体系改革的最新成果。全书贯彻综合防治的理念，使学生学会用生态平衡及综合防治的观念去防治病虫害。

(3) 根据高等职业教育培养高技术、高技能的“双高”人才培养目标和要求，以综合防治技术能力培养为主线，从培养学生对园林植物病虫害会诊断识别、会分析原因、会制订方案、会组织实施的植保“四会”能力出发而编写。

(4) 以园林植物病虫害综合防治技术的主要工作任务来驱动，以园林植物病虫害形态识别技术、园林植物病虫害调查技术、园林植物病虫害综合防治技术的典型工作过程为主线，将相关知识的讲解贯穿在完成工作任务的过程中，通过具体的实施步骤完成预定的工作任务。

(5) 在开放的、汇集、使用各种资源的平台上来培养学生实践动手能力和学生自主能力。

(6) 书本内容紧紧围绕高等职业教育教学的要求，体现工学结合的课程改革思路，突出实用性、针对性，教材体系、框架设计体现改革和创新。

本书由黑龙江生物科技职业学院李本鑫、辽宁水利职业学院张璐和宁波城市职业学院王志龙担任主编；由李本鑫完成全书的统稿工作。具体编写分工如下：李本鑫、王志龙共同编写项目一；江西环境工程职业学院吴建福、商丘师范学院马丽和周口职业学院石娜共同编写项目二；张璐和商丘师范学院马丽共同编写项目三、项目四；吉林农业科技学院李宛泽编写项目五；商丘工学院娄喜艳和商丘职业技术学院孙景梅共同编写项目六；辽宁水利职业学

院周剑和东营职业学院邹金环共同编写项目七；周口职业学院何莉编写项目八。全书由郑铁军主审。

在编写本书的过程中，得到了许多高校同行的大力支持，并提出了许多宝贵意见，在此一并致谢！这里还需要说明的是书中的许多插图均来源于参考文献中的各位作者，特别是有些插图经多本书引用，但又没注明出处，我们又很难考证原图，因此本书中插图出处也只好空缺。如有插图原作者发现插图来源有误，请及时与我们联系，我们将在再版时予以更正，并表示歉意。

由于时间仓促和作者水平有限，而且园林植物病虫害防治这门课程的教学改革仍在探索过程中，所以书中仍有许多不完善之处，敬请各位同行和读者在使用过程中，对书中的错误和不足之处进行批评指正，以便重印和再版时改进。

目　录

绪　　论

在城市绿化和风景名胜的建设过程中，园林植物不仅是美化风景的主要因素，也是发挥园林绿化功能的主要生物群落，还是防尘、减噪、净化环境的良好材料。然而，园林植物在生长发育过程中常常受到各种病虫为害，导致园林植物生长不良，在叶、花、果上出现斑点、畸形、腐烂、残缺不全等情况，严重时甚至整株死亡，使园林植物失去观赏价值和绿化效果。而病虫害的防治是园林绿化养护管理的重要组成部分，是一个城市绿化、美化事业健康、有序和可持续发展的重要基础。那么，如何实现园林植物病虫害可持续性的防治，使城市园林植物病虫害防治工作走向顺应自然的、科学的控制轨道呢？本书将在对园林植物常发生病虫进行观察与识别的基础上，找出病虫害发生的原因和规律，从而制订出正确而有效的预防措施，将病虫害控制在经济允许水平之下，为美化环境和增加园林植物的观赏性做出贡献。

1. 园林植物病虫害防治的任务与特点

园林植物病虫害防治就是研究园林植物病虫害的症状和形态特征、发生发展规律、预测预报和防治方法的一门科学。

1.1　园林植物病虫害防治的任务

园林植物病虫害防治的主要任务是通过对本课程的学习，使学生能够掌握园林植物病虫害防治的基础知识和基本技能；掌握当地园林植物的食叶害虫、吸汁害虫、枝干害虫、地下害虫，以及发生在花、果、根部病害的发生发展规律和科学的防治方法。同时研究在外界环境条件作用下病虫的消长规律及园林植物对病虫为害的反应，从中找出薄弱环节进行综合防治，确保园林植物茁壮成长，更好地美化人们的生活环境。

1.2　园林植物病虫害的特点

（1）园林植物病虫害种类多样。我国的园林植物种类丰富，品种繁多，园林植物的病虫害也较复杂。1984 年“全国园林植物病虫害和天敌资源普查及检疫对象研究”课题的调查研究结果指出：我国园林植物，包括草本花卉、木本花卉、攀缘植物、肉质植物、地被植物、水生观赏植物和园林树木的病害有 5 500 余种，虫害有 8 265 种，种类较多。

（2）易引起交叉感染。在各个风景区、公园、城市街道、庭院绿化中，为了达到绿树成荫、四季有花的效果，园林工作者将花、草、树木巧妙地搭配在一起种植，形成了一个个独特的园林景观。这些环境给园林病虫害的发生和交叉感染提供了很多有利的条件。在北方园林中，常见的有桧柏、侧柏与梨、苹果、海棠搭配在一起种植；松树与栎树混交；松树与芍药混种等，往往给梨桧锈病、松栎锈病和松芍锈病的转主寄生和病害的流行创造了条件。介壳虫、粉虱、蚜虫和叶蝉等吸汁类害虫寄主范围广泛，可在园林植物中大量繁殖为害，同时还传播园林植物病毒病等。

（3）防治技术要求高。园林植物在整个社会经济生产中占有重要地位，它的经济价值较高，有些名贵、稀有品种或艺术盆景的精品，其每根枝条、每张叶片都有一定的造型艺术，因此对园林植物病虫害的防治技术要求较高，必须采取安全措施。当一些特殊价值的珍贵树种受到病虫为害后，必须不惜一切代价进行抢救，如古柏等。草药、木本油料、香料、水果

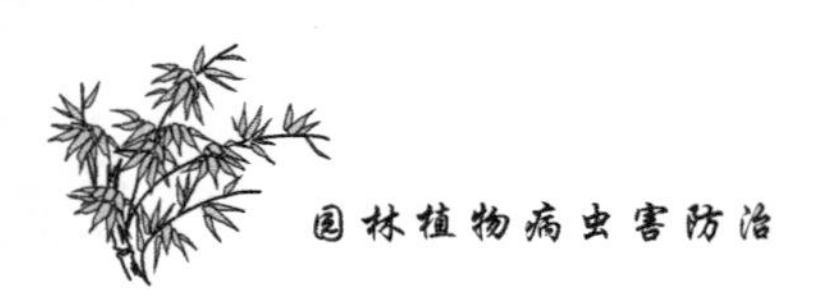

等和人类生活的关系密切，除观赏外，部分还可食用，防治时采取的措施应对人体无害，在防治过程中应以低毒、无残留、不污染环境为主要目标。

(4) 坚持“预防为主，综合防治”的原则，创造一个有利于植物生长而不利于病虫害发生的条件。园林植物多分布在城市和风景点，人口稠密，游人众多，采用化学药剂防治虽然能迅速见效，直接消灭病虫害，但是不仅污损花木，影响美观，有时还可能造成环境污染，影响游人的健康，因此，防治园林植物病虫害应以改善植物抗病虫的能力和控制病虫发生的条件为主，采用园林养护、生物防治和化学防治相结合的综合防治方法。

2. 园林植物病虫害防治的重要性

园林植物病虫害的发生，经常导致植物生长不良，花、叶、果、茎、根等出现坏死斑，或发生畸形、凋萎、腐烂等现象，不仅降低花木质量，使其失去观赏价值及绿化效果，甚至引起整株死亡，从而造成重大损失。如郁金香、仙客来病毒等能使品种退化，甚至毁种；有的病害如菊花病毒和盆景病虫害会影响到出口创汇；有的害虫如天牛、介壳虫等能使大量绿化树种、风景树种死亡，造成极大的经济损失；有的害虫如食叶害虫类为害后，虫体、虫粪遍布树下、路旁，污染环境；有的害虫如蚜虫、介壳虫为害后，其分泌物还可诱发煤污病的发生等。这些现象不但有碍观瞻，而且严重影响人们的观赏情绪。

为保证园林植物的正常生长发育，有效地发挥其园林功能及绿化效益，病虫害防治是必不可少的环节。因此，搞好病虫害防治工作，保护和巩固绿化成果，是生态环境建设中的一项重要任务。

3. 园林植物病虫害防治的现状与发展趋势

园林植物病虫害的防治，是近几十年开始的。1980 年以前的 50 多年中，我国少数学者对个别花卉和观赏树木的病虫害曾作过调查和初步研究。然而，大量而深入的研究工作是在 1980 年以后进行的，在短短的 20 多年中，我国园林植物病虫害研究和防治工作有了迅速的发展。不但有从事园林植物病虫害防治的工作者，而且有从事农作物和林木病虫害防治的工作者，在园林病虫害的调查研究工作中，最初多从花木病虫害的种类和危害程度的调查开始，根据生产需要，逐步对主要花木病虫害的发生规律和防治措施进行了研究。

1984 年，国家城乡建设环境保护部门还下达“全国园林植物病虫害和天敌资源普查及检疫对象研究”课题，组织了全国范围的调查研究工作。通过这次普查，初步摸清了我国园林植物病虫害的种类、分布及危害程度，以及园林植物害虫天敌的种类及概况，初步提出了我国园林植物病虫害检疫对象的防治建议，为今后进一步开展主要病虫害的防治研究奠定了基础。

目前，对我国园林植物生产上危害较严重的病虫害，都进行了不同程度的研究，有些已基本掌握了发生和流行规律，并提出了可行的防治措施。近年来，有关花木病虫害的专题研究报告日益增多。此外，还出版了许多与园林有关的草坪、观赏植物、绿化树木方面病虫害防治的书刊。

为了培养园林植物病虫害防治的专业人才和普及病虫害的知识，我国一些高等农林院校将“园林植物病虫害防治”列为必修课，中等农林学校也开设了相应的课程。近年来，我国农林院校的植物保护和森林病虫害防治专业，先后增设了园林植物病虫害防治选修课和专题讲座。国家还在全国园林和林业干部及科技人员中举办培训班，普及有关园林植物病虫害防治的基本知识，在大、中城市的园林科学研究所和各大植物园设立园林植物病虫害研究

室。有些农林研究机构以及农林院校的科技和教学人员，也将园林植物病虫害防治列入研究范围，各地市园林局有专门的园林植保技术人员。总之，我国已在病虫害防治、教学和研究各方面都有了较大的发展，并建立了较完善的体系。

对造成严重危害的许多病虫害，经过研究和生产实践，已掌握了其发生发展规律，有了较成熟的防治经验。而对有些病虫害从防治上来讲，目前还缺乏理想的、经济有效的、安全可靠的综合防治措施。有些原来并不严重的病虫害，在新的条件下也可能暴发成灾。因此，病虫害仍是影响园林生产和城市绿化的严重问题。新的防治理论和综合防治措施的提出，还有待我们进一步探索和研究。

与先进国家相比，我国的园林植保事业还有很大差距。由于各个国家及城市的地理位置、气候条件、植物品种结构各不相同，园林植物保护也各有特色。园林植物保护的原则是"从城市环境的整体观点出发，以预防为主，综合管理"，采取适合于城市特点的有效方法，互相协调，以达到控制病虫危害，保护和利用天敌，合理使用和逐步减少使用化学药剂，保护生态，科学种植，养护管理，选栽抗病虫品种，恢复生态平衡，加强植物检疫，开展人工防治，使病虫防治科学化。根据上述原则才能最大限度地调动和利用各种有效生物对园林病虫的克制作用，尽量少用或不用难降解的化学药物，改用无公害的药剂，如激素、抗生素等，达到确保整个生态系统良性循环。

4. 学习园林植物病虫害防治的目的

"园林植物病虫害防治"是园林专业的骨干课程之一，它与园林栽培学、园林植物学、生态学、经营管理学等课程同等重要，并有密切联系。通过本课程的学习，要领会并切实贯彻执行"预防为主，综合防治"的植保工作方针；掌握园林植物病虫害防治的基本理论知识和熟练的操作技术；能识别当地主要园林植物病虫害；了解其发生发展规律，并能运用所学的知识，因地制宜地开展综合防治；能从事园林植物病虫害的一般调查研究、预测预报和科学试验，达到保护景观和提高效益的目的。

模块1　园林植物病虫害识别技术

园林景观中的观赏植物，从远处看会令人赏心悦目、心旷神怡，这些种植在公园、路旁、雕塑周围、居住区的园林植物，除具有很高的观赏价值外，还可起到净化空气、减少噪声、改善环境等功能，是城市中不可缺少的一类风景。然而，这些观赏植物在播种及后期的养护管理过程中不可避免地会受到各种病虫为害，导致这些园林植物生长发育不良，叶、花、果、茎、根等处常出现各种伤口，然后会引发畸形、变色、腐烂、凋萎及落叶等现象，甚至引起整株死亡，会造成很大的损失。为保证这些园林植物的正常生长发育，有效地发挥其功能和效益，病虫害的防治是不可缺少的环节。

在园林植物的生长发育过程中准确识别常发生病虫害的种类，做到及时发现、事先预防，进行科学防治是使园林植物正常发挥功能和效益的重要保证。所以，园林植物病虫害识别技术模块分成两个项目、十个工作任务来引导学生观察识别园林植物常发生的病虫害，使学生在完成预设工作任务后能熟悉病虫害的症状和形态结构，掌握病虫害的基本特征，了解病虫害的生物学特性与防治的关系，为准确识别病虫害打下坚实基础。

项目1　园林植物病害识别技术

掌握园林植物病害的概念及症状类型；熟悉病原真菌、细菌、病毒、线虫，以及寄生性种子植物的基本形态、特点及症状；了解园林植物侵染性病害的发生、侵染过程和侵染循环，分析园林植物病害流行的条件以及如何诊断病害。

教学目标

通过对园林植物病害症状的观察与识别、病害的发生规律等相关内容的学习，为正确诊断园林植物常发生的病害打下基础。

技能目标

能识别各种园林植物病害的症状，并依此准确诊断园林植物常见病害。

园林植物在生产栽培和养护管理过程中往往遭受到多种病害的侵染，据统计，几乎每一种园林植物都有病害的发生。它的为害主要表现在导致园林植物生长发育不良或者出现坏死斑点，发生畸形、凋萎、腐烂等，降低质量，使之失去使用价值，严重时引起整株或整片死亡，给生产造成重大的经济损失。只有对园林植物病害进行科学有效的防治，园林植物的经济价值才能得以充分体现，生产栽培才能得以正常开展，园林植物正常的生长发育才具有可靠保证。

任务1　园林植物病害的症状观察与识别

知识点：了解园林植物病害的症状特点，掌握病害的发生规律和发病条件。
能力点：能根据病害的症状正确诊断园林植物常发生的病害。

园林植物在生长发育及其产品贮藏运输过程中，常遭受到不良环境的影响或有害生物的为害，扰乱新陈代谢的正常进行，造成从生理机能到组织结构发生一系列的变化和破坏，使产量降低，品质变劣，从而表现出各种不正常的现象，这些不正常的现象即为病害的症状。我们怎么才能从植物病害的各种症状中找出规律，对园林植物病害进行诊断呢？

本任务就是通过对植物发病以后在内部和外部显示的症状进行观察，然后根据症状类型对某些病害做出初步的诊断，确定它属于哪一类病害，它的病因是什么。对于复杂的症状变化，还要对症状进行全面的了解，对病害的发生过程进行分析，包括症状发展的过程、典型的和非典型的症状，以及由于寄主植物反应和环境条件不同对症状的影响等，结合查阅资料，甚至进一步鉴定它的病原物，对病害做出正确的诊断。

任务实施的相关专业知识

1. 园林植物病害的定义

园林植物在生长发育过程中或种苗、球根、鲜切花和成株在贮藏运输过程中，由于病原物入侵或不适宜的环境因素的影响，生长发育受到抑制，正常生理代谢受到干扰，组织和器官受到破坏，导致叶、花、果等器官变色、畸形和腐烂，甚至全株死亡，从而降低产量及质量，造成经济损失，影响观赏价值，这种现象被称为园林植物病害。

2. 园林植物病害的症状

园林植物发病后，经过一定的病理程序，最后表现出的病态特征称为症状。症状按性质分为病状和病症。

2.1　园林植物的病状类型

（1）变色型。植物染病后，叶绿素不能正常形成或解体，因而叶片上表现为淡绿色、黄色甚至白色。叶片的全面褪绿常称为黄化或白化。

（2）坏死型。坏死是细胞和组织死亡的现象。常见的坏死表现有腐烂、溃疡、斑点。

（3）萎蔫型。植物因病而表现出失水状态称为萎蔫。植物的萎蔫可以由各种原因引起，茎部的坏死和根部的腐烂都会引起萎蔫。

（4）畸形型。畸形是因细胞或组织过度生长或发育不足引起的。常见的畸形表现有丛生、瘿瘤、变形、疮痂、枝条带化。

（5）流脂或流胶型。植物细胞分解为树脂或树胶流出，常称为流脂病或流胶病，前者发生于针叶树，后者发生于阔叶树。流脂病或流胶病的病原很复杂，有侵染性的，也有非侵染性的，或为两类病原综合作用的结果。

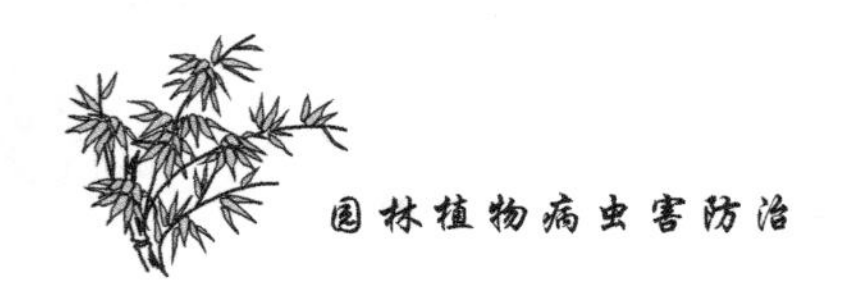

2.2 园林植物的病症类型

病原物在病部形成的病症主要有粉状物、霉状物、点状物、颗粒状物、脓状物五种类型。

3. 园林植物病害的类别

按照引起园林植物病害的病原不同，可将园林植物病害分为非侵染性病害和侵染性病害。

3.1 非侵染性病害

非侵染性病害是在不适宜的环境因素持续作用引起的，不具有传染性，所以亦称非传染性病害或生理性病害。这类病害常常是由于营养元素缺乏、水分供应失调、气候因素，以及有毒物质对大气、土壤和水体等的污染引起的。

3.2 侵染性病害

侵染性病害是园林植物受到病原生物的侵袭而引起的，因其具有传染性，所以又称为传染性病害。引起侵染性病害的病原物主要有真菌、细菌、病毒，此外还有线虫、寄生性螨类等。

4. 园林植物病害的侵染过程

病原物与园林植物接触之后，引起病害发生的全部过程称为侵染程序，简称病程。病程一般可分为接触期、侵入期、潜育期及发病期四个时期。实际上，病程是一个连续的侵染过程。

4.1 接触期

接触期是指从病原物与园林植物接触，到病原物开始萌动为止。病害的发生首先是病原物接触寄主，且必须接触在病原物能够入侵的部位，这个适宜侵入的部位称为感病点。

4.2 侵入期

侵入期指病原物从开始萌发侵入寄主，到初步建立寄生关系的这一时期。病原物入侵园林植物的途径有三种：伤口侵入、自然孔口侵入和直接侵入。不同病原物的入侵途径不同，如：病毒只能通过新鲜的微细伤口入侵；细菌可通过伤口和自然孔口入侵；真菌则可通过以上三种途径入侵。

4.3 潜育期

潜育期是指从病原物与寄主初步建立寄生关系到寄主表现病状这一时期。这一阶段是园林植物和病原物相互斗争最尖锐的阶段，是寄生关系进一步建立与病原物持续繁殖时期，也是发病与否的决定性时期。

4.4 发病期

发病期是指从寄主开始表现症状而发病到症状停止发展为止这一时期。这一阶段由于寄主受到病原物的干扰和破坏，在生理上、组织上发生一系列的病理变化，继而表现在形态上，病部呈现典型的症状。

5. 园林植物病害的侵染循环

从前一个生长季节开始发病，到下一个生长季节再度发病的过程，称为侵染循环。它包括病原物的越冬（或越夏）、病原物的传播、病原物的初侵染和再侵染等，切断其中任何一个环节，都能达到防治病害的目的。侵染循环是研究园林植物病害发生发展规律的基础，也是研究病害防治的中心问题,病害防治的提出就是以侵染循环的特点为依据的。园林植物病害的侵染循环模式图如图1-1所示。

如果园林植物病害只有初侵染,在防治上应强调消灭越冬(或越夏)的病原物。对于有再侵染的病害,除了消灭越冬(或越夏)的病原物外,还要根据再侵染的次数多少,相应地增加防治次数,只有这样才能达到防治的目的。

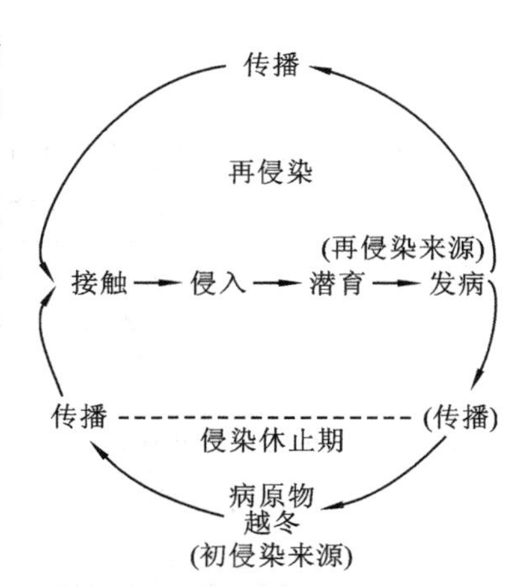

图1-1 园林植物病害的侵染循环模式图

1. 材料及工具的准备

1.1 材料

材料为月季黑斑病、菊花褐斑病、菊花枯萎病、君子兰软腐病、葡萄霜霉病、苗木立枯病、苗木猝倒病、草坪禾本科杂草黑穗病、贴梗海棠锈病、仙客来花叶病、月季白粉病、大叶黄杨白粉病、杜鹃叶肿病、碧桃缩叶病、观赏植物毛毡病、泡桐丛枝病、苹果花叶病、林木煤污病、二月兰霜霉病、柑橘青霉病、兰花炭疽病、桂竹香菌核病等主要园林植物不同病害症状类型的标本。

1.2 工具

工具为放大镜、显微镜、镊子、挑针、搪瓷盘等。

2. 任务实施步骤

2.1 园林植物的病状观察

(1) 斑点。观察葡萄霜霉病、月季黑斑病、菊花褐斑病等标本,识别病斑的大小、病斑颜色等。

(2) 腐烂。观察君子兰软腐病等标本,识别各腐烂病有何特征,是干腐还是湿腐。

(3) 枯萎。观察菊花枯萎病植株枯萎的特点,看植株是否保持绿色,观察茎秆纤维管束颜色和健康植株有何区别。

(4) 立枯和猝倒。观察苗木立枯病和猝倒病,看茎基病部的病斑颜色,有无腐烂。

(5) 肿瘤、畸形、簇生、丛枝。观察杜鹃叶肿病、碧桃缩叶病、观赏植物毛毡病、泡桐丛枝病等标本,分辨与健康植株有何不同,哪些是肿瘤、丛枝、叶片畸形。

(6) 褪色、黄化、花叶。观察仙客来花叶病、苹果花叶病等标本,识别叶片绿色是否浓淡不均,有无斑驳,斑驳的形状、颜色如何。

2.2 园林植物的病症类型

(1) 粉状物。观察大叶黄杨白粉病、月季白粉病、草坪禾本科杂草黑穗病、贴梗海棠锈病等标本,识别病部有无粉状物及颜色如何。

(2) 霉状物。识别林木煤污病、二月兰霜霉病、葡萄霜霉病、柑橘青霉病等标本,识别病部霉层的颜色。

(3) 粒状物。观察兰花炭疽病、月季白粉病等标本,分辨病部黑色小点、小颗粒。

(4) 菌核与菌索。观察桂竹香菌核病标本,识别菌核的大小、颜色、形状等。

(5) 溢脓。观察君子兰软腐病等标本,识别有无脓状黏液或黄褐色胶粒。

园林植物病害的症状观察与识别任务考核单如表 1-1 所示。

表 1-1　园林植物病害的症状观察与识别任务考核单

序号	考 核 内 容	考 核 标 准	分值	得分
1	病、健植株对比观察	对比健康植株，说出染病植株的不正常现象	20	
2	坏死型症状观察	说出常见的坏死型症状有哪些	20	
3	畸形型症状观察	说出常见的畸形型症状有哪些	20	
4	流脂或流胶型症状观察	说出常见的流脂或流胶型症状有哪些	20	
5	问题思考与回答	在整个任务完成过程中积极参与，独立思考	20	

(1) 什么是园林植物病害？园林植物病害的类型有哪些？

(2) 园林植物病害的发生过程是怎样的？

(3) 园林植物病害的流行因素有哪些？

(4) 病原物的越冬场所有哪些？

1. 病原物的寄生性

所有病原物都是异养生物，它们必须从寄主植物体中获取营养物质才能生存。病原物依赖于寄主植物获得营养物质而生存的能力，称为病原物的寄生性。被获取养分的植物，称为该病原物的寄主。不同病原物的寄生性有很大的差异，可以把病原物分为以下三种类型。

1.1　专性寄生物

专性寄生物又称为严格寄生物、纯寄生物。这类病原物只能在活的寄主体内生活，寄主植物的细胞和组织死亡后，病原物也停止生长和发育，病原物的生活严格依赖寄主。它们对营养的要求比较复杂，一般不能在人工培养基上生长。如病毒、霜霉菌、白粉菌、锈菌等都是专性寄生物。

1.2　非专性寄生物

非专性寄生物既能在寄主的活组织上寄生，又能在死亡的病组织和人工培养基上生长。依据寄生能力的强弱，非专性寄生物又分为两种情况：兼性寄生物和兼性腐生物。

1.3　专性腐生物

专性腐生物以各种无生命的有机质作为营养来源。专性腐生物一般不能引起植物病害，但可造成木材腐烂。

2. 病原物的致病性

病原物的致病性是指病原物引起病害的能力。它主要反映在病原物对寄主的破坏性上。一般寄生性很强的病原物，只具有较弱的致病力，它可以在寄主体内大量繁殖；寄生性弱的病原物，往往致病力很强，常引起植物组织器官的急剧崩溃和死亡，而且是先毒害寄主细胞，然后在死亡的组织里生长蔓延。

3. 植物的抗病性

3.1　植物对病原侵染的反应

植物对病原侵染的反应一般有四种类型：抗病、耐病、感病和免疫。

3.2　植物抗病性的机制

植物抗病性的机制主要有抗接触、抗侵入和抗扩展三种。

3.3　植物抗病性的分类

（1）垂直抗病性和水平抗病性。垂直抗病性是指寄主能高度抵抗病原物的某个或某几个生理小种，这种抗病性的机制对生理小种是专化的，一旦遇到致病力不同的新小种时，就会丧失抗病性而具有高度感病性。所以这类抗病性虽然容易选择，但一般不能持久。水平抗病性是指寄主能抵抗病原物的多数生理小种，一般表现为中度抗病。由于水平抗病性不存在生理小种对寄主的专化性，所以不会因小种致病性的变化而丧失抗病性。这种抗病性的机制，主要包括过敏反应以外的多种抗侵入、抗扩展的特性。因此，水平抗病性相当稳定、持久，但在育种过程中不易选择而容易被丢掉。

（2）个体抗病性和群体抗病性。个体抗病性是指植物个体遭受病原物侵染表现出来的抗病性。群体抗病性是指植物群体在病害流行过程中显示的抗病性，即在田间发病后，能有效地推迟流行时间或降低流行速度，以减轻病害的严重程度。在自然界中，个体抗病性间虽仅有细微的差别，但作为群体，在生产中却有很大的实用价值。群体抗病性是以个体抗病性为基础的，却又包括更多的内容。

（3）阶段抗病性和生理年龄抗病性。植物在个体发育过程中，常因发育阶段的生理年龄不同，抗病性有很大的差异。一般植物在幼苗期由于根部吸收和光合作用能力差，细胞组织柔嫩，抗侵染能力弱，极易发生各种苗病。进入成株期，植物细胞组织及各部分器官日趋完善，生命力旺盛，代谢作用活跃，抗病性增强。也有许多植物在阶段抗病性和生理年龄抗病性上具有自己的规律性，依病害种类不同而有所不同。针对植物不同阶段的抗病性差异，掌握病害发生规律，便可以通过改变耕作制度和完善栽培措施等途径，以达到控制病害的目的。

4. 植物病害流行的条件

植物病害在一定地区、一定时间内，普遍发生而严重为害的现象称为病害的流行。病害流行的条件：①有大量易于感病的寄主；②有大量致病力强的病原物；③有适合病害大量发生的环境条件。这三个条件缺一不可，而且必须同时存在。

任务2　园林植物非侵染性病害的观察与识别

知识点：了解园林植物非侵染病害的病状、种类及发生发展规律。

能力点：能根据园林植物非侵染性病害的典型病状进行诊断。

园林植物正常的生长发育，要求一定的外界环境条件。各种园林植物只有在适宜的环

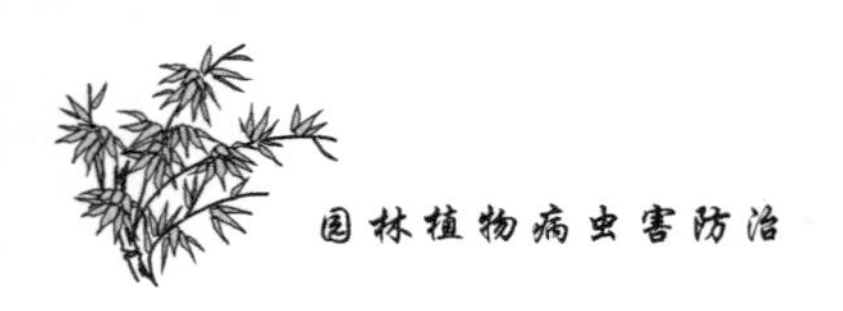

境条件下生长，才能发挥它的优良性状。当园林植物遇到恶劣的气候条件、不良的土壤条件或有害物质时，植物的代谢作用会受到干扰，生理机能会受到破坏，因此在外部形态上必然表现出症状来。那么，园林植物非侵染性病害都有哪些特点？发生规律是怎样的？又该如何诊断呢？

任务分析

园林植物的非侵染性病害主要是由环境中不适合的化学因素或物理因素直接或间接引起的。化学因素主要包括营养元素的不足、比例的失调或过量，空气、水和土壤的各种污染，化学农药的药害等；物理因素主要包括气温、土温的过高、过低或骤然改变，土壤或空气水分过高、过低，光照强度或光照周期的不正常变化等。识别园林植物非侵染性病害的关键是应抓住症状的田间分布类型、生长期间环境因子的不正常变化、无侵染性、可恢复等特点。因此，在诊断园林植物非侵染性病毒时，只有全面考虑各种因素，细致分析，才能得出正确结论，为防治提供可靠依据。

任务实施的相关专业知识

1. 园林植物非侵染性病害认知

1.1 园林植物非侵染性病害的概念

园林植物非侵染性病害是由不适宜的环境因素持续作用引起的，不具有传染性，所以也称园林植物非传染性病害或生理性病害。这类病害常常是由营养元素缺乏、水分供应失调、气候因素，以及有毒物质对大气、土壤和水体等的污染引起的。

1.2 园林植物非侵染性病害的特点

（1）病株在绿地中的分布具有规律性，一般较均匀，往往是大面积成片发生，不先出现中心发病植株，没有从点到面扩展的过程。

（2）病状具有特异性，除了高温、日灼和药害等个别病原能引起局部病变外，病株常表现全株性发病，如缺素症、水害等，株间不互相传染，病株只表现病状，无病症，病状类型有变色、枯死、落花、落果、畸形和生长不良等。

（3）病害的发生与环境条件、栽培管理措施有关，因此，要通过科学合理的园林栽培技术措施，改善环境条件，促使植物健壮生长。

2. 营养失调

园林植物的营养失调包括营养缺乏、各种营养间的比例失调或营养过量，这些因素可以诱使植物表现出各种病状。造成植物营养元素缺乏的原因有多种：一是土壤中缺乏营养元素；二是土壤中营养元素的比例不当，元素间的颉颃作用影响植物吸收；三是土壤的物理性质不适，如温度过低、水分过少、pH 值过高或过低等都会影响植物对营养元素的吸收。在大量施用化肥、农药的地块，在连作频繁的保护地栽培等情况下，土壤中大量元素与微量元素的不平衡日益突出，在这种土壤环境中生长的作物往往会表现出营养失调症状。土壤中某些营养元素含量过高对植物生长发育也是不利的，甚至会造成严重伤害。

植物所必需的营养元素有氮、磷、钾、钙、镁，以及微量元素如铁、硼、锰、锌、铜等。缺乏这些元素时，园林植物就会出现缺素症；某种元素过多时，也会影响园林植物的正常生长发育。

3. 土壤水分失调

水是园林植物生长发育不可缺少的条件，园林植物正常的生理活动，都需要在体内水分饱和的状态下进行。水是原生质的组成成分，占鲜重的80%～90%。因此，土壤中水分不足或过多或供应失调，都会对植物产生不良影响。

3.1　旱害的症状

在土壤干旱缺水的条件下，园林植物会出现萎蔫症状。

3.2　涝害的症状

土壤水分过多，园林植物往往发生水涝现象，根系受到损害后，便引起地上部分叶片发黄，花色变浅，花的香味减轻及落叶、落花，枝干生长受阻，严重时植株死亡。

4. 温度不适

园林植物必须在适宜的温度范围内才能正常生长发育。温度过高或过低，超过了它们的适应能力，园林植物的代谢过程就会受到阻碍，导致组织受到伤害，严重时还会引起死亡。

高温常使花木的茎、叶、果受到灼伤。低温也会使园林植物受到伤害，霜冻是常见的冻害，低温还能引起苗木冻拔害。

5. 光照不适

不同的园林植物对光照时间长短和强度大小的反应不同，应根据园林植物的习性加以养护。如月季、梅花、菊花和金橘等喜光园林植物，宜种植在向阳避风处；龟背竹、杜鹃和茶花等为耐阴园林植物，忌阳光直射，应给予良好的遮阴条件。

6. 通风不良

无论是露地栽培还是温室栽培，园林植物栽培密度或花盆摆放密度都应合理。适宜的密度有利于通风、透气、透光，改善其环境条件，提高园林植物生长势，并造成不利于病菌生长的条件，减少病害发生。

7. 土壤酸碱度不适宜

许多园林植物对土壤酸碱度要求严格，若酸碱度不适宜则表现出各种缺素症，并诱发一些侵染性病害的发生。如我国南方多为酸性土壤，园林植物易缺磷、锌；北方多为碱性土壤，园林植物容易发生缺镁性黄化病。微碱性环境利于病原菌生长发育，故在偏碱的沙壤土中，樱花、月季、菊花根癌病容易发生；在中性或碱性土壤中，一品红根茎腐烂病、香豌豆根腐病被害率较高。土壤酸碱度较低时，有利于香石竹枯萎病发生。

任务实施

1. 材料及工具的准备

1.1　材料

各种材料为栀子缺氮、缺钙、缺铁、缺锰的标本，菊花缺氮、缺钾、缺钙、缺锰的标本和图片，月季缺氮、缺磷、缺钙、缺钾的标本和图片，香石竹缺磷、缺钾的标本和图片，秋海棠缺钾的标本，苹果树、桃树缺锌的图片，金鱼草缺镁的标本，一品红、八仙花缺硫的标本，小灌木和草坪草在土壤干旱缺水时的标本和图片，柑橘日烧病的标本和图片，药害和有毒物质伤害的植物的图片等。

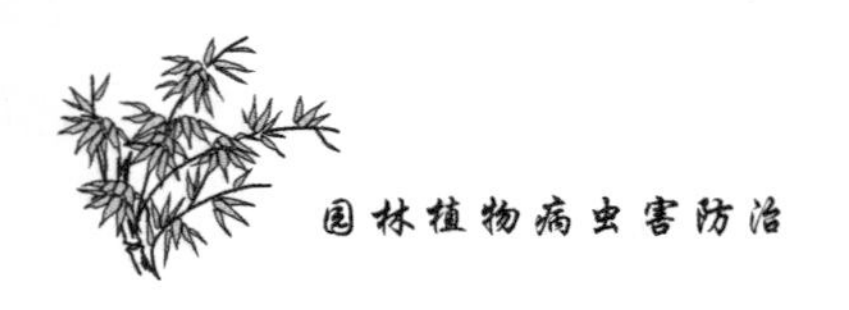

1.2　工具

工具为手持放大镜、修枝剪、镊子等。

2. 任务实施步骤

2.1　缺素症状观察

2.1.1　缺氮症状观察

观察栀子缺氮时的症状，可见其叶片普遍黄化，植株生长发育受抑制；菊花缺氮时可见其叶片变小，呈灰绿色，下部老叶脱落，茎木质化，节间短，生长受抑制；月季缺氮时则叶片黄化，但不脱落，植株矮小，叶芽发育不良，花小，色淡等。

2.1.2　缺磷症状观察

观察香石竹缺磷时的症状，可见其基部叶片变成棕色而死亡，茎纤细柔弱，节间短，花较小；月季缺磷时的症状则表现为老叶凋落，但不发黄，茎瘦弱，芽发育缓慢，根系较小，影响花的质量。

2.1.3　缺钾症状观察

观察秋海棠缺钾时的症状，可见其叶缘焦枯乃至脱落；菊花缺钾时的症状是叶片小，呈灰绿色，叶缘呈现典型的棕色，并逐渐向内扩展，长出一些斑点，终至脱落；香石竹缺钾时，其植株基部叶片变成棕色而死亡，茎瘦弱，易患病；月季缺钾时，其叶片边缘呈棕色，有时呈紫色，茎瘦弱，花色变淡。

2.1.4　缺钙症状观察

观察栀子缺钙的症状，可见其叶片黄化，顶芽及幼叶的尖端死亡，植株上部叶片的边缘及尖端产生明显的坏死区，叶面皱缩，根部受伤，植株的生长严重受抑制，数十日内就可死亡；月季缺钙时，其根系和植株顶部死亡，提早落叶；菊花缺钙时，其顶芽及顶部的一部分叶片死亡，有些叶片变绿，根短粗，呈棕褐色，常腐烂，通常在2～3周内大部分根系死亡。

2.1.5　缺铁症状观察

观察栀子缺铁时的症状，可见其幼叶先黄化，然后向下扩展到植株基部叶片，严重时全叶白色，由叶尖发展到叶缘，逐渐枯死，植株生长受抑制；菊花、山茶花、海棠花等多种花木均发生相似症状。

2.1.6　缺锰症状观察

观察菊花缺锰的症状，可见其叶尖先表现症状，叶脉间变成枯黄色，叶缘及叶尖向下卷曲，以致叶片几乎萎缩起来，花呈紫色；栀子缺锰时，植株上部叶片的叶脉黄化，但叶肉仍保持绿色，致使叶脉呈清晰的网状，随后出现小型的棕色坏死斑点，以致叶片皱缩、畸形而脱落。

2.1.7　缺锌症状观察

观察苹果树、桃树缺锌的症状，可见其典型症状为新枝节间缩短，叶片小，簇生，结出的苹果稀少，根系发育不良，称为小叶病。

2.1.8　缺镁症状观察

观察金鱼草缺镁时的症状，可见其基部叶片黄化，随后叶片上出现白色斑点，叶缘及叶尖向下弯曲，叶柄及叶片皱缩、干焦、垂挂在茎上不脱落，花色变白。

2.1.9 缺硫症状观察

观察一品红缺硫时的症状，可见其叶呈淡暗绿色，随后黄化，在叶片的基部产生枯死组织，这种枯死组织沿主脉向外扩展；八仙花缺硫时的症状是幼叶呈淡绿色，植株生长严重受抑制。

2.2 土壤水分失调症状观察

2.2.1 旱害症状观察

观察小灌木和草坪草在土壤干旱缺水时的症状，可见长期处于干旱缺水状态下的植物，生长发育受到抑制，组织纤维化加强。较严重的干旱将引起植株矮小，叶片变小，叶尖、叶缘或叶脉间组织枯黄。这种现象常由基部叶片逐渐发展到顶梢，引起早期落叶、落花、落果、花芽分化减少。

2.2.2 涝害症状观察

观察常见的木本和草本植物在土壤水分过多时的症状，可见受水长期浸泡的植物首先根部窒息，引起根部腐烂，叶片发黄，花色变浅，严重时植株死亡。

2.3 温度不适症状观察

2.3.1 高温日灼症状观察

观察柑橘日灼症，可见其树皮发生溃疡和皮焦，叶片和果实上产生白斑等。

2.3.2 霜冻和低温冷害的症状观察

观察露地栽培的花木受霜冻后的症状，可见其自叶尖或叶缘产生水渍状斑，有时叶脉间的组织也产生不规则的斑块，严重时全叶坏死，解冻后叶片变软下垂。

观察针叶树受冻害的症状，可见其叶先端枯死并呈红褐色，树木干部受到冻害，常因外围收缩大于内部而引起树干纵裂。

2.4 有毒物质对植物的伤害观察

2.4.1 有害气体及烟尘对植物伤害的症状观察

观察被过量的二氧化硫、二氧化氮、三氧化硫、氯化氢和氟化物等有害气体及各种烟尘为害的花木所表现的症状，可见花木遭受伤害后，引起叶缘、叶尖枯死，叶脉间组织变褐，严重时叶片脱落，甚至使植物死亡。

2.4.2 农药、化肥、植物生长调节剂使用不当对植物伤害的症状观察

观察被农药、化肥、植物生长调节剂浓度过大或使用条件不适宜时对植物所造成的伤害后的花木，可见花木发生不同程度的药害或灼伤，叶片常产生斑点或枯焦脱落，特别是花卉柔嫩多汁部分最易受害。

任务考核

园林植物非侵染性病害的观察与识别任务考核单如表1-2所示。

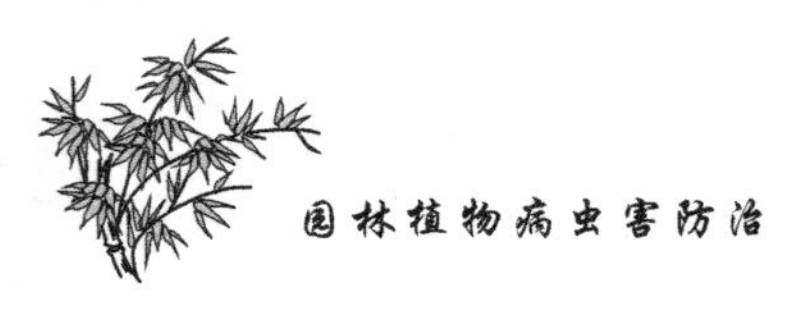

表 1-2 园林植物非侵染性病害的观察与识别任务考核单

序号	考 核 内 容	考 核 标 准	分值	得分
1	缺素症观察	能准确说出常见元素缺失时的症状	20	
2	旱、涝害的症状观察	能说出旱、涝害的主要症状	20	
3	日灼和晒伤观察	能说明其主要症状	20	
4	霜冻和冷害的观察	能说明其主要症状	20	
5	问题思考与回答	在整个任务完成过程中积极参与，独立思考	20	

思考问题

(1) 园林植物生长发育过程中常缺少哪些元素？缺少这些元素后有什么症状表现？

(2) 园林植物旱、涝害各有什么特征？

(3) 大气污染对植物有什么样的影响？

拓展提高

自然界中存在着大量的有毒气体、尘埃、农药等污染物，对植物产生不良影响，严重时便引起植物死亡。大气污染物种类很多，主要有硫化物、氟化物、氮氧化合物、臭氧、粉尘及带有各种金属元素的气体。

1. 大气污染物对园林植物的为害

大气污染物的为害程度是由多种因素所决定的。首先取决于有害气体的浓度及作用的持续时间，同时也取决于污染物的种类、受害植物种类及其不同发育时期、外界环境条件等。大气污染物除直接对植物生长有不良影响外，同时还降低植物的抗病力。

1.1 大气污染为害的症状

植物受大气污染有急性为害、慢性为害和不可见为害三种。

1.2 主要大气污染物及其为害

(1) 氰化物　氰化物为害的典型症状，是受害植物叶片顶端和叶缘处出现灼烧现象。这种伤害的颜色因植物种类而异。在叶的受害组织与健康组织之间有一条明显的红棕色带。由于尚未成熟的叶片容易受氰化物为害，而常常使植物枝梢顶端枯死。

(2) 氟化物　园林植物对氟化物很敏感，受污染后首先是叶尖产生灼烧现象，然后逐渐向下延伸。花对氟化物更为敏感，很小剂量就对花产生为害。

(3) 氮化物　氮化物轻微污染即在叶缘和叶脉间出现坏死，叶片皱缩，随后叶面布满斑纹。金鱼草、欧洲夹竹桃、叶子花、木槿、秋海棠、蔷薇、翠菊等观赏植物对氮化物都很敏感。

(4) 硫化物　硫化物是我国大气污染物中较为主要的污染物。植物对二氧化硫很敏感，当受到二氧化硫为害时，叶脉间出现不规则形失绿的坏死斑，但有时也呈红棕色或深褐色。

(5) 臭氧　臭氧对植物的为害普遍表现为植株褪色。如美洲五针松对臭氧很敏感。对臭氧有抗性的有百日草、一品红、草莓和黑胡桃等。

(6) 氯化物　如氯化氢对植物细胞杀伤力很强，能很快破坏叶绿素，使叶片产生褪色斑，严重时全叶漂白、枯卷，甚至脱落。伤斑多分布于叶脉间，但受害组织与正常组织间无明显界限。

2. 土壤污染对园林植物的为害

土壤中残留的农药、石油、有机酸、酚、氰化物及重金属(如汞、铬、镉、铜等)对植物也会产生严重的为害。

使用和喷洒杀虫剂、杀菌剂或除草剂,浓度过高,可直接对植物叶、花、果产生药害,形成各种枯斑或全叶受害。

当然,种类繁多的园林植物对不同的污染源忍受的程度是不同的,有的具有较强的抗病毒特性,有的则容易受毒害。因此,可选择抗性较强的花卉和树木进行绿化,用于改善环境。

任务 3　园林植物侵染性病害的观察与识别

知识点: 掌握园林植物侵染性病害的主要种类、形态特征、发生规律及所致病害的特点。
能力点: 能准确识别真菌、细菌、病毒等病原及其所致病害的特征。

任务提出

观赏植物在正常的生长发育过程中易受多种病原物为害,发生反常的病理变化如叶片产生黑斑、白粉或霉层等,影响植物的观赏价值,甚至造成植株死亡。而引起病害的病原物有真菌、细菌、病毒、线虫、类菌原体、寄生性种子植物等,各类病害中以真菌性病害的症状类型最多,可以出现在植物的各个部位。这些病原物引起的病害是有区别的,是各有其特征的。要有效地防治这些病害,就必须了解这些病害的症状、发生发展规律,掌握正确的诊断和识别技术,才能做到对症下药。

任务分析

真菌种类繁多,可以侵染园林植物的真菌就有 8 000 多种。真菌借风、雨、昆虫、土壤及人的活动等传播。真菌性病害一般具有明显的特征,如粉状物(如白粉等)、霉状物(如黑霉、灰霉、青霉、绿霉等)、锈状物、颗粒状物、丝状物、核状物等。

细菌性病害是影响我国园林植物的重要病害。全世界细菌性植物病害有 500 多种,细菌性病害常造成严重损失,所以,为了提高园林植物的品质,植物细菌性病害的控制显得尤为重要。

病毒性病害是为害花卉植物的一类特殊病害,由于其在症状特点、发生规律及防治措施等方面与一般病害差异较大,所以,病毒病可称得上是植物病害中的顽症。

本任务将重点讲解真菌、细菌和病毒所引起的病害,学生通过学习和生产实践,从中摸索和掌握发病的规律,采取一整套综合预防措施,加以控制。而其他的病原如线虫、寄生性种子植物所致病害对园林植物的影响不大,这里只简单介绍。

任务实施的相关专业知识

1. 真菌的认知

真菌属于真菌界真菌门。真菌有真正的细胞结构,没有根、茎、叶的分化,不含叶绿素,不能进行光合作用,也没有维管束组织,有细胞壁和真正的细胞核,异养生活。真菌的形态复杂，大多数真菌为多细胞，少数为单细胞，有营养体和繁殖体的分化。

1.1 真菌的营养体

真菌典型的营养体为丝状体。低等真菌的菌丝无隔膜，称为无隔菌丝。高等真菌的菌丝有隔膜，称为有隔菌丝。真菌的营养菌丝如图 1-2 所示。

有些真菌的菌丝在一定条件下发生变态，交织成各种形状的特殊结构，如吸器（见图 1-3）、假根、菌核、菌索、菌膜和子座等。它们对于真菌的繁殖、传播，以及增强对环境的抵抗力有很大作用。

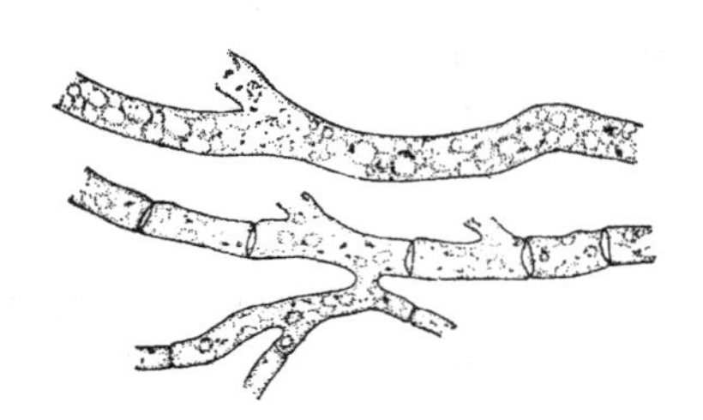

图 1-2 真菌的营养菌丝

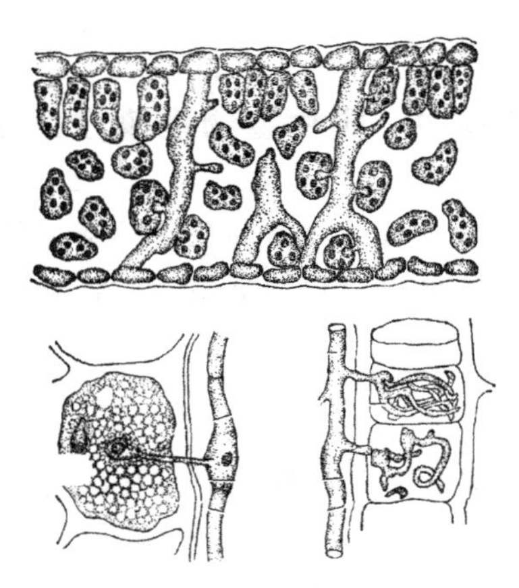

图 1-3 真菌的吸器

1.2 真菌的繁殖体

真菌的菌丝体发育到成熟阶段，一部分菌丝体分化成繁殖器官，其余部分仍然保持营养状态。真菌通常产生孢子繁殖后代。真菌的繁殖方式分无性繁殖和有性繁殖两种。

（1）无性繁殖　无性繁殖是不经过性器官的结合而产生孢子，这种孢子称为无性孢子。常见的真菌的无性孢子类型如图 1-4 所示。

（2）有性繁殖　有性繁殖是通过性细胞或性器官的结合而进行繁殖的，所产生的孢子称为有性孢子。常见的真菌的有性孢子类型如图 1-5 所示。

1.3 真菌的主要类群

真菌的主要分类单元是界、门、纲、目、科、属、种。种是分类的基本单位。真菌门分为五个亚门。

1.3.1 鞭毛菌亚门

鞭毛菌亚门的营养体是单细胞或无隔膜的菌丝体。无性繁殖在孢子囊内产生游动孢子。低等鞭毛菌的有性繁殖产生结合子，较高等鞭毛菌的有性繁殖产生卵孢子。鞭毛菌亚门主要根据游动孢子鞭毛的类型、数目和位置进行分类。

鞭毛菌亚门多数生长在水中，少数为两栖和陆生，潮湿环境有利于生长发育。一些鞭毛菌成为园林植物病害的病原菌。

1.3.2 接合菌亚门

接合菌亚门有发达的菌丝体，菌丝多为无隔多核。无性繁殖在孢子囊内产生孢囊孢子，有性繁殖则产生接合孢子。接合菌亚门多为陆生的腐生菌，广泛分布于土壤、粪肥及其他无

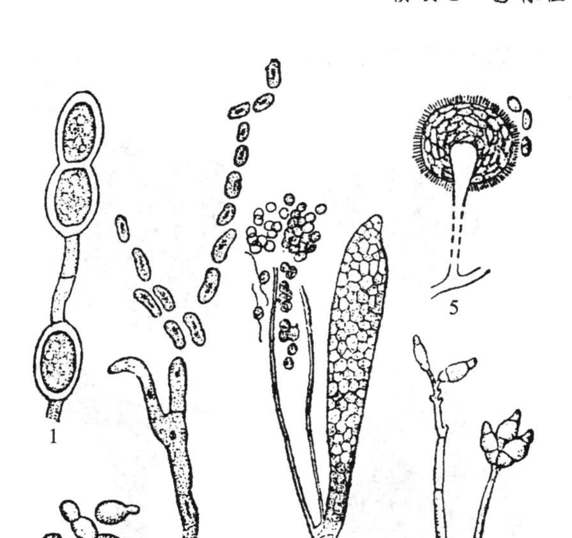

图 1-4　真菌的无性孢子类型

1—厚膜孢子；2—芽孢子；3—粉孢子；4—游动孢子；5—孢囊孢子；6—分生孢子

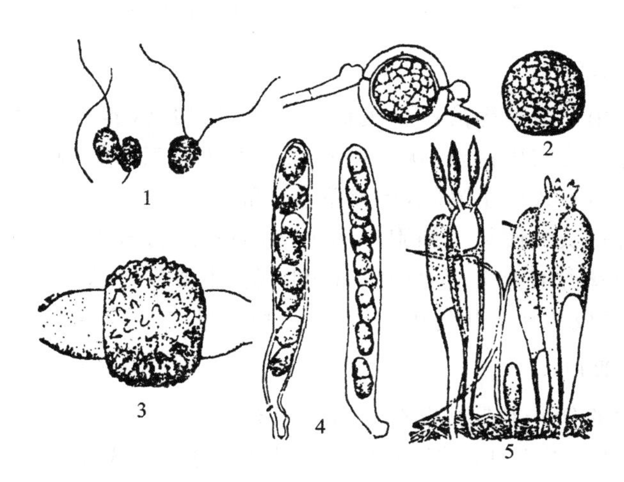

图 1-5　真菌的有性孢子类型

1—接合子；2—卵孢子；3—接合孢子；4—子囊孢子；5—担孢子

生命的有机物上，少数为弱寄生菌，侵染高等植物的果实、块根、块茎，能引起贮藏器官的腐烂。

1.3.3　子囊菌亚门

子囊菌亚门为真菌中形态复杂、种类较多的一个亚门。除酵母菌外，子囊菌亚门的营养体均为有隔菌丝，而且可产生菌核、子座等组织。无性繁殖发达，可产生多种类型的分生孢子；有性繁殖产生子囊和子囊孢子，有些子囊是裸生的。大多数子囊菌在产生子囊的同时，下面的菌丝将子囊包围起来，形成一个包被，对子囊起保护作用，统称子囊果。有的子囊果无孔口，称为闭囊壳，一般产生在寄主表面，成熟后裂开散出孢子，通过气流传播。有的子囊果呈瓶状，顶端有开口，称为子囊壳，常单个或多个聚生在子座中，孢子由孔口涌出，借风、雨、昆虫传播。有的子囊果呈盘状，子囊排列在盘状结构的上层，称为子囊盘，其子囊孢子多数通过气流传播。很多子囊菌在秋季开始结合形成子囊果，在春季才形成子囊孢子。子囊果的类型如图 1-6 所示。

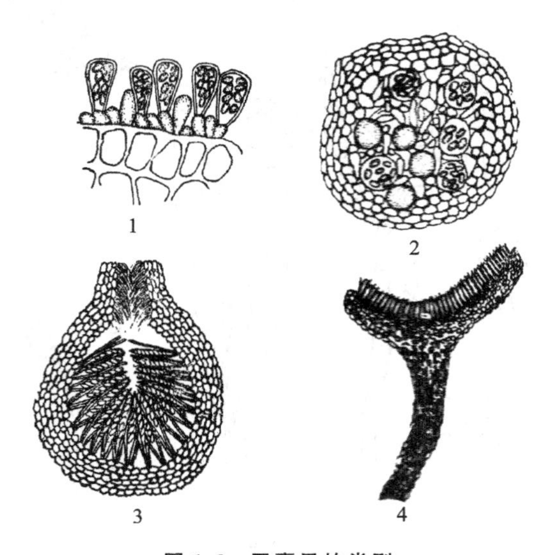

图 1-6　子囊果的类型

1—裸露的子囊果；2—闭囊壳；3—子囊壳；4—子囊盘

1.3.4　担子菌亚门

担子菌亚门为真菌中最高等的一个类群，全部陆生，其营养体为发育良好的有隔菌丝。多数担子菌的菌丝体分为初生菌丝、次生菌丝和三生菌丝三种类型。初生菌丝有担孢子萌发产生，初期无隔多核，不久产生隔膜，形成单核有隔菌丝。

初生菌丝联合进行质配使每个细胞有两个核，但不进行核配，常直接形成双核菌丝，称为次生菌丝。次生菌丝占细胞生活史中大部分时期，主要发挥营养功能。三生菌丝是组织化的双核菌丝，常集结成特殊形状的子实体，称为担子果。

1.3.5　半知菌亚门

半知菌亚门真菌的分类主要是以有性时期形态特征为依据的。但在自然界中，有很多真菌在个体发育中，只发现无性时期，它们不产生有性孢子，或还未发现它们的有性孢子。这类真菌称为半知菌，并暂时将它们放在半知菌亚门。已经发现的有性时期，大多数属于子囊菌，极少数属于担子菌，个别属于接合菌。所以，半知菌与子囊菌有着密切的关系。

半知菌的菌丝体发达，有隔膜，有的能形成厚垣孢子、菌核和子座等子实体。半知菌的无性繁殖产生分生孢子。

植物病原真菌，约有半数是半知菌。它们为害植物的叶、花、果、枝干和根部，引起局部坏死、腐烂、畸形及萎蔫等症状。

2. 细菌的认知

细菌属原核生物界，细菌门，单细胞，有细胞壁，无真正的细胞核。

2.1　病原细菌的一般性状

2.1.1　细菌的形态结构

细菌属于原核生物界，是单细胞的微小生物。其基本形状可分为球状、杆状和螺旋状三种。植物病原细菌全部都是杆状，两端略圆或尖细，一般宽 0.5～0.8 μm，长 1～3 μm。

大多数植物病原细菌都能游动，其体外生有丝状的鞭毛。鞭毛通常为 3～7 根，多数着生在菌体的一端或两端，称为极毛；少数着生在菌体四周，称为周毛，如图 1-7 所示。细菌有无鞭毛和鞭毛的数目及着生位置是分类的重要依据之一。

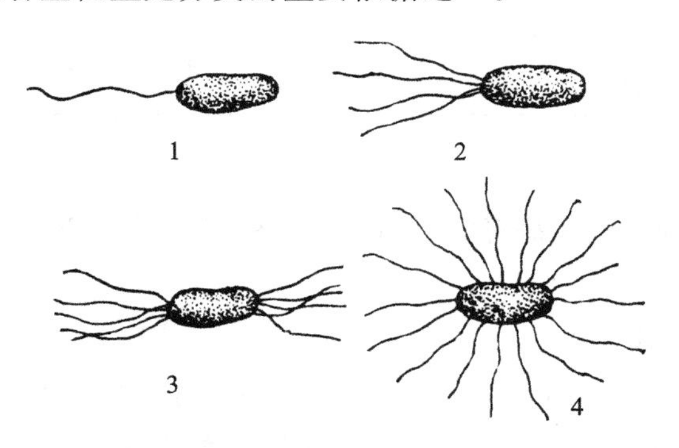

图 1-7　植物病原细菌的形态

1、2—单极生；3—两极生；4—周生

2.1.2　细菌的繁殖

细菌的繁殖方式一般是裂殖，即细菌生长到一定限度时，细胞壁自菌体中部向内凹入，细胞内的物质重新分配为两部分，最后菌体从中间断裂，把原来的母细胞分裂成两个形状相似的子细胞。细菌的繁殖速度很快，一般 1 h 分裂一次，在适宜的条件下有的只要 20 min 就能分裂一次。

2.1.3　细菌的生理特性

植物病原细菌都是非专性寄生菌，都能在培养基上生长繁殖。在固体培养基上可形成各种不同形状和颜色的菌落，通常以白色和黄色的圆形菌落居多，也有褐色和形状不规则的。菌落的颜色和细菌产生的色素有关。

革兰氏染色反应是细菌的重要属性。细菌用结晶紫染色后，再用碘液处理，最后用酒精或丙酮冲洗，洗后不褪色的是阳性反应，洗后褪色的是阴性反应。革兰氏染色能反映出细菌本质的差异，阳性反应的细胞壁较厚，为单层结构；阴性反应的细胞壁较薄，为双层结构。

2.2　细菌的主要类群

细菌主要依据鞭毛的有无、鞭毛的数目及着生位置、革兰氏染色反应、培养性状、生化特性、致病性及寄生性等特点进行分类。植物病原细菌分为五个属，如表 1-3 所示。

表 1-3　细菌不同属的特征及所致病害特点

名　　称	鞭　　毛	菌落特征	致病特点	代表病害
棒状杆菌属	无	圆形，光滑，凸起，多为灰白色	萎蔫、维管束变成褐色	菊花、大丽花青枯病
假单胞杆菌属	极生 3～7 根	圆形，隆起，灰白色，有荧光反应	叶斑、腐烂和萎蔫	丁香疫病
黄单胞杆菌属	极生 1 根	隆起，黄白色	叶斑、叶枯	桃细菌性穿孔病

续表

名　称	鞭　毛	菌落特征	致病特点	代表病害
欧氏杆菌属	周生多根鞭毛	圆形，隆起，灰白色	腐烂、萎蔫、叶斑	花卉与树木的根癌病
野杆菌属	极生或周生1～4根鞭毛	圆形，隆起，灰白色	肿瘤、畸形	花卉与树木的根癌病

3. 病毒的认知

在高等植物中，目前发现的病毒病已超过700种，几乎每一种园林植物都有一至数种病毒病。

3.1 病毒的主要性状

病毒是一类极小的非细胞结构的专性寄生物。如烟草花叶病毒大小为15 nm×280 nm，是最小杆状细菌宽度的1/20。用电子显微镜放大几万倍至十几万倍观察到的病毒粒子的形态为杆状、球状和纤维状三种。植物病毒的形态如图1-8所示。

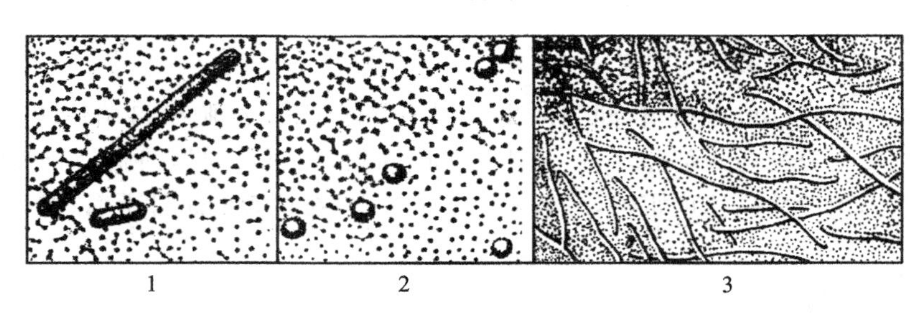

图1-8　植物病毒的形态

1—杆状病毒；2—球状病毒；3—纤维状病毒

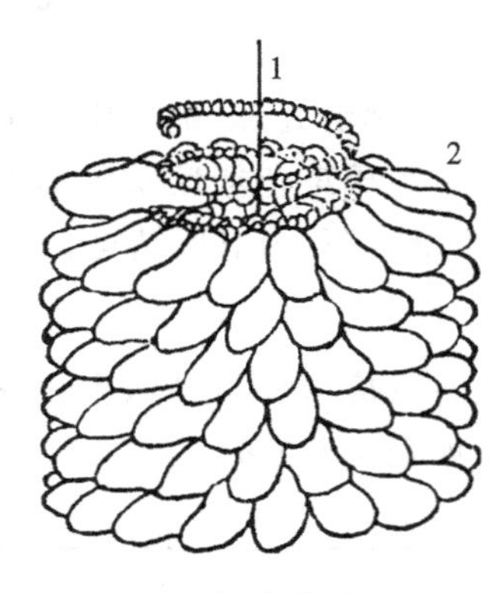

图1-9　烟草花叶病毒

1—核酸链；2—蛋白质

病毒粒子由核酸和蛋白质组成。植物病毒的核酸绝大多数为RNA，病毒具有增殖、传染和遗传等特性。植物病毒能通过细菌不能通过的过滤微孔，故称为过滤性病毒。烟草花叶病毒如图1-9所示。

植物病毒在增殖的同时，也破坏了寄主正常的生理程序，从而使植物表现受害症状。

植物病毒只能在活的寄主体内寄生为害，不能在人工培养基上培养。但它们的寄主范围却相当广泛，可包括不同科、属的植物。病毒对外界条件的影响有一定的稳定性。不同病毒对外界环境影响的稳定性不同，这种特性可作为鉴定病毒的依据之一。鉴定植物病毒的主要指标有如下几点。

(1) 体外保毒期。体外保毒期指带毒植物汁液在20～22 ℃室温条件下保持传染性的最长期限。如香石竹坏死斑病毒的体外保毒期为2～4 d，烟草花叶病毒的体外保毒期为30 d以上。

(2) 稀释终点。稀释终点指加水稀释使带毒植物汁液失去传毒能力的最大加水倍数。如菊花病毒的稀释终点为10^4，烟草花叶病毒的稀释终点为10^6。

(3) 失毒温度。失毒温度是指带毒植物汁液加热10 min使所含病毒失去致病力的最低温度。如烟草花叶病毒的失毒温度为93 ℃。

上述各种稳定性指标,可作为鉴别病毒种类的重要依据。

3.2 病毒的传播与侵染

病毒生活在寄主细胞内,无主动侵染的能力,多借外界动力和通过微伤口入侵,病毒的传播与侵染是同时完成的。病毒的传播途径主要有以下几种。

3.2.1 昆虫传播

传播园林植物病毒的介体主要是昆虫,其次是线虫、螨类、真菌,还有菟丝子。昆虫介体中主要有蚜虫、叶蝉、飞虱、粉蚧、蓟马等。植物病毒对介体的专化性很强,通常由一种介体传染的病毒,另一种介体就不能传染。

除此之外,传播植物病毒的还有螨类、线虫、菟丝子和真菌等介体。如无花果花叶病毒和玫瑰丛枝病毒等由螨类传播。香石竹环斑病毒、葡萄扇叶病毒等由线虫传播。菟丝子传播病毒是因为其本身被病毒感染,而它的寄生又将病毒传给其他寄主,因此能引起严重病害。

3.2.2 嫁接和无性繁殖材料传播

园林植物通过接穗和砧木可传播病毒。如蔷薇条纹病毒及牡丹曲叶病毒通过接穗和砧木带毒,经嫁接传播。菟丝子通过它在病株上寄生后,又缠绕到其他植株上,并将病毒传到其他植株体内,使之感染病毒。

病毒是系统侵染,被感染的植株各部位均含有病毒,用感染病毒的鳞茎、球茎、根系或插条繁殖,产生的新植株也可感染病毒。同时,病毒也可随着无性材料的栽培和贸易活动传到各地。

3.2.3 病株及健株机械摩擦传播

病毒通过病株与健株枝叶接触相互摩擦,或人为的接触摩擦而产生轻微伤口,带有病毒的汁液从伤口流出而传给健株。接触过病株的手、工具也能将病毒传染给健株。这种传播也称汁液传播。

3.2.4 种子和花粉传播

有些病毒可进入种子和花粉。据统计,迄今由种子传播的病毒已有100多种,这些病毒可随种子的调运传播到外地。能由种子传播的病毒以花叶病毒、环斑病毒为多。仙客来能通过种子传播病毒,其带毒率高达82%。由花粉传播的植物病毒有悬钩子丛矮病毒等,但花粉在自然界中的传毒作用不太明显。

4. 线虫

线虫是一种低等动物,属线形动物门线虫纲。在自然界分布很广,种类多。少数寄生在园林植物上。目前为害严重的有菊花、仙客来、牡丹、月季等草、木本花卉的根结线虫病,菊花、珠兰的叶枯线虫病,水仙线虫病,以及检疫病害的松树线虫病。线虫除直接引起植物病害外,还传播其他病害,成为其他病原物的传播媒介。植物病毒线虫的形态如图1-10所示。

4.1 线虫的形态特征

线虫的体长0.5～1.0 mm,宽0.03～0.05 mm。大部分线虫为两性异体同形,少数为雌雄异形。雌虫成熟后膨大呈梨形或近球形,但在幼虫阶段仍呈线形。线虫体壁通常为无色透明或乳白色。根结线虫病如图1-11所示。

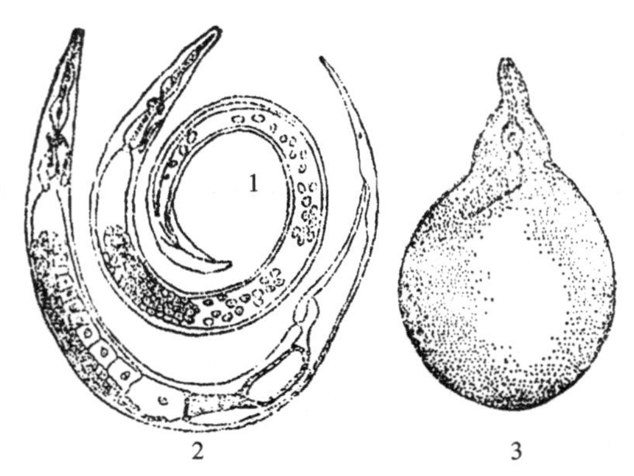

图 1-10　植物病毒线虫的形态

1—雄虫；2—雌虫；3—根结线虫雌虫

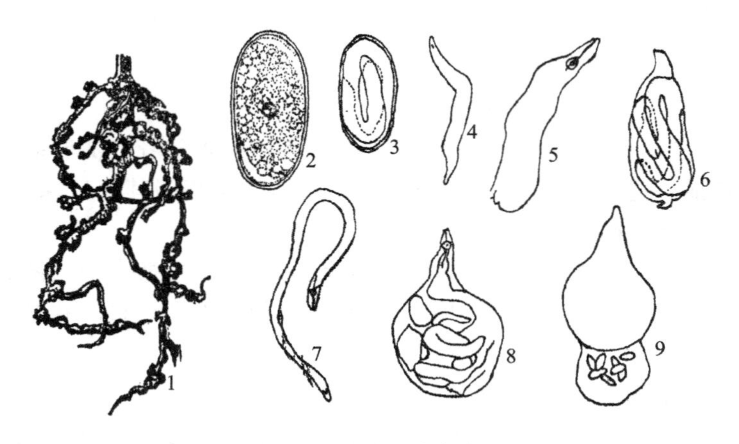

图 1-11　根结线虫病

1—幼苗根部被害状；2—卵；3—卵内孕育的幼虫；4—性分化前的幼虫；5—成熟的雌虫；
6—在幼虫包皮内成熟的雌虫；7—雄虫；8—含有卵的雌虫；9—产卵的雌虫

4.2　园林植物线虫的生长史

线虫的生长史分为卵期、幼虫和成虫三个阶段。成熟的成虫交配后，雄虫即死亡，雌虫在土壤或植物组织内产卵，卵呈椭圆形，孵化后即成幼虫。

5. 寄生性种子植物

在自然界中，有少数种子植物由于缺乏叶绿体或某种器官发生退化，不能自己制造营养，必须依靠其他种植物体内营养物质生活的称为寄生性种子植物。寄生性种子植物都是双子叶植物，全世界有 2 500 种以上，分属 12 个科。根据寄生性种子植物的寄生特点，可将其分为不同类型。寄生性种子植物按寄生性分为全寄生性种子植物和半寄生性种子植物两种。全寄生性种子植物，如菟丝子、列当，无叶绿素，完全依靠寄主提供养分。半寄生性种子植物，如桑寄生、槲寄生，有叶绿素，可以制造营养，只是靠寄主提供水分和无机盐。寄生性种子植物按寄生部位分为茎寄生性种子植物和根寄生性种子植物两种。茎寄生性种子植物，如菟丝子、桑寄生、槲寄生，寄生于寄主的地上部。根寄生性种子植物，如列当、野菰，寄生于寄主的根部。菟丝子的幼子萌发和侵害方式如图 1-12 所示。

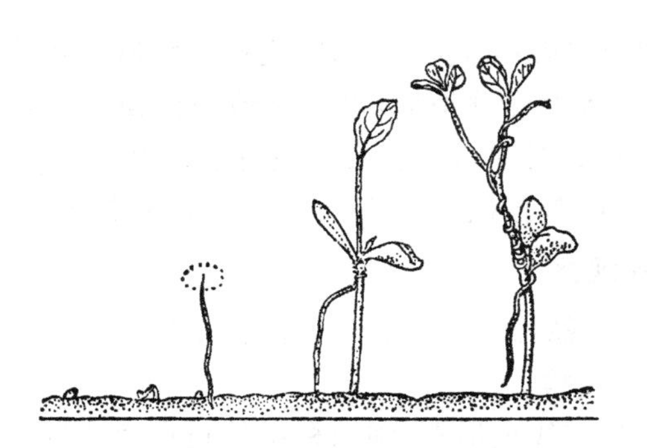

图1-12 菟丝子的幼子萌发和侵害方式

任务实施

1. 材料及工具的准备

1.1 材料

材料为当地园林植物常发生侵染性病害的各种标本及新鲜的实物。

1.2 工具

工具为挑针、刀片、木板、酒精灯、火柴、载玻片、盖玻片、纱布、乳酚油、二甲苯、显微镜、擦镜纸、吸水纸等。

2. 任务实施步骤

2.1 真菌的营养体观察

2.1.1 菌丝观察

挑取腐霉病菌制片镜检无隔菌丝,挑取枯丝核菌制片镜检有隔菌丝。观察各种病原真菌在平面和斜面培养基上形成的菌落,观察菌落大小、形状、厚薄、质地、颜色等形态特点。

2.1.2 菌丝变态观察

肉眼观察菌核、子座、菌索、吸器,假根的形状、大小、颜色;镜检制片,注意与普通营养菌丝的区别。

2.2 真菌的繁殖体——孢子观察

(1) 无性孢子观察。观察游动孢子、孢囊孢子、分生孢子、厚垣孢子的大小和特征。

(2) 有性孢子观察。观察卵孢子、接合孢子、子囊孢子、担孢子的形态和特征。

2.3 植物病原细菌革兰氏染色和形态观察

(1) 涂片。在一片载玻片两端各滴一滴无菌蒸馏水备用,分别从鸢尾细菌性软腐病、白菜软腐病或马铃薯环腐病的菌落上挑取适量细菌,分别放入载玻片两端的水滴中,用挑针搅匀涂薄。

(2) 固定。将涂片在酒精灯火焰上方通过数次,使菌膜干燥固定。

(3) 染色。在固定的菌膜上分别加1滴甲紫液,染色1 min,用水轻轻冲去多余的甲紫液,加碘液冲去残水,再加1滴碘液染色1 min,用水冲洗碘液,用滤纸吸去多余水分,再滴加95%的酒精脱色25~30 s,用水冲洗酒精,用滤纸吸干后再用碱性品红复染0.5~1 min,用水冲洗复染剂,吸干。

（4）油镜镜检。细菌形态微小，必须用油镜观察。将制片依次先用低倍、高倍镜找到观察部位，然后在细菌涂面上滴少许香柏油，再慢慢地把油镜转下使其浸入油滴中，并由一侧注视，使油镜轻触盖玻片，观察时用微动螺旋慢慢将油镜上提到观察到清晰物像为止。镜检完毕后，用擦镜纸蘸少许二甲苯轻拭镜头，除净镜头上的香柏油。

2.4　植物病原线虫的观察

（1）若用小麦线虫病粒观察线虫形态，应提前将带病小麦粒用清水浸泡至发软，观察时切开麦粒，挑取内容物制片镜检。

（2）若用根结线虫病观察线虫形态，则取根结外黄白色小颗粒物或剥开根结，挑取其中的线虫制片镜检。

2.5　寄生性种子植物的观察

仔细比较菟丝子、列当、桑寄生、槲寄生或所给的寄生性种子植物标本，哪些仍具绿色叶片？哪些叶片已完全退化？它们如何从寄主吸取营养？

园林植物侵染性病害的观察与识别任务考核单如表1-4所示。

表1-4　园林植物侵染性病害的观察与识别任务考核单

序号	考核内容	考核标准	分值	得分
1	真菌营养体观察	能分辨无隔菌丝和有隔菌丝	20	
2	孢子观察	能识别不同孢子类型	20	
3	细菌革兰氏染色	正确进行细菌革兰氏染色操作	20	
4	线虫的观察	说出线虫的形态特征	20	
5	寄生性种子植物观察	说出常见寄生性种子植物的种类及特点	20	

（1）真菌无性繁殖和有性繁殖各产生哪些类型的孢子？

（2）真菌所致病害的典型症状有哪些？

（3）细菌性病害的症状特点及防治措施有哪些？

（4）病毒性病害的症状特点及防治措施有哪些？

（5）线虫为害的特点及防治措施有哪些？

（6）寄生性种子植物的为害及防治措施有哪些？

其他侵染性病原

1. 类病毒

类病毒是1960年以后发现的比病毒结构还简单，更微小的一类新病原物。结构上无蛋白质外壳，只有低相对分子质量的核糖核酸。种子带毒率很高，通过无性繁殖材料、汁液接触、蚜虫或其他昆虫进行传播。

类病毒病害症状主要表现植株矮化、叶片黄化、簇顶、畸形、坏死、裂皮、斑驳、皱缩。但寄主感染类病毒多为隐症带毒，即许多带有类病毒的植物并不表现症状。从侵染到发病的潜育期很长，有的侵染植物后几个月，甚至第二代才可表现症状。常见的类病毒有啤酒花矮化类病毒、菊花矮缩病类病毒、菊花绿斑病类病毒、鳄梨日斑类病毒。

2. 类菌质体

类菌质体属于原核生物，为细菌门软球菌纲，是介于病毒和细菌之间的单细胞生物，无细胞壁，表面只有一个三层的单位膜。类菌质体主要采用二均分裂、芽殖方式进行繁殖，主要存在于韧皮部组织中和昆虫体内。类菌质体通过嫁接、菟丝子、叶蝉、飞虱、木虱进行传播，如绣球花绿变病、牡丹丛枝病、仙人掌丛枝病、丁香与紫罗兰绿变病、天竺葵丛枝病等。

类菌质体对四环素抗生素如四环素、金霉素和土霉素比较敏感，可以用这些抗生素进行治疗，疗效一般为一年左右。类菌质体对青霉素的抗性则很强。

3. 类立克次氏体

类立克次氏体属于原核生物，为细菌门裂殖菌纲，是介于病毒和细菌之间的单细胞生物，细胞壁较厚，形态多变，通常为杆状、球状、纤维状等。类立克次氏体以二均分裂方式繁殖，是专性寄生物，不能在人工培养基上生长，能在昆虫体内繁殖，甚至可由虫卵将病原传给下一代。但在自然情况下，类立克次氏体主要靠嫁接和叶蝉、木虱等昆虫介体传播，汁液不能传播。其主要症状表现为叶片黄化、叶灼、梢枯、枯萎和萎缩等。

类立克次氏体存在于植物的韧皮部和木质部内。韧皮部的类立克次氏体为革兰氏阴性，对四环素和青霉素都敏感，造成的病害有柑橘黄龙病、柑橘青果病等。木质部的类立克次氏体分为革兰氏阴性和阳性两类。阴性的细胞壁不均匀，对四环素敏感，但对青霉素不敏感，引起的病害有杏叶灼病、葡萄皮尔斯病、苜蓿萎缩病等；阳性的细胞壁平滑，对四环素和青霉素都不敏感，引起的病害有甘蔗根癌病等。木质部的类立克次氏体可用四环素进行治疗。

任务4　园林植物病害的诊断技术

知识点：了解园林植物病害诊断的方法和程序，掌握常见的园林植物病害的诊断技术。
能力点：能根据症状正确诊断园林植物常发生的病害。

任务提出

园林植物病害的种类非常多，而不同病害的发生规律和防治方法又不尽相同。只有正确诊断园林植物病害，才能及时有效地开展防治工作。每一种园林植物病害的症状都具有一定的、相对稳定的特征，我们能否根据这些固有的症状对园林植物病害进行正确诊断呢？

任务分析

园林植物病害诊断是为了查明园林植物的发病原因，确定病原的种类，再根据病原特性和发展规律，对症下药，及时有效地防治病害。正确诊断和鉴定园林植物病害，是防治病害的基础。我们可以根据发病植物的特征、环境条件，经过调查分析，对植物病害做出准确诊断。植物病害种类繁多，防治方法各异，只有对病害做出肯定的、正确的诊断，才能确定出切实可行的防治措施。

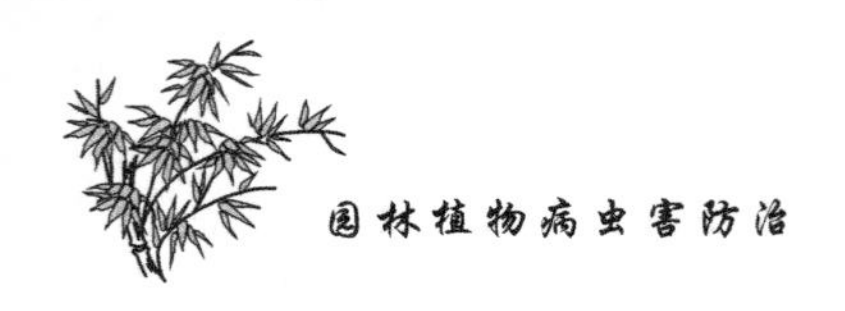

任务实施的相关专业知识

1. 园林植物病害的诊断步骤

园林植物病害的诊断，应根据发病植物的症状和病害的田间分布等进行全面的检查和仔细分析，对病害进行确诊，一般可按下列步骤进行。

1.1 田间观察

田间观察即现场观察。观察病害在田间的分布规律，了解病株的分布状况、树种组成、发生面积，发病期间的气候条件、土壤性质、地形地势及栽培管理措施，以及往年的病害发生情况。如果为苗圃，还应询问前1年的苗木栽植种类及轮作情况，作为病害诊断的参考。

1.2 园林植物病害症状识别

症状对园林植物病害的诊断有其重要意义。掌握各种病害的典型症状是迅速诊断病害的基础。症状一般可用肉眼或放大镜加以识别，方法简便易行。利用症状观察可以诊断多种病害，特别是各种常见病和症状特征十分显著的病害，如锈病、白粉病、霜霉病和寄生性种子植物病害等。园林植物病害症状诊断具有实用价值和实践意义。

依据园林植物病害症状的特点，先区别是伤害还是病害，再区别是非侵染性病害还是侵染性病害。非侵染性病害没有病征，常成片发生。侵染性病害大多有明显的病征，通常零散分布。

1.3 病原物的实验室鉴定

经过对园林植物进行现场观察和症状观察，初步诊断为真菌病害的，可挑取、刮取或切取表生或埋藏在组织中的菌丝、孢子梗、孢子或子实体进行镜检。根据病原真菌的营养体、繁殖体的特征等，来决定该菌在分类上的地位。如果病征不明显，可放在保湿器中保湿1～2 d后再进行镜检。细菌病害的病组织边缘常有细菌呈云雾状溢出。病原线虫和螨类，均可在显微镜下看清其形态。植原体、病毒等在光学显微镜下看不见，只有在电子显微镜下才能观察清楚其形态，且一般需经汁液接种、嫁接试验、昆虫传毒等试验确定。某些病毒病可以通过检查受病细胞的病原物来鉴定。生理性病害虽然检查不到任何病原物，但可以通过镜检看到细胞形态和内部结构的变化。

如果显微镜检查诊断遇到腐生菌类和次生菌类的干扰，导致还不能确定所观察的菌类是否是真正的病原菌，必须进一步使用人工诱发试验的手段。

1.4 人工诱发试验

在症状观察和显微镜检查时，可能在发病部位发现一些微生物，但不能断定是病原菌还是腐生菌，这时最好从发病组织中把病菌分离出来，人工接种到同种植物的健康植株上以诱发病害发生，这就是人工诱发。如果被接种的健康植株产生同样症状，并能再一次分离出相同的病菌，就能确定该菌为这种病害的病原菌。其步骤如下：

（1）当发现植物发病组织上经常出现的微生物时，将它分离出来，并使其在人工培养基上生长；

（2）将培养物进一步纯化，得到纯菌种；

（3）将纯菌种接种到健康的寄主植物上，并给予适宜的发病条件，使其发病，观察它是否与原症状相同；

(4) 从接种发病的组织上再分离出这种微生物。

人工诱发试验并不一定能够完全实行,因为有些病原物到现在还没找到人工培养的方法。接种试验也常常由于没有掌握接种方法或不了解病害发生的必要条件而不能成功。目前,对病毒和植原体还没有人工培养方法,一般用嫁接方法来证明它们的传染性。

2. 园林植物非侵染性病害的诊断要点

2.1 园林植物非侵染性病害的特点

园林植物非侵染性病害的特点有如下几点。

(1) 病株的分布具有规律性,一般较均匀,往往是大面积成片发生,不先出现中心病株,没有从点到面扩展的过程;

(2) 症状具有特异性,除了高温、日灼和药害等个别病原能引起局部病变外,病株常表现为全株性发病,如缺素症、涝害等,株间不互相传染,病株只表现病状而无病征,症状类型有变色、枯死、落花、落果、畸形和生长不良等;

(3) 病害的发生与环境条件、栽培管理措施有关,因此,要通过科学合理的园林栽培技术措施,改善环境条件,促使植物健壮生长。

2.2 园林植物非侵染性病毒的诊断方法

对园林植物非侵染性病害一般通过观察绿地或圃地的环境条件、栽培管理等即可诊断。用放大镜仔细检查病部表面或表面消毒的发病组织,再经保温保湿,检查有无病征。必要时可分析园林植物所含的营养元素及土壤酸碱度、有毒物质等,还可以进行营养诊断和治疗试验,以明确病原。

2.2.1 症状观察

对病株上发病部位,病部形态大小、颜色、气味、质地等外部症状,用肉眼和放大镜观察。非侵染性病害只有病状而无病症,必要时可切取发病组织经表面消毒后,置于保温(25~28 ℃)条件下诱发。如经 24~48 h 仍无病症发生,可初步确定该病不是真菌或细菌引起的病害,而属于非侵染性病害或病毒病害。

2.2.2 显微镜检

将新鲜或剥离表皮的发病组织切片并加以染色处理,显微镜下检查有无病原物及病毒所致的组织病变(包括内含体)。如果没有,即可提出非侵染性病害的可能性。

2.2.3 环境分析

非侵染性病害由不适宜环境引起,因此应注意病害发生与地势、土质、肥料及当年气象条件的关系,栽培管理措施、排灌、喷药是否适当,城市工厂“三废”是否引起植物中毒等,只有对以上因素都做分析研究,才能在复杂的环境因素中找出主要的致病因素。

2.2.4 病原鉴定

确定非侵染性病害后,应进一步对非侵染性病害的病原进行鉴定。

2.3 诊断园林植物非侵染性病害的注意事项

园林植物非侵染性病害的病株在群体间发生比较集中,发病面积大而均匀,没有由点到面的扩展过程,发病时间比较一致,发病部位大致相同。如日灼病都发生在果、枝干的向阳面,除日灼、药害是局部病害外,通常植株表现为全株性发病,如缺素症、旱害、涝害等。

3. 园林植物侵染性病害的诊断要点

3.1 园林植物真菌性病害的诊断要点

症状识别是鉴定真菌性病害的有效方法。园林植物真菌所致的病害几乎包括了所有的病害症状类型。除具有明显的病状外，其主要标志是在被害部或迟或早都会出现病征，如各种色泽的霉状物、粉状物、点状物、菌核、菌素及伞状物等。一般根据这些子实体的形态特征，可以直接鉴定出病菌的种类。如对于病部尚未长出真菌的繁殖体，可用湿纱布或保湿器保湿 24 h，病征就会出现，一般再做进一步检查和鉴定即可，必要时需做人工接种试验。

3.2 园林植物细菌性病害的诊断要点

3.2.1 肉眼检查

园林植物细菌性病害的病状有枯萎、穿孔、溃疡和肿瘤等。其共同的特点是：病状多表现急性坏死型；病斑初期呈水渍状，边缘常有褪绿的黄晕圈。病征方面，气候潮湿时，从病部的气孔、水孔、皮孔及伤口或枝条、根的切口处溢出黏稠状菌脓，干后呈胶粒状或胶膜状。

3.2.2 镜检

镜检发病组织切口处有无喷菌现象是确诊细菌性病害最常用的方法。但少数肿瘤病害的组织中很少有喷菌现象出现。对于新病害或疑难病害，必须进行分离培养接种才能确定。

3.3 园林植物病毒性病害的诊断要点

3.3.1 园林植物病毒性病害的特点

(1) 田间病株大多是分散的、无规律性，病株周围往往发现完全健康的植株。

(2) 有些病毒是接触传染的，病株在田间分布较集中。

(3) 有些病毒靠昆虫传播，病株在田间的分布就比较集中。若初侵染来源是野生寄主上的昆虫，则在田边、沟边的植株发病比较严重，田中间的较轻。

(4) 病毒性病害的发生往往与传毒虫媒活动有关。田间害虫发生越严重，病毒性病害也越严重。

(5) 病毒性病害往往随气候变化有隐症现象，但不能恢复正常状态。

3.3.2 诊断园林植物病毒性病害的注意事项

花卉植物病毒几乎都属于系统性侵染病害，即当寄主植物感染病毒后或早或迟都会产生全株性病变和症状。病害的症状特点，对病害的诊断无疑有很大的参考价值。此外，在描述外部症状的同时还得注意环境条件、发病规律、传毒方式、寄主范围等特点，以便对病害的诊断有比较正确的结论。

3.3.3 病毒性病害野外观察与分析

野外观察对园林植物病害的诊断具有重要的意义。病毒性病害在症状上容易与非侵染性病害，特别是缺素症、空气污染所引起的病害相混淆。病毒性病害的植株在野外一般呈分散分布，发病株附近可以见到完全健康的植株；若初侵染来源是野生寄主上的昆虫，则边缘植株发病较重，中间植株发病较轻。植株发病后往往不能恢复，而非侵染性病害多数为成片发病，这种病害通过增加营养和改善环境条件可以得到恢复。植物病毒性病害的另一个特点是只有明显病状而无病征，这在诊断上有助于区别病毒和其他病原生物所引起的病害。病毒性病害较少有腐烂、萎蔫的症状，大多数病毒性病害症状为花叶、黄化、畸形。

根据以上特点观察比较，必要时可采用汁液摩擦接种、嫁接传染或昆虫传毒等接种试验，有的还可以用不带毒的菟丝子做桥梁传染，少数病毒性病害可用病株种子传染，以证实其传染性，从而确定病毒的种类。随着科学的发展，电子显微镜（简称电镜）已成为一种综合的分析仪器，在植物病毒的诊断和鉴定中发挥着重要作用。

3.4　园林植物植原体病害的特点

3.4.1　症状初步诊断

由植原体引起的园林植物病害主要是丛枝和黄化病状，应注意与病毒性病害区别。

3.4.2　利用接种植物进行诊断

植原体病害可以由叶蝉等媒介昆虫、嫁接或菟丝子方法接种本种植物及长春花等指示植物，根据其所表现的不同症状进行病害诊断。

3.4.3　电镜观察

条件允许时，可进一步通过电子显微镜观察，确认在植物韧皮部是否存在植原体。

3.5　园林植物线虫病害的特点

线虫多引起园林植物地下部分发病，受害植物大部分表现缓慢的衰退症状，很少有急性发病的，因此在发病初期不易发现。线虫病害通常表现的症状是病部产生根结、肿瘤、茎叶扭曲和畸形、叶尖干枯、须根丛生及生长衰弱，形似营养缺乏症状。

1. 材料及工具的准备

1.1　材料

材料为当地常见病害标本及新鲜植物。

1.2　工具

工具为双目解剖镜、放大镜、镊子、培养皿、解剖针、载玻片。

2. 任务实施步骤

2.1　园林植物非侵染性病害的诊断技术

（1）田间观察，了解是否是环境条件、栽培管理等因素引起的症状。

（2）用放大镜仔细检查病部表面有无病征，非侵染病害是没有病征的。

（3）最后分析植物所含营养元素及土壤酸碱度、有毒物质等的影响，必要时可进行营养诊断和治疗试验、温湿度等环境影响试验，以明确病原物。

2.2　园林植物侵染性病害的诊断技术

2.2.1　园林植物真菌性病害的诊断

（1）观察其发病部位的症状，看发病部位有没有各种霉状物、粉状物、锈状物、絮状物、小粒点状物等。

（2）然后取各种病征在显微镜下经镜检鉴定病原物。

2.2.2　园林植物细菌性病害的诊断

（1）看发病部位叶片上是否有叶斑、多角形病斑；根、茎、枝梢上有没有须根丛生、枯萎、软腐、肿瘤等。

（2）看发病部位有没有透明的白色、浅黄色或红色的脓状液或胶质体黏附，这是细菌性病害的基本特征，仅凭此点便可诊断是否是细菌性病害。

（3）看症状是否为急性坏死型的，有没有中心病株和中心片块。

2.2.3 园林植物病毒性病害的诊断

（1）病毒性病害只有病状没有病征，观察发病部位要是既没有真菌性病害一类的霉状物、粉状物、锈状物等病征，也无细菌性病害一类的溢脓和胶状液，则有可能是病毒性病害。

（2）观察病状，看症状是否为全株性病变。病状若有黄化、白化、花叶、皱叶、卷叶、小叶、斑驳、畸形、全株矮化、叶片多数变厚和变小、枝叶丛生、萎蔫等现象则可初步诊断为病毒性病害。

2.2.4 园林植物线虫病害的诊断

（1）多数线虫病害没有病征，只有病状，观察病株是否有根腐和全株枯萎两大病状，如果有，可进行下步诊断。

（2）先看须根上是否有念珠状虫瘿，如果有，可切开根部看，如果根部有乳白色至褐色梨形雌线虫，则可诊断为线虫病。

2.2.5 园林植物植原体病害的诊断

观察病株是否有萎缩、丛枝、枯萎、叶片黄化、扭曲、花变绿等症状，如果有，则可用下面方法进一步诊断。

（1）用电子显微镜观察。对病株组织或带毒媒介昆虫的唾腺组织制成的超薄切片检查有无类菌原体和类立克次氏体的存在。

（2）治疗试验。对受病组织施用四环素和青霉素。对青霉素抵抗能力强，而用四环素后病状消失或减轻的，病原为类菌原体。施用四环素和青霉素之后症状都消失或减轻的，为类立克次氏体。

任务考核

园林植物病害的诊断技术任务考核单如表 1-5 所示。

表 1-5 园林植物病害的诊断技术任务考核单

序号	考核内容	考核标准	分值	得分
1	非侵染性病害诊断	能根据症状正确诊断非侵染性病害	20	
2	真菌性病害诊断技术	能根据症状正确诊断真菌性病害	15	
3	细菌性病害诊断技术	能根据症状正确诊断细菌性病害	15	
4	病毒性病害诊断技术	能根据症状正确诊断病毒性病害	10	
5	线虫病害诊断技术	能根据症状正确诊断线虫病害	10	
6	植原体病害诊断技术	能根据症状正确诊断植原体病害	10	
7	问题思考与回答	在完成整个任务过程中积极参与，独立思考	20	

思考问题

（1）园林植物病害诊断的方法有哪几种？

（2）真菌性病害的特点与诊断要点有哪些？

(3) 细菌性病害的诊断要点有哪些?

(4) 病毒性病害的特点与诊断要点有哪些?

(5) 寄生性种子植物的识别特征有哪些?

拓展提高

1. 诊断园林植物病害时应注意的问题

植物病害的症状是复杂的,每种植物病害虽然都有自己固定的、典型的特征性症状但也有易变性。因此,诊断病害时要慎重,要注意如下几个问题。

(1) 不同的病原可导致相似的症状。如桃、樱花等园林植物的真菌性穿孔病与细菌性穿孔病不易区分;萎蔫性病害可由真菌、细菌、线虫等病原引起。

(2) 相同的病原在同一寄主植物不同的发病部位可表现不同的症状。如苹果轮纹病为害枝干时,形成大量质地坚硬的瘤状物,造成粗皮病;为害果实时,则使得果面上产生同心轮纹状的褐色病斑。

(3) 相同的病原在不同的寄主植物上可表现不同的症状。如白菜感染十字花科蔬菜病毒病呈花叶,萝卜感染后则叶呈畸形。

(4) 环境条件可影响病害的症状。如腐烂病类型在气候潮湿时表现湿腐症状,在气候干燥时表现干腐症状。

2. 田间诊断及其重要性

田间诊断指在田间病害发生现场对植物病害进行实地考察和分析诊断。在考察中应详细调查和记载病害发生的普遍性及严重性、病害发生的快慢、病害在田间的分布、病害发生时期、寄主品种及其生育期、受害部位、症状(病状和病征)、发病田的地势和土壤,以及昆虫活动和环境条件等。根据病害在田间的分布发展特点、病株发病情况及近期的天气变化,以及施肥、喷药、灌排水等农事操作情况等,综合分析,对病害做出初步推断。

病害的现场观察和调查对于初步确定病害的类别和进一步缩小范围很有帮助。现场的观察要细致、周到,由整株到根、茎、叶、花、果等各个器官,注意颜色、形状和气味的异常;由病株到周围植株,再到全田、邻田,注意病害在田间分布的特点;注意地形、地貌、邻近作物或建筑物的影响。病害的调查要注意区分不同的症状,尽可能排除其他病害的干扰。

3. 实验室诊断的重要性

实验室诊断是田间诊断的补充或验证。在对一种病害经过田间诊断后,由于该病害较复杂或不常见或属于新的病害等原因,尚不能确诊时,就需对其做进一步的检测或试验,以查明病因。

(1) 侵染性病害的实验室诊断。对疑为侵染性病害的,首先应取具有典型症状的标本做病原物显微镜检测和鉴定。

(2) 非侵染性病害的实验室诊断。对疑为非侵染性病害的,可进行模拟试验、化学分析、治疗试验和指示植物鉴定等。

任务5　园林植物病害标本采集、制作与保存技术

知识点:了解园林植物病害标本采集、制作、保存技术。

能力点:能利用常见工具制作园林植物病害标本。

任务提出

不同的病害，发生在植物的不同部位，有的是叶，有的是花，有的是果，有的是根，有的甚至是全株，发生部位不同，在采集时一定要加以区分，且要有针对性地采集不同部位，保持症状的全面性。发生部位不同，在保存时也要加以区分，有干制标本，有浸渍标本。该任务就是要针对不同的病害种类，学会采用不同的方法采集、制作和保存病害标本。完成此任务需要熟悉病害标本的采集工具和采集方法；了解病害标本采集时应注意的问题；需要掌握不同病害标本的制作和保存方法。

任务分析

园林植物病害标本是植物病害症状及其分布的最好的实物性记载。有了植物病害标本才能进行病害的鉴定和有关病原的研究，保证防治工作正常进行。完成此项工作任务，使学生能够掌握植物病害标本的采集、制作和保存方法，并通过标本采集、鉴定，熟悉当地常见病害种类的症状特点和发生情况。

任务实施的相关专业知识

1. 园林植物病害标本的采集

1.1 园林植物病害标本的采集工具

1.1.1 标本夹

标本夹同植物标本采集夹一样，是用来采集、翻晒和压制病害标本的，由两块对称的木条栅状板和一条细绳构成。

1.1.2 标本纸

标本纸一般采用麻纸、草纸或旧报纸，主要用来吸收标本水分。

另外，还需要手锯、采集箱、修枝剪、手持放大镜、镊子、记载本和标签等。

1.2 园林植物病害标本的采集方法与要求

(1) 掌握适当的采集时期，症状要具有典型性，对真菌性病害应采集有子实体的。对新病害要有不同阶段的症状表现的标本。要将病部连同部分健康组织一起采集，以利于对病害的诊断。

(2) 对有转主寄生的病害要采集两种寄主上的症状。

(3) 每一种标本，只能有一种病害，不能有多种病害并存，以便正确鉴定和使用。

(4) 在采集标本时，应同时进行野外记录，包括寄主名称、环境条件、发病情况及采集地点、采集日期、采集人等。

1.3 园林植物病害标本采集注意事项

为保证标本的完整性，有利于标本的制作及鉴定，采集时应注意以下几点。

(1) 对于病菌孢子容易飞散脱落的标本，用塑料袋或光滑清洁的纸将病部包好，放入采集箱内。

(2) 对于柔软的肉质类标本、腐烂的果实标本，必须用纸袋分装或用纸包好后，放入采集箱内，一定不要挤压。

(3) 对体型较小或易碎的标本，如种子、干枯的病叶等，采集后放入广口瓶或纸袋内。

(4) 对适于干制的标本，应边采集边压于标本夹中。尤其是容易干燥蜷缩的标本，更应注意立即压制，否则叶片失水蜷缩，就无保存价值了。

(5) 对不太熟悉的寄主植物，应将花、叶及果实等一并采集，进行鉴定。

(6) 各种标本的采集应具有一定的份数(5份以上)，以便于鉴定、保存和交换。

2. 园林植物病害标本的制作

一般的园林植物病害标本主要有干制和浸渍两种制作方法。干制法简单、经济，应用广；浸渍法可保存标本的原形和原色，特别是果实病害的标本，用浸渍法制作效果较好。此外，用切片法制作玻片标本，可用于保存并建立原物档案。

2.1　干制标本的制作

对于茎、叶、果等水分不多、较小的标本，可先分层夹于标本夹内的吸水纸中压制。标本纸每层3～4张，用于吸收标本中的水分。然后将标本夹捆紧放于室内通风干燥处。标本应尽快干燥，干燥越快保持原色效果越好。在压制过程中，必须勤换纸、勤翻动，防止标本发霉变色，特别是在高温、高湿天气。通常前几天，要每天换纸1～2次，此时由于标本变软，应注意整理使其美观又便于观察，以后每2～3 d换一次纸，直到全干时为止。对于较大枝干和坚果类病害标本以及高等担子菌的子实体，可直接晒干、烤干或风干。对于肉质多水的病害标本，应迅速晒干、烤干或放在30～45 ℃的烘箱内烘干。另外，对于某些容易变褐的叶片标本，可平放在阳光照射的热砂之中，使其迅速干燥，达到保持原色的目的。

2.2　浸渍标本的制作

对于一些不适于干制的病害标本，如伞菌子实体、幼苗和嫩枝叶等，为保存原有色泽、形状、症状等，可放在装有浸渍液的标本瓶内。现将常用的浸渍液及其使用方法介绍如下。

2.2.1　普通防腐浸渍液

普通防腐浸渍液只防腐不保色。其配方如下：甲醛50 mL，95%的乙醇300 mL，水2 000 mL。此浸渍液亦可简化成5%的甲醛溶液或70%的乙醇溶液。

2.2.2　醋酸铜-甲醛溶液

醋酸铜-甲醛溶液浸渍法配方如下：将醋酸铜渐渐加入50%的醋酸(乙酸)中配成饱和溶液(大约1 000 mL 50%的醋酸加15 g醋酸铜)，此为原液，使用时加水稀释3～4倍。

2.2.3　黄色和橘红色标本浸渍液

保存梨、柿、杏、黄苹果和柑橘等果实标本，多采用亚硫酸做浸渍液。亚硫酸有漂白作用，使用时一定要注意浓度。一般市售的亚硫酸(含SO_2 6%的水溶液)，在使用时应配成稀释溶液。

注意：存放标本的浸渍液，多用具有挥发性或易于氧化的药品制成，必须严密封闭，才能长久保持浸渍液的效用。

3. 园林植物病害标本的保存

3.1　干制标本的保存

干燥后的标本经选择制作后，连同采集记录一并放入标本盒中或牛皮纸袋中，贴上鉴定标签，然后分类存放于标本橱中。

（1）纸制标本盒。盒底纸制，盒面嵌有玻璃，可将经过压制的标本用线或胶固定在盒内底部，盒外贴上标签。

（2）牛皮纸袋。先把标本缝固在油光纸夹中，然后将其置于牛皮纸袋中，并在袋外贴上标签。

（3）标本橱。标本橱用来保存标本盒、牛皮纸袋和玻片标本盒，一般按寄主种类归类排列，也可按病原分类系统排列。

3.2 浸渍标本的保存

将制好的浸渍标本瓶、缸等，贴好标签，直接放入专用标本橱内即可。

3.3 玻片标本的保存

将玻片标本排列于玻片标本盒内，然后将标本盒分类存放于标本橱中。

各类标本的保存要有专人负责，干制标本和浸渍标本必须分橱存放，定期检查，如发现问题及时处理。标本室应保持阴凉干燥，定期通风。标本室的玻璃窗要加深色防光窗帘，如发现标本室有标本害虫，应立即采取熏蒸措施。

1. 材料及工具的准备

1.1 材料

材料为有关植物病害症状挂图、影视教材、教学课件。

1.2 工具

工具为光学显微镜、放大镜、镊子、挑针、搪瓷盘、病害标本夹、采集箱、塑料袋、纸袋、小玻管、标本纸、绳、刀、剪、锯、锄、记载本、标签、铅笔等。

2. 任务实施步骤

2.1 园林植物病害标本的采集

（1）采集准备。在采集园林植物病害标本前，应明确采集目的，准备好相应的采集工具。

（2）采集标本。园林植物病害标本主要有病的根、茎、叶、果实或全株，好的病害标本必须具有寄主各受害部位在不同时期的典型症状。

（3）做好记录。记载内容有寄主名称、采集日期与地点、采集者姓名、生态条件和土壤条件。

2.2 园林植物病害标本的制作

从田间采回的新鲜标本必须经过制作，才能应用和保存。对于典型病害症状最好是先摄影，以记录自然、真实的状况，然后按标本的性质和使用的目的制成各种类型的标本。

2.2.1 干制标本的制作

干制标本的制作分为标本压制和标本干燥两步。

2.2.2 浸渍标本的制作

多汁的病害标本，如幼苗和嫩叶等，为了保存其原有的色泽、形状、症状特点，必须用浸渍法保存。

2.3 园林植物病害标本的保存

制成的园林植物病害标本，经过整理和登记后按一定的系统排列和保存。

（1）玻面纸盒保存。制作时，在纸盒中先铺一层棉花，棉花上放标本和标签，注明寄主植物和寄生菌的名称，然后加玻璃盖。棉花中可加少许樟脑粉或其他药剂驱虫。

（2）干制标本纸上保存。根据标本的大小，用重磅道林纸折成纸套，将标本藏在纸套中，纸套中写明鉴定记录，或将鉴定记录的标签贴在纸套上。

（3）封套内保存。盛标本的纸套不是放在标本纸上，而是放在厚牛皮纸制成的封套中，采集记载放在纸套中，而鉴定记载则贴在封套上。标本经过整理和鉴定后，在纸套、封套或纸盒上贴鉴定标签。园林植物病害标本的鉴定标签如图1-13所示。

单位（标本室）名称

菌　名：
寄主名：
产　地：
采集者：
采集日期：　　　年　月　日
鉴定者：
标本室编号：

图1-13　园林植物病害标本的鉴定标签

园林植物病害标本采集、制作与保存技术任务考核单如表1-6所示。

表1-6　园林植物病害标本采集、制作与保存技术任务考核单

序号	考核内容	考核标准	分值	得分
1	采集工具的准备	根据不同采集目的正确选择采集工具	15	
2	标本采集操作记录	能独立采集标本并做好记录	20	
3	干制标本制作	正确整形，防止霉变	20	
4	浸渍标本制作	正确配制保存液，封口要严	20	
5	病害标本的正确保存	正确标注、防腐、保存	15	
6	问题思考与回答	在完成整个任务过程中积极参与，独立思考	10	

思考问题

（1）如何才能制作一套完整的干制病害标本？请举例说明。

（2）如何制作一套精美的果实病害浸渍标本？

采集病害标本应注意的问题

1. 症状典型

要采集发病部位的典型症状，并尽可能采集到不同时期、不同部位的症状，如梨黑星病标本应有带霉层和疮痂斑的叶片、畸形的幼果、龟裂的成熟果等，以及各种变异范围内的症状。

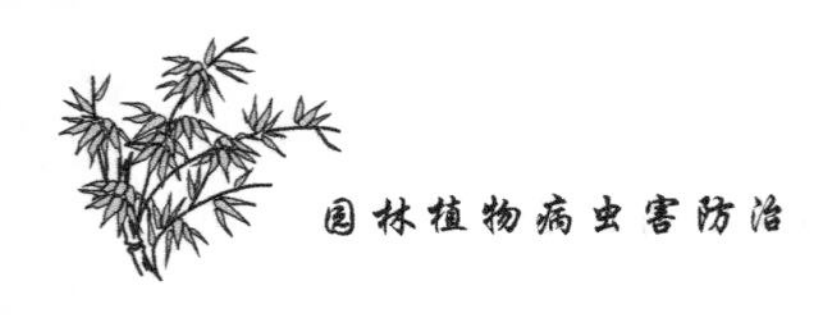

2. 病征完全

采集病害标本时，对于真菌性病害和细菌性病害一定要采集有病征的标本，对真菌性病害则以病部有子实体为好，以便做进一步鉴定；对于子实体不很显著的发病叶片，可带回保湿，待其子实体长出后再鉴定和制作标本。

3. 避免混杂

采集时对容易混淆污染的标本（如黑粉病和锈病）要分别用纸夹（包）好，以免鉴定时发生差错。

4. 采集记载

所有病害标本都应有记载，没有记载的标本会使鉴定和制作工作的难度加大。标本记载内容应包括：寄主名称、标本编号、采集地点、生态环境（坡地、平地、沙土、壤土等）、采集日期（应注明年、月、日）、采集人姓名、病害为害情况（轻、重）等。标本应挂有标签，同一份标本在记录簿和标签上的编号必须相符，以便查对；标本必须有寄主名称，这是鉴定病害的前提，如果寄主不明，鉴定时困难就很大。

学习小结

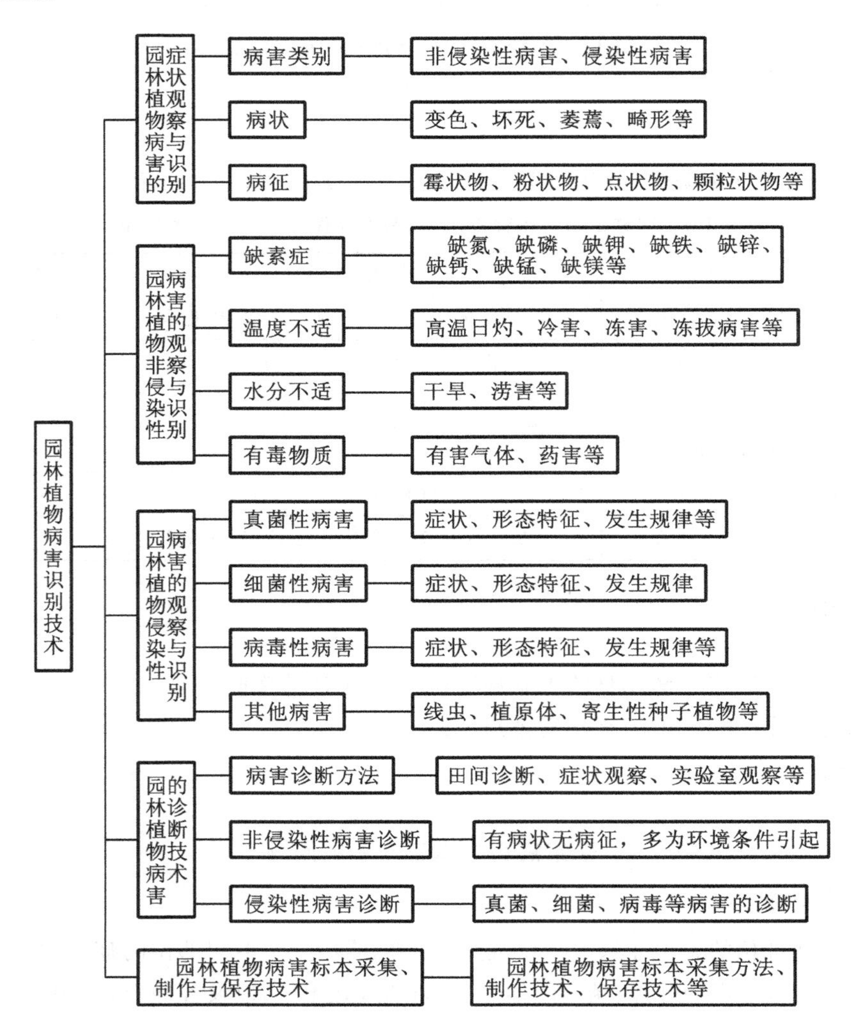

目标检测

一、填空题

(1) 生物性病原物是指以园林植物为寄生对象的一些有害生物，主要有(　　)、(　　)、(　　)、(　　)、植原体、类病毒、寄生性种子植物、线虫、寄生藻类、螨类等。通常将这类病原称为(　　)或(　　)，如属于菌类的(如真菌，细菌)又称为(　　)。

(2) 凡是由生物因子引起的植物病害都能相互传染，有侵染过程，称为(　　)或(　　)，也称寄生性病害。

(3) 由非生物因子引起的植物病害都没有传染性，没有侵染过程，称为(　　)或(　　)，也称生理性病害。

(4) 真菌的发育可分为(　　)与(　　)两个阶段。

(5) 真菌菌丝体的变态类型有(　　)、(　　)、(　　)、(　　)和(　　)。

(6) 真菌的繁殖方式分为(　　)和(　　)，分别产生(　　)和(　　)。

(7) 真菌门分为(　　)、(　　)、(　　)、(　　)和(　　)五个亚门。

二、问答题

(1) 园林植物侵染性病害是怎样发生的(如何理解病害三因素的关系)?

(2) 园林植物病害的症状类型及特点是什么?

(3) 如何区分侵染性病害和非侵染性病害?

(4) 园林植物细菌性病害的特点是什么?

(5) 简述园林植物侵染性病害的诊断方法。

(6) 什么是潜伏侵染?

(7) 比较各种病原物的侵入途径与方式。

(8) 病原物的越冬、越夏场所有哪些?

项目2　园林植物昆虫识别技术

学习内容

了解昆虫的外部形态特征和内部生理构造，识别触角、口器、足和翅的构造和类型，掌握目科分类的知识。熟悉昆虫的繁殖、发育及变态类型。了解昆虫体壁、消化系统、呼吸系统、神经系统与防治的关系。

教学目标

通过对昆虫形态、生物学特性、内部器官等相关内容的学习，为学习后续课程打下基础，为提高园林植物养护技能奠定基础。

技能目标

能准确识别昆虫的口器、足和翅，对常见昆虫进行准确分类。

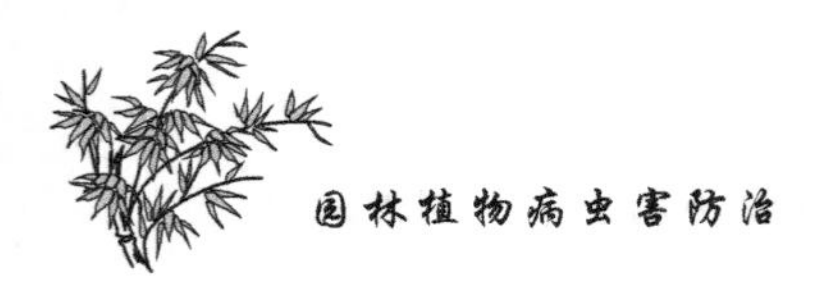

昆虫对园林植物的影响很大，为害轻的会影响园林植物的经济价值和美感，为害重的会对园林植物造成毁灭性的损害。昆虫的种类繁多，形态千差万别，那么如何识别昆虫的种类，怎样有效利用益虫和控制害虫呢？

任务1　昆虫外部形态的观察与识别

知识点：了解昆虫的外部形态特征，掌握昆虫头、胸、腹及其附肢的结构与特点。
能力点：能根据实际生产需要依据昆虫的外部形态准确识别常见的昆虫。

任务提出

昆虫种类繁多，但它们在成虫阶段都具有共同的基本外部形态特征。了解昆虫的外部形态、结构特征是识别昆虫和治理害虫的基础。

任务分析

昆虫种类繁多，外部形态复杂多样。该任务就是要从昆虫变化多端的结构中，找出它们共同的基本结构作为识别昆虫种类的依据。完成此任务需要熟悉昆虫纲的特征；掌握昆虫的体躯分段情况，以及昆虫头、胸、腹及附肢的构造与特点；识别园林植物常见昆虫的主要种类。

任务实施的相关专业知识

1. 昆虫的分类地位

在地球表面上已知生活着200多万种形形色色的生物，这些生物可划分为六大类群：病毒界、原核生物界、原生生物界、植物界、真菌界和动物界。昆虫属于动物界节肢动物门的一个纲，即昆虫纲。

2. 昆虫纲的特征

（1）体躯的若干体节分别集合成头部、胸部和腹部三个体段。

（2）头部具有一对触角、眼、口器，因而是昆虫感觉和取食的中心。

（3）胸部由三个体节组成，生有三对足，大多数昆虫在成虫期一般还生有两对翅，因而是昆虫运动的中心。

（4）腹部通常由9～11个体节组成，内含大部分内脏和生殖系统，腹末多数具有转化成外生殖器的附肢，因而是昆虫生殖和代谢的中心。

（5）昆虫在一生的生长发育过程中，通常需经过一系列显著的内部及外部体态上的变化（即变态），才能转变为性成熟的成虫。

3. 昆虫的头部

昆虫的头部是昆虫体躯最前面的一个体段，一般呈圆形或椭圆形。在头壳的形成过程中，由于体壁内陷，表面形成一些沟和缝，因此将头壳分成许多小区，每个小区都有一定的位置和名称（即额、唇基、头顶、颊、后头）。头部的附器有触角、眼和口器。头部是昆虫感觉和取食的中心。

3.1 昆虫的头式

昆虫头部的形式称为头式。根据口器在头部的着生位置和方向,昆虫的头式可分为下口式、前口式和后口式三种类型。

3.2 触角

触角由许多环节组成。基部第一节称为柄节,第二节称为梗节,梗节以后的各小节统称为鞭节。鞭节的形状和分节的多少,因昆虫种类不同而不同,因此触角是昆虫分类的重要依据。

3.3 眼

眼是昆虫的视觉器官,在取食、群集和定向活动等方面起着重要作用。昆虫的眼有单眼和复眼之分。单眼的有无、数目和位置常被当作分类依据。复眼的大小、形状、小眼面的数量也是昆虫分类的重要依据。

3.4 口器

口器是昆虫的取食器官。各种昆虫因食性和取食方式不同,口器常常在构造上发生一些变化,从而形成不同的口器类型。例如,取食固体食物的为咀嚼式口器,取食液体食物的为刺吸式口器,兼食固体和液体食物的为嚼吸式口器。此外,还有蛾、蝶类成虫所特有虹吸式口器、蓟马的锉吸式口器、牛虻的刮吸式口器、家蝇的舐吸式口器等。

4. 昆虫的胸部

胸部是昆虫的第二体段,以膜质颈与头部相连。胸部着生有三对足。胸部由三个体节组成,每一胸节下方各着生一对胸足。多数昆虫在中、后胸上方各着生一对翅。足和翅都是昆虫的行动器官,所以,胸部是昆虫的运动中心。

4.1 胸部的基本构造

昆虫的胸部每一胸节都由四块骨板构成,即背板、腹板和两个侧板。骨板按其所在胸骨片部位而各有名称,如前胸背板、中胸背板、后胸背板等。

4.2 昆虫的足

4.2.1 胸足的构造(成虫)

昆虫的胸足是胸部行动的附肢,着生在各节的侧腹面,基部与体壁相连,形成一个膜质的窝,称为基节窝。成虫的胸足一般由六节组成,自基部向端部依次分为基节、转节、腿节、胫节、跗节和前跗节。

4.2.2 胸足的类型

由于生活环境和活动方式的不同,昆虫的胸足的形态和功能发生了相应的变化,演变成不同的类型,有步行足、跳跃足、开掘足、捕捉足、游泳足、抱握足、携粉足、攀缘足等。

4.3 昆虫的翅

翅是昆虫的飞行器官,昆虫是无脊椎动物中唯一能飞的动物。翅的存在,使昆虫在觅食、求偶、避敌和扩大地理分布方面获得了强大的生存竞争力,从而使得昆虫成了动物界中最繁盛的一个类群。

4.3.1 翅的构造

昆虫的翅常呈三角形,分为三缘、三角、三褶和四区。翅的三缘分为前缘、外缘和内缘;

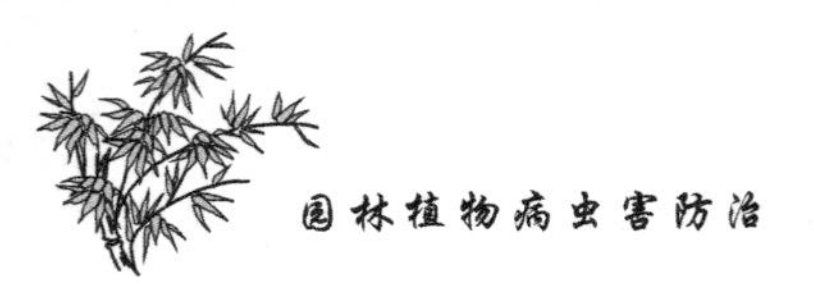

三角分为肩角、顶角和臀角；三褶分为基褶、臀褶和轭褶；四区分为腋区、臀前区、臀区和轭区。

4.3.2 翅脉和脉序

翅脉在翅面上的分布形式称为脉序。翅脉有纵脉与横脉之分。纵脉是由翅基部伸到外缘的翅脉，横脉是横列在纵脉之间的短脉。翅是昆虫分目的主要依据，根据昆虫翅的类型，很容易对常见昆虫进行大类的划分，这在识别昆虫时是十分有用的特征。

5. 昆虫的腹部

腹部是昆虫的第三体段，紧连于胸部之后，一般没有分节的附肢，里面包藏有各种内脏器官，端部着生有雌雄外生殖器和尾须。内脏器官在昆虫的新陈代谢中发挥着重要的作用，雌雄外生殖器主要承担了与生殖有关的交尾产卵等活动，尾须在交尾产卵过程中对外界环境进行感觉，所以说腹部是昆虫新陈代谢和生殖的中心。

5.1 腹部的构造

昆虫成虫的腹部一般呈长筒形或椭圆形，但在各类昆虫中常有较大的变化，一般由 9～11 节组成，第 1～8 节两侧常具有一对气门。腹部的构造比胸部简单，各节之间以节间膜相连，并相互套叠。腹部只有背板和腹板，而没有侧板，侧板被侧膜所取代。

5.2 腹部的附肢

成虫腹部的附肢有外生殖器和尾须。

5.2.1 外生殖器

雌虫的外生殖器称为产卵器，雄虫的外生殖器称为交配器。各类昆虫的交配器构造复杂，种间差异也十分明显，但在同一类群或虫种内个体间比较稳定，因而可作为鉴别虫种的重要依据。

5.2.2 尾须

尾须是由第 11 腹节附肢演化而成的一对须状外突物，存在于部分无翅亚纲和有翅亚纲中的蜉蝣目、蜻蜓目、直翅类及革翅目等较低等的昆虫中。

6. 昆虫的体壁

体壁是包在整个昆虫体躯（包括附肢）最外层的组织，它具有皮肤和骨骼两种功能，又称外骨骼。

6.1 昆虫体壁的功能

构成昆虫的躯壳，着生肌肉，保护内脏，防止水分蒸发，阻止微生物和其他有害物质的入侵，起保护作用。同时还是营养物质的贮存库，色彩和斑纹的载体。此外，体壁可特化成各种感觉器官和腺体等，参与昆虫的生理活动。

6.2 昆虫体壁的构造

昆虫体壁由里向外可分为底膜、皮细胞层和表皮层。

6.3 昆虫体壁的外长物

昆虫体壁的外长物分为细胞性外长物和非细胞性外长物。

6.4 皮细胞腺

昆虫体壁的皮细胞，一般都有一定的分泌作用。有些昆虫虫体某些部位的皮细胞特化为某种腺体，按照腺体的分泌物和功能可分为涎腺、丝腺、蜡腺、胶腺、毒腺、臭腺、蜕皮腺等。

任务实施

1. 材料及工具的准备

1.1　材料

材料为蝗虫（雌、雄）、螽斯、步甲、蝉、白蚁、叩甲、绿豆象（雄）、蓑蛾（雄）、蝶类、瓢虫、金龟子、蜜蜂、蚊（雄）、蝇类、蓟马、螳螂、蝼蛄、龙虱（雄）、蝽类、家蚕幼虫。

1.2　工具

工具为手持放大镜、体视显微镜、泡沫塑料板、镊子、解剖针、蜡盘。

2. 任务实施步骤

2.1　昆虫体躯基本构造的观察识别

取一只雌蝗虫（见图2-1）放入蜡盘中，首先观察蝗虫的体躯是否左右对称，是否被外骨骼包围；然后观察体躯是否分为头、胸、腹三个体段，以及胸、腹各由多少体节组成，头胸是如何连接的；用左手拿住蝗虫，用右手捏住镊子轻轻拉动一下腹末，观察节与节之间的节间腹；最后观察触角、复眼、单眼、口器、胸足、翅、听器、尾须及雌雄外生殖器等的着生位置、形态、数目。以家蚕为例观察侧单眼，必要时可借助手持放大镜或体视显微镜进行观察。

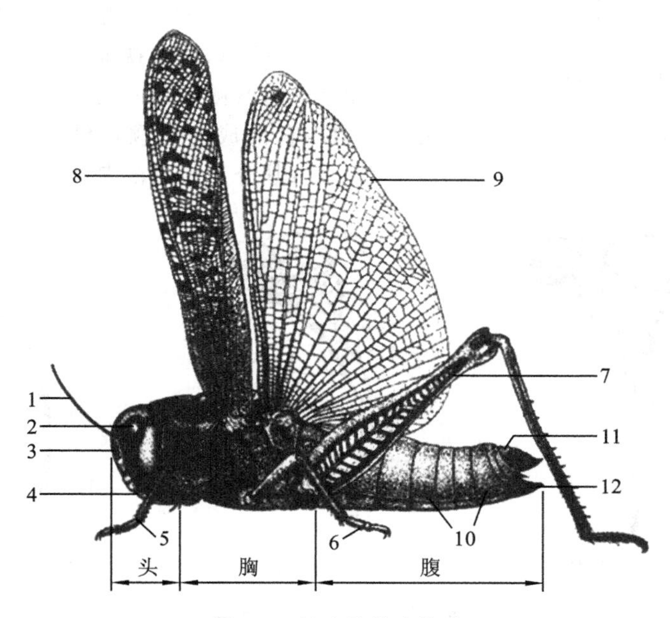

图2-1　蝗虫的基本构造

1—触角；2—复眼；3—单眼；4—口器；5—前足；6—中足；7—后足；8—前翅；9—后翅；10—气门；11—尾须；12—产卵器

2.2　昆虫头式的观察识别

以螽斯、步甲、蝉为例，观察它们口器的着生方向，判别它们属于何种头式（见图2-2）。

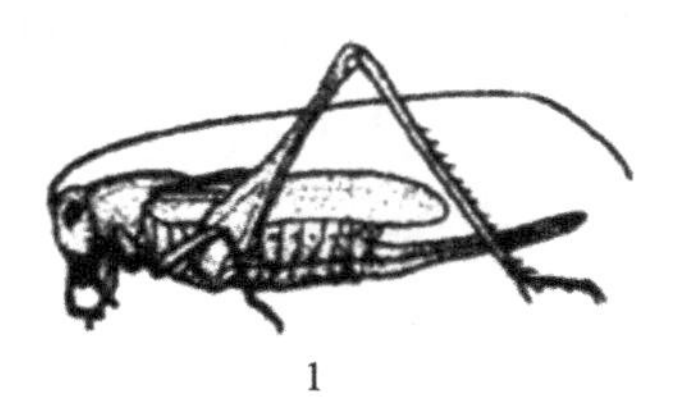

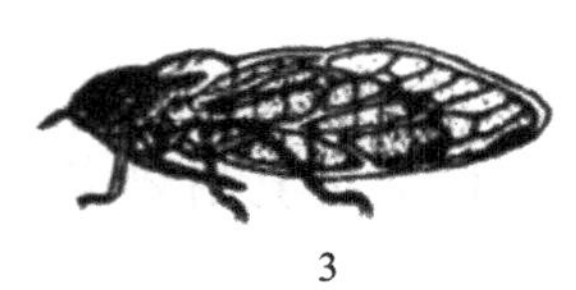

图 2-2　昆虫的头式

1—下口式(螽斯);2—前口式(步甲);3—后口式(蝉)

2.3　昆虫口器构造的观察识别

2.3.1　咀嚼式口器昆虫的观察识别

将上面观察的蝗虫的头部取下,观察咀嚼式口器,认清上唇、上颚、下颚、下唇、舌。蝗虫的咀嚼式口器如图 2-3 所示。

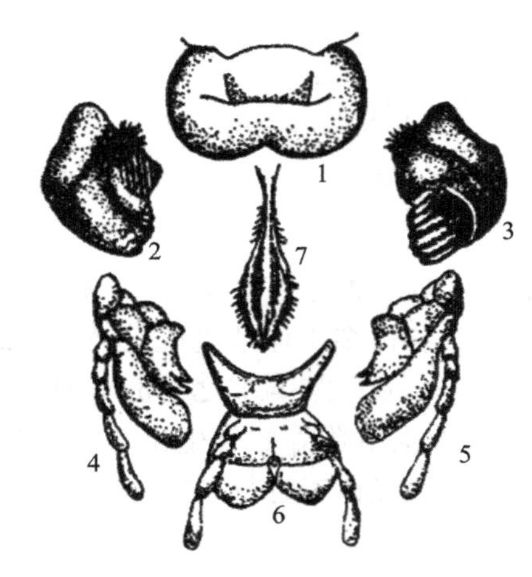

图 2-3　蝗虫的咀嚼式口器

1—上唇;2、3—上颚;4、5—下颚;
6—下唇;7—舌

2.3.2　刺吸式口器昆虫的观察识别

以蝉为材料,仔细观察可见在头的下方具有一根三节的管状下唇;将头取下,左手执蝉的头部,使其正面向上,下唇向右,右手轻轻下按下唇,透过光线可见紧贴在下唇基部的一块三角形小骨片即为上唇;将下唇自基部轻轻拉掉,在体视显微镜下观察可见由上、下颚组成的口针,两侧的为一对上颚口针,中间的一根为由两下颚嵌合而成的下颚口针,用解剖针轻轻挑动口针基部,可将其分开。蝉的刺吸式口器如图 2-4 所示。

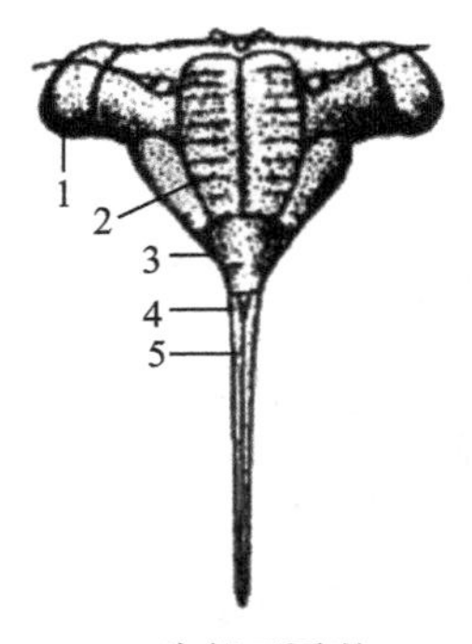

(a) 头部正面观

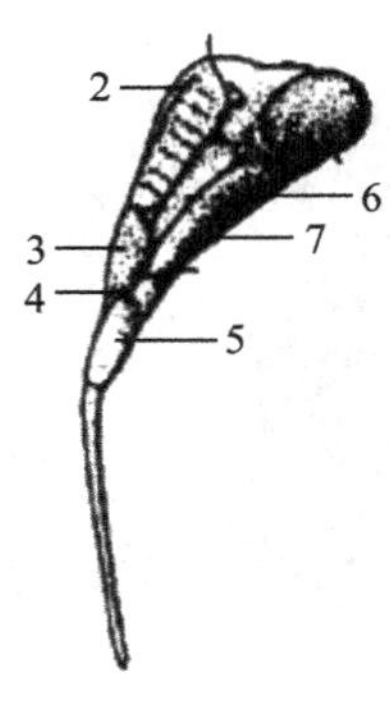

(b) 头部侧面观

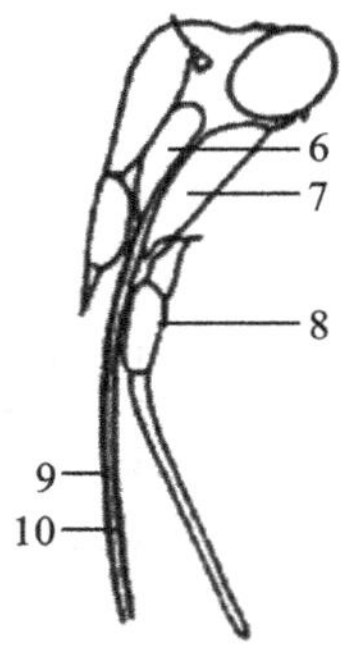

(c) 口器各部分分解

图 2-4　蝉的刺吸式口器

1—复眼;2—额;3—唇基;4—上唇;5—喙管;6—上颚骨片;7—下颚骨片;8—下唇;9—上颚口针;10—下颚口针

2.3.3　虹吸式口器昆虫的观察识别

以蝶类为材料,观察头部下方有一条细长卷曲似发条状的虹吸管。蝶类的虹吸式口器如图 2-5 所示。

2.3.4　锉吸式口器昆虫的观察识别

在体视显微镜下观察蓟马示范玻片标本,可见其倒锥状的头部内有口针,右上颚口针退

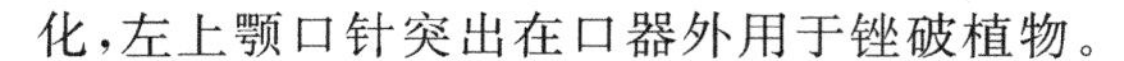

化，左上颚口针突出在口器外用于锉破植物。

2.3.5　舐吸式口器昆虫的观察识别

在体视显微镜下观察蝇类口器示范玻片标本，可见其由基喙、中喙和唇瓣三部分组成。

2.4　昆虫触角的观察识别

用手持放大镜或体视显微镜观察蜜蜂触角的基本构造，区别出柄节、梗节和鞭节，特别注意鞭节（鞭节是由许多亚节组成的）。蜜蜂触角的基本构造如图2-6所示。

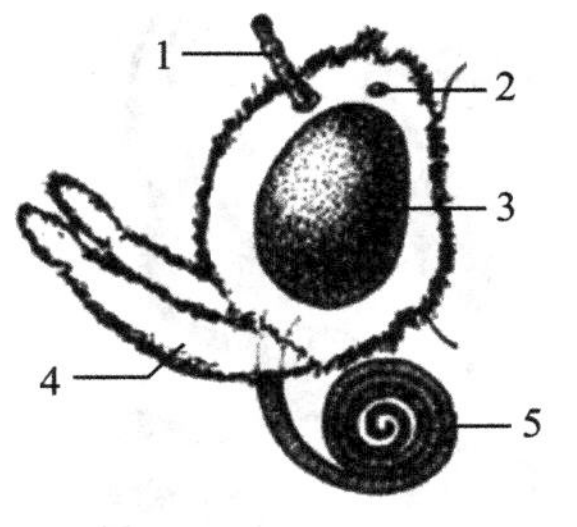

(a) 头部侧面观

6
7
9
8

(b) 喙的横切面

图2-5　蝶类的虹吸式口器

1—触角；2—单眼；3—复眼；4—下唇须；5—喙；
6—肌肉；7—神经；8—气管；9—食道

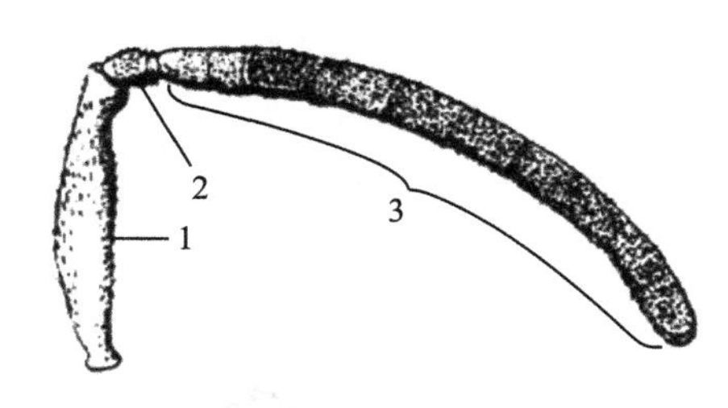

图2-6　蜜蜂触角的基本构造

1—柄节；2—梗节；3—鞭节

以蝗虫、蝉、白蚁、叩甲、绿豆象（雄）、蓑蛾（雄）、蝶类、瓢虫、金龟子、蜜蜂、蚊（雄）、蝇类为材料，观察它们的触角各属何种类型。昆虫触角的基本类型如图2-7所示。

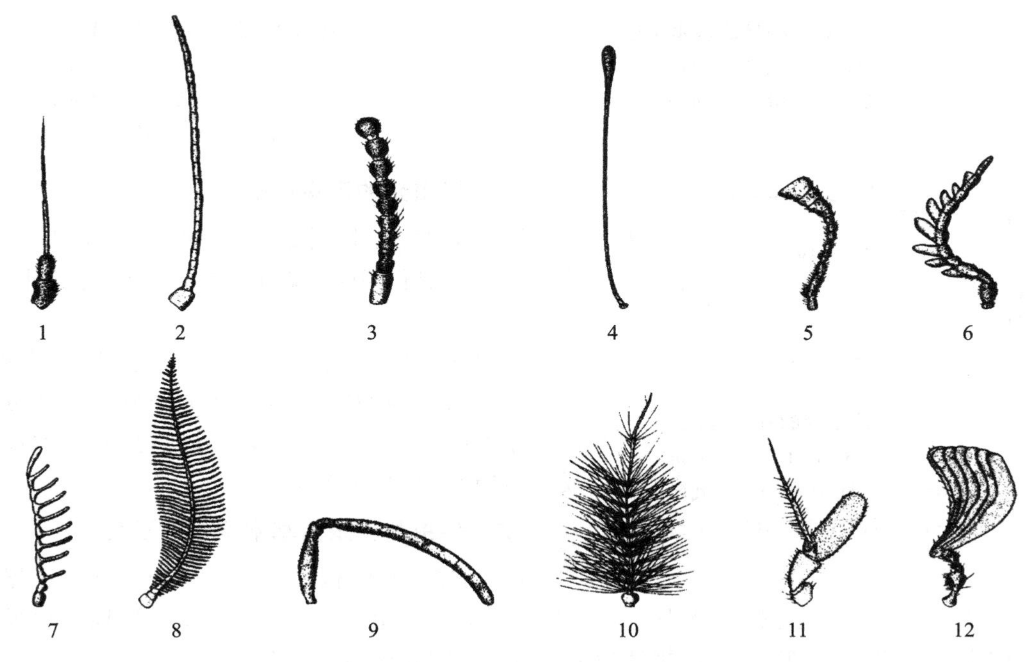

图2-7　昆虫触角的基本类型

1—刚毛状；2—线状；3—念珠状；4—棒状；5—锤状；6—锯齿状；
7—栉齿状；8—羽毛状；9—膝状；10—环毛状；11—具芒状；12—鳃片状

2.5 昆虫胸足的观察识别

以蝗虫的中足为例，观察昆虫胸足的基节、转节、腿节、胫节、跗节和前跗节的构造。蝗虫胸足的基本构造如图 2-8 所示。

对比观察其后足，以及蝼蛄、螳螂、龙虱（雄）的前足，观察蜜蜂和龙虱（雄）的后足、步甲的足，辨别它们的变化特点及类型。在体视显微镜下观察家蚕的腹足及趾钩。昆虫胸足的类型如图 2-9 所示。

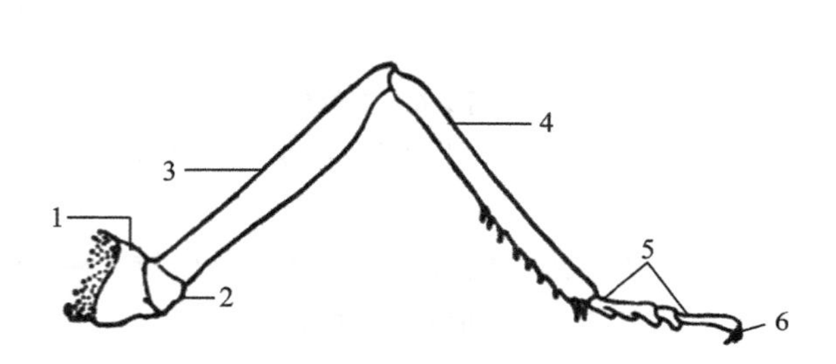

图 2-8　蝗虫胸足的基本构造

1—基节；2—转节；3—腿节；
4—胫节；5—跗节；6—前跗节

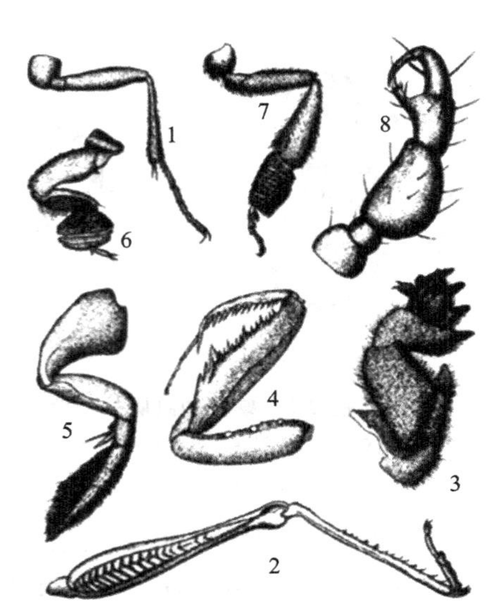

图 2-9　昆虫胸足的类型

1—步行足；2—跳跃足；3—开掘足；
4—捕捉足；5—游泳足；6—抱握足；
7—携粉足；8—攀缘足

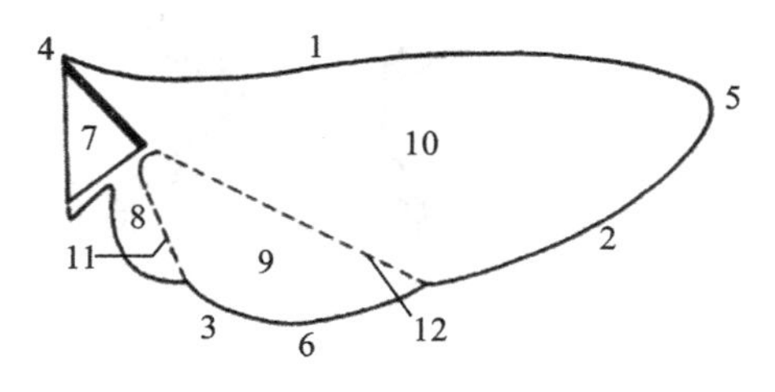

图 2-10　蝗虫翅的基本构造

1—前缘；2—外缘；3—内缘；4—肩角；
5—顶角；6—臀角；7—腋区；8—轭区；
9—臀区；10—臀前区；11—臀褶；12—轭褶

2.6 昆虫翅的观察识别

取一只蝗虫，将后翅展开，观察翅脉，以及三缘、三角、三褶和四区。蝗虫翅的基本构造如图2-10所示。

对比观察蝗虫、金龟子、蝽类的前翅，以及蝉、蝶类、蜜蜂、蓟马的前后翅和蝇类的后翅。昆虫翅的类型如图 2-11 所示。比较不同昆虫翅的类型在质地、形状上的变异特征。

2.7 昆虫外生殖器基本构造的观察

以雌性蝗虫为材料，观察雌性蝗虫外生殖器即产卵器的背瓣、内瓣和腹瓣，以及导卵器、产卵孔等；以雄性蝗虫为材料，观察雄性蝗虫外生殖器即交配器的阳茎、阳茎基；以雄性蛾类为材料观察抱握器的构造。

园林植物昆虫外部形态观察与识别任务考核单如表 2-1 所示。

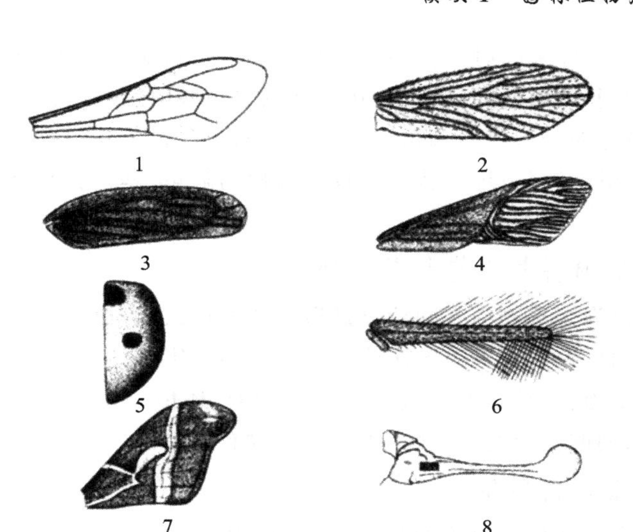

图2-11　昆虫翅的类型

1—膜翅；2—毛翅；3—覆翅；4—半翅；5—鞘翅；6—缨翅；7—鳞翅；8—棒翅

表2-1　园林植物昆虫外部形态观察与识别任务考核单

序号	考核内容	考核标准	分值	得分
1	体躯的基本构造观察	正确划分体段并能说明其特点与各部名称	20	
2	口器与头式的观察	指明口器的各部分名称与类型，正确区别头式	15	
3	触角的观察	指明触角的各部分名称，并能区分不同类型的触角	15	
4	胸足的观察	指明胸足的各部分名称，并能区分胸足的类型	10	
5	翅的观察	指明翅的三缘、三角、三褶和四区，并能区分其类型	10	
6	外生殖器的观察	指明外生殖器的各部分名称，并能正确区分雌雄昆虫	10	
7	问题思考与回答	在完成整个任务过程中积极参与，独立思考	20	

思考问题

（1）如何根据昆虫的外部形态来理解昆虫的种类及分布特征？

（2）如何根据昆虫的头式来大致判断它们是益虫还是害虫？

（3）如何根据昆虫口器的不同类型来推断它们为害植物后的为害状，以及如何选择用药？

（4）如何根据昆虫足的不同类型来推断它们的生活环境和行为习性？

拓展提高

1. 利用触角识别昆虫

昆虫种类不同，其触角形状也不一样，不但可以根据触角的类型识别昆虫，而且还可以根据触角来区别同种昆虫的雌雄，下面是一些常见昆虫的触角类型。

刚毛状是蜻蜓、蝉、叶蝉的触角；线状（丝状）是天牛、螽斯的触角；念珠状是白蚁的触角；棒状（球杆状）是蝶类和蝶角蛉的触角；锤状是瓢虫等一些甲虫的触角；锯齿状是大多叩甲的触角；栉齿状（梳状）是部分叩甲的触角；羽毛状（双栉状）是许多雄蛾的触角；膝状（肘状）是蜜蜂、蚂蚁及部分象甲的触角；环毛状是雄蚊和摇蚊的触角；具芒状是蝇类的触角；鳃片状是金龟甲的触角。

2. 利用口器的为害特点进行药剂防治

咀嚼式口器昆虫为害植物的共同特点是造成各种形式的机械损伤，例如，取食叶片造成缺刻、孔洞，通常使用胃毒剂和触杀剂防治咀嚼式口器的害虫。

刺吸式口器昆虫为害植物，不仅吸取植物的汁液，还传播植物病毒病，防治时通常使用内吸性杀虫剂、触杀剂或熏蒸剂，而使用胃毒剂是没有效果的。

3. 利用胸足来识别昆虫

步行足是步行甲、蚂蚁、蝽象等的足；跳跃足是蝗虫、蟋蟀等的后足；开掘足是蝼蛄的前足；捕捉足是螳螂、猎蝽的前足；游泳足是龙虱、仰蝽等昆虫的后足；抱握足是雄性龙虱的前足；携粉足是蜜蜂的后足；攀缘足是虱类的足。

4. 利用翅来识别昆虫

膜翅是蜂类、蜻蜓的翅，甲虫、椿象等的后翅；复翅是蝗虫等直翅类昆虫的前翅；鞘翅是甲虫类的前翅；半鞘翅是椿象的前翅；鳞翅是蛾蝶类的翅；毛翅是毛翅目昆虫的翅；缨翅是蓟马的翅；棒翅（平衡棒）是双翅目昆虫和蚧壳虫雄虫的后翅。

5. 昆虫体壁与药剂防治的关系

昆虫的体壁，特别是表皮层的结构和性能与害虫防治有着密切的关系。在防治害虫时使用的接触性杀虫剂，必须能够穿透它，才能发挥作用。低龄幼虫，体壁较薄，农药容易穿透，易于触杀；高龄幼虫，体壁硬化，抗药性增强，防治困难，所以，使用接触性杀虫剂防治害虫时要“治早治小”。

任务2　昆虫内部器官的观察与识别

知识点：了解昆虫的内部器官结构特点，掌握昆虫内部器官与防治的关系。
能力点：能根据实际生产需要利用昆虫内部器官的特点进行有效的防治。

任务提出

通过任务1的观察，我们已经了解了昆虫的外部形态特征，可是昆虫的内部结构究竟是什么样的呢？昆虫都有哪些内部器官呢？和人类的是否有相同的地方呢？要想了解这些，需要我们对昆虫进行细致的解剖来观察与识别昆虫的内部构造。

任务分析

昆虫的生命活动和行为与内部器官的生理功能关系十分密切，如果能通过对昆虫的解剖进一步了解昆虫的消化、呼吸、生殖、神经等内部器官的特性，掌握其生理功能与害虫防治的关系，就能为我们科学制订害虫的防治方案打下坚实基础。

任务实施的相关专业知识

1. 昆虫的体腔结构

昆虫的体壁包围着整个体躯，体躯里面形成一个相通的体腔，所有的内部器官都位于这个体腔内。由于背血管是开口的，血液循环是开放式的，体腔中存在着血液，各器官都直接浸没在血液中，这不同于脊椎动物的体腔，所以这样的体腔称为血腔（所有的节肢动物都具有血腔）。

2. 昆虫消化器官的结构

昆虫的消化器官是一条从口腔到肛门的纵贯腔中央的管道，包括前肠、中肠和后肠三个部分。

咀嚼式口器的昆虫，取食固体食物，中肠结构比较简单，常呈均匀、粗壮的管状。咀嚼式口器的昆虫的前肠由口腔、咽喉、食道、嗉囊和前胃等部分组成，具有磨碎和储存食物的功能。中肠又称胃，是昆虫消化和吸收食物的主要部分。后肠由结肠、回肠和小肠组成，主要功能是回收水分、无机盐并排泄废物。

刺吸式口器的昆虫，取食动植物的汁液，中肠演化成细长的管道，某些种类的昆虫，如蚜虫、介壳虫等，其中肠变得特别细长，特化成滤室结构，是大多数同翅目昆虫消化道的特殊结构，通常由中肠的前后端与后肠的前端相连。由于具有滤室消化道的昆虫，如蚜类、蚧类和粉虱等，其排泄物黏滞、含糖，成为寄生真菌的营养基质，易导致植物煤污病的发生。

3. 昆虫呼吸器官的结构

昆虫的呼吸器官是由一系列排列方式相对固定的气管所组成的。气管是富有弹性的管子，分布在昆虫体内各组织的细胞间和细胞内，在体壁的开口为气门。气门可以开闭，以调节气体的出入，同时具有调控体内水分的功能。

昆虫的气门一般都是疏水性的，水分不会侵入气门，但油类物质却极易进入。乳油剂类的杀虫剂除了直接穿透体壁外，大量的是由气门进入虫体，因此，乳油剂是应用广泛且杀虫效果较好的剂型。此外，如肥皂水、面糊水等，可以机械地将气门堵塞，使昆虫窒息而死。

4. 昆虫神经器官的结构

昆虫的神经器官的基本单位是神经原。神经原包括神经细胞体和神经纤维两大部分。由神经细胞伸出的主支称轴状突，轴状突上的分支称侧支，轴状突和侧支端部的分支称端丛，由神经细胞体直接伸出的神经纤维称树状突。无数的神经元的集合构成神经节。

昆虫机体的一切行为和机能的信号传递，完全靠神经系统的传递介质——乙酰胆碱和乙酰胆碱酯酶，一旦介质的活性受到抑制或降低，昆虫有机体的生命活动就会受到威胁或者死亡。很多高效杀虫剂都是神经毒剂。

5. 昆虫生殖器官的结构

5.1 生殖器官的构造

大多数的昆虫个体已雌雄分化。雌性昆虫的内生殖器官主要由卵巢、输卵管、受精囊、附腺和阴道组成；雄性昆虫的内生殖器官由睾丸、输精管、贮精囊、射精管、阴茎组成。

5.2 昆虫的交配和受精

激发两性昆虫性行为的因素有昆虫性信息素、雄虫群舞和鸣叫、雌虫特殊的色彩和气味

等。昆虫的两性交配和受精是两个不同的概念，交配和受精过程也不是同时完成的。交配是指雌雄两性的交合；受精则指精、卵结合成受精卵的过程。昆虫受精通常发生于交配以后、产卵以前。昆虫的受精过程为：雄虫将精子射入雌虫阴道或交尾囊，经机械作用或化学刺激而储存于雌虫受精囊内，到雌虫排卵时受精囊内的精子溢出并与卵结合成受精卵而排出体外。

6. 昆虫的循环系统

昆虫的循环系统的主要器官为背血管（是主要搏动器，推动血液循环）。昆虫的循环系统属开放式，血液循环于体腔内，浸浴着所有的组织与器官。昆虫的循环系统的主要功能是运送营养物质和激素到相应的组织与器官或作用部位，并将代谢产物输送到其他组织或排泄器官，维持正常代谢活动。此外，它还可对外物侵入产生免疫反应等。

7. 昆虫的排泄系统

昆虫的主要排泄系统为马氏管、脂肪体。马氏管一般着生在消化道的中、后肠分界处，脂肪体包围在内脏器官的周围。昆虫排泄器官的主要功能是排泄代谢废物，维持体内盐类和水分的平衡，保持体内环境的稳定。

1. 材料及工具的准备

1.1 材料

材料为蝗虫、天蛾的浸泡标本，家蚕活体标本。

1.2 工具

工具为手持放大镜、体视显微镜、泡沫塑料板、镊子、解剖针、蜡盘。

2. 任务实施步骤

2.1 解剖观察昆虫内部器官的相对位置

取一只蝗虫，剪掉足和翅，用剪刀从腹部末端开始，沿气门上线剪至头顶，剪下背壁，然后观察各种器官的位置和形状。注意：在解剖时，剪刀尖略向上，以免损伤内脏。

2.2 观察家蚕幼虫体躯横切面

观察家蚕幼虫体躯横切面玻片：消化道位于中央；背血管是位于消化道背面、背隔膜上方、背血窦中央的一条直管；腹神经索位于消化道腹面、腹隔膜的下方、腹血窦的中央；呼吸系统以气门开口于体壁两侧，气管分布于体内各器官和组织上。

2.3 解剖观察家蚕幼虫的呼吸系统形状及位置

取一只家蚕幼虫，用剪刀沿中线剪开，用大头针将两侧体壁固定于蜡盘中，加清水浸没虫体，进行观察。在体腔内有许多褐色的树枝状分支的细管，即为呼吸系统的气管，注意观察这些气管与气门的联系。

2.4 观察昆虫的消化系统

2.4.1 咀嚼式口器昆虫的消化系统

取一只蝗虫，剪去翅和足，从虫体两侧由尾部到头部剪开，揭去背板，掰开头部，将消化道取出，置于蜡盘中，用水淹没，在镜下观察：蝗虫的消化道较粗大，从前至后依次为前肠（口、咽喉、食道、嗉囊、前胃）、中肠（胃盲囊）、后肠（回肠、结肠、直肠、肛门），观察各部分的外形构造。

2.4.2　刺吸式口器昆虫的消化系统

取一只蚱蝉，将其背壁去掉，置于蜡盘中，在解剖镜下进行观察：将消化道周围的腺体和脂肪体等移除，观察其消化道在体腔的位置；解剖观察滤室，注意滤室是如何形成的；解剖观察消化道的各个组成部分，注意其形状及构造特点；注意马氏管是自滤室通过的，共有几条，着生在何位置。

2.5　观察昆虫的循环系统

取活蜚蠊沿体躯两侧剪开，用镊子将其置于盛有生理盐水的蜡盘中，掀去背壁，使背壁的腹面向上，在镜下观察，可见在头、胸部内有较短的一段动脉直管，心脏包括许多连续的心室，每个心室略膨大，心室腹面的两侧附有呈三角形排列的翼肌，并可见到背血管下的一层背隔。

2.6　观察蝗虫的神经系统

取一只蝗虫，剪去足和翅，并用剪刀在复眼四周剪一圈，将头壳剪出多个裂口，再用镊子将复眼外壁和头壳撕去，最后把头部固定在蜡盘内加水淹没，在镜下小心地撕去肌肉，以便观察脑的组成。用剪刀从蝗虫的腹部末端沿背中线剪至前胸前缘，再由剪口处把体壁分开，固定于蜡盘内，用镊子除去生殖器官，加入清水置于镜下进行观察：首先可见到食道上面包围着围咽神经，将食道剪断并掀上去，或轻轻地拉掉食道和其他部分消化道，用剪刀将幕骨桥的中间部分剪去，可见一白色的咽下神经节，上面有三对神经分别通向上颚、下颚及下唇。

2.7　昆虫观察昆虫的内分泌腺体

将家蚕幼虫自背中线剪开，用剪刀平剪头部，然后用针斜插固定于蜡盘内，在镜下仔细地移除消化道两侧的丝腺和脂肪体、肌肉等，再用水冲洗干净，然后观察。

2.7.1　昆虫前胸腺的观察

找到家蚕幼虫前胸气门的位置，可见到由前胸气门向体内伸出的气管丛，用镊子小心除去气管丛，在前胸气门的气管丛基部靠近体壁处，即可看到透明、膜状的前胸腺。

2.7.2　昆虫心侧体和咽侧体的观察

用剪刀从家蚕幼虫头顶剪开，沿蜕裂线主干剪至口器上方，将头部和胸部打开，固定于蜡盘中，用水淹没，在解剖镜下用镊子剔除头部肌肉，在露出脑后，在脑后方消化道两侧仔细寻找，可见到两对近似球状的腺体，前方的一对为心侧体，后方的一对为咽侧体。

2.8　观察蝗虫的生殖系统

2.8.1　雌性蝗虫的生殖系统

取一只雌性蝗虫，剪去翅和足，用剪刀自背中线剪开，用针将两侧体壁固定于蜡盘中，加水后于镜下解剖观察。在镜下首先看见的是位于体腔中央的消化道，其背侧面有一对卵巢和一对弯向消化道腹面的侧输卵管。

2.8.2　雄性蝗虫的生殖系统

用解剖雌性蝗虫的方法解剖一只雄性蝗虫，在镜下观察：观察精巢与雌性蝗虫卵巢形状

和位置的异同；仔细寻找输精管，观察时，须将腹末的外生殖器剪破并掰开，才能见到短小、白色的射精管；在射精管和输精管的连接处有一对与许多附腺盘结在一起的储精囊。

任务考核

园林植物昆虫内壁器官观察与识别任务考核单如表 2-2 所示。

表 2-2　园林植物昆虫内壁器官观察与识别任务考核单

序号	考核内容	考核标准	分值	得分
1	内部器官的位置观察	准确指出各内部器官的位置和名称	20	
2	体躯横切面的观察	解剖准确并指明各部分名称	15	
3	呼吸系统的形状及位置	指明各呼吸系统的名称	15	
4	消化系统的观察	指明各消化系统的名称和相对位置	10	
5	循环系统的观察	指明各循环系统的名称和相对位置	10	
6	生殖系统的观察	指明各生殖系统的名称，并能正确区分雌雄昆虫	10	
7	问题思考与回答	在完成整个任务过程中积极参与，独立思考	20	

思考问题

（1）昆虫内部器官的结构有哪些特点？

（2）如何根据昆虫的各内部器官的特点进行防治？

（3）如何根据昆虫内部器官的特点选用农药？

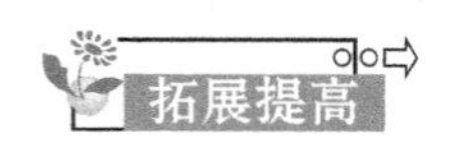
拓展提高

1. 昆虫的消化、吸收与防治的关系

蝗虫、金龟子等的中肠液偏酸性，可用具有碱性的砷酸钙农药进行防治，其作用远比具有酸性的砷酸铝的作用大；而多数蛾、蝶类幼虫的中肠液偏碱性，美曲膦酯农药在碱液中可生成毒性更强的敌敌畏；苏云金杆菌等微生物农药在虫体内产生的伴孢晶体，在碱性消化液中能形成毒蛋白，通过肠壁细胞进入体腔，可引致昆虫发生败血病而死亡。

2. 昆虫呼吸系统与防治的关系

大部分昆虫气体交换的强度与体内二氧化碳积累的多少有关。如果二氧化碳在体内积累量增多，可刺激呼吸作用增强，促使气门开闭频次增加。因此，在仓库熏蒸害虫时，在空气中加入少量二氧化碳可使昆虫呼吸作用增强，便于有毒气体大量进入而提高熏蒸效果。由于昆虫气门的疏水性和亲油性，油剂可以堵塞气门，使其窒息死亡。

3. 神经器官与防治的关系

由于神经原与神经原上的端丛的联系处有突触，突触间并未直接相连，其冲动的传导是通过乙酰胆碱来完成的。在一个冲动传导完成后，乙酰胆碱很快被神经细胞表面的乙酰胆碱酯酶水解为乙酸和胆碱，同时产生新的乙酰胆碱，使冲动传导连续进行。如果乙酰胆碱酯酶的活性受到某些有机磷类或氨基甲酸酯类神经性杀虫剂的抑制，从而引起乙酰胆碱在突触间聚集，害虫就会因无休止的神经冲动而致死。

任务3 昆虫生物学特性的观察与识别

知识点：掌握昆虫的生殖方式、变态类型，昆虫在各生育时期的特征和习性。
能力点：能准确识别卵、幼虫、蛹、成虫的类型，能利用昆虫的习性防治害虫。

任务提出

昆虫生物学主要研究昆虫的个体发育史，包括昆虫从生殖、胚胎发育、胚后发育、直至成虫各时期的生命特征。同时还要讨论昆虫在一年中的发生过程，即它们的年生活史和发生世代等。

昆虫具有惊人的繁殖能力，昆虫到底是如何繁殖的呢？有些种类昆虫个体幼虫期与成虫期在生活环境及食性上差别很大，而有些又很相似，这是为什么呢？昆虫一生之中在外部形态和习性上究竟经历了怎么样的变化？

任务分析

昆虫的一生包括繁殖、发育、变态、习性变化，以及从卵开始到成虫死亡的发生世代和年生活史等方面的内容。通过对昆虫生命特性的了解，我们可以找出它们生命活动中的薄弱环节，对园林植物有害的昆虫我们可以通过改变环境条件予以控制；对于益虫则可以找出人工保护、繁殖和利用的途径。

任务实施的相关专业知识

1. 昆虫的繁殖方式

绝大多数昆虫为雌雄异体，雌雄同体者为数甚少。雌雄异体的昆虫，主要是两性生殖。此外，还有若干特殊的生殖方式，如孤雌生殖、幼体生殖和多胚生殖等。

2. 昆虫的发育与变态

2.1 昆虫的发育

昆虫的个体发育是指由卵发育到成虫的全过程。在这个过程中，包括胚前发育期、胚胎发育期和胚后发育期三个连续的阶段。

2.2 昆虫的变态

昆虫自卵中孵出后，在胚后发育过程中，要经过一系列外部形态和内部组织器官等方面的变化才能转变为成虫，这种现象称为变态。昆虫在进化过程中，随着成虫与幼虫体态的分化、翅的获得，以及幼虫期对生活环境的特殊适应和其他生物学特性的分化，形成了各种不同的变态类型。与园林植物关系密切的昆虫的变态类型主要为不完全变态和完全变态。

2.2.1 不完全变态

不完全变态是有翅亚纲外生翅类的各目昆虫（除蜉蝣目外）具有的变态类型。其特点是（胚后发育）个体发育过程中经过卵期、幼虫期和成虫期三个虫期。幼虫期的翅在体外发育。这类昆虫的幼虫期和成虫期在外部形态和生活习性上大体相似，不同之处是幼虫期翅未发育完全、生殖器官尚未成熟。蚱蝉不完全变态如图2-12所示。

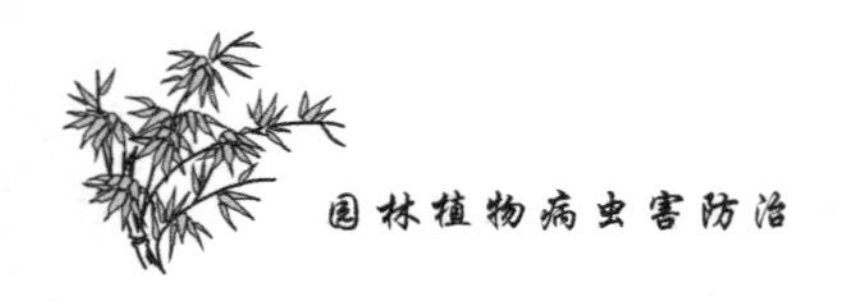

2.2.2 完全变态

完全变态是有翅亚纲内生翅类各目昆虫所具有的变态类型，如鞘翅目、鳞翅目、膜翅目、双翅目等。其特点是个体发育经过卵期、幼虫期、蛹和成虫期四个发育阶段。如蛾、蝶类和甲虫类昆虫，均属于完全变态。完全变态如图 2-13 所示。

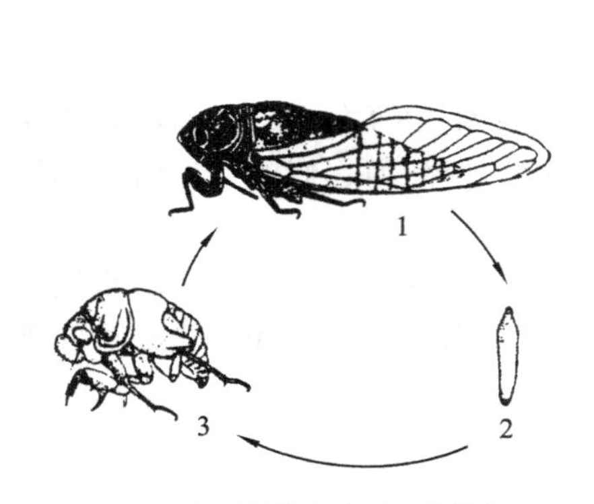

图 2-12 不完全变态(蚱蝉)

1—成虫；2—卵；3—幼虫(若虫)

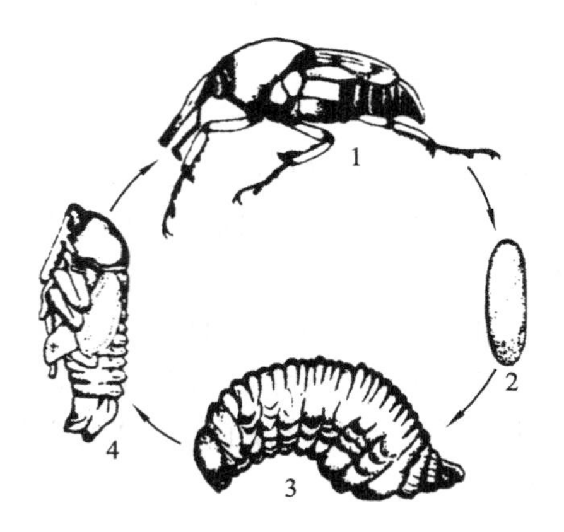

图 2-13 完全变态

1—成虫；2—卵；3—幼虫；4—蛹

3. 昆虫个体发育各阶段的特点

3.1 卵期

卵自产下到孵化为幼虫(若虫)之前的这段时间(天数)，也称为卵历期。了解害虫卵的形状、产卵方式及产卵场所，对识别、调查及虫情估计等方面都有十分重要的意义。如摘除卵块、剪除产卵枝条，都是有效控制害虫的措施。昆虫卵的类型如图 2-14 所示。

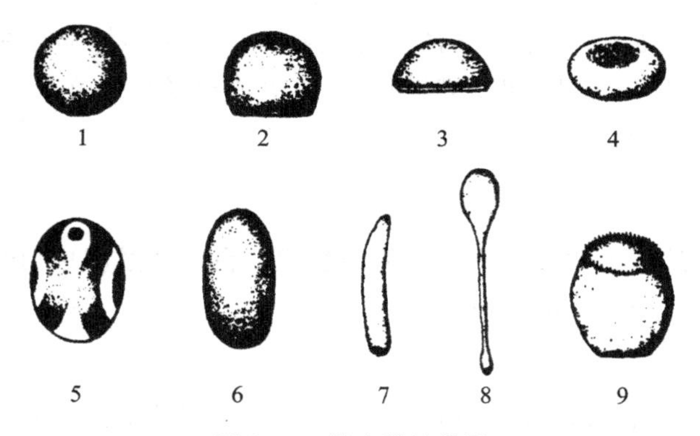

图 2-14 昆虫卵的类型

1—圆形；2—馒头形；3—半圆形；4—扁圆形；5—近圆形；6—椭圆形；7—长卵圆形；8—具柄形；9—桶形

3.2 幼虫(若虫)期

昆虫自卵孵化为幼虫到变为蛹(或成虫)之前的整个发育阶段，称为幼虫期。幼虫期的时间长短与昆虫种类和环境有关。

幼虫孵出后不久即开始取食，有的种类幼虫先食卵壳。幼虫取食生长到一定阶段，必须脱去旧表皮才能继续生长，这种现象称为蜕皮。相邻两次蜕皮之间所经历的时间称龄期。

昆虫蜕皮的次数和龄期的长短因种类和环境条件而异，在2、3龄前，活动范围小，取食很少，抗药能力很差；生长后期，食量骤增，常暴食成灾，而且抗药力增强。所以，防治幼虫应在低龄阶段。

完全变态类昆虫的幼虫，其构造、形态、体色、生活方式与成虫截然不同，共同点是体外无翅。按足的多少可分为多足型、寡足型和无足型三种类型。幼虫的类型如图2-15所示。

(a) 无足型

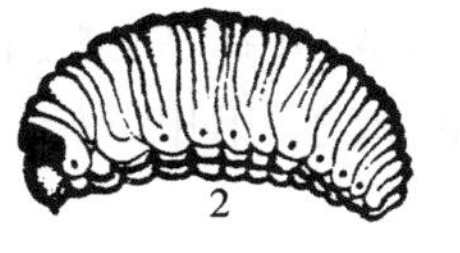

(b) 寡足型(大黑金龟子)

(c) 多足型(木蠹蛾)

图2-15　幼虫的类型

1—毛笋泉蝇；2—油茶象甲；3—头；4—前胸背板；5—臀板

3.3　蛹期

蛹是完全变态类昆虫在胚后发育过程中，由幼虫转变为成虫时，必须经过的一个特有的静止虫态。蛹的生命活动虽然是相对静止的，其内部却进行着将幼虫器官改造为成虫器官的剧烈变化。

按其附器的暴露和活动情况，可将蛹分为三个类型：离蛹、被蛹和围蛹。蛹的类型如图2-16所示。

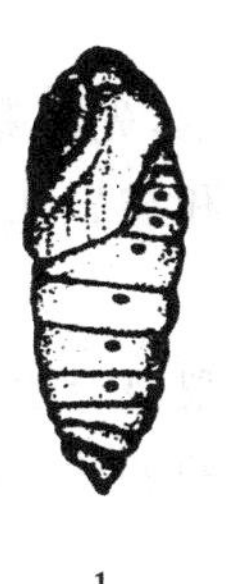

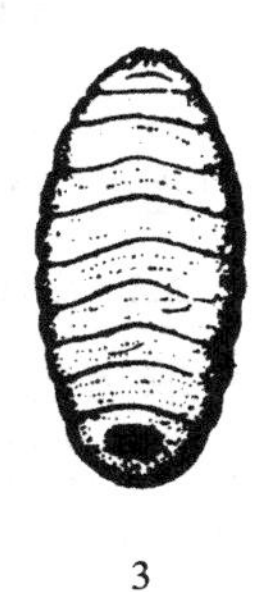

1　　2　　3

图2-16　蛹的类型

1—被蛹；2—离蛹；3—围蛹

3.4　成虫期

成虫从羽化开始直至死亡所经历的时间，称为成虫期。成虫期是昆虫个体发育的最后阶段，其主要任务是交配、产卵、繁衍后代。因此，昆虫的成虫期实质上是生殖时期。

3.4.1　羽化

羽化是指不完全变态类昆虫末龄若虫蜕皮变成成虫或完全变态类昆虫的蛹由蛹破壳变为成虫的行为。

3.4.2　性成熟和补充营养

某些昆虫在羽化后，性器官已经成熟，不再需要取食即可交尾、产卵。这类成虫口器往往退化，寿命很短，对植物为害不大，如一些蛾、蝶类。大多数昆虫羽化为成虫时，性器官还未成熟，需要继续取食，才能达到性成熟，这类昆虫的成虫阶段有的对植物仍能造成危害。这种摄取对成虫性成熟不可缺少的营养物质的行为，称为补充营养，如蝗虫、蝽类、叶蝉等。了解昆虫对补充营养的要求，对预测预报和设置诱集器等都具有重要意义。

3.4.3　性二型和多型现象

多数昆虫，其成虫的雌雄个体，在体形上比较相似，仅外生殖器等第一性征不同。但也有少数昆虫，其雌雄个体除第一性征不同外，在体形、色泽及生活行为等第二性征方面也存在着差异，称为性二型，如地老虎等。有的昆虫在同一时期、同性别中，存在着两种或两种以上的个体类型，称为多型现象，如飞虱等。

任务实施

1. 材料及工具的准备

1.1 材料

各种材料为：蝗虫、螟虫（或家蚕）的生活史标本；飞蝗、螳螂、大青叶蝉、梨星毛虫、草蛉、菜白蝶、玉米螟、球坚蚧、天幕毛虫、菜粉蝶、椿象、天蛾、红铃虫、草蛉等的卵块；地老虎、蝴蝶、家蝇的蛹；家蚕、刺蛾、寄生蜂的茧；叶蜂、蛴螬、小地老虎、蛾类、步行甲、金龟子、瓢虫、象甲、金针虫、蝇类等的幼虫；介壳虫、蚊子、锹甲、蝉、蜜蜂、蚂蚁、白蚁的成虫。

1.2 工具

工具为双目解剖镜、镊子、培养皿、解剖针、载玻片。

2. 任务实施步骤

2.1 昆虫的变态类型观察

取蝗虫、螟虫的生活史标本，先观察蝗虫的幼虫和成虫在外部形态、生活习性上有什么不同之处，再观察螟虫的幼虫和成虫在外部形态、生活习性上有什么不同之处。

2.2 卵的观察

取飞蝗、螳螂、大青叶蝉、梨星毛虫、草蛉、菜白蝶、玉米螟、球坚蚧、天幕毛虫、菜粉蝶、椿象、天蛾、红铃虫、草蛉等昆虫的卵块，在放大镜下先观察卵的形状、颜色、大小，再观察卵粒的排列情况及有无保护物等。

2.3 幼虫的观察

取叶蜂、蛴螬、小地老虎、步行甲、金龟子、瓢虫、象甲、金针虫、蝇类等昆虫幼虫的标本和活体。

（1）在显微镜下观察叶蜂幼虫的示范玻片标本，可见其胸足和其他附肢都只是一些简单的突起，腹部不分节或分节不完全，口器发育不全，很像一个发育不完全的胚胎。这样的幼虫为原足型幼虫。

（2）观察蛾类幼虫，可见其体壁柔软，没有特化的胸部和腹部，头部有侧单眼、触角和咀嚼式口器，胸部有三对胸足，腹部分节明显并具 2～10 对腹足。再观察叶蜂幼虫可见其有6～10对腹足，没有趾钩。若有腹足减少的情况，则从第 8 腹节起向前减少。这类幼虫为多足型。

（3）观察金龟子的幼虫，可见其具有发达的胸足，没有腹足体，肥胖且柔软，弯曲呈“C”形，行动迟缓，此类幼虫为蛴螬式。

（4）观察瓢虫的幼虫可见其体较短，略呈纺锤形，前口式，胸足发达，善于爬行，有发达的感觉器官，此类幼虫为蛃式。

（5）观察家蝇幼虫可见其体躯上无任何附肢，头部十分退化，完全缩入胸内，仅见口钩外露。

2.4 蛹的观察

（1）观察地老虎的蛹，可见其附肢和翅并没有紧贴在蛹体上，能活动，其腹节也能自由活动。此类蛹称为离蛹。

（2）观察蝴蝶的蛹，可见其附肢和翅紧贴在蛹体上，不能活动，腹部多数体节因为化蛹时分泌黏液，硬化后在外面形成一层硬膜，也不能活动。此类蛹称为被蛹。

（3）观察家蝇的蛹，其第3、4龄幼虫的蜕硬化成蛹壳，内有离蛹，为蝇类所特有。此类蛹称为围蛹。

2.5　成虫的对比观察

2.5.1　性二型现象观察

对比观察介壳虫、蚊子、锹甲、蝉等昆虫的雌雄个体，看它们除了第一性征不同外，在第二性征上还有什么不同。

2.5.2　性多型现象观察

对比观察蜜蜂、蚂蚁、白蚁，看它们在外部形态、翅膀的有无和长短上各有什么不同。

通过观察可知：蜜蜂中有的雌性个体中有蜂王和失去生殖能力而担负采蜜、筑巢等职责的工蜂；蚂蚁的类型更多，主要有有翅和无翅的蚁后，有翅和无翅的雄蚁，还有工蚁、兵蚁等；在同一群体的白蚁中，常可见到六种主要类型，即三种雌性生殖型——长翅型、辅助生殖的短翅型和无翅型，专门负责交配的雄蚁，两种无生殖能力的类型——工蚁和兵蚁。

任务考核

园林植物昆虫生物学特性观察与识别任务考核单如表2-3所示。

表2-3　园林植物昆虫生物学特性观察与识别任务考核单

序号	考核内容	考核标准	分值	得分
1	变态类型观察	说出完全变态成虫与幼虫的区别	20	
2	卵的类型观察	能区别出常见昆虫的卵的形状	20	
3	幼虫类型观察	能准确识别常见昆虫幼虫的类型	20	
4	蛹的类型观察	能准确识别常见昆虫蛹的类型	20	
5	成虫性二型现象观察	能区别出有性二型现象昆虫的雌雄	20	

思考问题

（1）常见昆虫的生殖方式有哪些？为什么蚜虫能在很短时间内聚集大量个体？

（2）昆虫在生长发育过程中为什么要蜕皮？怎么样根据蜕皮次数得知昆虫的虫龄？

（3）昆虫的成虫期主要干什么？怎么样利用昆虫的补充营养进行防治？

（4）如何利用昆虫的习性进行防治？

拓展提高

1. 昆虫的世代、年生活史和停育

1.1　昆虫的世代与年生活史

昆虫自卵或幼虫离开母体到成虫性成熟能产生后代为止的个体发育周期，称为一个世代。年生活史是指昆虫从当年虫态开始活动到第二年越冬结束为止的发育过程。其内容包括一年中发生的世代数、越冬或越夏虫态及其场所、各世代的发生期及与寄主植物配合的情

况、各虫态(期)的历期及食性等。

1.2 昆虫的停育

昆虫在不良环境条件下(如高温、低温、一定的日照等),会暂时停止活动,呈静止或昏迷状态,以适应不良环境,这种停育现象是物种得以保存的一种重要适应性。这一现象如呈季节性的周期发生,即所谓的越冬或越夏。从生理上看,昆虫的停育又可区分为休眠和滞育两种状态。

了解昆虫越冬或越夏是属于休眠类型还是滞育类型,对分析昆虫的化性、种群数量动态,以及对害虫的测报、益虫的繁殖等都有重要的实践意义。

2. 昆虫的习性

昆虫的习性包括昆虫的活动和行为,是昆虫调节自身、适应环境的结果。只要掌握了昆虫的这些习性,就可以正确地进行虫情调查,预测预报,寻找害虫的薄弱环节,采取各种有效措施消灭害虫。

2.1 食性

根据昆虫所取食的食物性质可将其食性分为植食性、肉食性、腐食性和杂食性四类。了解了昆虫的食性,就可以正确运用轮作与间套作、调整作物布局、中耕除草等园林技术措施防治害虫,同时对害虫天敌的选择与利用也有实际价值。

2.2 假死性

金龟子、黏虫的幼虫,受到突然的接触或震动时,身体会蜷曲,从植株上坠落地面,一动不动,片刻又爬行或飞起,这种特性称为假死性。对该类害虫,可用骤然振落的方法加以捕杀或进行调查。

2.3 趋性

趋性是指对外界刺激或趋或避的反应,有正趋性和负趋性之分。按刺激源的性质,趋性有趋光性、趋温性、趋化性等。

2.4 群集性

同种昆虫的大量个体高密度地聚集在一起生活的习性,称为群集性。许多昆虫具有群集习性,但各种昆虫群集的方式有所不同,可分为临时性群集和永久性群集两种类型。

2.5 迁飞性

迁飞或称迁移,是指一种昆虫成群地从一个发生地长距离地转移到另一个发生地的现象,是昆虫在进化过程中长期适应环境而形成的遗传特性,是一种种群行为。

3. 昆虫的隐蔽保护

昆虫的隐蔽保护是指昆虫为了躲避敌害、保护自己而将自己隐藏起来的现象,包括拟态、保护色和伪装。

任务4 昆虫主要类群的观察与识别

知识点:了解园林植物常发生害虫的种类及形态特征。

能力点:能根据园林植物昆虫的分类特征准确识别常发生的害虫。

任务提出

自然界中昆虫种类很多,已定名的有100多万种,还有许多种类尚待人们去认识。如此众多的种类,必须有科学的分类系统,才能对它们进行正确的识别、分类和利用。我们能否根据昆虫的形态特征、口器构造、触角形状、翅的有无及质地、足的类型以及变态和生活习性等来区分常见的昆虫呢?

任务分析

昆虫分类是研究昆虫科学的基础,是认识昆虫的一种基本方法。根据昆虫的形态特征、生理学、生态学、生物学等特征,通过分析、比较、归纳、综合的方法,将自然界中种类繁多的昆虫分门别类,以尽可能客观地反映出昆虫的历史演化过程,类群间的亲缘关系及种间形态、习性等方面的差异,可以帮助我们提高识别昆虫的能力,便于进一步研究昆虫,保护、利用益虫和控制害虫。

任务实施的相关专业知识

1. 昆虫分类与命名

1.1 昆虫的分类

昆虫的分类系统由界、门、纲、目、科、属、种七个基本阶梯所组成,种是分类的基本单位。为了更好地反映物种间的亲缘关系,在种以上的分类等级间加设亚纲、亚目、总科、亚科、亚属、亚种等。现以东亚飞蝗为例说明昆虫的分类阶梯顺序。

门 节肢动物门 Arthropoda
纲 昆虫纲 Insect
亚纲 有翅亚纲 Pterygota
目 直翅目 Orthoptera
亚目 蝗亚目 Locustodea
总科 蝗总科 Acridoidea
科 蝗科 Acardidae
属 飞蝗属 *Locusta*
种 飞蝗 *Locusta migratoria* L.
亚种 东亚飞蝗 *Locusta migratoria manilensis*(Meyen)

1.2 昆虫命名法

1.2.1 双名法

一种昆虫的种名(种的学名)由两个拉丁词构成,第一个词为属名,第二个为种名,即“双名”。如菜粉蝶(*Pieris rapae* L.)。分类学著作中,学名后面还常常加上定名人的姓,但定名人的姓氏不包括在双名内。

1.2.2 三名法

一个亚种的学名由三个词组成,即属名+种名+亚种名,即在种名之后再加上一个亚种名,就构成了“三名”。如东亚飞蝗[*Locusta migratoria manilensis*(Meyen)]。

属、种级学名印刷时常用斜体，以便识别；属名的第一个字母须大写，其余字母小写，种名和亚种名全部小写；定名人用正体，第一个字母大写，其余字母小写。有时，定名人前后加括号，表示种的属级组合发生了变动。种名在同一篇文章中再次出现时，属名可以缩写。

2. 昆虫主要类群认知

昆虫分类的依据主要有形态学特征、生物学和生态学特征、地理学特征、生理学和生物化学特征、细胞学特征、分子生物学特征。根据目前的分类科学水平，昆虫分类的主要依据是形态学特征。分亚纲和目所应用的主要特征是翅的有无、形状、对数、质地，口器的类型，触角、足、腹部附肢的有无及形态。根据国内多数学者的意见分为 33 目，现将与园林植物关系密切的主要目的特征概述如下。

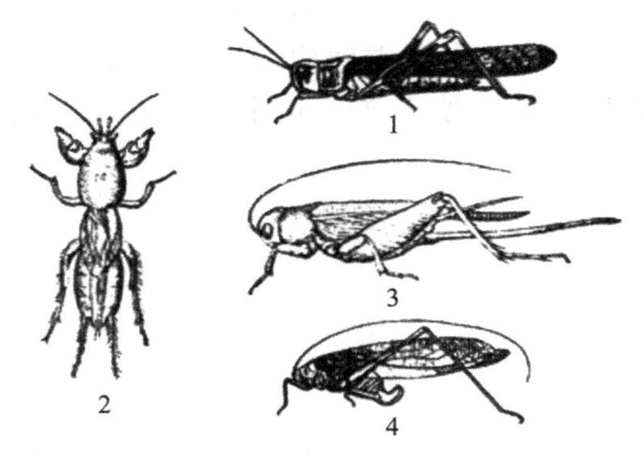

图 2-17　直翅目常见科代表

1—蝗科；2—蝼蛄科；3—蟋蟀科；4—螽斯科

2.1　直翅目

直翅目昆虫的体为中至大型，触角多为丝状，口器为咀嚼式、下口式。其前翅覆翅革质，后翅膜质透明。多数种类后足腿节发达，为跳跃足，有些种类前足为开掘足。雌虫产卵器发达，形式多样，腹部具有听器。成虫、若虫多为植食性，不完全变态。重要的科有蝗科、蟋蟀科、蝼蛄科、螽斯科，直翅目常见的科代表如图 2-17 所示。

2.2　半翅目

半翅目昆虫通称蝽，体为小至中型略扁平。其口器为刺吸式，自头的前端伸出，不用时贴在头胸的腹面；触角多为丝状，3～5 节；前翅为半翅，基部为角质或革质，端部为膜质，后翅为膜翅，静止时前翅平覆于体背；前胸背板发达，中胸有三角形小盾片。很多种类有臭腺，多开口于腹面后足基节旁，不完全变态。半翅目昆虫多为植食性，少数为肉食性天敌昆虫，如猎蝽、小花蝽等。与植物关系密切的有蝽科、长蝽科、盲蝽科、缘蝽科、猎蝽科、花蝽科等，半翅目常见科代表如图 2-18 所示。

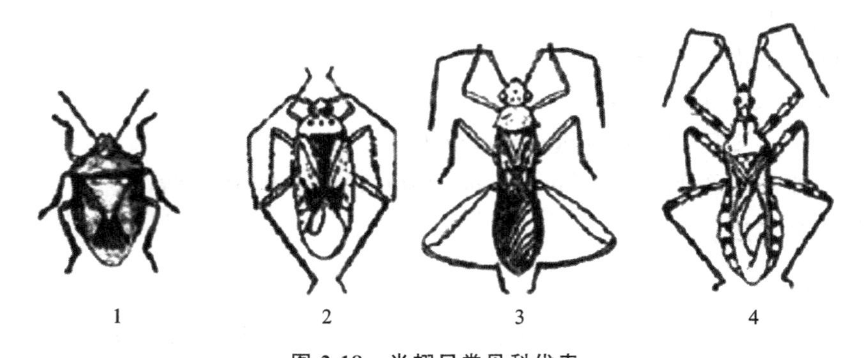

图 2-18　半翅目常见科代表

1—蝽科；2—盲蝽科；3—缘蝽科；4—猎蝽科

2.3　同翅目

同翅目昆虫的体为小型至大型，口器为刺吸式，自头的后方伸出，触角为刚毛状或丝状。其前翅质地均匀，膜质或革质，静止时呈屋脊状覆于体背，后翅为膜质。少数种类（如雌蚧）

无翅。多为两性生殖，有的进行孤雌生殖，不完全变态，植食性。有些种类在刺吸植物汁液的同时能传播植物病毒，如叶蝉。与园林植物关系密切的有叶蝉科、飞虱科、粉虱科、蚜科等，同翅目常见科代表如图2-19所示。

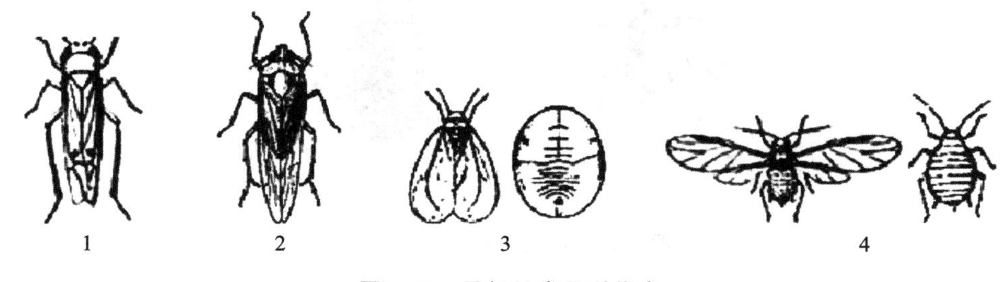

图2-19 同翅目常见科代表

1—叶蝉科；2—飞虱科；3—粉虱科；4—蚜科

2.4 缨翅目

缨翅目昆虫通称蓟马，体为微小型，细长，1～2 mm，小的仅0.5 mm。其口器为锉吸式，前后翅均为膜质，狭长，无脉或最多两条纵脉，翅缘着生长而整齐的缨毛。其足短小，末端膨大呈泡状，不完全变态，多数植食性，少数捕食蚜虫、螨类等。与园林植物关系密切的有蓟马科和管蓟马科，缨翅目常见科代表如图2-20所示。

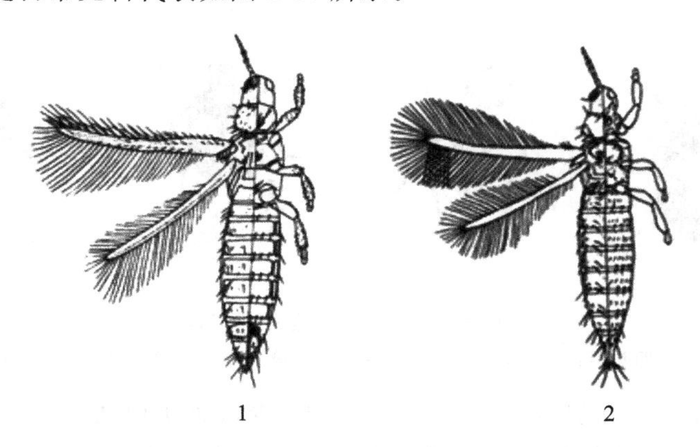

图2-20 缨翅目常见科代表

1—蓟马科(烟蓟马)；2—管蓟马科(稻管蓟马)

2.5 鞘翅目

鞘翅目昆虫通称甲虫，是昆虫纲中最大的目。其体为小型至大型，体壁坚硬。成虫前翅为鞘翅，静止时平覆于体背，后翅膜质，折叠于鞘翅下，少数种类后翅退化。前胸背板发达且有小盾片，口器为咀嚼式。触角形状多变，有丝状、锯齿状、锤状、膝状或鳃片状等。复眼发达，一般无单眼。多数成虫有趋光性和假死性，完全变态，幼虫为寡足型或无足型，蛹为离蛹。鞘翅目包括很多园林植物的害虫和益虫。图2-21所示为肉食亚目常见科代表虎甲科(中华虎甲)、步甲科(皱鞘步甲)。图2-22所示为多食亚目常见科代表金龟甲科、叩头甲科、天牛科、叶甲科、瓢甲科、象甲科、豆象科和芫菁科。

2.6 鳞翅目

鳞翅目昆虫通称蛾、蝶类。其体为小型至大型，大小常以翅展表示。成虫体、翅密生鳞

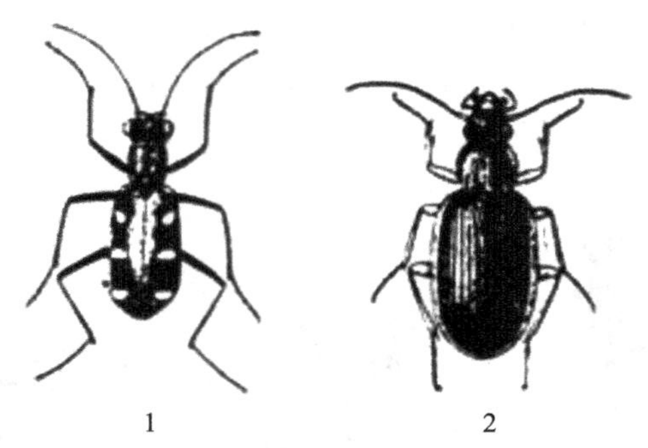

图 2-21　肉食亚目常见科代表

1—虎甲科(中华虎甲);2—步甲科(皱鞘步甲)

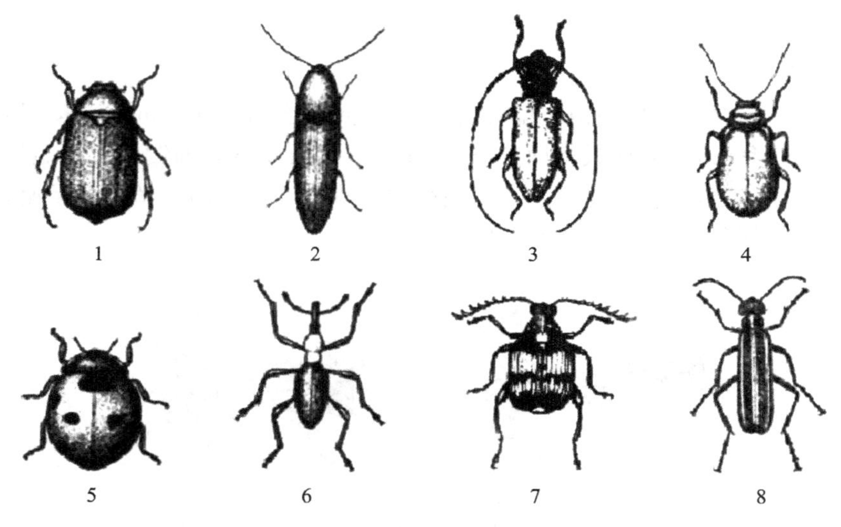

图 2-22　多食亚目常见科代表

1—金龟甲科;2—叩头甲科;3—天牛科;4—叶甲科;5—瓢甲科;6—象甲科;7—豆象科;8—芫菁科

片,并由其组成各种颜色和斑纹。前翅大,后翅小,少数种类雌虫无翅。触角为丝状、栉齿状、羽毛状、棒状等。复眼大型发达,单眼两只或无。成虫的口器为虹吸式,不用时呈发条状卷曲在头下方。其完全变态。幼虫体为圆柱形,柔软,多足型,咀嚼式口器。蛹为被蛹,腹末有刺突。鳞翅目成虫一般不为害植物,幼虫多为植食性,有食叶、卷叶、潜叶、钻蛀茎、钻蛀根、钻蛀果实等。鳞翅目昆虫按其触角类型、活动习性及静止时翅的状态分为锤角亚目和异角亚目两种。

2.6.1　锤角亚目(Rhopalocera)

锤角亚目通称蝴蝶。其触角端部膨大呈棒状或锤状。前、后翅无特殊连接构造,飞翔时后翅肩区贴着在前翅下。白天活动,静息时双翅竖立在背面或不时扇动,翅色鲜艳,卵散产。锤角亚目常见科代表如图 2-23 所示。

2.6.2　异角亚目(Heterocera)

异角亚目昆虫通称蛾类。异角亚目昆虫的触角形状各异,但不呈棒状或锤状。飞翔时前、后翅用翅缰连接。昼伏夜出,有趋光性,静息时翅平放在身上或斜放在身上呈屋脊状。

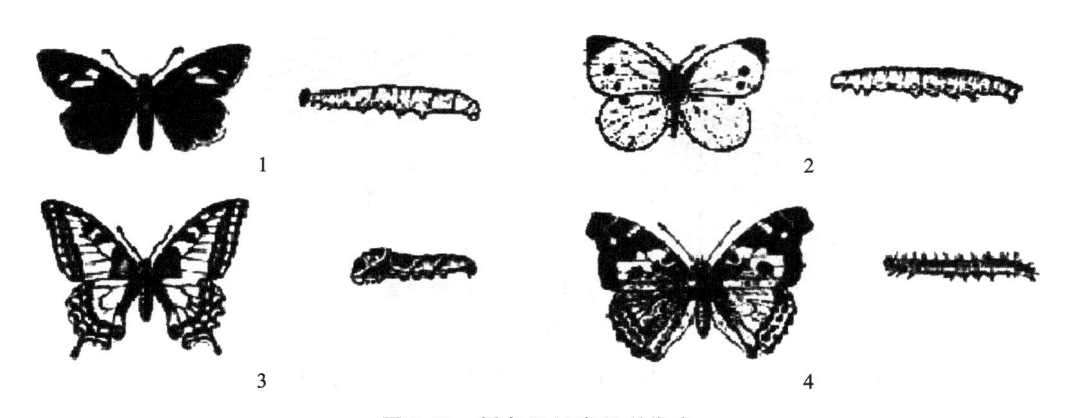

图 2-23　锤角亚目常见科代表

1—弄蝶科；2—粉蝶科；3—凤蝶科；4—蛱蝶科

卵散产或块产，蛹外常有茧。异角亚目常见科代表如图 2-24 所示。

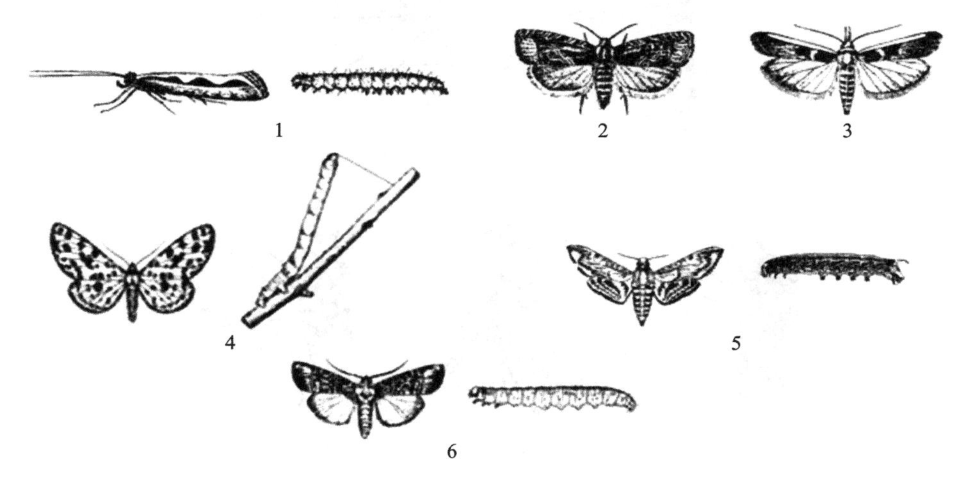

图 2-24　异角亚目常见科代表

1—菜蛾科；2—小卷蛾科；3—螟蛾科；4—尺蛾科；5—天蛾科；6—夜蛾科

2.7　膜翅目

膜翅目昆虫包括蜂和蚁。除一部分植食性外，大部分是捕食性和寄生性，很多是有益的种类。膜翅目昆虫体为小型至大型，口器为咀嚼式或刺吸式，复眼发达，触角为膝状、丝状或锤状等。前、后翅均膜质，不被鳞片。雌虫产卵器发达，有的变成螯刺，完全变态，幼虫类型不一。裸蛹，有的有茧。依据成虫胸、腹部连接处是否缢缩成腰状，分为广腰亚目与细腰亚目。与植物关系密切的有叶蜂科、茎蜂科、姬蜂科、茧蜂科、小蜂科、胡蜂科等。

2.7.1　广腰亚目(Symphyta)

广腰亚目昆虫的腹部很宽，连接在胸部，足的转节均为两节，翅脉较多，后翅至少有三个翅室。雌虫产卵器锯状或管状，常不外露。口器为咀嚼式，幼虫为多足型，全为植食性。广腰亚目常见科代表如图 2-25 所示。

2.7.2　细腰亚目(Apocrita)

细腰亚目昆虫的胸、腹部连接处缩成细腰状或延长为柄状，口器为咀嚼式或嚼吸式，雌

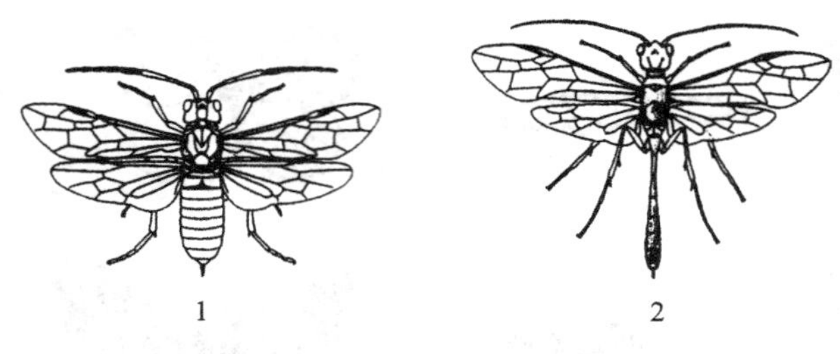

图 2-25　广腰亚目常见科代表

1—叶蜂科；2—茎蜂科

虫产卵器外露于腹部末端，多数为寄生性或捕食性益虫。细腰亚目常见科代表如图 2-26 所示。

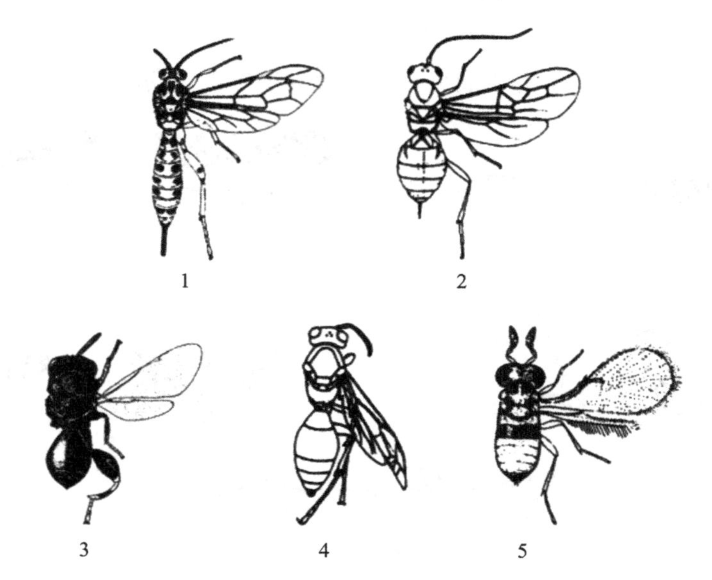

图 2-26　细腰亚目常见科代表

1—姬蜂科；2—茧蜂科；3—小蜂科；4—胡蜂科；5—赤眼蜂科

2.8　双翅目

双翅目昆虫包括蚊、蝇、虻等多种昆虫，体为小型至中型。前翅一对，后翅特化为平衡棒，前翅为膜质，脉纹简单。其口器为刺吸式或舐吸式；复眼发达；触角为芒状、念珠状、丝状，完全变态。幼虫为蛆式，无足。多数为围蛹，少数为被蛹。与植物关系密切的有瘿蚊科、食蚜蝇科、种蝇科、潜蝇科、寄蝇科等。双翅目常见科代表如图 2-27 所示。

2.8.1　长角亚目(Nematocera)

长角亚目昆虫通称蚊类。长角亚目昆虫的成虫触角很长，为 6～40 节，为线状或念珠状，无触角芒，口器为刺吸式，身体纤细脆弱。幼虫除瘿蚊外，都有明显骨化的头部。

2.8.2　短角亚目(Brachycera)

短角亚目昆虫通称虻类。短角亚目昆虫的成虫触角短，不长于胸部，三节，具分节或不分节的端芒；下颚须 1 节或 2 节，不下垂；翅具在中室，肘室在翅缘前收缩或封闭；幼虫为半头型，上腭可上下活动；蛹多为裸蛹，成虫羽化时，由蛹背面直裂。

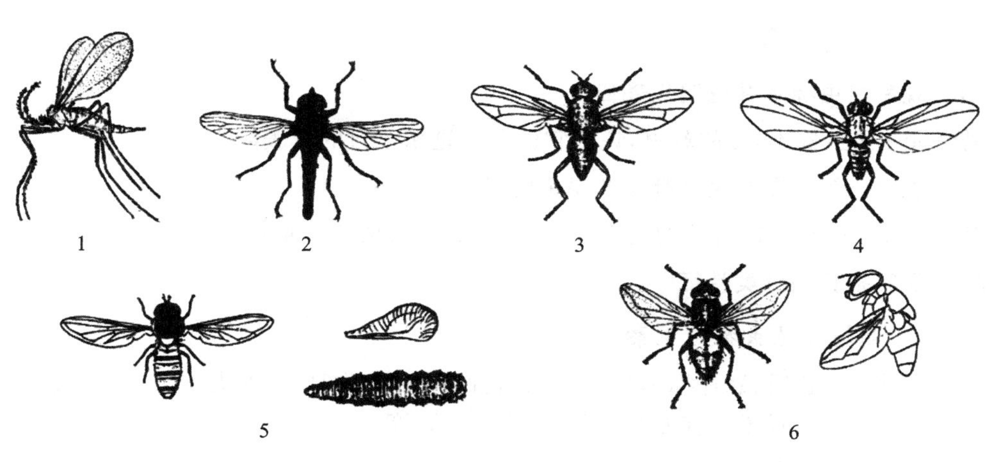

图 2-27　双翅目常见科代表

1—瘿蚊科；2—食虫虻科；3—花蝇科；4—潜叶蝇科；5—食蚜蝇科；6—寄蝇科

2.8.3　芒角亚目(Aristocera)

芒角亚目昆虫通称蝇类。芒角亚目昆虫的触角短，通常为三节，第3节膨大，背面具有触角芒。成虫的口器为舐吸式，而幼虫的口器为刮吸式。幼虫为蛆式，无头。

2.9　脉翅目

脉翅目昆虫体为小型至大型，触角为线状或念珠状。翅为膜质，前、后翅大小形状相似，翅脉多呈网状，边缘两分叉。成虫的口器为咀嚼式，而幼虫的口器为双刺吸式。完全变态，离蛹，脉翅目昆虫的成虫和幼虫都是捕食性的益虫，常见的有草蛉科(丽草蛉)和粉蛉科(中华粉蛉)。脉翅目常见科代表如图2-28所示。

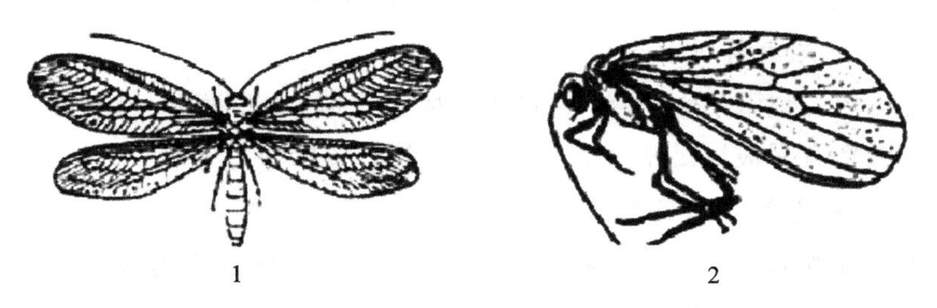

图 2-28　脉翅目常见科代表

1—草蛉科(丽草蛉)；2—粉蛉科(中华粉蛉)

任务实施

1. 材料及工具的准备

1.1　材料

材料为蝗虫、蝼蛄、螽斯、蟋蟀，缘蝽、猎蝽、花蝽、网蝽，叶蝉、蚱蝉、蚜虫，蓟马，白蚁，草蛉，金龟甲、步甲，黄刺蛾、草地螟蛾、黄凤蝶、菜粉蝶，蜜蜂、蚂蚁，蚊子、苍蝇、牛虻等昆虫的标本。

1.2　工具

工具为双目解剖镜、放大镜、镊子、培养皿、解剖针、载玻片。

2. 任务实施步骤

2.1 观察昆虫标本并说明代表目

观察供试昆虫标本，参阅教材，说出它们分别是哪个目的代表昆虫。

2.2 观察比较与园林生产有关的昆虫的异同

观察比较与园林生产有关的昆虫在口器、触角、翅、足等方面的异同。

2.3 观察各目的分类特征

2.3.1 直翅目昆虫特征观察

取蝗虫、蝼蛄、螽斯、蟋蟀标本观察，注意它们的触角类型、口器类型、前后翅类型、足的类型、产卵器的形状、听器的有无及位置、尾须的长短等。

2.3.2 半翅目昆虫特征观察

取蝽类标本观察半翅目昆虫的特征，注意它们的头式、喙的分节、触角类型、复眼及单眼的位置和形状、翅的特征，以及臭腺孔的有无、位置及形状等。

2.3.3 同翅目昆虫特征观察

取蚱蝉或叶蝉、蚜虫等成虫标本观察，注意它们的头式、喙的分节及伸出位置、触角类型、前胸背板的形状及大小、中胸盾片的形状、翅的质地、产卵器的形状等。

2.3.4 缨翅目昆虫特征观察

取蓟马成虫标本观察，注意其口器类型、前后翅形状、有无缘毛、跗节特征、腹节数目等。

2.3.5 脉翅目昆虫特征观察

取草蛉标本观察，注意其头式、口器类型、翅的类型，比较两对翅的形状、大小和脉相。

2.3.6 鞘翅目昆虫特征观察

取步甲、金龟甲等标本观察，注意它们的前翅的质地、口器类型、触角类型、前胸背板有无背侧缝、第一腹板有无被后足基节窝分隔、跗节数的变化等。

2.3.7 鳞翅目昆虫特征观察

取蛾、蝶类标本观察，注意它们的口器类型、触角类型、翅的质地及被覆物、翅面上的斑纹与线条、翅脉的变化、翅的连锁方式。

2.3.8 膜翅目昆虫分类特征观察

取蜜蜂、蚂蚁标本观察，注意它们的翅的质地、前后翅的连锁方式、口器类型、产卵器是否外露、后翅的基室数目。

2.3.9 双翅目昆虫分类特征观察

取蚊子、苍蝇、牛虻标本观察，注意它们的复眼的大小、触角类型、口器类型、平衡棒的形状。

昆虫主要类群观察与识别任务考核单如表 2-4 所示。

表 2-4 昆虫主要类群观察与识别任务考核单

序号	考 核 内 容	考 核 标 准	分值	得分
1	直翅目的特征观察	能准确识别直翅目昆虫并说出主要科的特征	10	
2	半翅目的特征观察	能准确识别半翅目昆虫并说出主要科的特征	10	
3	鳞翅目的特征观察	能准确识别鳞翅目昆虫并说出主要科的特征	10	
4	鞘翅目的特征观察	能准确识别鞘翅目昆虫并说出主要科的特征	20	
5	脉翅目的特征观察	能准确识别脉翅目昆虫并说出主要科的特征	10	
6	双翅目的特征观察	能准确识别双翅目昆虫并说出主要科的特征	10	
7	膜翅目的特征观察	能准确识别膜翅目昆虫并说出主要科的特征	10	
8	缨翅目的特征观察	能准确识别缨翅目昆虫并说出主要科的特征	10	
9	同翅目的特征观察	能准确识别同翅目昆虫并说出主要科的特征	10	

思考问题

(1) 昆虫是根据哪些特征进行分类的?

(2) 与园林植物关系密切的昆虫种类有哪些?

(3) 哪些常见昆虫是肉食性的? 哪些又是植食性的?

拓展提高

1. 气候因素对昆虫的影响

气候因素主要包括温度、湿度、降雨、光照、气流(风)和气压等。这些因素在自然界中常相互影响并共同作用于昆虫。气候因素可直接影响昆虫的生长、发育、繁殖、存活、分布、行为和种群数量动态等,也能通过对昆虫的寄主(食物)、天敌等的作用而间接影响昆虫。

2. 土壤环境对昆虫的影响

土壤与昆虫的关系十分密切,它既能通过生长的植物对昆虫发生间接的影响,又是一些昆虫生活的场所。土壤内环境与地上环境虽然密切相关,但也有其特殊性,是一种特殊的生态环境。土壤的温度、湿度(含水量)、机械组成、化学性质、生物组成,以及人类的农事活动等综合地对昆虫发生作用。

3. 生物因素对昆虫的影响

生物因素是指环境中的所有生物,由于其生命活动,而对某种生物(某种昆虫)所产生的直接和间接影响,以及对某种生物(某种昆虫)个体间的相互影响。其中食物和天敌是生物因素中的两个最为重要的因素。

任务5 昆虫标本采集、制作与保存技术

知识点:了解昆虫的采集方法、标本的制作和保存技术。

能力点:能采集昆虫而不损伤虫体,会制作和保存常用昆虫标本。

任务提出

昆虫是动物界中种类最多、数量最大、分布最广的一个动物类群，与人类关系密切。而采集、制作及保存昆虫标本是从事昆虫研究的基本技术。由于自然界中各种昆虫生活方式和生活环境各异，其活动能力和行为千差万别，有的昆虫形态也常模拟环境，因而必须有丰富的生物学知识和有关的采集知识，才能采得完好的所需标本。采集和制作大量标本后，还必须有科学的保管方法，使标本经久不坏。

任务分析

昆虫标本是进行调查研究、鉴定昆虫的依据，需要经常采集、制作标本并妥善保存，为防治工作做准备。通过采集和制作昆虫标本，学习昆虫标本的采集方法和标本制作技术；学会自己动手制作一些常用的采集和制作标本的工具；为教学和指导昆虫课外小组活动逐步积累昆虫标本，从而使学生认识一些常见的昆虫。

任务实施的相关专业知识

1. 昆虫标本的采集

1.1 常用采集工具和采集方法

1.1.1 捕虫网

捕虫网由网框、网袋、网柄和网箍四部分组成，用于采集善于飞翔和跳跃的昆虫，如蛾、蝶、蜂和蟋蟀等。捕虫网的构造如图 2-29 所示。

1.1.2 毒瓶

毒瓶（见图 2-30）专门用来毒杀成虫，一般用封盖严密的磨口广口瓶等做成。最下层放氰化钾（KCN）或氰化钠（NaCN）（或用二氧乙醚、氯仿等代替），压实，上铺一层木屑，压实，每层厚 5～10 mm，最上面再加一层较薄的煅石膏粉，上铺一张吸水滤纸，压平实后，用毛笔蘸水均匀地涂布，使之固定。

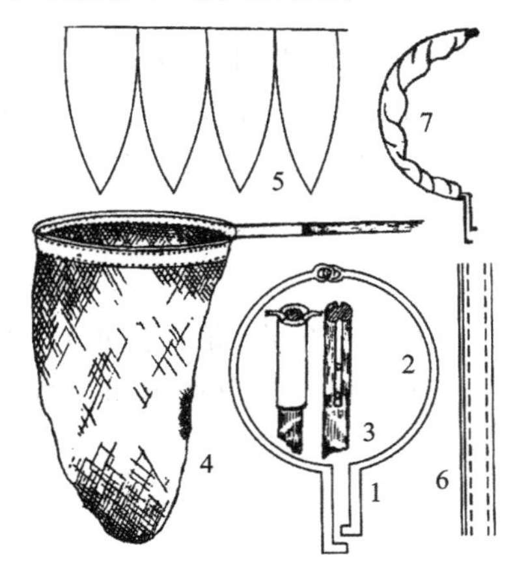

图 2-29 捕虫网的构造

1—网框；2—网箍；3—网柄；4—网袋；
5—网袋剪裁形状；6—网袋布边；7—卷折的网袋

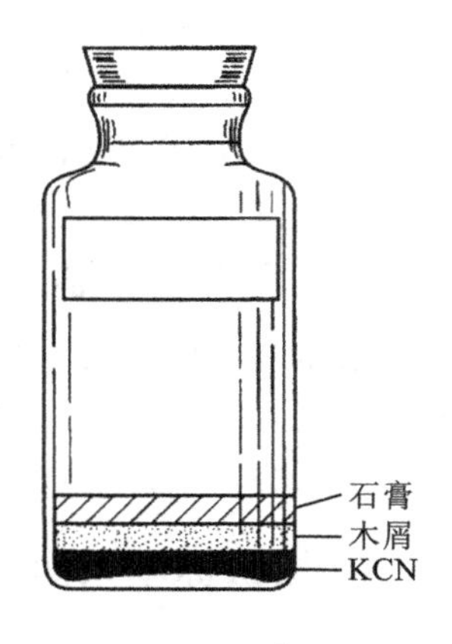

图 2-30 毒瓶

毒瓶要注意清洁、防潮，瓶内吸水纸应经常更换，并塞紧瓶塞，避免对人的毒害，以延长毒瓶使用时间。毒瓶要妥善保存，破裂后须立即掘坑深埋。

1.1.3 三角纸包

三角纸包(见图2-31)用于临时保存蛾、蝶类等昆虫的成虫，用坚韧的白色光面纸裁成3∶2的长方形纸片即可。

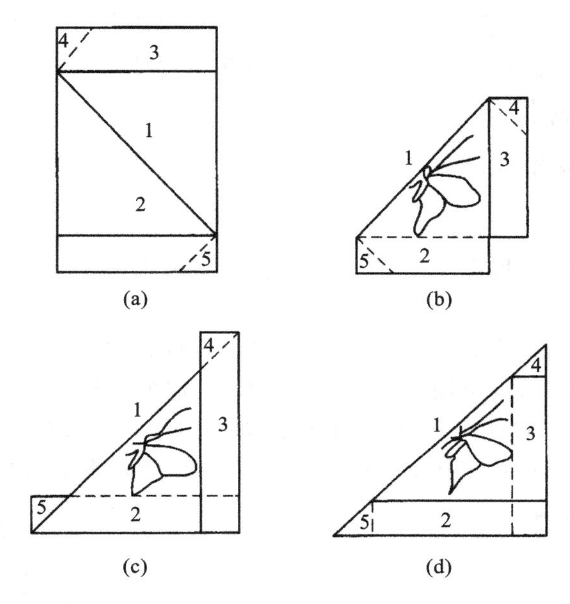

图2-31 三角纸包

1.1.4 吸虫管

吸虫管(见图2-32)用于采集蚜虫、红蜘蛛和蓟马等微小的昆虫。

1.1.5 活虫采集盒

活虫采集盒(见图2-33)用于采装活虫。铁皮盒上装有透气金属纱和活动的盖孔。

1.1.6 指形管

一般使用的是平底指形管(见图2-34)，用来保存幼虫或小成虫。

图2-32 吸虫管

图2-33 活虫采集盒

图2-34 指形管

1.1.7 采集箱(盒)

防压的标本和需要及时插针的标本，以及用三角纸包包装的标本，需放在木制的采集箱(盒)内。

此外，还需要配备采集袋、诱虫灯、放大镜、修枝剪、镊子和记录本等工具。

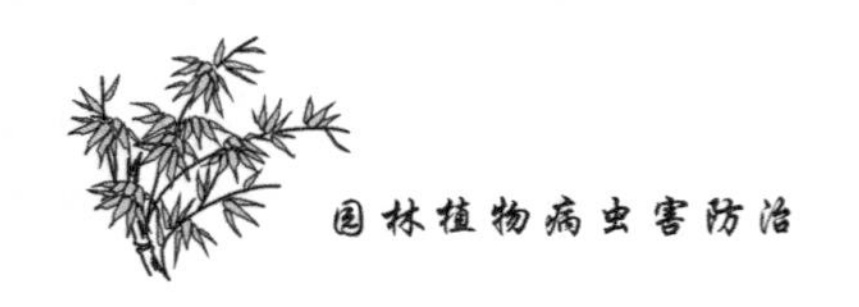

1.2 采集注意事项

(1) 采集时应仔细搜索,认真观察,对于具有拟态、假死性、趋化性、趋光性的昆虫,可用振落、诱集法采集。

(2) 采集时遇到的成虫、卵、幼虫、蛹,以及植物的被害状,要全部采集。

(3) 昆虫的足、翅、触角极易损坏,要小心保护。

(4) 要及时做好采集记录,包括编号、采集日期、采集地点、采集人等。

(5) 要将当时的环境条件,以及寄主和昆虫的生活习性等记录下来。

2. 昆虫标本的制作

2.1 干制标本的制作

2.1.1 制作工具

(1) 昆虫针。昆虫针(见图 2-35)为不锈钢针,型号分 00、0、1、2、3、4、5 七种,号越大越粗。

(2) 还软器。还软器(见图 2-36)是用于对已干燥的标本进行软化的玻璃器皿,一般由干燥器改装而成。使用时,在干燥器底部铺一层湿沙,加少量苯酚以防止霉变。在瓷隔板上放置要还软的标本,加盖密封,一般用凡士林作为密封剂。几天后,干燥的标本即可还软。此时可取出整姿、展翅。切勿将标本直接放在湿沙上,以免标本被苯酚腐蚀。

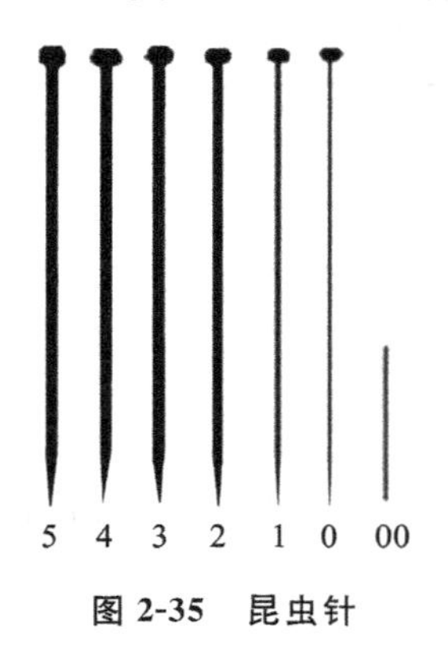

图 2-35 昆虫针

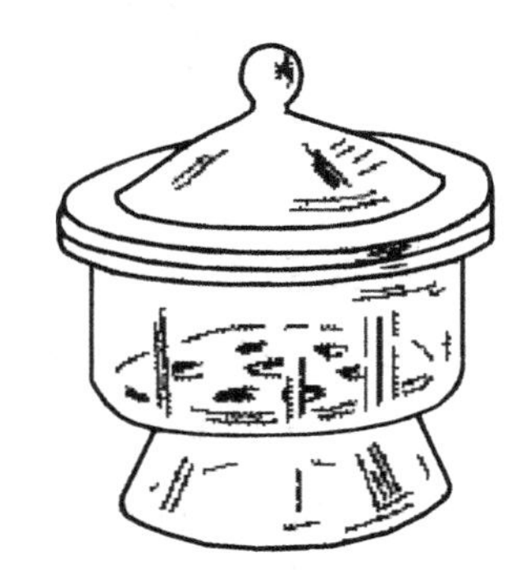

图 2-36 还软器

(3) 三级台。制作标本时将昆虫针插入三级台(见图 2-37)孔内,使昆虫、标签在针上的位置整齐划一。

(4) 展翅板。展翅板(见图 2-38)由软木、泡沫塑料等制成,用来展开蛾、蝶类等昆虫成虫的翅。

(5) 三角台纸。将厚纸剪成宽 3 mm、高 12 mm 的小三角,或长 12 mm、宽 4 mm 的长方形纸片,用来粘放小型昆虫。

2.1.2 制作方法

(1) 针插标本。除幼虫、蛹和小型个体外,都可制成针插标本,装盒保存。插针时,依标本的大小选用适当的昆虫针,其中 3 号针应用较多。昆虫针在虫体上的插针位置是有规定的:一方面为了插得牢固;另一方面为了不破坏虫体的鉴定特征。各种昆虫的插针部位如图 2-39 所示。

(2) 调整高度。插针后,用三级台调整虫体在针上的高度,其上部的留针长度是 8 mm。

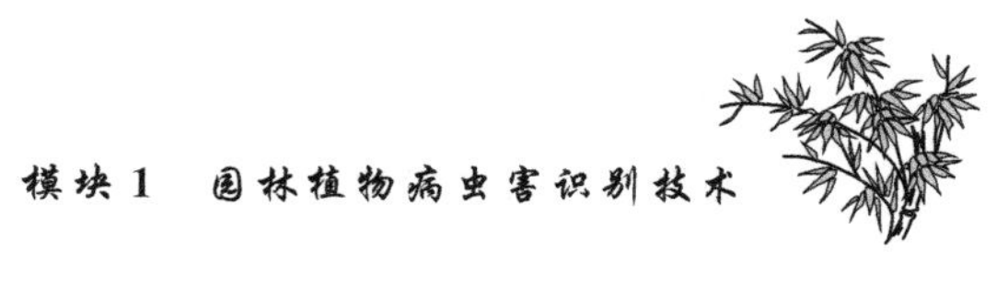

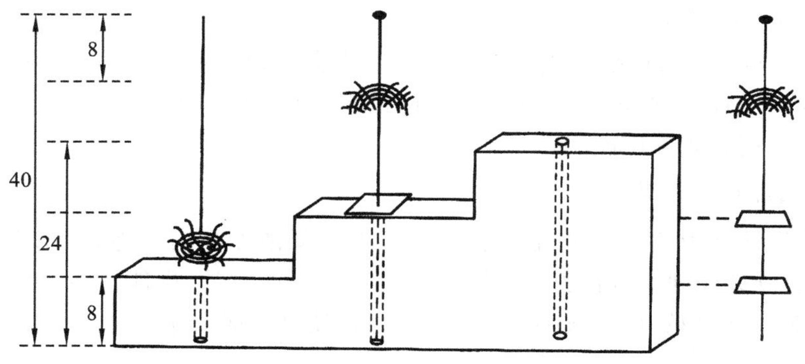

图 2-37　三级台(单位:mm)

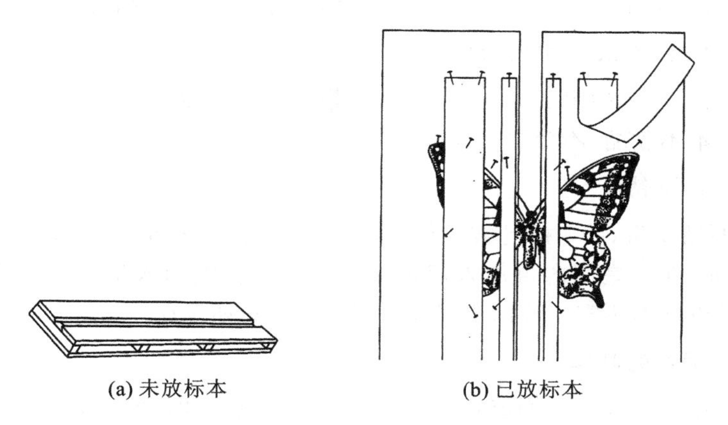

(a) 未放标本　　(b) 已放标本

图 2-38　展翅板

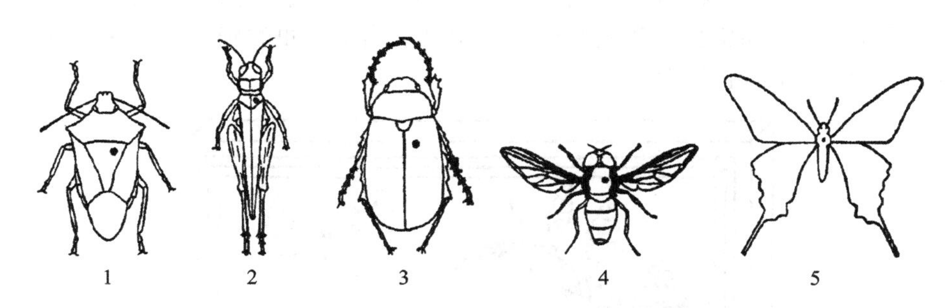

图 2-39　各种昆虫的插针部位

1—半翅目;2—直翅目;3—鞘翅目;4—双翅目;5—鳞翅目

对甲虫、蝗虫、椿象等昆虫,插针后需要进行整姿,使前足向前,中足向两侧,后足向后;触角短的伸向前方,长的伸向体背的两侧,使之保持自然姿态,整好后用昆虫针固定,待干燥后即定形。

(3) 展翅。对蛾、蝶类昆虫,针插后还需要展翅。将虫体针插放在展翅板的槽内,虫体的背面与展翅板两侧面平行,左、右同时拉动一对前翅,使一对前翅的后缘同在一条直线上,用昆虫针固定住,再拨后翅,将前翅的后缘压住后翅的前缘,左右对称,充分展平。然后用塑料薄膜压住,用昆虫针固定。5～7 d后即干燥、定形,可以取下。

2.2 浸渍标本的制作

软体或微小的成虫，除蛾、蝶类之外的成虫和螨类，以及昆虫的卵、幼虫和蛹，均可以用保存液浸泡在指形管、标本瓶等处，可以保存昆虫原有的体形和色泽。

常用的保存液有如下几种。

2.2.1 酒精（乙醇）液

酒精液常用浓度为75%。小型或软体昆虫先用低浓度酒精浸泡，再用75%的酒精保存，虫体就不会立即变硬。若在酒精中加入0.5%～1%的甘油，则能使体壁保持柔软状态。15 d后，应更换1次酒精，以后再酌情更换1～2次，便可长期保存。

2.2.2 甲醛液

40%甲醛1份，加水17～19份，保存大量标本时较经济，且保存昆虫的卵的效果较好。

2.2.3 冰醋酸（乙酸）、甲醛、酒精混合液

由冰醋酸1份、40%的甲醛6份、95%的酒精15份、蒸馏水30份混合而成。此种保存液保存的昆虫标本不收缩、不变黑、无沉淀。

2.2.4 乳酸-酒精液

由90%的酒精1份、70%的乳酸2份配成，适用于保存蚜虫。有翅蚜可先用90%的酒精浸润，渗入杀死，在1星期内再加入定量的乳酸。保存液加入量以高至容器高的2/3为宜。昆虫放入量以标本不露出液面为限，加盖封口，可长期保存。

2.3 生活史标本的制作

通过生活史标本（见图2-40）能够认识害虫的各个虫态（卵、各龄幼虫、蛹、雌性成虫和雄性成虫），了解它的为害情况。制作生活史标本时，先要收集或饲养得到昆虫的各个虫态、植物被害状、天敌等。成虫需要整姿或展翅，干后备用。各龄幼虫和蛹需保存在封口的指形管中，分别装入盒中，贴上标签即可。

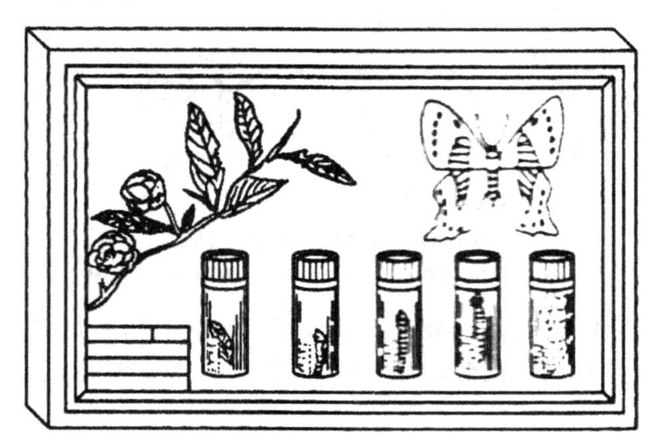

图2-40　生活史标本

2.4 玻片标本的制作

微小昆虫的螨类，需制作玻片标本，在显微镜下观察其特征。为了观察昆虫身体的某些细微部分进行鉴定，蛾、蝶、甲虫等的外生殖器也常制作成玻片标本。一般采用阿拉伯胶封片法。胶液的配方是：阿拉伯胶12 g、冰醋酸5 mL、水含氯醛20 g、50%的葡萄糖水溶液5

mL、蒸馏水 30 mL。

3. 标本标签

暂时保存的、未经制作和未经鉴定的标本,应附临时采集标签。标签上写明采集的时间、采集的地点、寄主和采集人。经过有关专家正式鉴定的标本,应在该标本之下附种名鉴定标签,插在昆虫针的下部。如属玻片标本,则将种名鉴定标签贴在玻片的另一端。

4. 昆虫标本的保存

4.1 临时保存

未制作标本的昆虫,可暂时保存。

4.1.1 三角纸包保存

标本要保持干燥,避免冲击和挤压,可放在三角纸包中存放于箱内,注意防虫、防鼠、防霉。

4.1.2 在浸渍液中保存

装有保存液的标本瓶、水试管、器皿等封盖要严密,如发现液体颜色有改变要换新液。

4.2 长期保存

已制成的标本,可长期保存,保存工具要求规格整齐统一。

4.2.1 标本盒

针插标本,必须插在有盖的标本盒内。标本在标本盒中可按分类系统或寄主植物排列整齐。盒子的四角用大头针固定樟脑球纸包或用二氯苯防止标本被害虫蛀食。昆虫标本盒如图 2-41 所示。

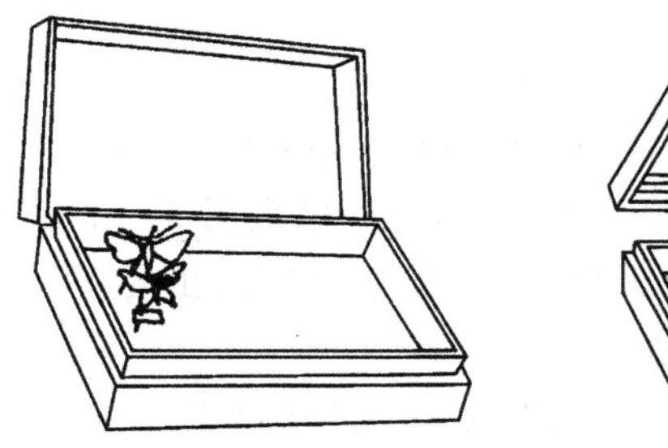
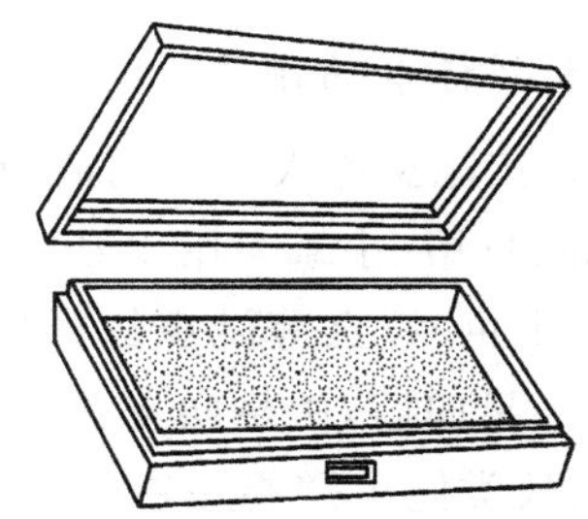

图 2-41 昆虫标本盒

4.2.2 标本柜

标本柜用来存放标本盒,防止灰尘、日晒、虫蛀和菌类的侵害。放在标本柜内的标本,每年都要全面检查两次,并用敌敌畏在柜内喷洒或用熏蒸剂熏蒸。如标本发霉,应在柜中添加吸湿剂,并用二甲苯杀死霉菌。

浸渍标本最好按分类系统放置,对于长期保存的浸渍标本,应在浸渍液表面加一层液状石蜡,防止浸渍液挥发。

4.2.3 玻片标本盒

玻片标本盒专门用来保存微小昆虫、翅脉、外生殖器等玻片标本,每个玻片应有标签,玻片盒外应有总标签。

任务实施

1. 材料及工具的准备

1.1 材料

材料为当地各种常见的昆虫。

1.2 工具

工具为捕虫网、吸虫管、采集袋、指形管或小玻瓶、采集盒、毒瓶、镊子、小刀、昆虫针(0号、1号、2号、3号、4号)、三级台、粘虫胶、胶水、标本瓶(100 mL、200 mL、500 mL或1 000 mL等)、标本盒、放大镜、展翅板、整姿板、挑针、甲醛、95%的酒精等。

2. 任务实施步骤

2.1 昆虫的采集技术

采集昆虫可根据各种昆虫的习性选用网捕法、搜索法、诱集法、击落法(振落法)等。

(1) 网捕。对能飞善跳的昆虫可以进行网捕。

(2) 击落。许多昆虫有假死性,可通过摇动或敲打植物、树枝把它们振落下来再捕捉。有些无假死性的昆虫,经振动虽不落地,但由于飞动暴露了目标,可进行网捕。

(3) 诱集。利用昆虫的某种特殊趋性或生活习性来诱集昆虫,如灯光诱集、食物诱集、潜所诱杀、性诱法等。

(4) 搜索。认真观察地面上、草丛中、植物体上、树上等部位,采用搜索法采集。

2.2 昆虫标本的制作技术

2.2.1 昆虫干制标本的制作

(1) 虫体针插。按昆虫体大小选用适当的昆虫针,夜蛾类一般用3号针;天蛾类等大型蛾类用4号针;叶蝉、盲蝽、小蛾类用1号或2号针;微小昆虫用10 mm的无头细微针。

(2) 整姿。蝽、甲虫、蝗虫等昆虫针插以后,应尽量保持活虫姿态。需将触角和足进行整姿,使前足向前,后足向后,中足向左右。

(3) 展翅。蛾、蝶类昆虫需要展翅。按昆虫的大小选取昆虫针,按针插部位要求插入虫体,将虫体腹部向下插入展翅板的槽内,使展翅板的两边紧靠虫体,用昆虫针将翅拨开并平铺在展翅板上。

2.2.2 小型昆虫针插标本的制作

可用粘虫胶或合成胶水把小型昆虫粘在三角纸上,再做成针插标本。

(1) 装标签。每一个昆虫标本,必须附有标签。按照一定的针插部位将昆虫针插后,使用三级台整理针插昆虫和标签的位置。针帽至虫体背为8 mm,标签至针尖为16 mm(方便填写寄主、时间)、8 mm(方便填写昆虫的名称)。

(2) 修补。在制作过程中,如有损坏,可以用粘虫胶或乳白胶进行修补。

2.2.3 昆虫浸渍标本的制作

凡身体柔软或细小昆虫的成虫、卵、幼虫、蛹等,可以用防腐性的浸渍液浸泡保存在玻璃瓶内。浸泡前应先使幼虫饥饿,排出粪便。

2.3　昆虫标本的保存方法

昆虫标本的保存主要是防止标本被虫蛀食、防阳光曝晒褪色、防灰尘、防鼠咬、防霉烂。制成的昆虫标本要放在阴凉干燥处，玻片标本、针插标本等必须先放在有防虫药品的标本盒里，再分类收藏在标本柜里。

园林植物昆虫标本采集、制作与保存技术任务考核单如表 2-5 所示。

表 2-5　园林植物昆虫标本采集、制作与保存技术任务考核单

序号	考 核 内 容	考 核 标 准	分值	得分
1	采集工具的准备	根据不同昆虫正确选择采集工具	10	
2	标本采集及记录	能独立采集标本并做好记录	15	
3	针插标本	根据不同昆虫正确选针，插针部位要正确	15	
4	标本整姿与展翅	正确整姿，根据不同昆虫正确展翅	15	
5	标本浸渍液的配制	根据不同昆虫正确配制浸渍液	15	
6	浸渍标本的保存	正确保存昆虫标本	10	
7	生活史标本的制作	独立制作生活史标本并做好标签	10	
8	问题思考与回答	在整个任务完成过程中积极参与，独立思考	10	

思考问题

（1）如何才能制作一套完整的昆虫生活史标本？请举例说明。

（2）如何制作一套精美的凤蝶成虫标本？

（3）要保证木蠹蛾幼虫固有的颜色，其标本该如何制作？

（4）采集昆虫时应注意什么？

拓展提高

1. 昆虫的采集时间和地点

要在各地昆虫大量发生期适时采集。如天幕毛虫的幼虫，应在每年的 4—6 月进行采集；而蛹在 6 月份就应大量采集并及时处理后保存；若要得到成虫，可将蛹采集后置于养虫笼内，待成虫羽化后及时毒杀并制成标本；由于天幕毛虫为一年一代，7、8 月卵块陆续出现后便不再孵化，随时采集即可。

2. 采集昆虫标本时应注意的问题

一件好的昆虫标本个体应完好无损，在鉴定昆虫种类时才能做到准确无误，因此，在采集时应耐心细致，对于小型昆虫和易损坏的蛾、蝶类昆虫更是如此。

3. 昆虫标本的寄递

采集的昆虫标本，常需请人鉴定或互相交换，在不能亲自送达的情况下，就需寄递。

3.1　新鲜标本的寄递

刚采集的标本，可包在三角纸袋中，经初步干燥后，分层放于木盒内，用脱脂棉隔开，再

放些樟脑精,装箱邮寄。浸制标本一般不宜邮寄,如确需邮寄,应做好防碎、防漏措施。

3.2 制作好的干燥标本的寄递

制作好的干燥标本可以连同插针标本盒一同邮寄,但要注意防止插针脱落或由于振动造成翅、足损坏。可将针深插在泡沫塑料中,两侧将翅垫住,再用纸条压住,然后装箱邮寄。

3.3 活虫寄递

为了避免有害昆虫的传播,一般是不允许邮寄活虫的,尤其是国内外检疫对象,更不准寄递。有特殊需要而必须寄递活虫时,应经检疫机构批准并征得邮寄公司同意方可邮寄。

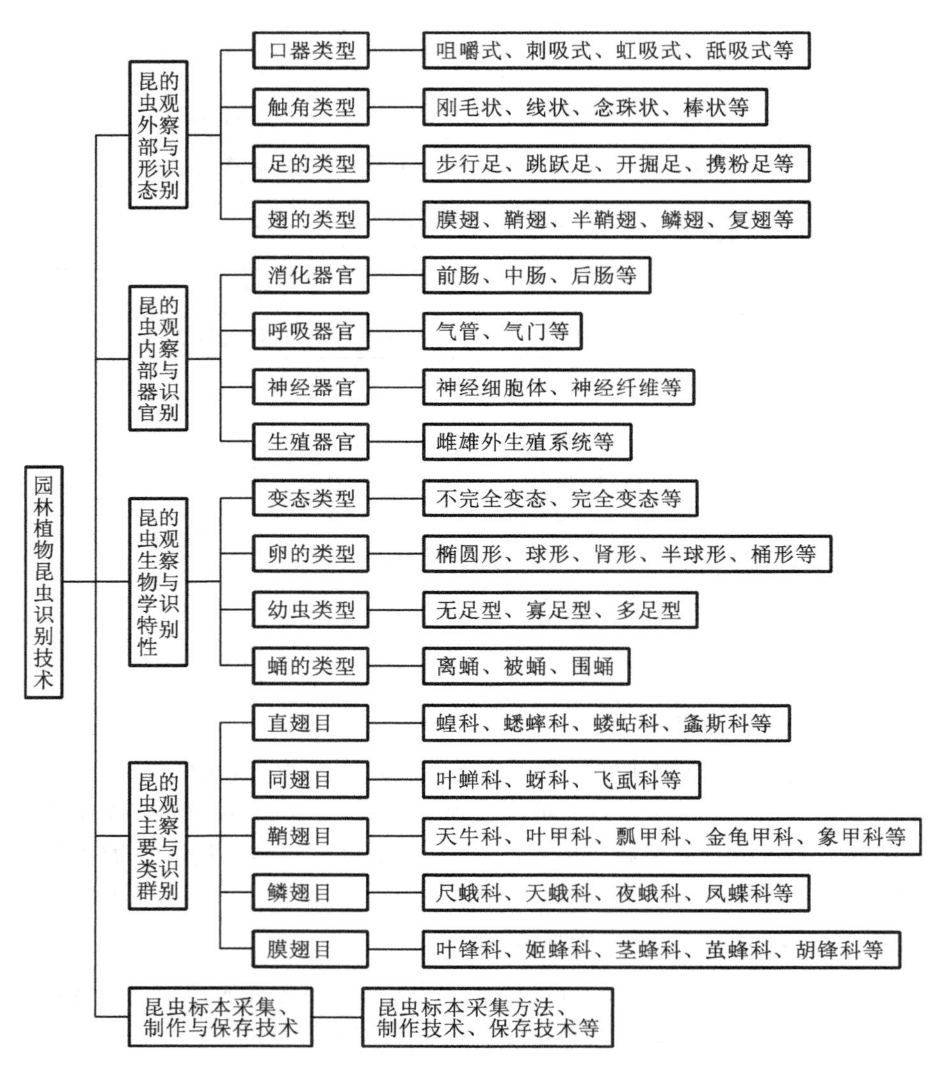

一、填空题

(1) 昆虫的头部由于口器着生位置不同,头部的形式也发生相应变化,可分为三种头式:( )、( )、( )。

(2) 昆虫翅的连锁机构有( )、( )、( )、( )等四种。

(3) 蝴蝶触角为( )状,口器是( ),足是( ),翅是( ),属于( )变态。

(4) 昆虫的生殖方式可分为( )、( )、( )、( )和( )。

(5) 按照刺激物的性质,趋性可分为( )、( )和( )三类。

(6) 外界环境对昆虫的影响主要包括( )、( )、( )和( )四个方面。

(7) 天敌昆虫包括( )和( )两大类。

二、单项选择题

(1) 蝗虫的后足是( )。

A. 跳跃足　B. 开掘足　C. 游泳足　D. 步行足

(2) 有一昆虫,已经蜕了三次皮,请问该昆虫应处在( )龄。

A. 2　B. 3　C. 4　D. 5

(3) 蝗虫的前翅是( )。

A. 膜翅　B. 鞘翅　C. 半鞘翅　D. 覆翅

(4) 蝉的口器是( )。

A. 咀嚼式　B. 刺吸式　C. 虹吸式　D. 舐吸式

(5) 螳螂的前足是( )。

A. 开掘足　B. 步行足　C. 捕捉足　D. 跳跃足

(6) 蜜蜂的后足是( )。

A. 开掘足　B. 步行足　C. 捕捉足　D. 携粉足

(7) 蝼蛄的前足是( )。

A. 开掘足　B. 步行足　C. 捕捉足　D. 跳跃足

(8) 蝶和蛾的前、后翅都是( )。

A. 膜翅　B. 半鞘翅　C. 鳞翅　D. 鞘翅

(9) 蝶和蛾的口器是( )。

A. 刺吸式　B. 虹吸式　C. 咀嚼式　D. 舐吸式

(10) 甲虫的前翅为( )。

A. 膜翅　B. 半鞘翅　C. 鞘翅　D. 鳞翅

三、简答题

(1) 昆虫口器类型有哪些? 了解昆虫口器构造特点对指导防治有何意义?

(2) 昆虫纲(成虫)的形态特征是什么?

(3) 为什么幼虫期是害虫防治的重要时期?

(4) 刺吸式口器和咀嚼式口器比较,有哪些特点?

(5) 半翅目昆虫和同翅目昆虫有哪些相同和不同的地方?

(6) 鳞翅目幼虫和叶蜂幼虫有哪些区别?

(7) 昆虫的不完全变态和完全变态的主要区别是什么?

(8) 昆虫翅的分区及各部分的名称是怎样的?

模块 2　园林植物病虫害综合防治技术

园林植物病虫害不仅影响到城市景观绿地的建设，而且造成极大的经济损失，而病虫害的发生发展具有一定规律性，只要认识和掌握其规律，就能够根据现在的变动情况推测未来的发展趋势，及时有效地防治病虫害，使园林植物正常生长、发育，充分发挥其应有的绿化、美化功能。病虫害调查与预测预报是实现“预防为主，综合治理”的植保方针、正确组织并指导防治工作的基础和依据。

园林病虫害综合防治应贯彻“预防为主，综合治理”的植保方针，优先采用植物检疫、园林技术、物理机械防治、生物防治和化学防治等来控制有害生物种群数量或阻止其为害。各项技术措施均有其优缺点，很难利用某一种单一的技术措施来有效地控制面广量大、适应性极强的有害生物。因此，只有因地制宜地协调运用各种防治措施，实施对有害生物的综合治理，才能达到经济、生态和社会效益的统一。

本模块将分成 3 个项目驱动，以 7 个工作任务为导向使学生通过对园林植物病虫害的调查，摸清一定区域内病虫害的种类、数量、危害程度、发生发展规律、在时间和空间上的分布类型，以及天敌、寄主等情况。然后对调查数据进行科学整理和准确统计，从而得出正确结论，为病虫害的预测预报和制订正确的防治方案提供科学依据。

项目 3　园林植物病虫害调查技术

了解园林植物病虫害的分布规律；熟练使用调查工具；掌握病虫害的调查方法。

教学目标

通过对园林植物病虫害的调查，了解园林植物病虫害的种类、危害程度、分布区域及发生规律，学会对调查资料进行整理与分析。

技能目标

能利用调查的结果来指导制订园林植物病虫害的综合防治方案。

园林植物在栽培与养护过程中会受到各种病虫害的侵扰，可是常发生的病虫害都有哪些种类呢？它们的发生规律又是怎么样的呢？这就是我们在本项目中要学习的内容。

园林植物病虫害的发生严重影响了园林植物的观赏性和美感，也严重影响了其功能的发挥，为了做好园林植物病虫害的防治工作，我们必须有目的地实际调查和了解病虫害的情况，熟悉其消长规律，并加以统计分析，确切地掌握可靠的数据，做到全面掌握“敌情”，只有这样，我们才能开展预测预报，制订出正确的防治措施，保证防治效果。

任务1 园林植物病害调查技术

知识点：了解园林植物常发生病害的种类、分布情况及调查方法。
能力点：通过调查，掌握常发生的病害的发生规律。

任务提出

想要准确预测预报和防治病害，就要准确调查。所以，在调查时，我们要根据园林植物病害的田间分布特点，根据调查目的和生产的实际情况来采取正确的取样方法，并认真记载，准确统计。要想完成此任务，我们需要熟知园林植物病害田间分布类型、病害调查的内容、记载的方法以及数据资料的整理和计算方法。

任务分析

植物病害的调查是植物病理学研究及病害防治的重要基础工作。其调查研究的方法因病害的种类和调查目的的不同而异，可分为一般调查（普查）、专题调查和系统定期定点调查。调查应遵循以下原则：明确调查的目的、对象及要求；拟订调查计划，确定调查方法；所获调查资料数据真实，且反映客观规律；了解调查相关的情况。

任务实施的相关专业知识

1. 调查的时间和次数

病害的调查以田间调查为主，应根据调查的目的选定适当的调查时间。一般来说，了解病害基本情况，应在病害盛发期进行，这样比较容易正确反映病害发生情况和获得有关发病因素的对比资料。对于重点病害的专题研究和测报等，则应根据需要分期进行，必要时，还应进行定点观察，以便掌握全面、系统的资料。

2. 选择取样

由于人力和时间的限制，不可能对所有田块逐一调查，需要从中抽取一定的样本作为代表，由局部推知全局。取样的好坏，直接关系到调查结果可靠性的高低，必须注意其代表性，使其能正确反映实际情况。

3. 病害调查的记载方法

病害调查记载是调查中一项重要的工作，无论哪种内容的调查都应有记载。记载是分析情况、摸清问题和总结经验的依据。记载要准确、简要、具体，一般采取表格形式。表格的内容、项目可根据调查目的和调查对象设计，对测报等调查，最好按照统一规定，以便于积累资料和分析比较。

在进行群众性的预测调查时，常先进行病害发生情况的调查，根据病害情况确定需要防治的田块和防治时期，即所谓“两查两定”。如防治菜青虫要进行：查菜青虫卵块，定防治田块，卵块多的定为防治田块；查菜青虫幼虫的龄期，定防治日期。如调查黏虫幼虫的发生情况，通常要查幼虫数量，定防治田块；查黏虫幼虫的龄期，定防治日期。如调查小麦条锈病的发生情况，通常是查小麦病斑类型，定防治田块；查小麦发病程度，定施药日期。

4. 病害调查资料的计算和整理

4.1 调查计算公式

常用的反映病虫发生和危害程度的统计计算方法，是求各样调查数据的平均数和百分数。

4.1.1 被害率

被害率主要反映病害危害的普遍程度。根据不同的调查对象，采取不同的取样单位，还有病株率、病果率、病叶率等。

$$被害率(\%)=\frac{发病单位数}{调查单位数}\times 100\%$$

4.1.2 病情指数和严重率

在植株局部被害情况下，各受害单位的受害程度是有差异的。因此，被害率就不能准确地反映出被害的程度，对于这一类病情的统计，可按照被害的严重程度分级，再求出病情指数或严重率。

$$病情指数(\%)=\frac{(各级叶数\times 各级严重等级)的总和}{调查总叶数\times 最严重的等级}\times 100\%$$

$$严重率(\%)=\frac{各级严重率\times 各级叶数}{调查病叶数}\times 100\%$$

从病情指数的数值可以看出，它比被害率更能代表受害的程度。也可以用分级记载的方法，统计计算其严重率，用以更准确地反映受害程度。

4.1.3 损失情况估计

除少数病虫害造成的损失很接近以外，一般病虫的病情指数和被害率都不能完全说明损失程度。损失主要表现在产量或经济收益的减少上。因此，病虫害造成的损失通常用生产水平相同的受害田和未受害田的产量或经济总产值的对比来计算，也可用防治区与不防治的对照区的产量或经济总产值的对比来计算。

$$损失率(\%)=\frac{未受害田平均产量或产值-受害田平均产量或产值}{未受害田平均产量或产值}\times 100\%$$

此外，也可根据历年资料中具体病虫危害程度与产量的关系，通过实地调查获得的虫口密度和被害率等估计损失。

4.2 调查资料的整理

为了使调查材料便于以后整理和分析，调查工作必须坚持按计划进行，调查记录要尽量准确、清楚，特殊情况要加以注明。调查记载的资料，要妥善保存、注意积累，最好建立病虫档案，以便总结病虫发生规律，指导测报和防治。

调查时，可从现场采集标本，按病情轻重排列，划分等级，也可参考已有的分级标准，酌情划分使用。枝、叶、果病害分级标准如表 3-1 所示，树干病害分级标准如表 3-2 所示。

表 3-1　枝、叶、果病害分级标准

级　别	代 表 值	分 级 标 准
1	0	健康
2	1	1/4 以下枝、叶、果染病

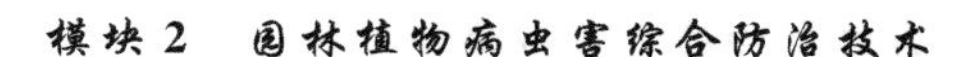

续表

级　　别	代　表　值	分 级 标 准
3	2	1/4～2/4 枝、叶、果染病
4	3	2/4～3/4 枝、叶、果染病
5	4	3/4 以上枝、叶、果染病

表 3-2　树干病害分级标准

级　　别	代　表　值	分 级 标 准
1	0	健康
2	1	病斑的横向长度占树干周长的 1/5 以下
3	2	病斑的横向长度占树干周长的 1/5～3/5
4	3	病斑的横向长度占树干周长的 3/5 以上
5	4	全部染病或死亡

1. 材料及工具的准备

1.1　材料

材料为苗圃、发病严重的草坪或林地。

1.2　工具

工具为手持放大镜、卷尺、记录笔、纸等。

2. 任务实施步骤

2.1　选点取样

选择病害较多、发病盛期的某一地块。根据实验原理对该地块采用适合的方法取样(取样部位可以是整株、叶片、穗秆等),进行一般性调查,记录该地区植物病害种类、病害分布情况和发病程度等。由于任务有一定难度、工作量较大,学生们可分为几个小组,每小组对一种病害进行调查,然后小组间进行综合得出该地区某些植物的发病总体情况,具体内容可根据实际情况而定。

2.2　病害调查

2.2.1　苗木病害调查

在苗床上设置大小为 1 m^2 的样方,样方总面积以不少于被害面积的 3%为宜。在样方上对苗木进行全部统计或对角线取样统计,分别记录健康、染病、枯死苗木的数量。同时记录圃地的各项因子,如创建年份、位置、土壤、杂草种类及卫生状况等,并计算被害率。苗木病害调查表如表 3-3 所示。

表 3-3 苗木病害调查表

调查日期	调查地点	样方号	树种	病害名称	苗木状况和数量				被害率	死亡率	备注
					健康	染病	枯死	合计			

2.2.2 枝干病害调查

在发生枝干病害的绿地中，选取不少于 100 株的树木做样本，调查时，除统计被害率外，还要计算病情指数。枝干病害调查表如表 3-4 所示。

表 3-4 枝干病害调查表

调查日期	调查地点	样方号	树种	病害名称	总株数	染病株数	被害率	病害分级					病情指数	备注
								1	2	3	4	5		

2.2.3 叶部病害调查

按照病害的分布情况和被害情况，在样方中选取 5%～10%株样树，每株调查 100～200 个叶片。被调查的叶片应从不同部位选取。叶部病害调查表如表 3-5 所示。

表 3-5 叶部病害调查表

调查日期	调查地点	样方号	树种	样树号	病害名称	总叶数	病叶数	被害率	病害分级					病情指数	备注
									1	2	3	4	5		

2.3 调查资料的统计与整理

2.3.1 调查资料的计算

调查获得的一系列数据必须经过整理计算，才能大体说明病害的危害程度。调查资料的计算通常采用算术平均数计算法和平均数的加权计算法。

2.3.2 调查资料的整理

（1）鉴定病害名称和病原种类。

（2）汇总统计调查资料，进一步分析病害发生和病害流行的原因。

2.3.3 写出调查报告

调查报告的内容一般包括以下几个方面。

（1）调查地区的概况。调查地区的概况包括自然地理环境、社会经济情况、绿地情况、园林绿化生产和管理情况及园林植物病虫害情况等。

（2）调查成果的综述。调查成果的综述包括主要花木的主要病害种类、危害程度和分布范围，主要病害的发生特点，主要病害分布区域的综述，主要病害发生原因及分布规律，主要病害天敌资源情况，以及园林植物检疫对象和疫区等。

（3）措施和建议。病害综合治理的措施和建议。

（4）附录。附录包括调查地区园林植物病害调查名录、天敌名录，主要病害发生面积汇

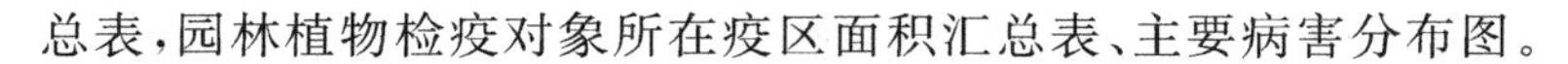

总表，园林植物检疫对象所在疫区面积汇总表、主要病害分布图。

2.3.4 调查资料的后处理

调查原始资料装订、归档，标本整理、制作和保存。

任务考核

园林植物病害调查技术任务考核单如表3-6所示。

表3-6 园林植物病害调查技术任务考核单

序号	考核内容	考核标准	分值	得分
1	调查对象的分布类型	根据田间病害分布特点，自查资料确定分布类型	10	
2	取样	正确进行田间取样	20	
3	确定取样单位	根据病害类别及田间分布类型确定取样单位	10	
4	设计调查表并记载	表格要实用，记载要准确	10	
5	调查资料的整理计算	根据调查目的计算被害率或虫口密度或虫情指数	20	
6	调查报告	撰写完备，文笔通顺	15	
7	问题思考与回答	在完成整个任务过程中积极参与，独立思考	15	

思考问题

（1）如何正确辨别园林植物病害调查对象的分布类型？

（2）如何做到正确进行田间取样？

（3）如何正确选取取样单位？

（4）怎么才能独立设计调查表，展开调查并认真记载？

（5）如何对调查资料进行整理和计算？

（6）如何根据调查目的撰写调查报告？

拓展提高

农作物病害的调查

农作物病害的调查可分为一般调查、重点调查和调查研究三种，下面重点介绍一般调查和重点调查。

1. 一般调查

当缺乏某地农作物病害发生情况的资料时，应先做一般调查。调查的内容宽泛，有代表性，但不要求精确。为了节省人力物力，一般调查在农作物病害发生的盛期调查1～2次，以对其分布和危害程度进行初步了解。

在做一般调查时，要对各种农作物病害的发生盛期有一定的了解，如地下害虫、猝倒病等应在植物的苗期进行调查，错过了农时便很难调查。所以，应选择在农作物的几个重要生育期如苗期、花期、结实期等进行集中调查，并同时调查多种农作物病害的发生情况。调查内容可参考农作物病害发生调查表（见表3-7）。

表 3-7　农作物病害发生调查表

调查人：________　调查地点：________　　　　________年________月________日

病害名称	作物和生育期	发生地块									
		1	2	3	4	5	6	7	8	9	10

2. 重点调查

在对一个地区的农作物病害发生情况进行大致了解之后，还应对某些发生较为普遍或严重的病害做进一步的调查。这一阶段的调查较前一阶段的次数要多，内容要详细和深入，如分布、被害率、损失程度、环境影响、防治方法、防治效果等，对被害率、损失程度的计算要求比较准确。农作物病害调查表如表 3-8 所示。

表 3-8　农作物病害调查表

调查人：________　　　　________年________月________日

调查地点：		
病害名称：	发病(被害)率：	
田间分布情况：		
寄主植物名称：	品种：	种子来源：
土壤性质：	肥沃程度：	含水量：
栽培特点：	施肥情况：	灌、排水情况：
病害发生前温度和降雨：		病害盛发期温度和降雨：
防治方法：		防治效果：
群众经验：		
其他病害：		

任务 2　园林植物害虫调查技术

知识点：园林植物害虫的调查类型、调查内容及常发生害虫的调查方法。
能力点：通过调查，掌握园林植物常发生害虫的发生规律。

防治园林植物害虫首先要对害虫的种类、发生情况和危害程度等进行实地调查，这是一项不可忽略的工作。通过实地调查，可以及时准确地掌握害虫的发生动态，同时还能积累资料，为制订防治规划和长期预测提供依据。也只有通过多方面的实地调查，才能对某些主要害虫做到认识其特点、了解其发生规律或习性，进而运用有效的方法进行防治。

任务分析

在进行园林植物害虫调查时，首先要明确调查任务、对象和目的，然后根据害虫的特点和调查内容，确定适当的调查项目、方法和设计出记载表格，并且写出调查计划，做好调查前的准备工作。调查要有实事求是的态度，防止主观片面，要做到“一切结论产生于调查情况的末尾，而不是它的先头”。虚心向群众请教，如实地反映情况。总之，要有认真的态度，用科学的方法进行调查，对调查得来的材料进行正确的统计分析，使它能准确地反映客观实际。

任务实施的相关专业知识

1. 园林植物害虫调查类型

1.1　按调查范围和面积分类

按调查范围和面积，园林植物害虫调查可分为普查与专题调查。

(1) 普查。普查就是在大面积地区对虫害进行全面调查。

(2) 专题调查。专题调查是对某一地区某种虫害进行深入细致的专门调查，是在普查的基础上进行的。

1.2　按调查方式分类

按调查方式，园林植物害虫调查又可分为踏查和样地调查。

(1) 踏查。踏查又称概括调查或路线调查，是指在较大范围内（地区、省、市、苗圃、花圃等）进行的调查。目的在于了解害虫种类、数量、分布、被害程度、被害面积、蔓延趋势和导致虫害发生的一般原因。花圃、绿化区面积虽较小，但植物种类多，虫害种类多，踏查路线可在10～30 m或更长，应视具体面积、地形等而定。

(2) 样地调查。样地调查又称标准地调查或详细调查。它是在踏查的基础上，针对主要的、为害较重的虫害种类，设立样地进行调查，目的在于调查、精确统计害虫数量、危害程度，并对导致虫害发生的环境因素做深入的分析研究。

2. 调查内容

2.1　发生和为害情况调查

普查了解一个地区在一定时间内虫害种类、发生时间、发生数量和危害程度等。对常发性或暴发性的虫害做专题调查时，还要调查其始发期、盛发期及盛末期的数量消长规律。若要调查研究某种害虫，还要详细调查该害虫的生活习性、发生特点、侵染循环、发生代数、寄主范围等。

2.2　害虫、天敌发生规律的调查

专题调查某种害虫或天敌的寄主范围、发生世代、主要习性及不同农业生态条件下数量变化的情况，为制订防治措施和保护利用天敌提供依据。

2.3　越冬情况调查

专题调查害虫越冬场所、越冬基数、越冬虫态、病原物越冬方式等，为制订防治计划和开展预测预报提供依据。

2.4　防治效果调查

防治效果调查包括防治前与防治后虫害发生程度的对比调查；防治区与非防治区的危害程度对比调查；不同防治措施、时间、次数的虫害发生程度对比调查，为选择有效防治措施提供依据。

3. 害虫在田间的分布规律与抽样方法

根据调查的目的、任务、内容和对象的不同，须采用不同的调查方法，所以要了解害虫的分布规律及抽样方法。

3.1　害虫的田间分布类型

3.1.1　随机分布型

害虫种群内个体间具有相对的独立性，不相互吸引或排斥，种群中的个体占据空间任何一点的概率相等，任何个体的存在不影响其他个体的分布。通常，害虫在田间分布是稀疏的，每个个体之间的距离不等，但比较均匀。

3.1.2　核心分布型

害虫在田间不均匀地呈多个小集团核心分布。核心内为密集的，而核心间是随机的。

3.1.3　嵌纹分布型

嵌纹分布型是极不均匀的分布，害虫在田间呈不规则疏密相间状态，调查取样的个体于各取样单位出现的机会不相等。

3.2　常用抽样方法

不同的害虫在田间分布的类型是不同的，应根据实际情况采用适合反映分布类型特点的抽样方法，一般按以下方法抽样。

(1) 五点式抽样。五点式抽样适合于密集的或成行的植物及随机分布的害虫调查。

(2) 对角线式抽样。对角线式抽样适合于密集的或成行的植物及随机分布的害虫调查，又分为单对角线和双对角线两种。

(3) 棋盘式抽样。棋盘式抽样适合于密集的或成行的植物及随机分布型和核心分布型的害虫，面积不大的地块和试验地。

(4) 平行线式抽样。平行线式抽样是指在田间每若干行取一行调查，一般较短地块可用此法，适合于成行植物及核心分布型与嵌纹分布型的害虫。

(5)“Z”字形抽样。“Z”字形抽样适合于嵌纹分布型的害虫。

3.3　抽样单位

抽样单位为抽样时样本的计量单位，有以下几种。

(1) 长度单位。长度单位常用于密植植物上害虫密度或受害程度的调查，常以米为单位。

(2) 面积单位。面积单位常用于调查地面或地下害虫，撒播、密生、矮小植物上的害虫或密度较低的害虫，一般以平方米为单位。

(3) 体积单位。体积单位常用于调查地下害虫或枝干害虫，以立方米为单位。

(4) 时间单位。时间单位用于调查活动性较大的昆虫。采用这种抽样单位时，需在一定面积范围内观察单位时间内经过、起飞或捕获的虫数。

(5) 以植株或部分器官为单位。以植株或部分器官为单位适用于株距、行距清楚，害虫栖息部位较固定或害虫体小而活泼的情况。对矮小植物，以每株或每百株或折算成单位面积虫量表示。

(6) 网捕单位。网捕单位一般是以口径为 30 cm、网柄长 1 m 的捕虫网，在田间摆动一次为一网单位。常以百网为一次统计数，适用于小型活动性较强的昆虫。

4. 园林植物害虫调查资料的计算和整理

4.1 调查计算公式

4.1.1 被害率

被害率主要反映害虫危害的普遍程度。根据不同的调查对象，采取不同的取样单位。

$$被害率(\%)=\frac{发病(有虫)单位数}{调查单位数}\times 100\%$$

4.1.2 虫口密度

虫口密度表示在一个单位内的虫口数量，通常折算为每亩虫数。

$$虫口密度(\%)=\frac{调查总虫数}{调查总单位数}\times 每亩单位数$$

虫口密度也可用百株虫数表示，即

$$虫口密度(\%)=\frac{调查总虫数}{调查总株数}\times 100\%$$

4.2 调查资料的整理

调查取得大量资料以后，要注意去粗取精、综合分析，从中总结经验，进一步指导实践。为了使调查材料便于以后整理和分析，调查工作必须坚持按计划进行，调查记录要尽量精确、清楚，特殊情况要加以注明。调查记载的资料，要妥善保存、注意积累，最好建立害虫档案，以便总结害虫发生规律，指导测报和防治。

1. 材料及工具的准备

1.1 材料

材料为园林苗圃、虫害发生较严重的林地或草坪。

1.2 工具

工具为放大镜、卷尺、记录笔、纸等。

2. 任务实施步骤

2.1 准备工作

调查之前要准备好被调查地区的历史资料，以及自然地理概况、经济状况的资料；制订调查计划，确定调查方法，设计调查用表，准备好调查所用仪器、工具；做好调查人员的技术培训等。

2.2 踏查

调查人员沿园路、人行道或自选路线，采取目测法边走边查，并尽可能涵盖调查地区的不同植物地块及有代表性的不同状况的地段。每条路线之间的距离一般为 100～300 m。踏查时应注意路线两侧 30 m 范围内各项因子的变化，根据踏查所得资料，绘制主要害虫分布草图并填写踏查记录表。园林植物害虫踏查记录表如表 3-9 所示。

表 3-9 园林植物害虫踏查记录表

调查日期									
调查地点									
绿地概况									
调查总面积									
受害面积									
卫生状况									
树种	被害面积	害虫种类	为害部位	危害程度	分布状态	寄主情况	天敌种类	数量及寄生率	备注

说明：

（1）绿地概况包括花木组成、平均高度、平均直径、地形和地势等；

（2）分布状态分为单株分布（单株发生虫害）、簇状分布（被害株 3～10 株成团）、团块状分布（被害株呈块状分布）、片状分布（被害面积达 50～100 m^2）、大片分布（被害面积超过 100 m^2）等；

（3）危害程度常分为轻微、中等、严重三级，分别用“＋”、“＋＋”、“＋＋＋”表示。园林植物害虫危害程度划分标准表如表 3-10 所示。

表 3-10 园林植物害虫危害程度划分标准表

程度 标准 部位	轻微（＋）	中等（＋＋）	严重（＋＋＋）
叶部害虫	树叶被害 30％以下	树叶被害 31％～60％	树叶被害 61％以上
树干、枝梢害虫	树干、枝梢被害株率为 20％以下	树干、枝梢被害株率为 21％～50％	树干、枝梢被害株率为 51％以上
枝干害虫及主梢、根部害虫	被害株率为 10％以下	被害株率为 11％～20％	树干、枝梢被害株率为 21％以上
种实害虫	种实被害率为 10％以下	种实被害率为 11％～20％	种实被害率为 21％以上

2.3 地下害虫调查

在苗圃或绿地播种、绿化以前，应进行地下害虫调查。抽样方式多采用对角线式或棋盘式。样坑大小为 0.5 m×0.5 m 或 1 m×1 m，按 0～5 cm、5～10 cm、15～30 cm、30～45 cm、45～60 cm 段等不同层次分别进行调查记载。苗圃、绿地地下害虫调查表如表 3-11 所示。

表 3-11 苗圃、绿地地下害虫调查表

调查日期	调查地点	土壤植被情况	样坑号	样坑深度	害虫名称	虫期	害虫数量	调查株数	被害株数	被害率/（％）	备注

2.4 枝干害虫调查

在发生枝干害虫的绿地中，选有50株树以上的样地，分别调查健康木、衰弱木、濒死木和枯立木各占的百分率。如有必要可从被害木中选3～5株伐倒，量其树高、胸径，从杆基至树梢剥一条10 cm宽的树皮，分别记载各部位出现的害虫种类。

虫口密度的统计，则在树干南北方向及上部、中部、下部、害虫居住部位的中央截取20 cm×50 cm的样方，查明害虫种类、数量、虫态，并统计每平方米和单株虫口密度。枝干害虫调查表如表3-12所示，枝干害虫危害程度调查表如表3-13所示。

表3-12 枝干害虫调查表

调查日期	调查地点	样地号	总株数	健康木		卫生状况	虫害木						害虫名称	备注
							衰弱木		濒死木		枯立木			
				株数	百分率/(%)		株数	百分率/(%)	株数	百分率/(%)	株数	百分率/(%)		

表3-13 枝干害虫危害程度调查表

样树号	样树情况			害虫名称	虫口密度(1 m^2)				其他
	树高	胸径	树龄		成虫	幼虫	蛹	虫道	

2.5 枝梢害虫调查

可选有50株树以上的样方，按株统计主梢受害侧梢健壮株数、主梢健壮侧梢受害株数和主侧梢都受害株数，从被害株中选出5～10株，查清虫种、虫口数、虫态和为害情况。对于虫体小、数量多、定居在嫩枝上的害虫，如蚜、蚧等，可在标准木的上、中、下部各选取样枝，截取10 cm长的样枝段，查清虫口密度，最后求出平均每10 cm长的样枝段的虫口密度。枝梢害虫调查表如表3-14、表3-15所示。

表3-14 枝梢害虫调查表(一)

调查日期	调查地点	样地号	调查株数	被害株数	被害率/(%)	其中			害虫名称及种类	备注
						主梢健壮侧梢受害株数	主侧梢都受害株数	主梢受害侧梢健壮株数		

表3-15 枝梢害虫调查表(二)

调查日期	调查地点	样地号	样株调查									备注
			样树号	树高	胸径或根径	树龄	总梢数	被害梢数	被害率/(%)	虫名	虫口密度	

2.6 食叶害虫调查

选有食叶害虫为害的绿地为样地，调查主要害虫种类、虫期、数量和为害情况等，样方面积可随机酌定。在样地内可逐株调查或采用对角线法，选样树 10～20 株进行调查。若样株矮小(一般不超过 2 m)可全株统计害虫数量；若树木高大，不便于统计时，可分别于树冠上、中、下部及不同方位取样枝进行调查。落叶和表土层中的越冬幼虫和蛹、茧的虫口密度调查，可在样树下树冠较发达的一面树冠投影范围内，设置 0.5 m×2 m 的样方(0.5 m 一边靠树干)，统计 20 cm 枝干内主要害虫虫口密度。食叶害虫调查表如表 3-16 所示。

表 3-16　食叶害虫调查表

调查日期	调查地点	样地号	绿地概况	害虫名称及主要虫态	样树号	害虫数量						为害情况	备注
						健康	死亡	被寄生	其他	总计	虫口密度		

园林植物害虫调查技术任务考核单如表 3-17 所示。

表 3-17　园林植物害虫调查技术任务考核单

序号	考核内容	考核标准	分值	得分
1	踏查	能根据当地实际情况制订和实施踏查	20	
2	地下害虫调查	能根据当地实际情况制订和实施地下害虫调查	15	
3	枝干害虫调查	能根据当地实际情况制订和实施枝干害虫调查	15	
4	枝梢害虫调查	能根据当地实际情况制订和实施枝梢害虫调查	15	
5	食叶害虫调查	能根据当地实际情况制订和实施食叶害虫调查	15	
6	问题思考与回答	在完成整个任务过程中积极参与，独立思考	20	

思考问题

(1) 害虫分布类型的确定有什么窍门?

(2) 如何根据害虫种类和农作物种类来确定取样单位?

(3) 调查地下害虫时应如何选点取样?

(4) 怎么样才能对枝干害虫进行调查? 调查应注意什么?

1. 园林植物害虫调查统计的原则

(1) 具有明确的调查目的，即要根据生产的实际需要确定调查目的。有了明确的目的之后，再决定调查内容，根据不同内容确定调查时间、地点，拟定调查项目和调查方法，设计合理的记载统计表格。

(2) 充分了解当地的生产实际情况。

(3) 采取正确的取样方法。

(4) 认真记载，准确统计。

2. 害虫分布类型形成的相关因素

害虫分布形成不同空间格局的原因是多方面的，包括害虫的生殖方式、活动习性、传播方式、虫害发生的阶段等，也和环境的均一性有关。了解害虫本身的生物学特性，有助于初步判断它们的分布格局。如果害虫来自田外，传入数量较小，无论是随气流还是种子传播，初始的分布情况都可能是普哇松分布。当害虫经过一至几代繁殖，每代传播范围较小或扩展速度较慢，围绕初次发生的地点就可以形成一些发生中心，将会呈奈曼分布。其后，特别是在害虫大量繁殖以后，又可能逐步过渡为二项式分布。当大量的小麦条锈病夏孢子传入或蝗虫大量迁入时，也可能直接呈二项式分布。

学习小结

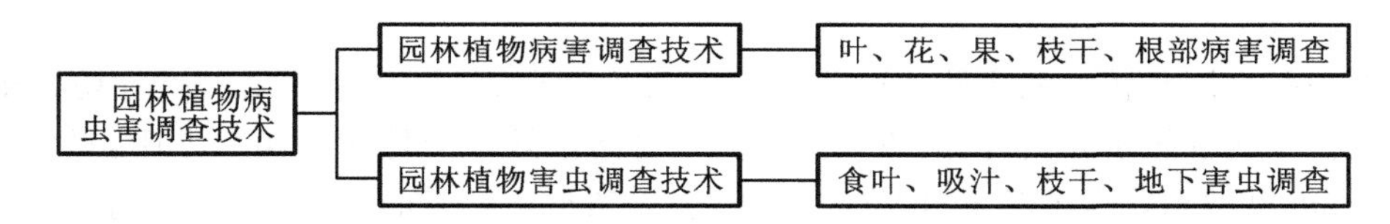

目标检测

一、填空题

(1) 病虫害在田间的主要分类型有(　　)、(　　)和(　　)等。

(2) 病虫害调查的主要取样方法有(　　)、(　　)、(　　)、(　　)和(　　)等。

(3) 病虫害的取样单位有(　　)、(　　)、(　　)和(　　)等。

(4) 病虫害调查分为(　　)和(　　)。

(5) 病虫害调查内容主要包括(　　)、(　　)、(　　)和(　　)。

二、简答题

(1) 在园林植物病虫害调查中应当注意哪些原则?

(2) 园林植物调查报告一般包括哪些内容?

项目4　园林植物病虫害预测预报技术

学习内容

了解园林植物病虫害预测预报的内容和种类，掌握园林植物病虫害主要的测报方法。

教学目标

学会最常用的园林植物病虫害预测预报方法，能够独立对重要病虫害进行测报，为病虫害的防治打下坚实的基础。

技能目标

根据田间调查结果，运用所学病虫害预测预报方法，对重要病虫害进行准确测报，并根据测报结果确定防治时期和防治对象。

防治病虫害同与敌人作战一样，只有掌握敌情，做到胸中有数，才能抓住有利时机，做到

主动、及时、准确、经济、有效。病虫害的发生与消长都有它的规律性，所以，我们要结合历史资料和天气情况，对病虫害的发生情况加以估计。

任务1 园林植物病害预测预报技术

知识点：园林植物病害预测预报的方法和内容。
能力点：能根据测报结果独立确定病害防治时期和测报发生趋势。

任务提出

预测预报是园林植物病害防治时判断病害发生情况、制订防治计划和指导防治的重要依据。病害预测预报工作的好坏，直接关系到病害防治效果的好坏。实践证明，只要搞好病害测报，就可以做到防在关键上、治在要害处，会起到举一反三的作用。那么，病害测报该如何进行呢？

任务分析

不同的园林植物病害会有不同的规律，病原的传播途径各有不同，病害在发生过程中会受到不同因素的影响，所以在测报方法也会各有不同，一定要根据当地的实际情况进行预测预报。该任务就是掌握预测预报的种类和内容，学会预测预报常用的方法，要完成此任务需要熟悉不同病害的病原传播方式和环境对病害的影响。

任务实施的相关专业知识

1. 园林植物病害的传播与测报

在园林植物病害预测预报过程中，要根据不同的传播方式选择不同的测报方法。病原物的传播有主动传播和被动传播两种。

1.1 主动传播

主动传播指病原物依靠自身的活动传播，如线虫的蠕动、真菌孢子的弹射、细菌的游动等，其传播的范围很小。

1.2 被动传播

被动传播相对主动传播，其传播距离比较远，范围比较广，是传播的主要方式，在病害的蔓延扩展中起重要作用。其中有自然因素和人为因素：自然因素中以风、雨水、昆虫和其他动物传播的作用最大；人为因素中以种苗和种子的调运、农事操作和农业机械的传播最为重要。

1.2.1 气流传播

气流传播是病原物最常见的一种传播方式。气流传播的距离一般比较远，很多外来菌源都是靠气流传播的，如白粉菌类、锈菌类。

1.2.2 雨水传播

植物病原细菌和真菌中的黑盘孢目和球壳孢目的分生孢子多半都是由雨水传播的。在暴风雨的条件下，由于风的介入，往往能加大雨水传播的距离。

1.2.3 生物介体

昆虫，特别是蚜虫、飞虱和叶蝉是病毒最重要的传播介体，病原物存在于植物韧皮部的筛管中，它的传播介体是在筛管部位取食的昆虫。

1.2.4 土壤传播

土壤是病原物的重要的越冬和越夏场所，很多为害植物根部的兼性寄生物能在土中存活较长时间。在土壤中存活的病原物还可以通过自身的生长和移动接触健康植物，从而产生侵染，根部的外寄生线虫可以在土壤中靠自身的运动到达寄主植物的根部。

1.2.5 人为因素

人们在引种、施肥和农事耕作中，经常造成植物病害的传播。人为传播不像自然传播那样有一定的规律性，它是经常发生的，不受季节和地理因素的限制。

2. 环境条件对病害测报的影响

环境条件中的温度、湿度、光和风都对病原物的生长和侵入及在植物体内的扩展具有重要的影响，其中温度、湿度影响最大。许多真菌孢子要在有水的情况下萌发率才能达到最大。因此，对于绝大多数气流传播的病原物，湿度越高对侵入越有利。但在土壤中情况则正好相反，因为土壤湿度过高，会影响大多数病原物的呼吸，同时还会导致对病原物有颉颃作用的腐生菌大量繁殖。

3. 病害测报的分类

常见植物病害测报按预测内容和预报量的不同，可分为流行程度预测、发生期预测和损失预测等。流行程度预测是最常见的预测种类，预测结果可用具体的发病数量（如被害率、严重度、病情指数等）做定量的表达，也可用流行级别做定性的表达。流行级别多分为大流行、中度流行（中度偏低、中等、中度偏重）、轻度流行和不流行。病害发生期预测是估计病害可能发生的时期。损失预测主要是根据病害流行程度预测减产量。

病害测报按照预测的时限，可分为长期预测、中期预测和短期预测。

4. 病害主要预测方法

病害预测的方法因病害流行规律的不同而不同。病害预测的主要依据是：病原物的生物学特性、病害侵染过程和侵染循环的特点、病害发生前寄主的染病状态、病原物的数量、病害发生与环境条件的关系、当地的气象历史资料和当年的气象预报材料等。对这些情况掌握得越准确，病害预测就越可靠。目前，病害主要是根据病原物的数量和存在状况、寄主植物的染病性和发育状况，以及病害发生和流行所需的环境条件的三个方面的调查和系统观察进行预测的。病害预测的方法可分为数理统计预测法和实验生态生物学预测法两种。

4.1 数理统计预测法

数理统计预测法是指在多年试验、调查等实测数据的基础上，采用数理统计学回归分析的方法，找出影响病害流行的各主要因素，即寄主植物的染病性、病原物的数量和致病力、环境条件（特别是温度、湿度、土壤状况等）、管理措施等因素与病害流行程度之间的数量关系。在回归方程中，设上述某个因素（或多个因素）为自变量，建立回归方程后，输入自变量调查数据就可预测出病害发生情况。

4.2 实验生态生物学预测法

实验生态生物学预测法是运用生态学、生物学和物理学的方法，通过预测圃观察、绿地

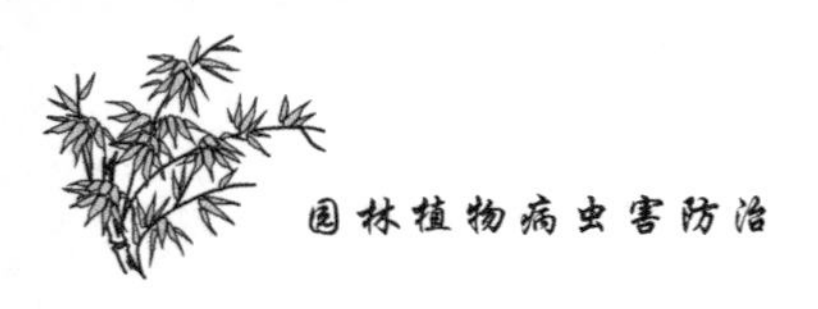

调查、孢子捕捉和人工培养等手段，来预测病害的发生期、发生量及危害程度的一种预测方法。此法较烦琐，但准确性较高，仍是目前病害预测的常用方法。

4.2.1 预测圃观察

在某病害流行地区，栽植一定数量的染病植物或固定一块圃地，经常观察病害的发生发展情况，这就是预测圃观察。根据预测圃植物发病情况，可推测病害发生期，便于及时组织防治。

4.2.2 绿地调查

在绿地内选择有代表性的地段进行定点、定株和定期调查，了解病害的发生情况，分析病害发生的条件，这样有助对病害未来发生情况做出准确的估计。

4.2.3 孢子捕捉

孢子捕捉的季节性比较强。靠气流传播的病害，如锈病、白粉病可用孢子捕捉法预测病害发生情况。其做法是：在病害发生前，用一定大小的载玻片，涂上一层凡士林，放在容易捕捉孢子的地方，迎风放或平放于一定高度，定期取回做镜检计数，进行统计分析，推测病害发生时期和发生程度。

4.2.4 人工培养

在病害发生前，将容易染病或可疑的有病部分进行保湿培养，逐日观察记载发病情况，统计已显症状的发病组织所占有的百分数，就可以预测在自然情况下病害可能发生的情况。针对不同的病害，其测报方法也有所不同，有些在病残体、种苗、土壤、粪肥等处越冬的病原物，常常需要进行组织加强培养，所以要针对不同的病原物，准备不同的培养基。

1. 材料及工具的准备

1.1 材料

材料为数理统计模型、病害发生严重的典型园林绿地、参考文献等。

1.2 工具

工具为计算机、放大镜、孢子捕捉器、培养基制作材料、培养箱等。

2. 任务实施步骤

2.1 准备工作

同时准备计算机、放大镜、记录本、笔等其他材料。

2.2 孢子捕捉器的安置

不同的捕捉器安装安法不同，可以根据说明书具体实施。

2.3 病害测报实施

2.3.1 根据菌量预测

菌量的测定可以通过以下几种方法：①对于细菌性病害可以通过测定噬菌体激增的数量来预测细菌数量；②对于种子表面带菌的病害可以通过检查种子表面带有的菌量来预测次年田间被害率；③用孢子捕捉器捕捉空中孢子预测菌量。

（1）田间菌量调查　可以采用田间调查记数法，如噬菌体数的测定；如种子和苗木等部位表面病原数量的测定可用镜检法；对于靠气流传播的病害，用捕捉器捕捉孢子，然后计算孢子数量。

（2）测报　根据计算的菌量，按不同病害的测报标准，确定发生时期和防治田块。

2.3.2　根据气象条件预测

多循环病害的流行受气象条件影响很大，而初侵染菌源不是限制因子，对当年发病的影响较小，故通常根据气象条件预测。

2.3.3　根据菌量和气象条件预测

综合菌量和气象因子的流行学效应，作为预测的依据。有时还把寄主植物在流行前期的发病数量作为菌量因子，用以预测后期的流行程度。

2.3.4　根据菌量、气象条件、栽培条件和寄主植物生育状况预测

有些病害的预测除应考虑菌量和气象因子外，还要考虑栽培条件、寄主植物的生育期和生育状况。

2.3.5　根据培养预测法预测

在病害没有发生前，将作物容易染病或疑为有病部分放在适于发病条件下，进行培养观察，以提前掌握病害发生的始期。由于病菌的生长、发育和繁殖都要求较高的湿度，所以，通常是用保湿的方法进行培养。

2.3.6　根据病圃观察法预测

在大田外，单独开辟出一块地，针对本地区为害严重的某些病害，种植一些感病品种和当地普遍栽培的品种，经常观察病害的发生情况，预测圃里容易发病的感病品种，由此可以较早地掌握病害开始发生的时期和条件，有利于及时指导大田普查。

任务考核

园林植物病害预测预报技术任务考核单如表4-1所示。

表4-1　园林植物病害预测预报技术任务考核单

序号	考核内容	考核标准	分值	得分
1	测报工具的准备	根据不同病害正确选择测报工具	20	
2	孢子捕捉器的安装	能独立安装孢子捕捉器	20	
3	菌量的测定	能够根据不同病害选择不同方法测定菌量	20	
4	病害的测报	能够根据实际情况选用不同的方法测报病害	20	
5	问题思考与回答	在完成整个任务过程中积极参与，独立思考	20	

思考问题

（1）孢子捕捉器的原理是什么？

（2）在预测预报园林植物病害时应该注意哪些问题？

拓展提高

新测报技术和手段的应用

1. 可视预测预报技术

从20世纪50年代开展病虫预测预报工作以来，直到21世纪初，病虫预报一直沿用“病虫情报”的方式进行发布，在当时的历史和农业生产条件下发挥了重要的作用，但是随着科学技术的飞速发展，农业生产形式的不断变化，尤其进入到21世纪信息时代后，继续沿用“病虫情报”的形式发布病虫预报，很显然不适应当今社会的需要：发送“病虫情报”到区(县)、乡(镇)农技部门，再传播到农民这种形式，导致发送速度慢，传播范围窄，病虫发生情况和防治技术不能直接、及时地被最终使用者(广大农民)所接受使用；以单一文字形式的“病虫情报”不能表现病虫为害的症状、病虫形态等，导致部分农民不能及时对症下药，其结果乱用药，防治成本增加，环境污染严重，农产品农药残留超标，直接危害广大人民的身体健康，为此必须改革农作物病虫预报手段，提高病虫预报水平，更好地为广大农民服务。所以，随着电子技术的发展，可视病虫测报应势而生，农作物病虫可视预报就是把农作物病虫发生情况和防治关键技术制作成电视节目，应用电视这一最广泛的传播媒体向广大农民进行发送，使广大农民能及时、准确、直观接收到农作物病虫发生和防治的信息，指导农民进行大面积的病虫防治工作。

2. 异地预测法

一些远距离迁飞性害虫和大区流行性病害，其菌源可随气流迁往异地。如黏虫、褐稻虱、稻纵卷叶螟等害虫是逐代呈季节性往返迁移，其迁移的方向和降落区域的变动，又受随季风进退的气流和农作物生长物候的季节变换制约。因此，可根据发生区的残留虫量和发育进度，结合不同层次的天气形势以及迁入区的农作物长势和分布，来预测害虫迁入的时间、数量、主要降落区域和可能的发生程度。对植物病害，也可根据发生区的菌源量、气流方向以及农作物抗病品种的布局和长势，来预先估计可能的发生区域、发生时间和流行程度，并可应用综合分析、预测模型和电算模拟等手段进行。

任务2　园林植物害虫预测预报技术

知识点：掌握园林植物害虫预测预报的方法和内容。
能力点：根据测报结果，能独立确定园林植物害虫防治适期和防治方法。

任务提出

园林植物害虫预测预报是同害虫做斗争时判断害虫发生情况、制订防治计划和指导防治的重要依据。预测预报工作的好坏，直接关系到害虫防治效果的好坏，对保证园林植物健康成长具有重大作用。实践证明，搞好害虫测报，就可以做到防在关键上、治在要害处，达到投资用工少、收效大的作用。

任务分析

不同的昆虫为害特点不同，发生时期也千差万别，在防治中，一定要根据当地的实际情况进行预测预报。该任务就是掌握预测预报的种类和内容，学会预测预报常用的方法。

1. 预测预报的意义

园林植物害虫的发生发展具有一定规律性，认识和掌握其规律，就能够根据现在的变动情况推测未来的发展趋势，及时有效地防治害虫。害虫预测预报是实现“预防为主，综合治理”的植保方针、正确组织指导防治工作的基础。

2. 预测预报的内容

2.1　发生时期的预测

防治害虫，关键在于掌握好防治的有利时机。害虫发生时期因地方不同而不同，即使是同种害虫、同一地区也常随每年气候条件而有所不同。所以，对当地主要害虫进行预测，掌握其始发期、盛发期和终止期，抓住有利防治时机，及时指导防治具有重要意义。

2.2　发生数量的预测

害虫发生的数量是决定是否需要进行防治和判断危害程度、损失大小的依据。在掌握了发生数量之后，还要参考气候、栽培品种、天敌等因素，综合分析，注意数量变化的动态，及时采取措施，做到适时防治。

2.3　分布预测

分布预测主要是预测病虫可能的分布区域或发生的面积。对迁飞性害虫和流行性病害还包括预测其蔓延扩散的方向和范围。

2.4　危害程度预测

在发生期预测和发生量预测的基础上，结合品种布局和生长发育特性，尤其是染病、染虫品种的种植比重和易受病虫危害的生育期与病虫盛发期的吻合程度，同时结合气象资料的分析，预测其发生的轻重及危害程度。

病虫害的发生轻重程度可分为小发生、中等偏轻发生、中等发生、中等偏重发生和大发生五级。

3. 预测预报的种类

预测预报分为定期预报、警报和通报三种。

3.1　定期预报

定期预报一般分为短期、中期和长期三类。

3.1.1　短期预报

短期预报是预测近期内害虫发生的动态，如某种害虫的发生时间、数量及为害情况等，在害虫发生的前几天或十几天内进行。

3.1.2　中期预报

中期预报一般是根据近期内害虫发生的情况，结合气象预报、栽培条件、品种特性等综合分析，预测下一段时间的发生数量、危害程度和扩散动向等。中期预报的预测时间和范围依害虫种类而定。对于在全面发生期的重点害虫，都应进行中期预测，一般在发生前一两个月进行。

3.1.3 长期预报

长期预报一般是属于年度或季节性的预测，通常是在头一年的年末或当年的年初，根据历年害虫情况积累的资料，参照当年与害虫发生有关的各项因素，如植物品种、环境条件、存在数量及其他有关地区前一时期害虫发生的情况等，来估计害虫发生的可能性及严重程度，供制订年度防治计划时参考。长期预测由于时间长、地区广，进行起来较复杂，需有较长时间的参考资料和积累较丰富的经验，同时对害虫发生的规律要有较深刻的了解，一般在害虫发生前半年进行。

短期预报具有较强的现实意义，中期和长期预报具有较强的指导意义。

3.2 警报

警报是属于紧急性质的预报。当所预测的虫情已达到防治指标时，要立即发出警报，及时组织开展防治工作。

3.3 通报

通报的内容主要是一个市或地区害虫发生和发展及防治动态，主要针对某些重要害虫在进行预测分析之后，编写出害虫情报，印成书面材料，通报出去。其目的是让有关单位能事先了解到害虫发生情况和发生趋势，有更多的时间做好预防准备，并为编订或修订防治计划、安排防治措施提供参考依据。

4. 园林植物害虫预测方法

4.1 发生时期预测

发生时期预测主要是预测某种害虫在某一虫态出现的始盛期、高峰期和盛末期，以便确定防治的最佳时期。一个虫态在某一地区出现14%的时间，称为始盛期；出现数量达一个虫态总数的50%时，称为高峰期；一个虫态出现86%的时间，称为盛末期。

这种方法常用于预测一些防治时间性强，而且受外界环境影响较大的害虫，如钻蛀性、卷叶性害虫以及龄期越大越难防治的害虫。这种预测在生产上使用最广，而害虫的发生期随每年气候的变化而变化，所以每年都要进行发生时期预测。发生时期预测常用的方法有以下几种。

4.1.1 物候预测法

物候是指自然界各种生物现象出现的季节规律性。人们在与自然的长期斗争中发现，害虫在某一虫态的出现时期往往与其他生物的某个发育阶段同时出现，物候预测法就是利用这种关系，以植物的发育阶段为指标物，对害虫在某一虫态或发育阶段的出现期进行预测。“桃花一片红，发蛾到高峰”就是老百姓根据地下害虫小地老虎与桃花开放的关系来预测其发生期的。

4.1.2 发育进度预测法

发育进度是指某种害虫的某一虫态个体数量在时间上的分布。人们通过对害虫发育进度进行观察，结合当地气象预报的日、旬平均温度和相应的虫态历期，推算以后虫态的发育期，即为发育进度预测。发育进度预测法可分为历期预测法和期距预测法。

(1) 历期预测法。历期预测法是对前一虫态发育进度（如化蛹率、羽化率、孵化率等）进行调查，当调查虫口数达到14%、50%、86%即分别为始盛期、高峰期、盛末期的数量标准时，结合当时气温下该虫态的发育历期，即可推出后一虫态的相应发生期。

（2）期距预测法。害虫由前一个虫态发育到后一个虫态或由前一世代发育到下一世代，都要经过一定的时间，这一时期所需的天数称为期距。通过调查研究掌握害虫发生时期加上期距天数，推断出后一阶段害虫的发生时期，称为期距预测法。测定期距常用的方法有以下三种。①田间调查法：在调查对象田块内选择有代表性的样方，针对刚出现的某种害虫的某一虫态进行定点取样，逐日或每隔 2～3 d 调查一次，统计该虫态个体出现的数量及百分比。通过长期调查掌握各虫态的发育进度后，便可得到当地各虫态的历期。②诱测法：利用害虫的趋性及其他习性（如趋光、趋化、趋色、产卵等）分别采用各种方法（如灯诱、性诱、食饵诱集、饵木诱集等）进行诱测，逐日检查诱捕器中虫口数量，就可了解本地区各虫态的始盛期、高峰期和盛末期。有了这些基本数据，就可推测以后每年各虫态或为害可能出现的日期。③饲养法：对于一些难以观察的害虫或虫态，可从野外采集一定数量的卵、幼虫或蛹，进行人工饲养，观察其发育进度，求得该害虫各虫态的发育历期。人工饲养时，应尽可能使室内环境接近自然环境，以减少误差。

4.1.3　计算机预测法

应用电子计算机技术和装置，将经研究得出的有害和有益生物发育模型、种群数量波动模型、作物生长模型、防治的经济阈值和防治决策等存入计算机中心，通过各终端系统输入各有关预报因子的监测值后，即可迅速预报有关害虫发生地点、危害程度和防治等的预测结果。

4.2　发生数量预测

发生数量预测法又称猖獗预测或大发生预测，主要是预测害虫未来数量的消长变化情况，对指导防治数量变化较大的害虫极为重要。发生数量预测常用的方法有以下三种。

4.2.1　有效虫口基数预测法

有效虫口基数预测法是目前采用较多的一种方法。害虫的发生数量往往与其前一世代的虫口基数有着密切关系，基数越大，下一世代发生量可能就越多；反之，则越少。其方法是：对上一世代的虫态，特别是对其越冬虫态，选有代表性的，以面积、体积、长度、部位、株等为单位，调查一定的数量，统计虫口基数，然后再根据该虫的繁殖能力、雌雄性比及死亡情况，来推测下一代发生数量。

4.2.2　气候图预测法

气候图预测法就是利用害虫与环境条件中温、湿度的相关性，预测某种害虫的发生趋势。应用该法预测害虫的发生数量，针对的必须是以温、湿度为其数量变动的主导因素的害虫。另外，还必须积累相当多的历史资料（至少要有五年以上的资料），将这些资料进行比较，找出害虫大发生最适宜的温、湿度范围，然后以此作为预测某害虫大发生的依据。

4.2.3　形态指标预测法

环境条件对昆虫的影响是通过昆虫本身起作用的，昆虫对外界条件的适应性也会从形态上表现出来。如虫态的变化、脂肪体含量与结构、雌雄性比等都会影响到下一代。

4.3　发生区预测

发生区预测包括害虫发生地点、范围及发生面积的测报。对于具有扩散迁移习性的害虫，还包括其迁移方向、距离、降落地点的测报。

4.3.1 扩散迁移的预测

一些远距离迁飞性害虫是呈季节性往返迁移的，其迁移的方向和降落区域的变动，又受季风进退的气流和植物生长物候的季节变换制约。因此，可根据发生区的残留虫量和发育进度，结合不同层次的天气形势及迁入区的农作物长势和分布，来预测害虫迁入的时间、数量、主要降落区域和可能的害虫发生程度。

在扩散迁移的测报中，既要考虑害虫本身的习性，又要分析环境因素的干扰。对近距离飞翔的昆虫，可采取标记释放后人工捕捉，或灯光诱获、性诱获等方法，其他的还有昆虫雷达监测等。

4.3.2 发生地点与范围的预测

在进行此项测报时要考虑以下因素：一是当地害虫繁殖力强，一旦环境条件适宜，就可能暴发成灾；二是害虫发生范围与周围虫口密度密切相关，因此，发生地点、范围和面积的预测必须与虫情调查及发生量预测结合起来；三是要注意发生周期以及其他规律的变化。

4.4 虫害危害程度预测

虫害危害程度预测是预测园林植物在受害虫为害后，影响园林植物生长和发育所带来的损失程度。它是确定是否需要进行害虫防治的依据或指导防治的指标。

5. 害虫预报

害虫预测结果应按期向上一级填表汇报。县、市、省园林有关部门，在接到基层测报组报送的预报资料后，应迅速研究，以便决定是否发布县、市或全省性的短期或长期预报。园林植物虫情预报表如表 4-2 所示。

表 4-2 园林植物虫情预报表

发报种类	预报虫种	害虫发育阶段	害虫分布地点	虫口密度				寄生率/(%)	雌雄性比	繁殖能力	羽化率/(%)	孵化率/(%)	预报当旬的气象因子							对于虫情发展的分析	备注
				每平方米		每株							温度/℃			相对湿度/(%)	天气	风速	最多风向		
				最大	平均	最大	平均						最高	最低	平均						

发布预报单位：

预报主持人：

发布地点：

年　　月　　日

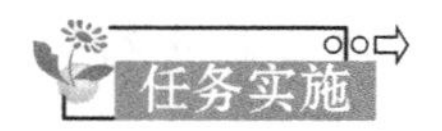
任务实施

1. 材料及工具的准备

1.1 材料

材料为计算机数理统计模型、前五年当地害虫预测预报资料等。

1.2 工具

工具为捕虫网、吸虫管、毒瓶、采集箱、采集盒、诱虫灯、标本盒、标本瓶、计数器、记录本、记录笔、计算器、放大镜、显微镜等。

2. 任务实施步骤

2.1　准备工作

分别准备田间调查法和诱测法的工具。根据任务要求，准备好相应的捕虫网、吸虫管、毒瓶、标本瓶、采集箱、采集盒、诱虫灯等调查工具，同时要准备好计数器、放大镜、记录本、记录笔等工具。

2.2　实地测报

2.2.1　田间调查法

在调查对象田块内选择有代表性的样方，对刚出现的某种害虫的某一虫态进行定点取样，逐日或每隔 2～3 d 调查一次，统计该虫态个体出现的数量及百分比，从而确定各虫态的始盛期、高峰期和盛末期。

2.2.2　诱测法

利用害虫的趋性及其他习性（如趋光、趋化、趋色、产卵等）分别采用各种方法（如灯诱、性诱、食饵诱集、饵木诱集等）进行诱测，逐日检查诱捕器中虫口数量，就可了解本地区各虫态的始盛期、高峰期和盛末期。有了这些基本数据，就可推测以后每年各虫态或为害可能出现的日期。

2.2.3　期距和历期的确定

根据田间调查法和诱测法得到的数据确定历期。

2.3　虫害预测

（1）发生时期预测。发生时期预测采用物候预测法和发育进度预测法两种方法。

（2）发生数量预测。发生数量预测主要采用有效虫口基数预测法。

（3）发生区预测。发生区预测主要用田间调查法预测。

（4）危害程度预测。危害程度预测主要按危害程度预测公式进行。

2.4　虫害预报

在进行实际预测之后，为了及时反映虫情，指导群众不失时机地开展防治，应根据测报结果加以综合分析，编写出虫害情报，通过广播、黑板报、印刷品、电话、电子邮件、电视等途径通报出去，指导群众及时开展防治。

园林植物害虫预测预报技术任务考核单如表 4-3 所示。

表 4-3　园林植物害虫预测预报技术任务考核单

序号	考核内容	考核标准	分值	得分
1	测报工具的准备	根据不同昆虫正确选择采集工具	10	
2	虫态发生期的确定	能独立用田间调查法或诱测法确定高峰期	15	
3	期距和历期的确定	能够根据实际情况确定昆虫的期距和历期	15	
4	发生时期的预测	能够采用不同预测法预测害虫的发生时期	20	
5	发生数量的预测	能够根据有效虫口基数预测法预测害虫未来的数量	20	
6	害虫预报	能够根据预测结果编写虫情预报并发布出去	10	
7	问题思考与回答	在完成整个任务过程中积极参与，独立思考	10	

思考问题

(1) 期距预测法有哪些缺陷?

(2) 作为一个植物保护工作者,在预测预报园林植物害虫时应该注意哪些问题?

拓展提高

1. 历期预测法和期距预测法的区别

期距的长短常因营养条件、气候条件等影响而发生一定的变化。利用期距预测法预测害虫的发生情况时,应结合各地历年观察的有关期距的平均数和置信区间。换句话说,期距是一个经验值。而历期是结合当地的气象条件因素计算得来的,更准确。所以,历期应用更广泛,但需要对当地气象条件做好监测。期距作为一个经验值,应用起来更简便,但有一定的地域限制,不能生搬硬套,如辽宁的期距值就不能用于河南的害虫预测。

2. 预测预报中应注意的问题

(1) 合理确定调查样本。要根据该地区不同的地形特点、海拔高度、植物生育期、虫害发生程度,选择有代表性的区域进行调查取样,每个区域不得少于三种植物,做到精心调查,减少误差。同时,通过每个区域的目测,使测报人员对该地区虫害发生情况有一个初步了解,便于在计算调查数据的加权平均值时,做到心中有数。

(2) 注意搜集相关信息,如气象条件,低温是否影响昆虫越冬,还有生活中的一些现象,如灯下某害虫是否突然增多等,同时注意与周边地区的信息交流。

(3) 要具备实事求是、不怕吃苦的工作态度。要实际深入田间调查,要及时了解田间发生的实际情况,看看实况和测报结果的差距,及时总结经验,为提高以后测报的准确性打好基础。

3. 病虫情报的编写

在进行实际观测之后,应根据测报结果加以综合分析,编写出虫害情报,通过广播、黑板报、印刷品、电话、电子邮件等途径通报出去。

编写虫害情报的一般做法是:每次重点报一两种主要病虫,先简单介绍它们的为害特点,然后报道近来虫害发生情况,并与过去(历年资料)对比,说明发生早晚和轻重,再结合气象、作物和天敌等条件进行分析,做出发生期或发生程度及发生趋势的估计,最后提出有关防治时期和防治方法的建议。

学习小结

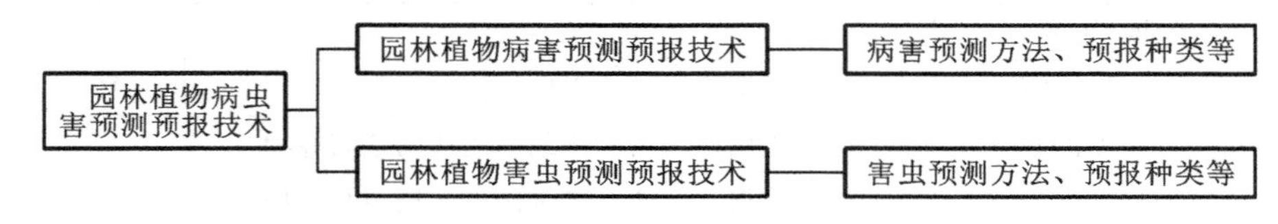

目标检测

一、填空题

(1) 按照内容,害虫预测预报可分为(　　)、(　　)、(　　)和(　　)。

（2）害虫预测预报的种类可分为（　　）、（　　）和（　　）。
（3）定期预报按时间长短可分为（　　）、（　　）和（　　）。

二、简答题

（1）病害的预测方法有哪几种？
（2）病虫测报时应该注意哪些问题？
（3）如何编制病虫预报？

三、计算题

调查发现桃小食心虫越冬幼虫密度为1头/米^2，越冬成虫每雌虫产卵200粒，雌雄性比为1∶2，越冬幼虫死亡率为40%，卵孵化率为90%，问一代幼虫发生量为多少？

项目5　园林植物病虫害综合治理技术

学习内容

了解园林植物病虫害的综合防治措施，熟练掌握园林植物常发生病虫害的特征和防治方法。

教学目标

通过对园林植物病虫害防治的学习，了解常发生病虫害的种类、识别特征、为害特点及主要防治措施。

技能目标

能利用所学知识制订园林植物病虫害的综合防治方案。

为害园林植物的病虫害种类特别多，为害轻时会影响园林植物的观赏性和美感，为害重时会对园林植物造成毁灭性的打击。我们能否利用一些有效而对环境污染小的方法来防治病虫害呢？经过园林植保人员的多年努力，将病虫害的综合防治总结为五大防治方法：植物检疫防治法、园林技术防治法、物理机械防治法、生物防治法和化学防治法。而应用最多的则是利用农药防治病虫害的化学防治法，所以本项目除了学习五大防治法外，还要重点学习农药的一些知识。

任务1　园林植物病虫害综合防治方案的制订

知识点：了解园林植物病虫害五大防治方法的主要措施及它们的优缺点。
能力点：能熟练应用五大防治方法制订园林植物病虫害的防治方案。

任务提出

园林植物病虫害的防治方法很多，各种方法各有其优点和局限性，单靠其中某一种方法往往不能达到防治的目的，有时还会引起其他一些不良反应。那么，现在主要的五大防治方

法是怎么防治病虫害的呢？它们又有什么样的特点呢？又该如何取长补短、综合应用这些防治方法控制病虫害呢？

任务分析

园林植物病虫害综合治理是一个病虫控制的系统工程，即从生态学观点出发，在整个园林植物生产、栽植及养护管理过程中，有计划地应用、改善栽植养护技术，调节生态环境，预防病虫害的发生，降低发生程度。应将自然防治和人为防治手段有机地结合起来，有意识地加强自然防治能力，主要是利用植物检疫、园林技术防治、物理机械防治、生物防治、化学防治等方法来控制病虫害，并将它们有机结合在一起而制订一个综合防治方案。

任务实施的相关专业知识

1. 植物检疫技术

植物检疫也称法规防治，是指一个国家或地方政府颁布法令，设立专门机构，禁止或限制危险性病、虫、杂草等人为地传入或传出，或者传入后为限制其继续扩展所采取的一系列措施，它是防治病虫害的基本措施之一，也是实施"综合治理"措施的有力保证。

1.1 生物入侵的为害

在自然情况下，病、虫、杂草等的分布虽然可以通过气流等自然动力和自身活动扩散，不断扩大其分布范围，但这种能力是有限的。再加上有高山、海洋、沙漠等天然障碍的阻隔，病、虫、杂草的分布有一定的地域局限性。但是，一旦借助人为因素的传播，就可以附着在种实、苗木、接穗、插条及其他植物产品上跨越这些天然屏障，由一个地区传到另一个地区或由一个国家传到另一个国家。当这些病、虫及杂草离开了原产地到达一个新地区以后，原来制约病虫害发生发展的一些环境因素被破坏，一旦条件适宜，就会迅速扩展蔓延，猖獗成灾。历史上这样的教训很多，如葡萄根瘤蚜在 1860 年由美国传入法国后，经过 25 年，就造成 100 000hm^2（1 hm^2 = 10 000m^2）以上的葡萄园毁灭；美国白蛾 1922 年在加拿大首次发现，随着运载工具由欧洲传播到亚洲，1979 年在我国辽宁省东部地区发现，1982 年发现于山东荣成县，1984 年在陕西武功猖獗成灾，造成大片园林及农作物被毁。又如我国的菊花白锈病、樱花细菌性根癌病、松材线虫萎蔫病均由日本传入，使许多园林风景区蒙难；最近几年传入我国的美洲斑潜蝇、蔗扁蛾、薇甘菊也带来了严重灾难。所以，要对植物及其产品在引种运输、贸易过程中进行管理和控制，防止危险性有害生物在地区间或国家间传播蔓延。

1.2 植物检疫的作用

(1) 植物检疫能阻止危险性有害生物随人类的活动在地区间或国家间传播蔓延。随着社会经济的发展，以及植物引种和农产品贸易活动的增加，危险性的有害生物也会随之扩散蔓延，造成巨大的经济损失，甚至酿成灾难。

(2) 植物检疫不仅能阻止农产品携带危险性有害生物出入境，保证其安全性，还可指导农产品的安全生产以及与国际植物保护公约组织的合作与谈判，使本国农产品出口道路畅通，以维护本国在农产品贸易中的利益。

(3) 另外，随着我国加入 WTO，国际经济贸易活动的不断深入，植物检疫工作更具有重要作用。

1.3　植物检疫的对象和分类

1.3.1　植物检疫的对象

植物检疫的对象包括：一是国内或当地尚未发现或局部已发生而正在消灭的；二是一旦传入对农作物的为害大，造成经济损失严重，目前尚无高效、简易防治方法的；三是繁殖力强、适应性广、难以根除的；四是可人为随种子、苗木、农产品及包装物等运输，做远程距离传播的。

1.3.2　植物检疫的分类

植物检疫分对内检疫和对外检疫两类。对内检疫的主要任务是防止通过地区间的物资交换及调运种子、苗木和其他农产品等而使危险性有害生物扩散蔓延，故又称国内检疫。对外检疫是国家在港口、机场、车站和邮局等国际交通要道，设立植物检疫机构，对进出口和过境的、应实施检疫的植物及其产品实施检疫和处理，以防止危险性有害生物的传入和输出。

1.4　植物检疫方法

1.4.1　检疫检验

由有关植物检疫机构根据报验的受验材料抽样检验。除产地植物检疫采用产地检验（田间调查）外，其余各项植物检疫主要进行关卡抽样室内检验。

1.4.2　检疫处理

检疫处理首先必须符合检疫法规（即检疫处理的各项管理办法、规定和标准）的规定。其次是所采取的处理措施是必不可少的。此外，还应将处理所造成的损失降到最低水平。

在产地或隔离场圃发现有检疫对象，应由官方划定疫区和保护区，实施隔离和根除扑灭等控制措施。关卡检验发现检疫对象时，常采用退回或销毁货物、除害处理和异地转运等检疫处理措施。

调运植物检疫的检疫证书应由省植保（植检）站及其授权检疫机构签发。口岸植物检疫由口岸植物检疫机关根据检疫结果评定和签发“检疫放行通知单”或“检疫处理通知单”。

2. 园林技术防治

园林技术防治措施就是通过改进栽培技术，使环境条件不利于病虫害的发生，而有利于园林植物的生长发育，直接或间接地消灭或抑制病虫的发生与为害。这种方法不需要额外的投资，而且还有预防作用，可长期控制病虫害，因而是最基本的防治方法。但这种方法也有一定的局限性，病虫害大发生时必须依靠其他防治措施。

2.1　选用抗性品种

培育抗病虫品种是预防病虫害的重要一环，不同花木品种对于病虫害的受害程度并不一致。目前已培育出菊花、香石竹、金鱼草的等抗锈病的新品种，抗紫菀萎蔫病的翠菊品种等。

2.2　苗圃地的选择及处理

一般应选择土质疏松、排水透气性好、腐殖质多的地段作为苗圃地。在栽植前进行深耕改土，耕翻后经过暴晒、土壤消毒，可杀灭部分病虫害。

2.3　培育健苗

园林上许多病虫害是依靠种子、苗木及其他无性繁殖材料来传播的，因而通过一定的措施，培育无病虫的健壮种苗，可有效地控制该类病虫害的发生。

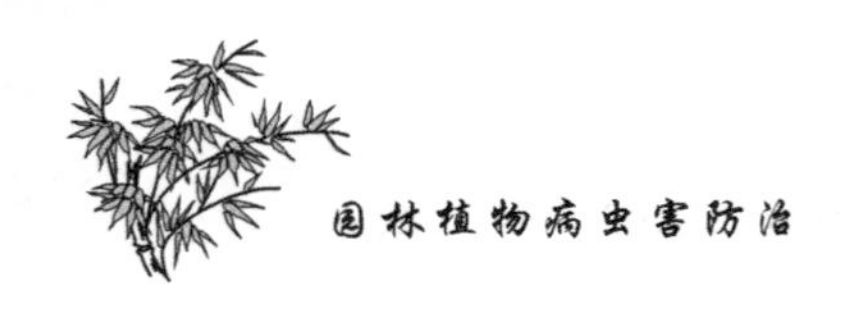

2.3.1　无病虫圃地育苗

选取土壤疏松、排水良好、通风透光、无病虫害的场所为育苗圃地。盆播育苗时应注意盆钵、基质的消毒，同时通过适时播种、合理轮作、整地施肥以及中耕除草等加强养护管理，使之苗齐、苗全、苗壮、无病虫害。

2.3.2　无病株采种

园林植物的许多病害是通过种苗传播的，如仙客来病毒病、百日草白斑病是由种子传播的，菊花白锈病是由根芽传播的，等等。若从健康母株上采种，则能得到无病种苗，避免或减轻该类病害的发生。

2.3.3　组织脱毒育苗

园林植物中病毒性病害发生普遍而且严重，许多种苗都带有病毒，利用组织技术进行脱毒处理，对于防治病毒性病害十分有效。如脱毒香石竹苗、脱毒兰花苗等已非常成功。

2.4　栽培措施

2.4.1　合理轮作

连作往往会加重园林植物病害的发生，如温室中香石竹多年连作时，会加重镰刀菌枯萎病的发生，实行轮作可以减轻病害。

2.4.2　配置得当

建园时，为了保证景观的美化效果，往往将许多种植物搭配种植，这样便忽视了病虫害之间的相互传染，人为地造成某些病虫害的发生与流行。如海棠与柏属树种、芍药与松属树种近距离栽植易造成海棠锈病及芍药锈病的大发生。因而在园林布景时，植物的配置不仅要考虑美化的效果，还应考虑病虫为害问题。

2.4.3　科学间作

每种病虫对树木、花草都有一定的选择性和转移性，因而在进行花卉育苗生产及花圃育苗时，要考虑到寄生植物与病菌的寄主范围及害虫的食性，尽量避免相同食料及相同寄主范围的园林植物混栽或间作。如黑松、油松等混栽将导致日本松干蚧严重发生；多种花卉的混栽，会加重病毒性病害的发生。

2.5　管理措施

2.5.1　加强肥水管理

合理的肥水管理不仅能使植物健壮地生长，而且能增强植物的抗病虫能力。观赏植物应使用充分腐熟且无异味的有机肥，以免污染环境、影响观赏。使用无机肥要注意氮、磷、钾等营养成分的配合，防止施肥过量或出现缺素症。

2.5.2　改善环境条件

改善环境条件主要是指调节栽培地的温度和湿度，尤其是温室栽培植物，要经常通风换气、降低湿度，以减轻灰霉病、霜霉病等病害的发生。

2.5.3　合理修剪

合理修剪、整枝不仅可以增强树势、花叶并茂，还可以减少病虫害。例如，对于天牛、透翅蛾等钻蛀性害虫及袋蛾、刺蛾等食叶害虫，均可采用修剪虫枝等方法进行防治；对于介壳

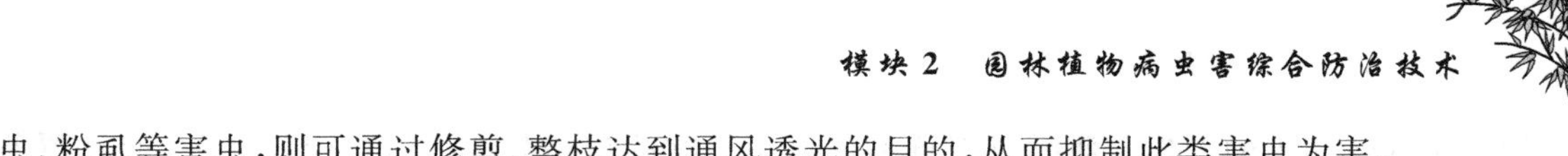

虫、粉虱等害虫，则可通过修剪、整枝达到通风透光的目的，从而抑制此类害虫为害。

2.5.4 中耕除草

中耕除草不仅可以保持肥力，减少土壤水分的蒸发，促进花木健壮生长，提高抗逆能力，还可以清除许多病虫的发源地和潜伏场所。

2.5.5 翻土培土

结合深耕施肥，可将表土或落叶层中的越冬病菌、害虫深翻入土。公园、绿地、苗圃等场所在冬季暂无花卉生长，最好深翻一次，这样便可将病菌、害虫深埋地下，翌年不再发生。此法对于防治花卉菌核病等效果较好。

对于公园树坛翻耕时要特别注意树冠下面和根颈部附近的土层，让覆土达到一定的厚度，从而使病菌无法萌发、害虫无法孵化或羽化。

2.6 球茎等器官的收获及收后管理

许多花卉以球茎、鳞茎等器官越冬，为了保障这些器官的健康贮存，在收获前应避免大量浇水，以防含水过多造成贮藏腐烂；要在晴天收获，挖掘过程中要尽量避免伤口；挖出后要仔细检查，剔除有伤口、病虫及腐烂的器官，并在阳光下暴晒数日后方可收藏。贮窖要事先清扫消毒，通气晾晒。贮藏期间要控制好温度、湿度，窖温一般在 5 ℃左右，相对湿度宜在 70%以下。有条件时，最好单个装入尼龙网袋，悬挂于窖顶贮藏。

3. 物理机械防治

利用各种简单的机械和各种物理因素来防治病虫害的方法称为物理机械防治法。这种方法既包括传统的、简单的人工捕杀，也包括近代物理新技术的应用。

3.1 捕杀法

利用人工或各种简单的机械捕捉或直接消灭害虫的方法称为捕杀法。人工捕杀适合于具有假死性、群集性或其他目标明显易于捕捉的害虫。如多数金龟子、象甲的成虫具有假死性，可在清晨或傍晚将其振落杀死。

3.2 阻隔法

人为设置各种障碍，以切断病虫害的侵害途径，这种方法称为阻隔法，也称障碍物法。

3.2.1 涂毒环，涂胶环

对有上、下树习性的幼虫可在树干上涂毒环或涂胶环，阻隔和触杀幼虫。胶环的配方通常有以下两种：①蓖麻油 10 份、松香 10 份、硬脂酸 1 份；②豆油 5 份、松香 10 份、黄醋 1 份。

3.2.2 挖障碍沟

对不能飞翔只能靠爬行扩散的害虫，可在未受害区周围挖沟，待害虫坠入沟中后予以消灭。对紫色根腐病等借助菌索蔓延传播的根部病害，在受害植株周围挖沟能阻隔病菌的蔓延。注意：挖沟为宽 30 cm、深 40 cm，两壁要光滑垂直。

3.2.3 设障碍物

有些害虫的雌成虫无翅，只能爬到树上产卵。对于这类害虫，可在害虫上树前在树干基部设置障碍物阻止其上树产卵。如在树干上绑塑料布或在干基周围培土堆，制成光滑的陡面。

3.2.4 土壤覆盖薄膜或盖草

许多叶部病害的病原物是在病残体上越冬的，花木栽培地早春覆薄膜或盖草可大幅度

地减少叶部病害的发生。薄膜或干草不仅对病原物的传播起到了机械阻隔作用，而且覆薄膜后土壤温度、湿度提高，加速了病残体的腐烂，减少了侵染来源。另外，干草腐烂后还可当肥料。

3.2.5　纱网阻隔

对于温室保护地内栽培的花卉植物，可采用40～60目的纱网覆罩，不仅可以隔绝蚜虫、叶蝉、粉虱、蓟马等害虫的为害，还能有效地减轻病毒性病害的侵染。

此外，在目的植物周围种植高秆且害虫喜食的植物，可以阻隔外来迁飞性害虫的为害；土表覆盖银灰色薄膜，可使有翅蚜远远躲避，从而保护园林植物免受蚜虫的为害，并减少蚜虫传播病毒的机会。

3.3　诱杀法

利用害虫的趋性，人为设置器械或诱物来诱杀害虫的方法称为诱杀法。利用此法还可以预测害虫的发生动态。

3.3.1　灯光诱杀

利用害虫对灯光的趋性，人为设置灯光来诱杀害虫的方法称为灯光诱杀法。目前生产上所用的光源主要是黑光灯，此外还有高压电网灭虫等。

安置黑光灯时应以安全、经济、简便为原则。黑光灯诱虫一般在5—9月。黑光灯要设置在空旷处，选择闷热、无风无雨、无月光的天气开灯，诱集效果较好。

3.3.2　食物诱杀

(1) 毒饵诱杀　利用害虫的趋化性，在其所喜欢的食物中掺入适量毒剂来诱杀害虫的方法称为毒饵诱杀。

(2) 饵木诱杀　许多枝干害虫，如天牛、小蠹等喜欢在新伐倒树木上产卵繁殖，因而可在这些害虫的繁殖期，人为地放置一些木段，供其产卵，待其卵全部孵化后进行剥皮处理，消灭其中的害虫。

(3) 植物诱杀　利用害虫对某些植物有特殊的嗜食习性，人为种植或采集此种植物诱集捕杀害虫的方法称为植物诱杀。如在苗圃周围种植蓖麻，可使金龟甲食后麻醉，从而集中捕杀。

3.3.3　潜所诱杀

利用害虫在某一时期喜欢某一特殊环境的习性，人为设置类似的环境来诱杀害虫的方法称为潜所诱杀。如在树干基部绑扎草把或麻布片，可引诱某些蛾类幼虫前来越冬；在苗圃内堆集新鲜杂草，能诱集地老虎幼虫潜伏草下，然后集中消灭。

3.3.4　色板诱杀

将黄色黏胶板设置于花卉栽培区域，可诱黏到大量的翅蚜、白粉虱、斑潜蝇等害虫，其中以在温室保护地内使用时效果较好。

3.4　温度的应用

任何生物包括植物病原物、害虫对温度有一定的忍耐性，超过限度生物就会死亡。害虫和病菌对高温的忍受力都较差，通过提高温度来杀死病原物或害虫的方法称温度处理法，简称热处理。在园林植物病虫害防治中，热处理有干热和湿热两种。

3.4.1　种苗的热处理

有病虫的苗木可用热风处理，温度为 35～40 ℃，处理时间为 1～4 周；也可用 40～50 ℃ 的温水处理，浸泡时间为 10 ～180 min。

3.4.2　土壤的热处理

现代温室土壤热处理是使用热蒸汽（90～100 ℃），处理时间为 30 min。蒸汽处理可大幅度降低香石竹镰刀菌枯萎病、菊花枯萎病及地下害虫的发生程度。在发达国家，蒸汽热处理已成为常规管理方法。

3.5　放射处理

近几年来，随着物理学的发展，生物物理也有了相应的发展。因此，应用新的物理学成就来防治病虫，也就具有了越加广阔的前景。原子能、超声波、紫外线、激光、高频电流等，正普遍应用于生物物理范畴，其中很多成果正在病虫害防治中得到应用。

4. 生物防治

4.1　生物防治的概念及其重要性

4.4.1　生物防治的概念

利用生物控制有害生物种群数量的方法，称为生物防治。广义的生物防治，包括控制有害生物的生物体及其产物。

4.4.2　生物防治的重要性

20 世纪 40 年代，随着有机杀虫剂大规模应用于农业上防治害虫，导致害虫产生抗药性、农药在环境和食物中残留以及次要害虫上升为主要害虫等问题产生，成为全世界公认的、亟待解决的难题。此外，农药在杀死害虫的同时，也会大量杀伤自然界中害虫的天敌。生物防治的意义在于可以避免产生化学农药导致的弊端；天敌对有害生物的控制作用持久，又是一种不竭的自然资源，在利用过程中可就地取材，降低成本。因此，生物防治已经成为一种实施可持续植保的重要措施。

但是，生物防治也存在着一定的局限性，它不能完全代替其他防治方法，必须与其他防治方法相结合，综合应用于有害生物的治理中。

4.3　植物害虫的生物防治方法

植物害虫的生物防治方法主要包括有益动物治虫和微生物治虫。

4.2.1　有益动物治虫

目前，在生产实践中用于防治害虫的有益动物包括线虫、昆虫、蜘蛛、螨类及脊椎动物。

（1）以线虫治虫　我国目前能够工厂化生产的（液体培养基培养）有斯氏线虫和格氏线虫，用于大面积防治的目标害虫有桃小食心虫、小木蠹蛾、桑天牛等。

（2）以虫治虫　昆虫纲中以肉食为生的昆虫约有 23 万种，许多是园林植物害虫的重要天敌。捕食性和寄生性昆虫大都属于半翅目、脉翅目、鞘翅目、膜翅目及双翅目，其中后三个目特别重要。最常见的捕食性昆虫有蜻蜓、猎蝽、花蝽、草蛉、步甲、瓢虫、胡蜂、食虫虻、食蚜蝇等，其中又以瓢虫、草蛉、食蚜蝇等最为重要。寄生性昆虫种类则更加丰富：膜翅目的天敌种类统称为寄生蜂类，包括姬蜂、茧蜂、小蜂等；双翅目的寄生性天敌种类统称为寄生蝇。在自然界中，每种植食性昆虫都可能被数十种乃至上百种天敌昆虫侵害，如螟蛾的天敌昆虫中

仅寄生蜂就有 80 种以上,天幕毛虫的天敌昆虫超过 100 种。

(3) 其他动物治虫　主要研究的是以益鸟治虫、以两栖动物治虫。

我国有 1 000 多种鸟类,其中吃昆虫的约占半数,它们绝大多数捕食害虫。比较重要的鸟类包括红脚隼、大杜鹃、啄木鸟、山雀和家燕等。它们捕食的害虫主要有蝗虫、螽斯、叶蝉、木虱、蝽象、吉丁虫、天牛、金龟子、蛾类幼虫、叶蜂、象甲和叶甲等。我国新疆等地利用人工建筑的鸟巢招引粉红椋鸟防治草原蝗虫,取得了较好的效果。

两栖动物用于防治害虫的主要是蟾蜍、青蛙。取食的昆虫包括蝗虫,蛾、蝶类的幼虫及成虫,叶甲,象甲,蝼蛄,金龟子,蚂蚁等。在水田中,保护蛙类有利于防治水稻害虫。

除上述两类动物外,我国还有利用鱼类防治害虫的报道。此外,广东的沙田区养鸭除虫,新疆牧区养鸡灭虫蝗都取得了较好的防治效果。

4.2.2　微生物治虫

自然界中有许多的微生物能使害虫致病。昆虫的致病微生物中多数对人畜无毒无害,不污染环境,形成一定的制剂后,可像化学农药一样喷撒,所以常被称为微生物农药。已经在生产上应用的昆虫病原微生物包括细菌、真菌和病毒。

4.3　植物病害的生物防治

植物病害的生物防治通过直接或间接的一种至多种生物因素,以削弱或减少病原物的接种体数量与活动,或者促进植物生长发育,从而达到减轻病害并提高产量和质量的目的。

4.3.1　抗生菌的利用

利用抗生菌防治植物病害始于 20 世纪 30 年代,高潮期在 20 世纪 50 年代。抗生菌主要以分离筛选颉颃菌为主,所防治的对象是土传病害,特别是种苗病害;主要的施用方法是在一定的基物上培养活菌用于处理植物种子或土壤,效果相当明显。

4.3.2　重寄生物的利用

重寄生是一种寄生物被另一种寄生物所寄生的现象。利用重寄生物控制植物病害是近年来病害生物防治的重要领域。

4.3.3　抑制性土壤的利用

抑制性土壤,又称抑病土,其主要特点是:病原物引入后不能存活或繁殖;病原物可以存活并侵染,但感病后寄主受害很轻;或病原物在这种土壤中可以引起严重病害,但经过几年或几十年发病高峰之后病害减轻至微不足道的程度。

4.3.4　根际微生物利用

根际或根围土壤中细菌种类和数量高于远离根际的土壤,这种现象称为根际效应。它是植物的共有特征,是植物生长过程中根的溢泌物所形成的。溢泌物主要来自两个方面:一方面是地上叶部形成的光合产物,其中约 20%的量以根渗出物形式进入土中;另一方面是根尖脱落的衰老细胞或组织的降解物,这些物质主要有糖类、氨基酸类、脂肪酸、生长素、核酸和酶类,聚集在根的周围形成丰富的营养带,可刺激细菌等微生物大量繁殖。

4.4　杂草的生物防治

4.4.1　以虫治草

以植食性昆虫防治杂草是研究得最早、最多也最受重视的方法。以虫治草最成功的例

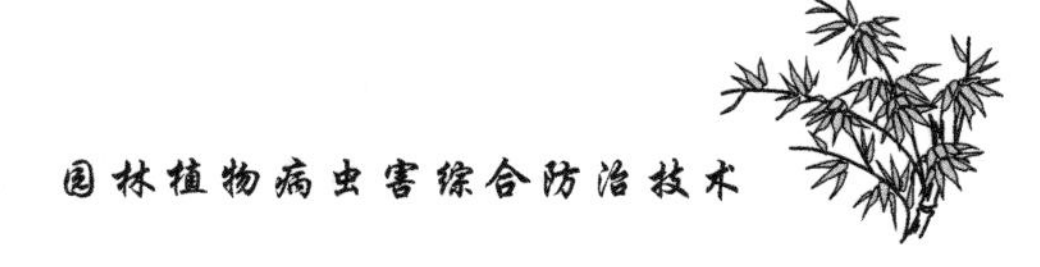

子是，利用仙人掌蛾防治澳大利亚草原上的恶性杂草仙人掌。

4.4.2　以菌治草

以菌治草就是利用真菌、放线菌、细菌、病毒等病原微生物或其代谢产物来控制杂草。目前世界范围内以菌治草取得成功的事例多是以真菌治草，但随着杂草生物防治水平的提高，细菌和病毒在杂草生物防治中也将发挥一定的作用。

4.4.3　以植物治草

自然界中，许多植物可通过其强大的竞争作用或通过向环境中释放某些有杀草作用的化感作用物来遏制杂草的生长。

4.5　生物防治的优点与局限性

生物防治的优点是对人、畜、植物安全，害虫不产生抗性，天敌来源广，且有长期抑制作用。但是，生物防治也存在着一定的局限性：防治时往往局限于某一虫期，作用慢，成本高，人工培养及使用技术要求比较严格。它不能完全代替其他防治方法，必须与其他防治方法相结合，综合应用于有害生物的治理中。

5．**化学防治**

5.1　化学防治的概念及其重要性

化学防治是指用化学手段控制有害生物数量的一种方法。化学防治的重要性主要体现在以下几个方面。第一，运用合理的化学防治法，对农业增产效果显著，一般每使用1元钱的农药，能使农业产值增加5～8元。第二，在当今世界各国都在提倡的有害生物综合治理系统中，还缺乏很多有效、可靠的非化学控制法。如生产技术的作用常是有限的；抗性品种还不很普遍，对多数有害生物来讲，抗性品种还不是很有效；有效的生物控制技术多数还处在试验阶段，有的虽然表现出很有希望，但实际效果有时还不稳定。第三，化学防治有其他防治措施所无法代替的优点。

5.2　化学防治的局限性

化学防治在有害生物综合防治中占有重要地位，但化学防治还有其局限性。

5.2.1　引起病菌、害虫、杂草等产生抗药性

很多害虫一旦对农药产生抗药性，则这种抗药性很难消失。许多害虫和螨类对农药会发生交互抗性。

5.2.2　杀害有益生物，破坏生态平衡

化学防治虽然能有效地控制有害生物，但也杀害了大量的有益生物，改变了生物群落结构，破坏了生态平衡，常会使一些原来不重要的病虫上升为主要病虫，还会使一些原来已被控制的重要害虫因抗药性的产生而造成该害虫再次猖獗的现象。

5.2.3　农药对生态环境的污染及人体健康的影响

农药不仅污染了大气、水体、土壤等生态环境，而且还通过生物富集作用，造成食品及人体的农药残留，严重地威胁着人体健康。

为了使化学防治能在综合治理系统中充分发挥有效作用而又不造成环境污染，人们正在致力于研究与推广防止农药污染的措施。目前对农药污染的主要预防技术如下：

(1) 贯彻“预防为主，综合防治”的植保方针，最大限度地利用抗病虫品种和天敌的控制

作用，把农药用量控制到最低限度；

(2) 开发研究高效、低毒、低残留及新型无公害的农药新品种；

(3) 改进农药剂型，提高制剂质量，减少农药使用量；

(4) 严格遵照农药残留标准和制定农药的安全间隔期；

(5) 认真宣传贯彻农药安全使用规定，普及农药与环境保护知识，最大限度地减少农药对环境的污染。

5.2.4 化学防治成本上升

病虫害抗药性的增强，使农药的使用量、使用浓度和使用次数增加，而防治效果往往很低，从而使化学防治的成本大幅度上升。

6. 外科治疗

一些园林树木常受到枝干病虫害的侵袭，尤其是古树名木由于历尽沧桑，病虫害的为害已经形成大大小小的树洞和创痕。为此，可进行外科手术治疗，对损害树体实行镶补后使树木健康成长。常见的园林植物外科治疗方法如下。

6.1 表皮损伤修补

表皮损伤修补主要用于对树皮损伤面积直径在 10 cm 以上的伤口进行治疗。其基本方法是用高分子化合物——聚硫密封剂封闭伤口。在封闭之前对树体上的伤疤进行清洗，并用 30 倍的硫酸铜溶液喷涂两次(间隔 30 min)，晾干后密封(气温 23 ℃±2 ℃时密封效果好)，最后用粘贴树皮的方法进行外表“装修”。

6.2 树洞的修补

首先对树洞进行清理、消毒，把树洞内积存的杂物全部清除，并刮除洞壁上的腐烂层，用 30 倍的硫酸铜溶液喷涂树洞消毒，30 min 后再喷一次。若壁上有虫孔，可注射 50 倍氧化乐果等杀虫剂。树洞清理干净、消毒后，若树洞边材完好，可采用假填充法修补，即在洞口上固定钢板网，其上铺 10～15 cm 厚的 107 水泥砂浆(沙∶水泥∶107 胶∶水＝4∶2∶0.5∶1.25)，外层用聚硫密封剂密封，再粘贴树皮。若树洞大、边材部分损伤，则应采用实心填充法修补，即在树洞中央立硬杂木树桩或水泥柱做支撑物，在其周围固定填充物。填充物和洞壁之间的距离以 5 cm 左右为宜，在树洞内灌入聚氨酯，把填充物和洞壁粘成一体，再用聚硫密封剂密封，最后粘贴树皮进行外表“修饰”。修饰的基本原则是随坡就势、因树做形、修旧如故。

6.3 外部化学治疗

对于园林植物的枝干病害可以采用外部化学手术治疗的方法，即先用刮皮刀将病部刮去，然后涂上保护剂或防水剂。外部化学治疗常用的伤口保护剂是波尔多液。

1. 材料及工具的准备

1.1 材料

材料为当地常用的农药、白糖、醋、酒等。

1.2 工具

工具为常用药械、调查用表、计算器等。

2. 任务实施步骤

2.1 园林植物病虫害综合防治措施

(1) 调查当地某一检疫性病虫害的为害情况,并分析其侵入途径。

(2) 调查当地某科植物的不同品种对同一种病害的感染程度。

(3) 调查组织培养苗与非组织培养苗病毒性病害的染病率,说明苗木组织培养的优点。

(4) 调查当地某种植物在不同的栽培管理条件下某种病虫害的发生情况。

(5) 结合园林植物修剪,调查修剪前、后植株上某种越冬昆虫的数量。

(6) 设置黑光灯或高压电网诱虫,调查所诱的昆虫的种类、数量、食性等。

(7) 在食叶害虫下树前,于树干基部绑草帘诱集下树害虫,分别调查草帘内和树冠下土壤中该虫的数量,并与未绑草帘的树比较,说明潜所诱杀在防治害虫方面的作用。

(8) 自制黄板诱集蚜虫或糖醋液诱地老虎,统计所诱蚜虫、地老虎的数量,说明在什么情况下设黄板、糖醋液效果好。

(9) 认识常见捕食性、寄生性天敌昆虫。调查相隔一定距离的两个绿化区内捕食性、寄生性天敌昆虫的种类、数量及害虫的种类、数量,说明天敌昆虫在控制害虫方面的作用。

(10) 用白僵菌菌粉(或苏云金杆菌乳油)、美曲膦酯(或其他有机杀虫剂)防治食叶害虫,比较防治效果,说明两者防治害虫的优缺点。

2.2 防治计划

病虫害防治工作,是和病虫害做斗争的群众性工作。要把这一工作做好,必须贯彻"预防为主,综合治理"的植保方针。应根据预测预报资料,结合当地具体情况,制订严格的防治计划,组织好人力,准备好药剂药械,单独使用某种防治措施或结合其他园林植物栽培措施,及时地防治,把病虫害所造成的损失控制在最低的经济指标之下。

由于各地区的具体情况不同,防治计划的内容和形式也不一致,可按年度计划、季节计划和阶段计划等方式安排到生产计划中去,计划的基本内容应包括以下几点。

(1) 确定防治对象,选择防治方法。根据病虫害调查和预测预报资料、历年来病虫害发生情况和防治经验,确定有哪些主要的病虫害、在何时发生最多、何时最易防治、用什么办法防治、多长时间可以完成,摸清情况后,确定防治指标,采取最经济有效的措施进行防治。

(2) 建立机构,组织力量。对于病虫害防治工作,特别是大型的灭虫、治病活动,应建立机构,说明需用劳力数量和来源,便于组织力量。

(3) 准备药剂、药械及其他物资。事先应确定药剂种类和药械型号。准确估计数量,并与供销部门订立供应合同,以免因临时无法采购而影响防治工作。储备或新购买的药剂,都应事先进行效果鉴定,以防失效,对已有的药械应进行检查和维修。

(4) 技术培训。采取短期培训与蹲点指导相结合的办法,向参加防治的人员介绍防治技术,开展学习与宣传活动。

(5) 做出预算,拟订经费计划。病虫害防治经费计划表如表5-1所示。

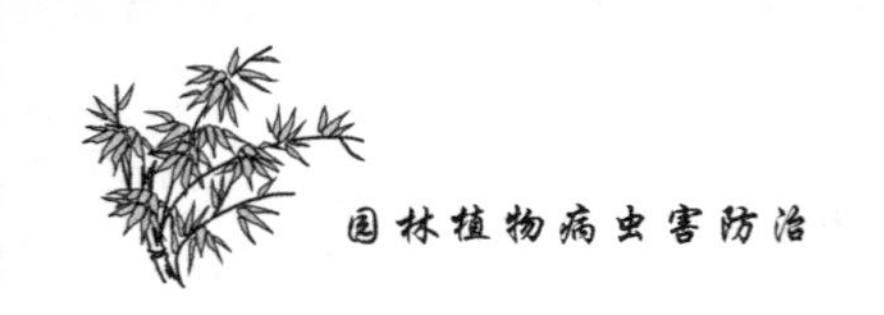

表 5-1　病虫害防治经费计划表

防治时间	防治对象	防治地点	防治面积	防治方法	用药量					用工量				其他费用			经费总计	备注
					药剂名称	每亩用量	总用量	金额		劳力		工资		药械购置	药械维修	运输		
								单价	合计	每亩用工量	总用工量	平均工资	合计					

单位：　　　　　　　　　　　　　　　　　　　　　　　　　　　　　　＿＿＿＿年＿＿＿＿月＿＿＿＿日

任务考核

园林植物病虫害综合防治方案的制订任务考核单如表 5-2 所示。

表 5-2　园林植物病虫害综合防治方案的制订任务考核单

序号	考 核 内 容	考 核 标 准	分值	得分
1	植物检疫技术的应用	能说明检疫技术的方法与作用	15	
2	园林技术的应用	能说明防治病虫害的主要园林技术措施	15	
3	物理机械技术的应用	能说明防治病虫害的主要物理技术措施	15	
4	生物防治技术的应用	能说明防治病虫害的主要生物技术措施	15	
5	化学防治技术的应用	能说明化学防治的优缺点	15	
6	综合防治方案的制订	能制订合理有效的综合防治方案	25	

思考问题

(1) 园林植物病虫害的综合治理有哪些重要环节？

(2) 化学农药防治园林植物病虫害的优缺点是什么？

(3) 植物检疫的任务有哪些？

(4) 利用天敌昆虫的主要途径有哪些？

(5) 利用物理机械法防治病虫害的具体方法有哪些？

(6) 满足哪些条件才能被确定为植物检疫对象？

拓展提高

1. 综合防治的概念与特点

联合国粮农组织(FAO)有害生物综合治理专家小组对综合治理下了如下定义：害虫综合治理是一种防治方案，它能控制害虫的发生，避免相互矛盾，尽量发挥有机的调和作用，保持经济允许水平之下的防治体系。它有如下特点。

(1) 从生产全局和生态总体出发，以预防为主，强调利用自然界对病虫的控制因素，达到控制病虫害发生的目的。

(2) 合理运用各种防治方法，使其相互协调，取长补短。它不是许多防治方法的机械拼凑和综合，而是在综合考虑各种因素的基础上确定最佳防治方案，综合治理并不排斥化学防

治，但尽量避免杀伤天敌和污染环境。

(3) 综合治理并非以消灭病虫为准则，而是把病虫控制在经济允许水平之下。

(4) 综合治理并不是降低防治要求，而是把防治技术提高到安全、经济、简便、有效的高度。

2. 综合治理的原则

在实行综合治理的过程中，主要遵循以下几个原则。

2.1 生态学的原则

园林植物、病虫、天敌三者之间有的相互依存，有的相互制约。当它们共同生活在一个环境中时，它们的发生、消长、生存又与这个环境的状态关系极为密切。

2.2 安全的原则

根据园林生态系统里各组成成分的运动规律和彼此之间的相互关系，既针对不同对象，又考虑整个生态系统当时和以后的影响，灵活、协调地选用一种或几种适合园林实际条件的有效技术和方法。

2.3 自然控制的原则

园林植物病虫害综合治理并不排除化学农药的使用，而是要求从病虫、植物、天敌、环境之间的自然关系出发，科学地选择及合理地使用农药，在城市园林中应特别注意选择高效、无毒或低毒、污染轻、有选择性的农药，防止对人、畜造成毒害，减少对环境的污染，充分保护和利用天敌，逐步加强自然控制的各个因素，不断增强自然控制力。

2.4 经济效益的原则

防治病虫的目的是控制病虫害，使其危害程度低到不足以造成经济损失，因而经济允许水平是综合治理的一个重要概念。人们必须研究病虫的数量发展到何种程度，才采取防治措施。

3. 综合治理的策略

3.1 园林生态系统的整体观念

园林生态系统的整体观念是整个综合防治思想的核心。在一个耕作区域内，有非生物因子的自然环境，有各种植物、各种生物、各种园林技术活动等，这些所有因素构成了一个整体——园林生态系统。在整个农业生态系统中，各个组成部分都不是孤立的，而是相互依存、相互制约的。任何一个组成部分的变动，都会直接或间接影响整个园林生态系统的变动，从而影响病虫种群的消长，甚至病虫种类组成的变动。综合防治是从园林生态整体观点出发，明确主要防治对象的发生规律和防治关键，尽可能谋求综合、协调采用防治措施和兼治的方法，持续降低病虫发生数量，力求达到全面控制数种病虫为害的目的，取得最佳效益。

3.2 充分发挥自然控制因素的作用

进入21世纪，人类面临着环境和资源问题的严重挑战。生物多样性受到严重破坏，不少地区环境状况在恶化，一些原有病虫猖獗回升，新病虫在局部地区暴发，这些问题使人们认识到“预防为主，综合防治”的植物保护方针的立足点需要加以巩固和提高，预防性的措施需要巩固和加强，可持续的植物保护既要考虑到防治对象和被保护对象，还要考虑到环境保护和资源的再利用，以及整个园林生态体系的相互关系。

3.3 协调运用各种防治措施

协调的观点是讲究相辅相成，虽然防治方法多种多样，但任何一种方法都并非万能，因

此必须综合应用。有些防治措施的功能常常相互矛盾，有的对一种病虫有效，而对另一种病虫不利，综合协调不是各种防治措施的机械相加，也不是越多越好，必须根据具体的农田生态系统，针对性地选择必要的防治措施，达到辩证的结合运用，取长补短，相辅相成。需要进一步认识的是，要把病虫的综合治理纳入到农业持续发展的总方针之下。

3.4 经济阈值及防治指标

有害生物的综合治理的最终目的不是彻底消灭为害农作物的有害生物，而是使其种群密度维持在一定水平之下，即经济受害水平之下。在农作物有害生物的综合治理中，通常要确立一些重要有害生物的经济受害水平和经济阈值。

所谓经济受害水平是指某种有害生物引起经济损失的最低种群密度。经济阈值是为了防止有害生物密度达到经济受害水平而应进行防治的有害生物密度。当有害生物的种群达到经济阈值就必须进行防治，而如果密度达不到经济阈值则不必采取防治措施。因此，人们必须研究有害生物的数量发展到何种程度，就要采取防治措施，以阻止有害生物达到造成经济损失的程度，这就是防治指标。一般来说，防治任何一种有害生物都应讲究经济效益和经济阈值，即防治费用必须小于或等于因防治而获得的利益。它以防治费用与防治后所获得的价值是否相平衡，作为防治与否的经济指标，充满了经济的观点。

4. 制订综合治理方案注意事项

有害生物综合治理是可持续农业的重要组成部分，因此，植物保护工作者要实事求是地分析我国的植物保护状况，因地制宜地制订出我国园林病、虫、草等有害生物的防治方案。现在，人们特别注意到从环境整体观点出发来制订防治有害生物的方案，以充分调动园林生态系统中的积极生物来控制有害生物，与此同时，各类重要有害生物的经济阈值被研究，并实施到综合治理的方案中去。总之，园林植物病虫害综合治理实施方案，应以建立最优的园林生态体系为出发点：一方面要利用自然控制；另一方面要根据需要和可能协调各项防治措施，把病虫密度控制到受害允许水平之下。

4.1 病虫综合防治方案的基本要求

在设计方案时，选择措施要符合安全、有效、经济、简便的原则。安全指的是对人、畜、农作物、天敌及其生活环境不造成损害和污染。有效是指能大量杀伤病虫或明显地降低病虫的密度，起到保护农作物不受侵害或少受侵害的作用。经济是一个相对指标，为了增加农产品的收益，要求少花钱，尽量减少消耗性的生产投资。简便指要求因地制宜和方法简便易行，便于群众掌握。这四项指标中，安全是前提，有效是关键，经济与简便是在实践中不断改进达到的目标。

4.2 综合防治方案的主要类型

（1）以一种主要病虫为对象进行综合防治。

（2）以一种园林植物所发生的主要病虫害为对象进行综合治理。

（3）以整个地块为对象制订综合治理措施。

任务2 农药的性状观察与质量鉴别技术

知识点：了解园林植物常用农药的种类、性状及如何安全合理使用农药。

能力点：掌握常用农药的理化性状及质量鉴别方法。

任务提出

农药是指农业上用来杀虫、杀菌、除草、灭鼠等以及调节农作物生长发育的药物的统称。在学习过程中，要掌握农药的种类、加工剂型和常用农药的使用方法。在生产实践中安全合理使用农药，贯彻“预防为主，综合防治”的植保方针。积极开发与研制高效、低毒、低残留的农药新品种，特别是研制与推广生物农药。总之，应运用现代技术最大限度地减少农药对环境的污染，为人类造福。

任务分析

随着农药工业的发展，农药品种逐年增多，在农药贮运及使用过程中，有时难免造成混杂、错乱，因此，怎样简单、快速识别农药是一个需要解决的实际问题。识别农药，可以从色泽、气味、溶解性等物理性状；或者用农药的颜色反应、沉淀反应，以及火焰反应等化学方法进行区别。

任务实施的相关专业知识

1. 农药的分类

农药的种类和品种繁多，国内生产的品种达几百种，剂型更多。为了做好农药商品的技术服务和经营管理，以及方便使用，应对农药进行科学分类。农药商品分类的方法很多，常根据防治对象、作用方式及化学组成等分类。

根据防治对象不同，农药大致可分为杀虫剂、杀螨剂、杀菌剂、杀线虫剂、除草剂、杀鼠剂与植物生长调节剂等。

1.1　杀虫剂

杀虫剂是用来防治农、林、卫生及贮粮害虫的农药。

杀虫剂按作用方式不同可分为以下几类。

(1) 胃毒剂。胃毒剂是通过害虫取食，经口腔和消化道引起昆虫中毒死亡的药剂，如美曲膦酯等。

(2) 触杀剂。触杀剂是通过接触表皮渗入害虫体内使之中毒死亡的药剂，如叶蝉散等。

(3) 熏蒸剂。熏蒸剂是通过呼吸系统以毒气进入害虫体内使之中毒死亡的药剂，如溴甲烷等。

(4) 内吸剂。内吸剂是能被植物吸收，并随植物体液传导到植物各部或产生代谢物，在害虫取食植物汁液时能使之中毒死亡的药剂，如乐果等。

(5) 其他杀虫剂。忌避剂，如驱蚊油、樟脑；拒食剂，如拒食胺；粘捕剂，如松脂合剂；绝育剂，如噻替哌、六磷胺等；引诱剂，如糖醋液；昆虫生长调节剂，如灭幼脲Ⅲ。这类杀虫剂本身并无多大毒性，而是以其特殊的性能作用于昆虫，一般将这些药剂称为特异性杀虫剂。

实际上，杀虫剂的作用方式并不完全是单一的，多数杀虫剂往往兼具几种作用方式。如敌敌畏具有触杀、胃毒、熏蒸三种作用方式，但以触杀为主。在选择使用农药时，应注意选用其主要的杀虫作用方式。

按原料来源不同，杀虫剂又可分为无机杀虫剂、有机杀虫剂和生物源杀虫剂。根据化学组成不同，杀虫剂可分为有机磷杀虫剂、有机氮杀虫剂和拟除虫菊酯类杀虫剂等。

1.2 杀菌剂

杀菌剂是用以预防或治疗植物真菌或细菌病害的药剂。

按作用和原理,杀菌剂可分为保护剂和治疗剂两种。

(1) 保护剂。保护剂是在病原菌未侵入之前用来处理植物或植物所处的环境(如土壤),以保护植物免受为害的药剂,如波尔多液等。

(2) 治疗剂。治疗剂是用来处理已被病菌侵入或已发病的植物,使之不再继续受害的药剂,如托布津等。

杀菌剂按化学成分可分为无机铜杀菌剂、无机硫杀菌剂、有机硫杀菌剂、有机磷杀菌剂、农用抗生素等。此外,杀菌剂又可分为内吸性杀菌剂和非内吸性杀菌剂两大类。内吸性杀菌剂多具治疗及保护作用,而非内吸性杀菌剂多具有保护作用。

1.3 杀螨剂

杀螨剂是用来防治植食性螨类的药剂,如克螨特等。按作用方式,多归为触杀剂,但也有内吸剂。

1.4 杀线虫剂

杀线虫剂是用来防治植物线虫病害的药剂,如克线磷等。

1.5 除草剂

除草剂是防除杂草和有害生物的药剂,按其对植物作用的性质可分灭生性除草剂和选择性除草剂两种。

(1) 灭生性除草剂。灭生性除草剂是施用后能杀伤所有植物的药剂,如草甘膦等。

(2) 选择性除草剂。选择性除草剂是施用后有选择性地毒杀某些种类的植物,而对另一些植物无毒或毒性很低的药剂。如 2,4-D 丁酯可防除阔叶杂草,而对禾本科杂草无效。

1.6 杀鼠剂

杀鼠剂是指毒杀鼠类的药剂,主要是胃毒作用方式。杀鼠剂分为无机杀鼠剂和有机合成杀鼠剂两大类。

2. 农药的助剂与剂型

有机合成农药的生产分两个阶段:第一阶段为工厂合成的原药的生产,合成的固体药剂称为原粉,液体药剂称为原油;第二阶段为加工剂型的生产,即把原药加入辅助剂和填充剂分别制成粉剂和乳油等。

2.1 农药的助剂

凡与农药原药混合后,能改善制剂理化性质,增加药效和扩大使用范围的物质称为农药辅助剂,简称助剂。农药的助剂种类有以下几种。

(1) 溶剂。如苯、甲苯等。

(2) 填料。如黏土、滑石粉、硅藻土等。

(3) 湿润剂。如纸浆废液及洗衣料等。

(4) 乳化剂。如双甘油月桂酸钠、农乳 100 号等。

(5) 黏着剂。如明胶、乳酪等。

2.2 农药的剂型

常说的农药剂型就是农药制剂的类型。化学农药的主要剂型有粉剂、可湿性粉剂、乳油和颗粒剂等。

2.2.1　粉剂

粉剂由原药和惰性稀释物(如高岭土、滑石粉等)按一定比例混合粉碎而成。我国粉剂的粒径指标为95%的粉粒能通过200目标准筛，平均粒径为30 μm。粉剂中有效成分含量一般在10%以下。低浓度粉剂供常规喷粉用，高浓度粉剂供拌种、制作毒饵或土壤处理用。粉剂的优点是加工成本低，使用方便，不需用水。其缺点是易因风吹雨淋脱落，药效一般不如液体制剂，易污染环境和对周围敏感农作物产生药害。

2.2.2　可湿性粉剂

可湿性粉剂由原药和少量表面活性剂(如湿润剂、分散剂、悬浮稳定剂等)以及载体(如硅藻土、陶土)等一起经粉碎混合而成。我国目前的细度标准为99.5%的粉粒通过200目标准筛，平均粒径为25 μm，悬浮率为40%左右。可湿性粉剂的pH值、被水湿润时间、悬浮率等是其主要性能指标。可湿性粉剂的有效成分含量一般为25%～50%，主要供喷雾用，也可供灌根、泼浇使用。目前可湿性粉剂正向高浓度、高悬浮率方向发展。

2.2.3　乳油

乳油是农药原药按有效成分比例溶解在有机溶剂(如苯、二甲苯等)中，再加入一定量的乳化剂配制而成的透明均相的液体。乳油加水稀释可自行乳化形成不透明的乳浊液。乳化性是其重要的物理性能，一般要求加水乳化后至少保持2 h内稳定。乳油中农药的有效成分含量高，一般为40%～50%，有的高达80%，使用时稀释倍数也较高。乳油因含有表面活性很强的乳化剂，所以它的湿润性、展着性、黏着性、渗透性和持效期都优于同等浓度的粉剂和可湿性粉剂。乳油主要供喷雾使用，也可用于涂茎(内吸剂)、拌种、浸种和泼浇等。

2.2.4　颗粒剂

颗粒剂是由农药原药、载体和其辅助剂制成的粒状固体制剂。颗粒大小在30号至60号筛目之间，直径为50～300 μm，颗粒剂的制备方法较多，常采用包衣法。颗粒剂具有持效期长、使用方便、对环境污染小、对益虫和天敌安全等优点。颗粒剂可供根施、穴施、与种子混播、土壤处理或撒入芯叶用。

2.2.5　烟雾剂

烟雾剂由原药加入燃料、氧化剂、消燃剂、引芯制成。点燃后燃烧均匀，成烟率高，无明火，原药受热气化，再遇冷凝结成微粒飘浮于空间。烟雾剂多用于温室大棚、林地及仓库病虫害。

2.2.6　水剂

水剂是指用水溶性固体农药制成的粉末状物，水剂可兑水使用，成本低，但不宜久存，不易附着于植物表面。

2.2.7　片剂

片剂是指原药加入填料制成的片状物。

2.2.8　其他剂型

随着农药加工技术的不断进步，各种新的剂型被陆续开发利用，如微乳剂、固体乳油、悬浮乳剂、可流动粉剂、漂浮颗粒剂、微胶囊剂、泡腾片剂等。

除上述剂型外，还有一些为特殊需要设计的剂型。如将易挥发的药剂制成缓释剂，适合在密闭的条件下使用的熏蒸剂，适合超低量喷雾的超低容量制剂。另外，还有近年发展起来的混合制剂，它是为了更好地发挥农药作用，做到一药多用，提高防治效果，将不同性质和效果的两种以上农药混配而成的制剂。

3. 农药的使用方法

农药的品种繁多，加工剂型也多种多样，同时防治对象的为害部位、为害方式、环境条件也各不相同。因此，农药的使用方法也多种多样。目前农药的使用方法有以下几种。

3.1 喷粉法

喷粉法是将药粉用喷粉器械或其他工具均匀地喷布于防治对象及其寄主上的施药方法。适宜做喷粉的剂型为低浓度的粉剂。喷粉法具有工效高、不需用水、对工具要求简单等优点。

3.2 喷雾法

喷雾法根据喷液量的多少及喷雾器械特点可分为三种类型。

3.2.1 常规喷雾法

常规喷雾法采用背负式手摇喷雾器，手动加压，喷出药液的雾滴直径为100～200 μm。技术要求是喷洒均匀，以使叶面充分湿润而水分不流失为宜。其优点是较喷粉法附着力强、持效期长、效果高等，但工效低、用水量多，对爆发性病虫常不能及时控制其为害。

3.2.2 低容量喷雾法

低容量喷雾法通过器械产生的高速气流将药液吹散成直径为50～100 μm的细小雾滴弥散到被保护的植物上。其优点是喷洒速度快、省工、效果好，适用于少水或丘陵地区。

3.2.3 超低容量喷雾法

超低容量喷雾法通过高能的雾化装置，使药液雾化成直径为5～75 μm的细小雾滴，经飘移而沉降在目标物上。因它比低容量喷雾法用液量更少，约5 L/hm^2，所以不能用农药的常规剂型兑水稀释，而要用专为超低容量喷雾配制的油剂直接喷洒，其优点是省工、省药、喷药速度快、劳动强度低，但需专用药械，且操作技术要求严格，不宜在有风条件下使用。

3.3 种苗处理法

种苗处理法包括拌种、浸种和种苗处理三种。用一定量的药粉或药液与种子充分拌匀的方法称拌种法，前者为干拌，后者为湿拌。因湿拌后需堆闷一段时间，故又称闷种，主要用来防治地下害虫及苗期害虫，以及由种子传播的病害。

3.4 毒谷、毒饵法

毒谷、毒饵法是利用害虫、老鼠喜食的饵料与胃毒剂按一定比例配成毒饵，散布在害虫发生、栖居地或害鼠通道，诱集害虫或害鼠取食而中毒死亡的方法。毒谷、毒饵法主要用于防治地下和地面活动的害虫及老鼠，常用的饵料有麦麸、米糠、炒香的豆饼、谷子、高粱、玉米及薯类、鲜菜等，一般在傍晚撒施，防治效果较好。

3.5 土壤处理与毒土法

将农药制剂均匀撒于地面，再翻于土壤耕作层内，用于防治病虫、杂草及线虫的施药方法称土壤处理法。用农药制剂与细土拌匀，均匀撒至农作物上或地面、水面播种沟内或与种子混播，用来防病、治虫、除草的方法称毒土法。

3.6　熏蒸与熏烟法

用熏蒸剂或易挥发的药剂来熏杀仓库或温室内的害虫、病菌、螨类及鼠类等的方法即为熏蒸法。此法对隐蔽的病虫具有高效、快速杀灭的特点，但应在密闭条件下进行，完毕后要充分通风换气。利用烟剂点燃后发出浓烟或用农药直接加热发烟，用来防治温室果园和森林的病虫及卫生害虫的方法称熏烟法。

3.7　涂抹法

利用具内吸作用的农药配成高浓度母液，将其涂抹在植物茎秆上，用来防治病虫的方法称涂抹法。

3.8　撒颗粒法

撒颗粒法是将颗粒剂撒于害虫栖息为害的场所来消灭害虫的施药方法。此法具有不需用药械、工效高、用药少、效果好、持效期长、利于保护天敌及环境等优点。

3.9　注射法、打孔法

注射法是用注射机或兽用注射器将内吸性药剂注入树干内部，使其在树体内传导运输而杀死害虫，将药剂稀释2～3倍，可用于防治天牛、木蠹蛾等。打孔法是用木钻、铁钎等利器在树干基部向下打一个45°角的孔，深约5 cm，然后将5～10 mL的药液注入孔内，再用泥封口。

对于一些树势衰弱的名木古树，也可用注射法给树体挂吊瓶，注入营养物质，以增强树势。

1. 材料及工具的准备

1.1　材料

准备的材料如下。

杀虫剂：80％敌敌畏乳油、50％辛硫磷乳油、40.7％乐斯本乳油、2.5％溴氰菊酯乳油、10％吡虫啉可湿性粉剂、1.8％阿维菌素乳油、90％美曲膦酯可溶性粉剂、25％杀虫双水剂、3％呋喃丹颗粒剂、25％灭幼脲3号悬浮剂、磷化铝片剂、Bt乳剂、白僵菌粉剂；73％克螨特乳油、20％哒螨酮乳油、25％三唑锡可湿性粉剂。

杀菌剂：50％乙烯菌核利（农利灵）可湿性粉剂、25％粉锈宁乳油、40％氟硅唑（福星）乳油、25％敌力脱乳油、72.2％丙酰胺（霜霉威、普力克）水剂、45％百菌清烟剂、56％靠山水分散颗粒剂、72％克露可湿性粉剂、42％噻菌灵悬浮剂等。

1.2　工具

工具为天平、牛角匙、试管、量筒、烧杯、玻璃棒等。

2. 任务实施步骤

2.1　农药理化性状的简易辨别方法

农药理化性状的简易辨别方法有如下几种。

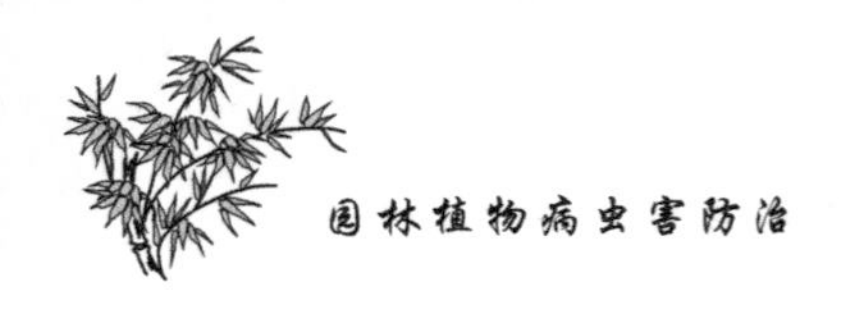

2.1.1　常见农药物理性状的辨别

辨别粉剂、可湿性粉剂、乳油、颗粒剂、水剂、烟雾剂、悬浮剂等剂型在颜色、形态等物理外观上的差异。

2.1.2　粉剂、可湿性粉剂质量的简易鉴别

取少量药粉轻轻撒在水面上，长期浮在水面的为粉剂；在 1 min 内粉粒吸湿下沉，搅动时可产生大量泡沫的为可湿性粉剂。另取少量可湿性粉剂倒入盛有 200 mL 水的量筒内，轻轻搅动放置 30 min，观察药液的悬浮情况，沉淀越少，药粉质量越高。如有 3/4 的粉剂颗粒沉淀，表示可湿性粉剂的质量较差。在上述药液中加入 0.2～0.5 g 合成洗衣粉，充分搅拌，比较观察药液的悬浮性是否改善。

2.1.3　乳油质量简易测定

将 2～3 滴乳油滴入盛有清水的试管中，轻轻振荡，观察油水融合是否良好，稀释液中有无油层漂浮或沉淀。若稀释后油水融合良好，呈半透明或乳白色稳定的乳状液，表明乳油的乳化性能好；若出现少许油层，表明乳化性尚好；若出现大量油层、乳油被破坏，则不能使用。

2.2　观察和认识农药标签和说明书

2.2.1　农药名称

农药名称包含的内容有：农药有效成分及含量、名称、剂型等。农药名称通常有两种：一种是中(英)文通用名称，中文通用名称按照国家标准《农药中文通用名称》(GB 4839—2009)规定的名称，英文通用名称引用国际标准组织(ISO)推荐的名称；另一种为商品名，经国家批准可以使用。不同生产厂家生产的有效成分相同的农药，即通用名称相同的农药，其商品名可以不同。

2.2.2　农药三证

农药三证指的是农药登记证号、生产许可证号和产品标准证号。国家批准生产的农药必须三证齐全，缺一不可。

2.2.3　净重或净容量

重量应为净值，常用净重或净含量表示。液体农药产品也可用体积表示；特殊农药产品，可根据其特性以适当方式表示。

2.2.4　使用说明

按照国家批准的农作物和防治对象简述使用时期、用药量或稀释倍数、使用方法、限用浓度等。

2.2.5　注意事项

包括中毒症状和急救治疗措施；安全间隔期，即最后一次施药距收获时的天数；贮藏运输的特殊要求；对天敌和环境的影响等。

2.2.6　质量保证期

不同厂家的农药质量保证期标明方法有所差异。一是注明生产日期和质量保证期；二是注明产品批号和有效日期；三是注明产品批号和失效日期。一般农药的质量保证期是 2～3 年，只有在质量保证期内使用，才能保证农作物的安全和防治效果。

2.2.7　农药毒性与标志

农药的毒性不同，其标志也有所差别。毒性的标志和文字描述皆用红字，十分醒目，使用时注意鉴别。农药的毒性标志如图5-1所示。

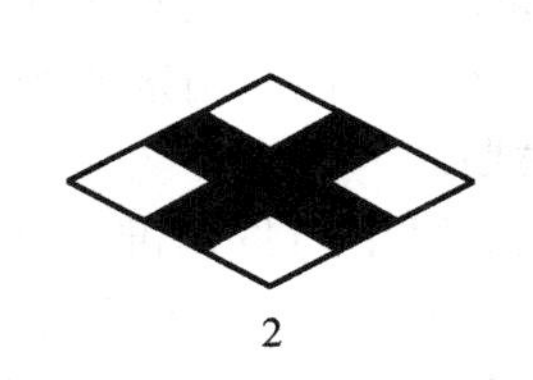
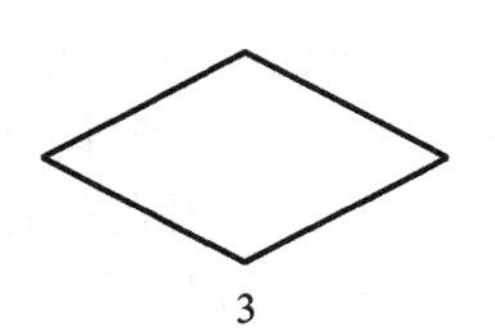

1　　2　　3

图5-1　农药的毒性标志

1—高毒；2—中毒；3—低毒

2.2.8　农药种类标志色带

农药标签下部有一条与底边平行的色带，用于表明农药的类别。其中，红色表示杀虫剂（昆虫生长调节剂、杀螨剂、杀软体动物剂），黑色表示杀菌剂（杀线虫剂），绿色表示除草剂，蓝色表示杀鼠剂，深黄色表示植物生长调节剂。

农药的性状观察与质量鉴别技术任务考核单如表5-3所示。

表5-3　农药的性状观察与质量鉴别技术任务考核单

序号	考核内容	考核标准	分值	得分
1	农药的性状	能准确说明每一种农药的剂型、有效成分	20	
2	农药种类与防治对象	能说出农药的归类与防治对象	20	
3	使用浓度与方法	能说明农药的浓度、配制方法	20	
4	乳油的质量鉴别	能正确鉴别乳油的质量	20	
5	粉剂和可湿性粉剂鉴别	能正确鉴别粉剂和可湿性粉剂的质量	20	

思考问题

（1）常用的农药加工剂型有哪些？各有何特点？

（2）农药为什么要混合使用？混合时应注意哪些问题？

（3）如何才能延缓或克服病菌或害虫抗药性的形成？

（4）如何才能做到安全地使用农药？

拓展提高

1. 农药的合理使用

所谓农药的合理使用，就是要求贯彻经济、安全、有效的原则，从综合治理的角度出发，运用生态学的观点来使用农药，在生产中应注意以下几个问题。

（1）正确选药。各种药剂都有一定的性能及防治范围，即使是广谱性药剂也不可能对所有的病虫害都有效。因此，在施药前应根据实际情况选择合适的药剂品种，切实做到对症

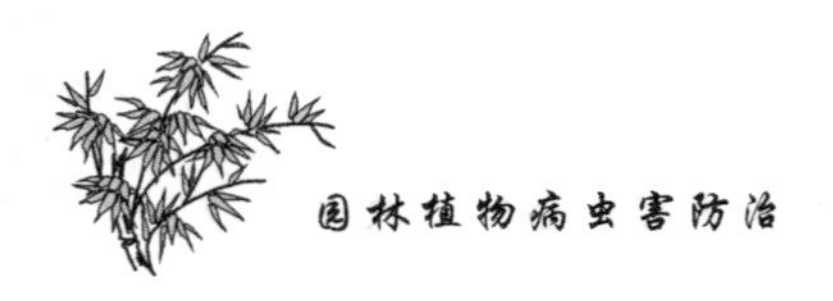

下药，避免盲目用药。

（2）适时用药。在调查研究和预测预报的基础上，掌握病虫害的发生发展规律，抓住有利时机用药。既可节约用药，又能提高防治效果，而且不易发生病害。如一般药剂防治害虫时，应在初龄幼虫期，若防治过迟，不仅害虫已开始为害造成损失，而且虫龄越大，抗药性越强，防治效果也越差，且此时天敌数量较多，药剂也易杀伤天敌。用药剂防治病害时，一定要用在寄主发病之前或发病早期，尤其是保护性杀菌剂必须在病原物接触侵入寄主之前使用，除此之外，还要考虑气候条件及物候期。

（3）适量用药。施用农药时，应根据用药量标准来实施，如规定的浓度、单位面积用量等，不可因防治病虫心切而任意提高浓度、加大用药量或增加使用次数；否则，不仅会浪费农药，增加成本，而且还易使植物产生药害，甚至造成人、畜中毒。

（4）交互用药。长期使用一种农药防治某种害虫或病菌，易使害虫或病菌产生抗药性，降低防治效果，导致防治难度越来越大。因此，应尽可能地轮换用药，所用品种也应尽可能选用不同作用机制的农药。

（5）混合用药。将两种或两种以上的对病虫具有不同作用机制的农药混合使用，可以达到同时兼治几种病虫、提高防治效果、扩大防治范围、节省劳力的目的。如灭多威与菊酯类混用，有机磷制剂与菊酯类混用，甲霜灵与代森锰锌混用等。农药之间能否混用，主要取决于农药本身的化学性质，农药混合后它们之间应不发生化学和物理变化。

2. 农药的安全使用

在使用农药防治园林植物病虫害的同时，要做到对人、畜、天敌、植物及其他有益生物无毒害，要选择合适的药剂和准确的使用浓度。在人口密集的地区、居民区等处喷药时，要尽量安排在夜间进行，若必须在白天进行，应先打招呼，避免发生矛盾和出现意外事故。要谨慎用药，确保对人、畜及其他动物和环境的安全；同时还应注意尽可能选用选择性强的农药、内吸性农药及生物制剂等，以保护天敌。防治工作的操作人员必须严格按照用药的操作规程、规范工作。

2.1 农药的毒性

农药毒性是指农药对人、畜和有益生物等的毒害作用。农药对人、畜可表现出急性毒性、亚急性毒性和慢性毒性三种形式。

2.1.1 急性毒性

急性毒性是指机体（人或实验动物）一次（或 24 h 内多次）接触外来化合物之后引起的中毒效应，甚至引起死亡。衡量农药急性毒性的高低，通常以大白鼠一次受药的致死中量作为标准。致死中量是指杀死供试生物种群 50%时，所用的药物剂量，常用 LD_{50} 表示，单位是毫克（药物）/千克（供试生物体重）。一般来讲，LD_{50} 的数值越小，药物毒性越高。我国农药急性毒性分级暂行标准如表 5-4 所示。

表 5-4 我国农药急性毒性分级暂行标准

给药途径 \ 级别	Ⅰ（高毒）	Ⅱ（中毒）	Ⅲ（低毒）
LD_{50}（大白鼠经口），mg/kg	＜50	50～500	＞500
LD_{50}（大白鼠经皮 24 h），mg/kg	＜200	200～1 000	＞1 000
LD_{50}（大白鼠吸入 1 h），mg/kg	＜2	2～10	＞10

2.1.2 亚急性毒性

亚急性毒性是指低于急性中毒剂量的农药，被长期连续地经口、皮肤或呼吸道进入动物体内，在3个月以上才引起与急性中毒类似症状的毒性。

2.1.3 慢性毒性

慢性毒性指长期经口、皮肤或呼吸道吸入小剂量药剂后，逐渐表现出中毒症状的毒性。慢性中毒症状主要表现为致癌、致畸、致突变，这种毒害还可延续给后代。所以，农药对环境的污染所致的慢性毒害更应引起人们的高度重视。

2.2 农药对植物的药害

农药如果使用不当，就会对农作物产生不利影响，导致产量和质量下降，还会影响人、畜健康，这就是农药对植物的药害。药害可分为急性药害和慢性药害。

2.2.1 急性药害

急性药害是指在喷药后几小时或几天内就出现药害现象。如叶被烧焦或畸形、变色，果上出现各种药斑，根发育不良或形成黑根、鸡爪根，种子不能发芽或幼苗畸形，严重的造成落叶、落花、落果，甚至全株枯死。

2.2.2 慢性药害

慢性药害是指喷药后并不很快出现药害现象，但植株生长发育已受到抑制，如：植株矮化，开花结果延迟，落花、落果增多，产量低，品质差等。

除上述两种外，还应注意农药的残留药害和二次药害问题。

2.2.3 产生药害的原因

产生药害的原因主要有药剂（如理化性质、剂型、用药量、农药品质、施药方法等）、植物（如农作物种类、品种、发育阶段、生理状态等）和环境条件（如温度、湿度、光照、土壤等）三大方面。这些因素在自然环境中是紧密联系又相互影响的。为此，在使用农药前必须综合分析，全面权衡，控制不利因素，最后制订出安全、可靠、有效的措施，以避免植物药害。

2.3 防止人、畜中毒的措施及中毒的解救办法

农药在贮运、使用过程中，可经口、呼吸道和皮肤三条途径进入人、畜体内造成中毒。

2.3.1 引起人、畜中毒的原因

引起人、畜中毒的原因主要有：①误食剧毒农药或吃了刚喷过药的果蔬及被农药污染的食物等；②不注意安全操作（如配药、喷药时接触，工作后未及时清洗而进食，误入施药后不久的农田进行农事操作，高温时连续施药时间过长，喷药器械故障等）；③长期食用含有超过允许农药残留量的食品等。

2.3.2 避免农药中毒措施

避免农药中毒的措施主要有：①选身体健康并懂得必要的植保知识的施药人员；②施药前后仔细检查喷药器械并用清水洗净排除故障；③在配药、施药时严格按照操作规程并加强个人防护；④避免中午高温或刮大风时喷药，一次施药时间不得超过6 h；⑤施过高毒农药的田间渠埂等，要竖立标志，在药物有效期内禁止放牧、割草、挖野菜或农事操作，以防人、畜中毒；⑥严格执行剧毒农药使用范围及安全间隔期。

2.3.3 人体农药中毒的解救办法

农药中毒多属急性发作且严重，必须及时采取有效措施，常用的方法如下。

(1) 急救处理。急救处理是在医生未来诊治之前，为了不让毒物继续存留人体内而采取的一项紧急措施。凡是口服中毒者，应尽早进行催吐（用食盐水或肥皂水催吐，但处于昏迷状态者不能用）、洗胃（插入橡皮管灌入温水反复洗胃）及清肠（若毒物入肠则可用硫酸钠30 g加入200 mL水中一次喝下清肠）。如因吸入农药蒸汽发生中毒，应立即把患者移置于空气新鲜暖和处，松开患者衣扣，并立即请医生诊治。

(2) 对症治疗。在农药中毒以后，若不知由何农药引起，或知道却没有解毒药品，就应果断地边采用对症治疗边将患者送往有条件的医院抢救治疗。如对呼吸困难患者要立即输氧或进行人工呼吸；对心搏骤停患者，可用拳头连续叩击心前区3～5次来起搏心跳；对休克患者，应让其脚高头低，并注意保暖，必要时需输血、氧或人工呼吸；对昏迷患者，应将其放平，头稍向下垂，使之吸氧，或针刺人中、内关、足三里、百会、涌泉等穴并静脉注射苏醒剂和葡萄糖；对痉挛患者，用水合氯醛灌肠或肌注苯巴比妥钠；对激动和不安患者，也可用水合氯醛灌肠或服用醚缬草根滴剂15～20滴；对肺水肿患者，应立即输氧，并用较大剂量的肾上腺皮质激素、利尿剂、钙剂和抗生素及小剂量镇静药等。

总之，对农药中毒的患者，首先要立即将患者抬离中毒现场，再尽力进行对症治疗，因不同农药中毒的治疗差异，所以关键还是要送往有条件的就近医院抢救。

2.4 农药对环境的污染

农药对环境的污染，主要是对大气、水体、土壤和食物等的污染。据观测，在田间喷洒农药时只有10%～30%的药物附着在植物上，其余的则降落在地面上或飘浮于空气中。而附着在植物上的药物也只有很少部分渗入植物体内，大部分又挥发进入大气或经雨淋降落到土壤或水域。进入环境的农药，经过挥发、沉降和雨淋作用，在大气、水域和土壤等环境要素之间进行重复交叉污染，最终将有一部分通过食物链的关系进入到人类体内，造成对人体的累积性慢性毒害。这一问题现已成为世界各国严重关注的环境问题。为此，人们正致力于研究与推广防止农药对环境污染的措施，目前主要的预防或减轻污染的技术有如下几点：

(1) 做到安全与合理使用农药，认真宣传贯彻农药安全使用标准，严格遵照农药残留标准和农作物的安全间隔期，把农药与环境保护知识普及到千家万户；

(2) 贯彻“预防为主，综合防治”的植保方针，最大限度地发挥抗病虫品种与生物防治等的综合作用，把农药用量控制到最低限度；

(3) 积极开发与研制高效、低毒、低残留的农药新品种，特别是生物农药的研制与推广，在农药生产中改进农药剂型，提高制剂质量，充分发挥农药的有效率，减少农药的使用量；

(4) 充分发挥环境的自净能力，使进入到环境中的农药得以快速降解，减少残留；

(5) 利用不同农作物种类对不同农药的吸收能力，采用避毒措施和进行去污处理，以降低农药通过食物链进入人体的可能。

总之，应运用现代技术，最大限度地减少农药对环境的污染，为人类造福。

2.5 安全保管农药

(1) 农药应设立专库贮存，由专人负责。每种药剂贴上明显的标签，按药剂性能分门别类存放，注明品名、规格、数量、出厂年限、入库时间，并建立账本。

(2) 健全领发制度。领用药剂的品种、数量，须经主管人员批准，药剂凭证发放；领药人员要根据批准内容及药剂质量进行核验。

(3) 药品领出后，应有专人保管，严防丢失。当天剩余药品须全部退还入库，严禁库外存放。

(4) 药品应放在阴凉、通风、干燥处，与水源、食物严格隔离。油剂、乳剂、水剂要注意避光、防潮。

(5) 药品的包装材料(瓶、袋、箱)用完后一律回收，集中处理，不得随意乱丢、乱放或派做他用。

任务3　常用农药的配制与使用技术

知识点：了解波尔多液、石硫合剂的配制方法和质量鉴别技术，掌握常用农药使用技术。
能力点：能准确配制波尔多液和石硫合剂。

任务提出

当今农药事业发展迅速，品种增加、类型增多，而滥用高毒、高残留农药的现象经常发生，严重危害人们的生命健康。在园林绿化场所，人类活动频繁，应尽量选择高效、低毒、低残留、无异味的药剂。那么怎样科学合理地配制和使用农药才能拓宽农药的使用范围，减少用药量，提高防治效果，降低对环境的污染呢？

任务分析

为了安全合理地配制和使用农药，可以根据农药剂型和防治对象来确定安全有效的施药方法。不同的防治对象应考虑用什么方法去有效地防治，而施药方法又取决于农药剂型，所以要达到安全有效地防治病、虫、草、鼠害，必须综合考虑防治对象、施药方法、农药剂型。目前农药剂型种类很多而且发展很快，如何选择适宜的施药方法达到最高的防治效果是很重要的。除少数可以直接使用的农药制剂外，一般农药在使用前都要经过配制才能施用。农药的配制就是把商品农药配制成可以施用的状态。例如：乳油、可湿性粉剂等本身不能直接施用，必须兑水稀释成所需浓度的药液才能喷施，或与细土(沙)拌匀成毒土撒施。配制农药通常用水来稀释，兑水量要根据农药制剂、有效成分含量、施药器械和植株大小而定，除非十分有经验，一般应按照农药标签上的要求或请教农业技术人员，切不要自作主张，以免兑水过多，浓度过低，达不到防治效果；或兑水过少，浓度过高，对农作物产生药害，尤其用量少、活性高的除草剂应特别注意。

任务实施的相关专业知识

1. 常用杀虫剂、杀螨剂认知

1.1　有机磷杀虫剂

有机磷杀虫剂是发展速度最快、品种最多、使用最广泛的一类药剂。

有机磷杀虫剂的特点如下。

(1) 杀虫谱较宽。目前常用的有机磷杀虫剂品种可以防治多种农林害虫，有些可用于防治卫生害虫及家畜、家禽的体外寄生虫。

(2) 杀虫方式多样化，可满足多方面需要。大多数品种具有触杀和胃毒作用，有些品种具有内吸作用或渗透作用，个别品种具有熏蒸作用，可进行多种方式施药，防治地上、地下、钻蛀、刺吸式等不同类型的农林害虫。其杀虫机理是抑制害虫体内的胆碱酯酶的活性，破坏神经系统的正常传导，引起一系列神经系统中毒症状，直到死亡。

(3) 毒性较高，使用时应注意安全。大多数品种对人、畜毒性偏高，有些品种属于剧毒，如甲拌磷、甲胺磷、内吸磷等。使用时应注意安全，并保证农产品收获前有一定的安全间隔时间，避免农药残留中毒。

(4) 在环境中，易降解。一般品种易于在动植物体内降解成无毒物质，在自然条件中，如受日晒、风雨的作用易水解、氧化。因此，贮存时应避光、防潮。

(5) 易解毒。有机磷杀虫剂虽然毒性偏高，易造成人、畜中毒，但已有高效解毒药如阿托品、解磷定等被广泛应用。

(6) 抗药性产生较慢，对农作物较完全。有机磷杀虫剂虽然使用时间很长了，药效也比当初有所降低，但相对来说，害虫对其抗药性发展较缓慢，目前仍在大量使用。同时，对农作物一般较安全，不易产生药害，当然某些农作物对个别品种较敏感，如美曲膦酯对高粱的药害，乐果对玉米、桃树在高浓度时有一定的药害。

(7) 绝大多数有机磷类杀虫剂在碱性条件下易分解，因此，不能与碱性物质混用。

当前大量使用的有机磷类杀虫剂主要有下列品种。

(1) 毒死蜱(乐斯本)。现有剂型：40.7%乳油、40%乳油。作用特点：对害虫具有触杀、胃毒和熏蒸作用，在叶片上的残留期不长，但在土壤中的残留期较长。防治对象：毒死蜱属广谱性杀虫剂，能防治果树上的同翅目、半翅目、缨翅目、鞘翅目等多种害虫及螨类。注意事项：为保护蜜蜂，不要在果树开花期使用，不能与碱性农药混用。

(2) 辛硫磷。现有剂型：50%乳油、45%乳油、3%颗粒剂、5%颗粒剂。在中性和酸性溶液中稳定，遇碱易分解，在高温下易分解。对阳光，特别是对紫外线很敏感，直接置于太阳下易光解失效。对鱼有一定毒性，对蜜蜂有接触和熏蒸毒性，对瓢虫有杀伤作用。

(3) 马拉硫磷。现有剂型：45%乳油、50%乳油、70%优质乳油。作用特点：马拉硫磷是广谱性杀虫剂，有触杀、胃毒作用，也有轻微熏蒸作用。对刺吸式口器和咀嚼式口器害虫有效，残效期较短。气温低时杀虫毒力降低，不宜在低温时使用。

(4) 美曲膦酯。现有剂型：90%晶体、80%可溶性粉剂、50%可溶性粉剂、50%乳油。作用特点：美曲膦酯对害虫有很强的胃毒作用，并有触杀作用，能渗透入植物体内，但无内吸作用。防治对象：美曲膦酯是广谱性杀虫剂，对鳞翅目、双翅目、鞘翅目害虫效果好。

(5) 敌敌畏。现有剂型：80%乳油、50%油剂、20%塑料块缓释剂。作用特点：敌敌畏是一种具熏蒸、胃毒和触杀作用的速效、广谱性杀虫剂，持效期短。防治对象：对咀嚼式口器和刺吸式口器的害虫有良好防治效果，对同翅目、鳞翅目、鞘翅目的害虫效果好。

1.2 氨基甲酸酯类杀虫剂

氨基甲酸酯类杀虫剂是一类含氮元素并具杀虫作用的化合物。由于原料易得、合成简单、选择性强、毒性较低、无残留毒性，现已成为一个重要类型。

1.2.1 西维因(又称甲萘威)

西维因是广谱性杀虫剂，具有胃毒、触杀作用。特别对当前不易防治的咀嚼式口器害虫如棉铃虫等防治效果好，对内吸磷等杀虫剂产生抗药性的害虫也有良好的防治效果。若将其与乐果、敌敌畏等农药混用，有明显增效作用，但对蜜蜂有较强的毒害作用。常用剂型有25%可湿性粉剂、50%可湿性粉剂和40%浓悬浮剂。

1.2.2　叶蝉散(又称异丙威)

叶蝉散为速效触杀性杀虫剂，见效快，持效期短，仅3～5 d。叶蝉散具有选择性，特别对叶蝉、飞虱类害虫有特效。对蓟马也有效，对天敌安全。现有剂型为2%粉剂、4%粉剂、10%可湿性粉剂、20%乳油、20%胶悬剂。与叶蝉散性质相近似的还有速灭威、巴沙、混灭威等。

1.2.3　呋喃丹(又称克百威)

呋喃丹属高效、高毒、广谱性杀虫和杀线虫剂，具有触杀及胃毒作用，在植物中有强烈的内吸及输导作物。呋喃丹在土壤中半衰期达30～60 d，对人、畜、鱼类有剧毒，严禁在果蔬地使用，更不许用水浸泡后喷雾。现有剂型为3%颗粒剂，在播种时沟施、穴施。目前此药已广泛用于盆栽花卉及地栽林木的枝梢害虫。

1.2.4　抗蚜威(又称辟蚜雾)

抗蚜威属对蚜虫有特效的选择性杀虫剂，以触杀、内吸作用为主，20 ℃以上有一定熏蒸作用。杀虫迅速，能防治对有机磷杀虫剂有抗性的蚜虫，持效期短，对天敌安全，有利于与生物防治协调使用。现有剂型有50%可湿性粉剂、50%水分散颗粒剂等。

1.2.5　丁硫克百威(又称好年冬)

丁硫克百威为克百威的低毒化衍生物，具有触杀、胃毒及内吸作用，持效期长。它可防治多种害虫，可致人、畜中毒。现有剂型有5%颗粒剂、15%乳油。

1.3　拟除虫菊酯类杀虫剂

拟除虫菊酯类杀虫剂是模拟天然除虫菊素合成的产物。具有杀虫谱极广，击倒力极强，杀虫速度极快，持效期较长，对人、畜低毒，几乎无残留等特点。以触杀为主，兼具胃毒作用，但对蜜蜂、蚕毒性大，产生抗药性快，应合理轮用和混用。

1.3.1　三氟氯氰菊酯

三氟氯氰菊酯现有剂型为2.5%乳油。作用特点：具有触杀、胃毒作用，也有驱避作用，但无内吸作用，有杀虫、杀螨活性，作用迅速，持效期较长。

1.3.2　高效氯氟氰菊酯

高效氯氟氰菊酯作用方式以触杀、胃毒为主。作用特点：杀虫谱广，活性较高，药效迅速，喷洒后耐雨水冲刷，但长期使用易对其产生抗性，对刺吸式口器的害虫及害螨有一定防效，但对螨的使用剂量要比常规用量增加1～2倍。

1.3.3　高效氯氰菊酯

作用特点：本品是氯氰菊酯顺反异构体的混合物，其顺反比是2∶3，对害虫具有触杀、胃毒作用，无内吸作用，杀虫谱广，作用迅速。

1.3.4　氰戊菊酯

氰戊菊酯现有剂型为20%乳油。作用特点：以触杀和胃毒作用为主，无内吸、熏蒸作用，杀虫谱广，对天敌杀伤力强，对螨类无效。防治对象：对鳞翅目幼虫效果很好，对同翅目和半翅目害虫也有较好效果，可防治果树上的多种害虫。

1.3.5 溴氰菊酯

溴氰菊酯现有剂型为2.5%乳油。作用特点：以触杀、胃毒作用为主，无内吸、熏蒸作用，对害虫有一定驱避拒食作用，杀虫谱广，作用迅速，对螨类无效。防治对象：适用于防治果树多种害虫，尤其对鳞翅目幼虫及半翅目害虫效果好，杀虫谱及防治对象与氯氰菊酯相似。

氰戊菊酯、溴氰菊酯和三氟氯氰菊酯这三种药剂杀螨效果差，杀虫有负温度效应。而联苯菊酯则兼有杀叶螨特性；氰菊酯、胺菊酯、甲醚菊酯等则主要用于家庭卫生害虫的防治。

1.4 沙蚕毒素类杀虫剂

沙蚕毒素类杀虫剂是一种含氮元素的有机合成杀虫剂，在虫体内可形成有毒物质（沙蚕毒素），阻断乙酰胆碱的传导刺激作用以达到杀虫效果。

1.4.1 杀螟丹（又称巴丹）

杀螟丹属广谱性触杀、胃毒杀虫剂，兼有内吸和杀卵作用。对人、畜毒性中等，对蚕毒性大，对十字花科蔬菜幼苗敏感。其现有剂型为50%可溶性粉剂。

1.4.2 杀虫双

杀虫双属高效、中毒、广谱性杀虫剂，兼具强触杀、胃毒、熏蒸、内吸和杀卵作用，对家蚕毒性很大。其现有剂型为25%水剂、3%颗粒剂、5%颗粒剂、5%包衣大粒剂。

1.5 苯甲酰脲类杀虫剂(几丁酯合成酶抑制剂)

苯甲酰脲类杀虫剂属抗蜕皮激素类杀虫剂，被处理的昆虫由于蜕皮或化蛹障碍而死亡；有些则干扰DNA合成而绝育。

1.5.1 除虫脲（又称灭幼脲一号）

除虫脲以胃毒作用为主，抑制昆虫表皮几丁酯的合成，阻碍新表皮形成，致幼虫死于蜕皮障碍，卵内幼虫死于卵壳内，但对不再蜕皮的成虫无效。对鳞翅目幼虫有特效（但对棉铃虫无效），对双翅目、鞘翅目也有效。对人、畜毒性低，对天敌安全，无残毒污染，但对家蚕有剧毒，蚕区应慎用。其现有剂型有25%可湿性粉剂、20%浓悬浮剂。

1.5.2 定虫隆（又称抑太保）

定虫隆与除虫脲相近似，但对棉铃虫、红铃虫也有防效，而施药适期应在低龄幼虫期，杀卵应在产卵高峰至卵盛孵期。其现有剂型为5%乳油。

1.5.3 氟铃脲（又称盖虫散）

氟铃脲为几丁酯合成抑制剂，具有很强的杀虫和杀卵活性，而且速效，尤其防治棉铃虫效果好。用于棉花、马铃薯及果树防治多种鞘翅目、双翅目、同翅目昆虫。其现有剂型有5%乳油（氟铃脲、农梦特）、20%悬浮剂（杀铃脲）。

1.6 其他杀虫剂

1.6.1 吡虫啉（蚜虱净、扑虱蚜）

其他名称：在我国的商品名称很多，如海正吡虫啉、一遍净、蚜虱净、大功臣、康复多、必林等。吡虫啉属低毒杀虫剂。原药对兔眼睛有轻微刺激性，无致畸、致癌、致突变作用。对蚯蚓等有益动物和天敌无害，对环境较安全。其现有剂型有：5%可湿性粉剂、10%可湿性粉剂、20%可湿性粉剂、25%可湿性粉剂、12.5%必林可溶剂、20%康福多浓可溶剂。

1.6.2 啶虫脒(莫比朗)

啶虫脒现有剂型为3%乳油。作用特点:啶虫脒是一种吡啶类化合物新型杀虫剂,具有触杀、胃毒和渗透作用,速效性好,持效期长。防治对象:防治柑橘绣线菊蚜、棉蚜、桔蚜、桔二叉蚜、桃蚜等蚜虫。注意事项:不能与波尔多液、石硫合剂等碱性药剂混用,对蚕有毒,不能污染桑叶。

1.7 生物源杀虫剂

1.7.1 阿维菌素(齐螨素、爱比菌素、爱福丁)

阿维菌素是一种大环内酯双糖类化合物,具有触杀、胃毒作用,渗透力强。在常温条件下稳定,25 ℃时在pH值5~9的溶液中不水解,光解迅速。阿维菌素属高毒杀虫、杀螨剂,对皮肤无刺激,对眼睛有轻度刺激,对鱼类、水生生物和蜜蜂高毒,对鸟类低毒。其现有剂型有1.8%乳油、0.9%乳油。

1.7.2 苏云金杆菌

苏云金杆菌是一种细菌性杀虫剂,杀虫的有效成分是细菌及其产生的毒素。原药为黄褐色固体,属低毒杀虫剂,可用于防治直翅目、双翅目、膜翅目、鳞翅目的多种害虫。其常见剂型有可湿性粉剂(100亿活芽/g)、Bt乳剂(100亿活孢子/mL),可用于喷粉、喷雾、灌芯等,也可用于飞机防治,还可与美曲膦酯、菊酯类等农药混合使用,效果好、速度快,但不能与杀菌剂混用。

1.7.3 白僵菌

白僵菌是一种真菌性杀虫剂,不污染环境,害虫不易对它产生抗药性,可用于防治鳞翅目、同翅目、膜翅目、直翅目等害虫,对人、畜及环境安全,对蚕感染力强。其常见剂型为粉剂(每1克菌粉含有孢子50亿~70亿个)。

1.7.4 核多角体病毒

核多角体病毒是一种病毒性杀虫剂,具有胃毒作用,对人、畜、鸟、益虫、鱼及环境安全,对植物安全,害虫不易产生抗药性,不耐高湿,易被紫外线照射失活,作用较慢,适用于防治鳞翅目害虫。其常见的剂型为粉剂、可湿性粉剂。

1.7.5 鱼藤酮

鱼藤酮从鱼藤根中萃取而得,纯品为白色结晶,熔点为163 ℃,不溶于水,溶于苯、丙酮、氯仿、乙醚等有机溶剂,遇碱会分解,在高温、强光下易分解。鱼藤酮属中等毒性杀虫剂,原药大鼠急性经口LD_{50}为124.4 mg/kg,急性经皮$LD_{50}>2\ 050$ mg/kg。鱼藤酮对害虫具有胃毒和触杀作用,其机理是抑制谷氨酸脱氢酶的活性,影响害虫呼吸,使其死亡,用于防治柑橘、荔枝、板栗等果树的尺蠖、毒蛾、卷叶蛾、刺蛾及蚜虫。其现有剂型有2.5%乳油、5%乳油、7.5%乳油。

1.8 杀螨剂

1.8.1 浏阳霉素

浏阳霉素为抗生素类杀螨剂,对多种叶螨有良好的触杀作用,对螨卵有一定的抑制作用,对人、畜低毒,对植物及多种天敌安全。浏阳霉素对鳞翅目、鞘翅目、同翅目、斑潜蝇及螨类有高效。其常见剂型为10%乳油。

1.8.2　尼索朗

尼索朗具有强杀卵、幼螨、若螨作用，属低毒杀螨剂，药效迟缓，一般施药后 7 d 才显高效，残效期达 50 d 左右。其常见剂型有 5%乳油、5%可湿性粉剂。

1.8.3　扫螨净

扫螨净具触杀和胃毒作用，可杀死各个发育阶段的螨，残效长达 30 d 以上，对人、畜中毒，除杀螨外，对飞虱、叶蝉、蚜虫、蓟马等害虫防效好。其常见剂型有 20%可湿性粉剂、15%乳油。

1.8.4　三唑锡

三唑锡是一种触杀性强的杀螨剂，可杀灭若螨、成螨及夏卵，对冬卵无效，对人、畜中毒。其常见剂型为 25%可湿性粉剂。

1.8.5　螨代治

螨代治具有较强触杀作用，无内吸作用，对成螨、若螨和卵均有一定的杀伤作用。螨代治杀螨谱广，持效期长，对天敌安全，对人、畜低毒。其常见剂型为 50%乳油。

1.8.6　螨克

螨克具有触杀、拒食及忌避作用，也有一定的胃毒、熏蒸和内吸作用。螨克对叶螨科各个发育阶段的虫态都有效，但对越冬卵效果较差，对人、畜中毒，对鸟类、天敌安全。其常见剂型为 20%乳油。

2. 常用杀菌、杀线虫剂

杀菌剂是指对植物病原生物具有抑制或毒杀作用的化学物质。其作用方式主要是化学保护、化学治疗和化学免疫。根据杀菌剂的作用可分为杀菌、抑菌和阻止三种作用类型。

2.1　非内吸性杀菌剂

2.1.1　波尔多液

波尔多液是由硫酸铜、生石灰和水按一定比例配成的天蓝色胶悬液，呈碱性，有效成分为碱式硫酸铜。一般应现配现用，其配比因农作物对象而异，生产上多用等量式，即硫酸铜、石灰、水按 1∶1∶100 的比例配制。波尔多液是一种良好的广谱性保护剂，但对白粉病和锈病效果差。

2.1.2　石硫合剂

石硫合剂是由石灰、硫黄、水按 1∶1.5∶13 的比例熬煮而成的。过滤后母液呈透明琥珀色，具有较浓的臭蛋气味，呈碱性，具有杀虫、杀螨、杀菌作用。其使用浓度因农作物种类、防治对象及气候条件而异。北方冬季果园用 3～5°Be，而南方用 0.8～1°Be 以防除越冬病菌、果树介壳虫及一些虫卵。在生长期则多用 0.2～0.5°Be 的稀释液防治病害与红蜘蛛等害虫。植株大小和病情不同，用药量不同，还可防治白粉病、锈病及多种叶斑病。

2.1.3　白涂剂

白涂剂可以用于减轻观赏树木因冻害和日灼而发生的损伤，并能遮盖伤口，避免病菌侵入，减少天牛产卵机会等。白涂剂的配方很多，可根据用途加以改变，最主要的是石灰质量要好，加水消化要彻底。如果把消化不完全的硬粒石灰刷到树干上，就会烧伤树皮，特别是光皮、薄皮树木更应注意。

2.1.4 氢氧化铜(又称丰护安)

氢氧化铜为一种广谱性保护剂,通过释放出铜离子均匀覆盖在植物体表面,防止真菌孢子侵入而起保护作用,可防治霜霉病、叶斑病等多种病害,对人、畜低毒。其常见剂型有77%可湿性粉剂、61.4%干悬浮剂。

2.1.5 敌克松

敌克松为保护性杀菌剂,也具有一定的内吸、渗透作用,是较好的种子和土壤处理杀菌剂,也可喷雾使用,残效期长,使用时应现配现用。其常见剂型有75%可湿性粉剂、95%可湿性粉剂。

2.1.6 代森锰锌

代森锰锌为一种广谱性保护剂,对于霜霉病、疫病、炭疽病及各种叶斑病有效,对人、畜低毒。其常见剂型有25%悬浮剂、70%可湿性粉剂、70%胶干粉。

2.1.7 福美双

福美双为保护性杀菌剂,主要用于防治土传病害,对霜霉病、疫病、炭疽病等有较好的防治效果,对人、畜低毒。其常见剂型有50%可湿性粉剂、75%可湿性粉剂、80%可湿性粉剂。

2.1.8 百菌清(又名达科宁)

百菌清为一种广谱性保护剂,对于霜霉病、疫病、炭疽病、灰霉病、锈病、白粉病及各种叶斑病有较好的防治效果,对人、畜低毒。其常见剂型有50%可湿性粉剂、75%可湿性粉剂、10%油剂、5%颗粒剂、25%颗粒剂、2.5%烟剂、10%烟剂、30%烟剂。

2.2 内吸性杀菌剂

2.2.1 甲霜灵

甲霜灵具有内吸和触杀作用,在植物体内能双向传导,耐雨水冲刷,残效期10~14 d,是一种高效、安全、低毒的杀菌剂,对霜霉病、疫霉病、腐霉病有特效,对其他真菌性病害和细菌性病害无效。其常见剂型有25%可湿性粉剂、40%乳剂、35%粉剂、5%颗粒剂。甲霜灵与代森锌混合使用,可提高防效。

2.2.2 三唑酮(又名粉锈宁)

三唑酮为一种高效内吸性杀菌剂,对人、畜低毒,对白粉病、锈病有特效,具有广谱、用量低、残效期长等特点,并能被植物各部位吸收传导。其常见剂型有15%可湿性粉剂、25%可湿性粉剂、20%乳油。

2.2.3 敌力脱

敌力脱为一种新型广谱内吸性杀菌剂,对白粉病、锈病、叶斑病、白绢病等有良好的防治效果,但对霜霉病、疫霉病、腐霉病无效,对人、畜低毒。其常见剂型有25%乳油、25%可湿性粉剂。

2.2.4 福星

福星为一种广谱内吸性杀菌剂,对子囊菌、担子菌、半知菌有效,主要用于白粉病、锈病、叶斑病的防治,对人、畜低毒。其常见剂型有10%乳油、40%乳油。

2.2.5 世高

世高为一种广谱内吸性杀菌剂,具有治疗效果好、持效期长的特点,可用于防治叶斑病、炭疽病、早疫病、白粉病、锈病等，对人、畜低毒。其常见剂型为10%水分散颗粒剂。

2.2.6 普力克

普力克为内吸性杀菌剂，对于腐霉病、霜霉病、疫病有特效，对人、畜低毒。其常见剂型有72.2%水剂、66.5%水剂。

2.2.7 疫霉灵

疫霉灵具有很强的内吸传导作用，在植物体内可以上、下双向传导，对新生的叶片有预防病害的作用，对已生病的植株，通过灌根和喷雾有治疗作用。其常见剂型有305胶悬剂、40%可湿性粉剂、80%可湿性粉剂。

2.2.8 甲基托布津

甲基托布津为一种广谱内吸性杀菌剂，对多种植物病害有预防和治疗作用，残效期为5～7 d。其常见剂型有50%可湿性粉剂、70%可湿性粉剂、40%胶悬剂。

2.3 农用抗生素类

2.3.1 农抗120

农抗120是一种嘧啶核苷类杀菌抗生素，属于低毒、广谱、无内吸性杀菌剂，有预防和治疗作用，具有无残留、不污染环境、对植物和天敌安全的特点。本产品对多种植物病原菌有较好的抑制作用，对植物有刺激生长作用。其常见剂型为2%的农抗120水剂。

2.3.2 武夷菌素

武夷菌素是一种链霉素类杀菌剂，属于低毒、高效、广谱和内吸性强的杀菌抗生素药剂，有预防和治疗作用。武夷菌素对革兰氏菌、酵母菌有抑制作用，对病原真菌的抑制活性更强，具有无残留、无污染、不怕雨淋、易被植物吸收、能抑制病原菌的生长和繁殖的特点。

2.3.3 多抗霉素

多抗霉素具有低毒、无残留、广谱、内吸传导性、对植物安全、不污染环境和对蜜蜂低毒等特点。其作用机制是干扰真菌细胞壁几丁酯的生物合成，使真菌细胞局部膨大，溢出细胞内含物，从而不能正常发育而死亡，对细菌和酵母菌无效。

2.4 杀线虫剂

2.4.1 线虫必克

线虫必克是由厚孢轮枝菌研制而成的微生物杀线虫剂，属于低毒性药剂，对皮肤和眼睛无刺激作用，对植物安全。厚孢轮枝菌在适宜的环境条件下产生分生孢子，分生孢子萌发产生的菌丝寄生于线虫的雌虫和卵，使其致病死亡。

2.4.2 必速杀(又名棉隆)

必速杀属于低毒、广谱的熏蒸性杀线虫、杀菌剂，对人、畜无毒，对眼睛有轻微刺激作用，对鱼、虾中毒，对蜜蜂无毒。本产品易在土壤中扩散，能与肥料混用，不会在植物体内残留，不但能全面持久地防治多种地下线虫，并能兼治土壤的真菌、地下害虫。

2.4.3 威百亩

威百亩属于低毒杀线虫剂，对眼睛有刺激作用，对鱼高毒，对蜜蜂无毒，对线虫具有熏杀作用。威百亩在土壤中可降解为异氰酸甲酯，对线虫、病原菌和杂草具有强大杀灭作用。

1. 材料及工具的准备

1.1 材料

材料为五水硫酸铜($CuSO_4 \cdot 5H_2O$)、生石灰、水、硫黄粉。

1.2 工具

工具为酒精灯、牛角勺、试管、天平、量筒、烧杯、玻棒、试管架、盛水容器、研钵、试管刷、小铁刀、石蕊试纸、台秤、铁锅(或1 000 mL烧杯)、灶(电炉)、木棒、水桶、波美比重剂等。

2. 任务实施步骤

2.1 波尔多液的配制

2.1.1 配制方法

分组分别用以下方法配制1%等量式波尔多液(1∶1∶100)。

方法1　两液同时注入法:用1/2水溶解五水硫酸铜,再用另外1/2水消解生石灰,然后同时将两液注入第三容器,边倒边搅拌即成。

方法2　稀硫酸铜液注入浓石灰乳法:用4/5水溶解五水硫酸铜,再用另外1/5水消解生石灰,然后将硫酸铜液倒入生石灰液中,边倒边搅拌即成。

方法3　生石灰液注入硫酸铜液法:原料准备同方法2,再将石灰液注入硫酸铜液中,边倒边搅拌即成。

方法4　用风化已久的石灰代替生石灰,配制方法同方法2。

注意:若用块状石灰加水消解时,一定要用少量水慢慢加入,使生石灰逐渐消解化开。

2.1.2 质量鉴别方法

(1) 物态观察:观察比较不同方法配制的波尔多液的质地和颜色,质量优良的波尔多液应为天蓝色胶态乳状液。

(2) 酸碱测试:用pH试纸测定其酸碱性,以碱性为好,即使试纸显蓝色。

(3) 置换反应:用磨亮的小刀或铁钉插入波尔多液片刻,观察刀面有无镀铜现象,以不产生镀铜现象为好。

(4) 沉淀测试:将制成的波尔多液分别同时装入100 mL量筒中静置30 min、60 min和90 min,比较它们沉淀情况,沉淀越慢越好,过快者不可采用,将结果填入表5-5。

表5-5　波尔多液质量测试项目表

项目 / 方法	悬浮率			物态现象	酸碱测试	置换反应
	30 min	60 min	90 min			
1						
2						
3						
4						

配置中切忌用浓的硫酸铜液与浓石灰液混合后再稀释,这样稀释的波尔多液质量差,易

沉淀。配置后的波尔多液应装入木桶或塑料桶。波尔多液不能贮存，要随配随用，否则效果差，且易产生药害。

2.2 石硫合剂的熬制

2.2.1 原料配比

原料配比大致有以下几种：硫黄粉 2 份、生石灰 1 份、水 8 份，或者硫黄粉 2 份、生石灰 1 份、水 10 份，或者硫黄粉 1 份、生石灰 1 份、水 10 份，其熬出的原液浓度分别为 28～30°Be、26～28°Be、18～21°Be。目前多采用 2∶1∶10 的质量配比。

2.2.2 熬制方法

称取硫黄粉 100 g，生石灰 50 g，水 500 g。先将硫黄粉研细，然后用少量热水搅成糊状，再用少量热水将生石灰化开，倒入锅中，加入剩余的水，煮沸后慢慢倒入硫黄糊，加大火力，至沸腾时再继续熬煮 45～60 min，直至溶液被熬成暗红褐色（老酱油色）时停火，静置冷却过滤即成原液。

2.3 白涂剂的配制

方法 1　生石灰 5 kg＋石硫合剂 0.5 kg＋盐 0.5 kg＋动物油 0.1 kg＋水 20 kg。

先将生石灰和盐分别用水化开，然后将两液混合并充分搅拌，再加入动物油和石硫合剂原液搅拌即可。

方法 2　生石灰 5 kg＋食盐 2.5 kg＋硫黄粉 1.5 kg＋动物油 0.2 kg＋大豆粉 0.1 kg＋水 36 kg。

制作方法同方法 1。

2.4 农药安全使用技术

(1) 确定防治对象，对症下药。当田间出现病、虫、草、鼠为害时，首先要根据其特征和为害症状进行确诊，再选用防治药剂。

(2) 掌握适宜的浓度和防治时期。不同农作物或一种农作物中的不同品种对农药的敏感性有差异，如果把某种农药施用在敏感的农作物或品种上就会出现药害。在选定防治药剂后，还要根据植物的生长期和病虫害发生程度，掌握最佳的防治时期，并严格按照农药包装上注明的使用浓度进行科学配制。

(3) 使用性能优良的施药器械。施药器械性能的好坏，与农药的雾化程度的高低成正比，与农药的流失和漂移量成反比，即若施药器械性能优良，农药的雾化程度就高，农药的流失和漂移量就少，从而可提高农药利用率，减少农药的使用量。药效对比试验表明，对于同一种农药（如吡虫啉），使用“卫士牌”手动喷雾器相比使用工农 16 型手动喷雾器，农药使用量减少 33%，雾化程度较细，防治效果高 18.6%。

(4) 把握喷药时间，注意天气条件。大雾、大风和下雨天在田间喷施农药，会造成农药大量流失和漂移，并容易发生人员中毒事故，是绝对不允许的。气温太高的天气，水分容易蒸发，导致喷到农作物上的农药浓度增加，会引起农作物药害发生，也不宜喷药。喷施农药的最佳时间是每天的清晨和傍晚地表气温比较稳定时，农药可直接均匀地喷洒到农作物上。

(5) 及时清洗施药器械，减少农作物药害发生。盛装过农药的量杯、容器和喷雾器，必须经水洗后，用热碱水或热肥皂水洗 2～3 次，然后再用清水洗净，才能用来盛装其他农药或喷施别的农作物，否则，很容易造成药害。除草剂的喷雾器最好专用。

常用农药的配制与使用技术任务考核单如表 5-6 所示。

表 5-6　常用农药的配制与使用技术任务考核单

序号	考核内容	考核标准	分值	得分
1	波尔多液的配制	能熟练配制不同比例的波尔多液	20	
2	波尔多液的质量鉴别	能用不同方法鉴别波尔多液的质量并指出优良性状指标	20	
3	石硫合剂的配制	能熟练配制并准确测出浓度	20	
4	农药的使用技术要点	正确指出操作要点	20	
5	问题思考与回答	在完成整个任务过程中积极参与，独立思考	20	

思考问题

（1）如何避免植物药害的产生？

（2）如何合理使用农药？

（3）如何利用园林技术措施来防治园林植物病虫害？

1. 农药的浓度与稀释计算

1.1　药剂的浓度表示法

目前，我国在生产上常用的药剂浓度表示法有倍数法、百分比浓度法和百万分浓度法。

（1）倍数法是指药液（药粉）中稀释剂（水或填料）的用量为原药剂用量的多少倍，或者是药剂稀释多少倍的表示法。生产上往往忽略农药和水的比重差异，即把农药的比重看作 1，通常有内比法和外比法两种配法。稀释 100 倍（含 100 倍）以下时用内比法，即稀释时要扣除原药剂所占的 1 份。如稀释 10 倍液，即用原药剂 1 份加水 9 份。稀释 100 倍以上时用外比法，计算稀释量时不扣除原药所占的 1 份。如稀释 1 000 倍液，即可用原药剂 1 份加水 1 000 份。

（2）百分比浓度（%）是指 100 份药剂中含有多少份药剂的有效成分。百分比浓度又分为质量百分比浓度和容量百分比浓度。固体与固体之间或固体与液体之间，常用质量百分比浓度，液体与液体之间常用容量百分比浓度。

（3）百万分浓度（ppm）是指一百万份药液或药粉中含农药有效成分的份数。百万分之一为 1ppm。

1.2　农药的稀释计算

1.2.1　按有效成分计算

通用公式：　原药浓度×原药剂质量＝稀释药剂浓度×稀释药剂质量

（1）求稀释剂质量，计算 100 倍以下时：

稀释剂质量＝[原药剂质量×(原药剂浓度－稀释药剂浓度)]÷稀释药剂浓度

(2) 求原药剂质量：

原药剂质量＝(稀释药剂质量×稀释药剂浓度)÷原药剂浓度

1.2.2 根据稀释倍数计算

此法不考虑药剂的有效成分含量。

(1) 计算100倍以下时：

稀释药剂质量＝原药剂质量×稀释倍数－原药剂质量

(2) 计算100倍以上时：

稀释药剂质量＝原药剂质量×稀释倍数

2. 农药药效试验

2.1 田间药效试验的内容

2.1.1 农药品种比较试验

新农药上市前，需要与当地常规使用的农药进行防治效果对比试验，以评价新老品种之间的药效差异程度，以确定有无推广价值。

2.1.2 农药应用技术试验

对施药剂量(或浓度)、施药次数、施药时期、施药方式进行比较，综合评价药剂的防治效果及其对农作物、有益生物和环境的影响，确定最适宜的应用技术。

2.1.3 特定因子的试验

深入地研究农药的综合效益或生产应用中提出的问题，专门设计特定因子试验。如环境条件对药效的影响、不同剂型之间比较、农药混用的增效或颉颃、药害试验、耐雨水冲刷能力、在农作物及土中的残留等。

2.2 田间药效试验的程序

2.2.1 小区试验

农药新品种，虽经室内测定有效，但不知田间实际药效，需经小面积试验，即小区试验。

2.2.2 大区试验

经小区试验取得效果后，应选择有代表性的生产地区，扩大试验面积，即进行大区试验，以进一步考察药剂的适用性。

2.2.3 大面积示范试验

在多点大区试验的基础上，选用最佳的剂量、施药时期和方法进行大面积示范，以便对防治效果、经济效益、生态效益、社会效益进行综合评价，并向生产部门提出推广应用的可行性建议。

2.3 田间药效试验设计

2.3.1 设置重复

设置重复能估计和减少试验误差，使试验结果准确地反映处理的真实效应，一般小区试验以设置3～5次重复为宜。

2.3.2 运用局部控制

为克服重复之间因地力等因素造成的差异，试验可运用局部控制。其做法是将试验地划分与重复数相等的大区，每个大区包括各种处理，即每一处理在每个大区内只出现一次。它使各种处理的重复在不同环境中的机会均等，从而减少试验的误差。

2.3.3 采用随机排列

运用局部控制可减少重复之间的差异，而重复之内的差异总是存在的。为了获得无偏差的试验误差估计值，要求试验中每个处理都有同等的机会设置在任何一个试验小区，因此必须采用随机排列。通常采用的随机排列法有对比法设计、随机区组设计、拉丁方设计及裂区设计等。

2.3.4 设对照区和保护行

对照区是评价和校正药剂防治效果的参照。对照区有两种：一是以不施药的空白做对照区；二是以标准药剂（防治某有害生物有效的药剂）做对照区。

2.4 田间药效试验的方法

2.4.1 试验前的准备

试验前，要制订具体的试验方案，并根据试验内容及要求，做好药剂、药械及其他必备物资的准备工作。

2.4.2 试验地选择与小区设计

（1）试验地选择。应选择土质、地力、前茬、农作物长势等均匀一致，防治对象严重、分布均匀等有代表性的地块做试验地，除试验处理项目外，其他田间操作必须完全一致。

（2）面积和形状。试验地的大小，依土地条件、农作物种类及栽培方式、有害生物的活动范围及供试药剂的数量等因素决定。一般试验小区面积为15～50 m^2，成年果树以株为单位，每小区2～10株。小区形状以长方形为好。大区试验田块为3～5块，每块面积为300～1 200 m^2；化学除草大区试验面积不少于2 hm^2。

（3）小区设计。小区设计应用最为广泛的方法是随机区组设计。将试验地分为几个大区组，每个大区试验处理数目相同，即为一个重复区。在同一重复区内每处理只能出现一次，并要随机排列，可用抽签法或随机数字表法决定各处理在小区的位置。

2.4.3 小区施药作业

（1）插标牌。小区施药前，要插上处理项目标牌，并规定小区施药的先后顺序。

（2）检查药械。在试验施药前，要使用药器械处于完好状态，并用清水在非试验区试喷，以确定每分钟压杆次数和行进速度，力求做到一次均匀喷完。

（3）量取药剂。要用量筒或天平准确地量取药剂，并采用二次稀释法稀释药液（即先用少量水将乳油或可湿性粉剂稀释拌匀，再将其余水量加入稀释）。

（4）施药作业。整个施药作业应由一人完成。如果小区多，需几人参加，则必须使用同型号的喷雾器，并在压杆频率、行进速度等方面尽量一致，喷洒的药液量视被保护农作物种类及生育期或植株大小来决定，一般为300～900 L/hm^2。

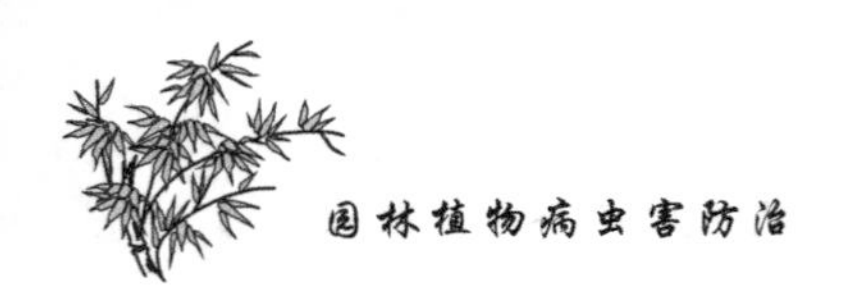

学习小结

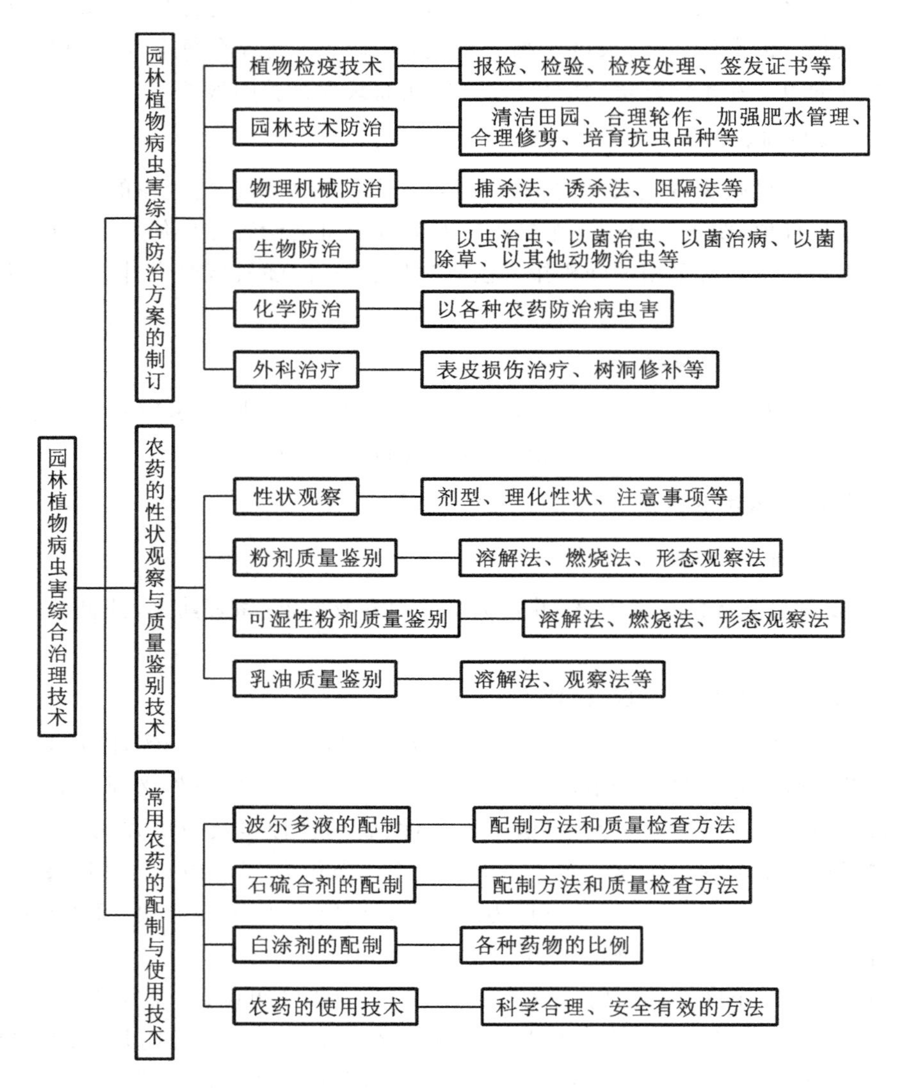

目标检测

一、名词解释

植物检疫、农药的致死中量、有害生物综合治理

二、填空题

(1) 植物检疫实施的主要内容有(　　)、(　　)、(　　)和(　　)。

(2) 物理机械防治常见的措施有(　　)、(　　)、(　　)和(　　)。

(3) 生物防治的主要措施有(　　)、(　　)、(　　)和(　　)。

(4) 根据杀虫剂对昆虫的毒性作用及其侵入害虫的途径不同,可分为(　　)、(　　)、(　　)、(　　)和(　　)。

(5) 常见的农药剂型有(　　)、(　　)、(　　)、(　　)、(　　)和(　　)。

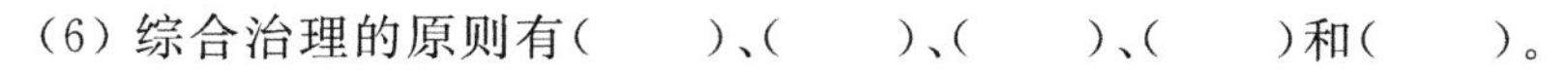
(6) 综合治理的原则有(　　)、(　　)、(　　)、(　　)和(　　)。

三、简答题

(1) 比较生物防治与化学防治的优缺点。

(2) 如何避免植物药害的产生?

(3) 如何合理使用农药?

(4) 手动喷雾器使用的注意事项有哪些?

(5) 喷雾喷粉机在喷雾作业、安全防护方面应注意哪些问题?

四、问答题

(1) 如何利用园林技术措施来防治园林植物病虫害?

(2) 用40%氧化乐果乳油 30 mL 加水稀释成 1 500 倍液防治松干蚧,需要稀释液质量为多少千克?

模块3　园林植物常发生病虫害防治技术

近几年来，我国园林事业发展很快，绿地的种植面积不断扩大。园林植物种类和结构布局千变万化，加上近几年气候环境异常，农药使用不够合理，导致园林生态系统发生改变，这使园林植物病虫害的防治出现了一些新问题。

园林植物病虫害防治的关键不在打药次数多，而在选好药且抓住病虫害防治的关键时期。要做到这一点，必须了解生产中各种病虫害的发展规律，然后根据其规律，在病虫害最敏感的时期及时用药，把病虫害控制在萌芽状态。特别是病害，一定要将其控制在未萌发或未侵染之前，以达到事半功倍的效果。

通过对本模块的学习，使学生能掌握园林植物病虫害的特点，科学地提出园林病虫害综合防治措施。

本模块分成3个项目，通过12个工作任务来引导学生观察识别园林植物常发生病、虫及其他有害生物的形态特征和症状特点，使学生在完成预设工作任务后能在了解病虫害发生发展规律的基础上制订园林植物病、虫及其他有害生物的综合防治方案。

项目6　园林植物常发生病害防治技术

学习内容

掌握园林植物常发生的叶、花、果、枝干、根部及草坪病害的类型、症状、发生规律、发病条件及防治方法。

教学目标

通过对园林植物病害的症状观察，正确诊断病害；了解病害发生的环境条件和发生规律；掌握园林植物病害的防治措施。

技能目标

根据园林植物病害的典型症状，准确诊断园林植物常发生病害，并能制订出合理有效的防治方案。

随着社会经济的发展，城市观赏绿化工作取得前所未有的成绩，园林植物的生态效益、经济效益、观赏效益日益凸显。与此同时，城市园林植物病害的发生也出现了复杂化、危险化的趋势，对城市绿地和风景区为害较大。病害常常导致园林植物生长衰弱和死亡，影响植物的生长、发育、繁殖及其观赏价值，甚至引起整株死亡，使城市绿化树种、风景林等林木大片衰败或死亡，从而造成重大的经济损失。

园林植物病害种类很多，根据其为害部位，主要可以分为叶部病害、枝干部病害、根部病害和草坪病害四大类。可以按照发病部位的不同，介绍主要病害的症状识别、病原、发病规律及防治措施。

任务1　园林植物叶、花、果病害防治技术

知识点：了解叶、花、果病害的种类、症状特点、发生规律及防治方法。
能力点：能根据病害的症状正确诊断病害和制订合理的防治方案。

任务提出

在自然情况下，每种园林植物都会遭受这样或那样病害的为害，尤其以园林植物叶、花、果病害种类为多。据报道，有60%～70%的园林植物病害属于叶、花、果病害。叶、花、果病害在一般情况下，很少能引起园林植物的死亡，但叶片的斑驳、枯死、变形，花的提前脱落等，却直接影响园林植物的观赏价值，尤其是对观叶植物的影响更甚。叶部病害还常常导致园林植物提早落叶，减少光合作用产物的积累，削弱花木的生长势，并诱发其他病虫害的发生。

任务分析

引起园林植物的叶、花、果病害的病原既有侵染性病原（寄生性种子植物除外），也有非侵染性病原，但大多数是由侵染性病原引起的。侵染性病原包括真菌、细菌、病毒、植原体、寄生性线虫等，以真菌为主，并且有些叶部病害（如病毒病等），往往发病比较重，为害比较大。

园林植物叶、花、果病害的症状类型很多，主要有灰霉病类、白粉病类、锈病类、炭疽病类、叶斑病类、毛毡、变形、变色等。

园林植物叶、花、果病害的防治原则是：集中清除侵染来源和喷药保护是防治园林植物叶、花、果病害的主要措施，改善园林植物生长环境是控制病害发生的根本措施。

任务实施的相关专业知识

1. 白粉病识别

1.1　症状识别

1.1.1　月季白粉病

月季白粉病（见图6-1）除在月季上普遍发生外，其病原——蔷薇单囊壳菌还可以寄生蔷薇、玫瑰、白玉兰等。白粉病为害月季的叶片、嫩梢、花蕾及花梗等部位。初期叶片上出现褪绿色斑，逐渐扩大，后着生一层白色粉末状物，严重时可全部披上白粉层。

1.1.2　瓜叶菊白粉病

瓜叶菊白粉病（见图6-2）主要为害叶片，其次侵染叶柄、花器和枝干等部位。叶片发病初期，叶片正面脉间出现小的白粉斑，背面发黄。

1.2　发病规律

1.2.1　月季白粉病

月季白粉病病菌主要以菌丝在寄生植物的病枝、病芽及病落叶上越冬。病菌生长适温为18～25 ℃。分生孢子借风力传播、侵染，在适宜条件下只需几天时间的潜育期。在施氮

图 6-1　月季白粉病

1—症状；2—分生孢子；3—分生孢子串生

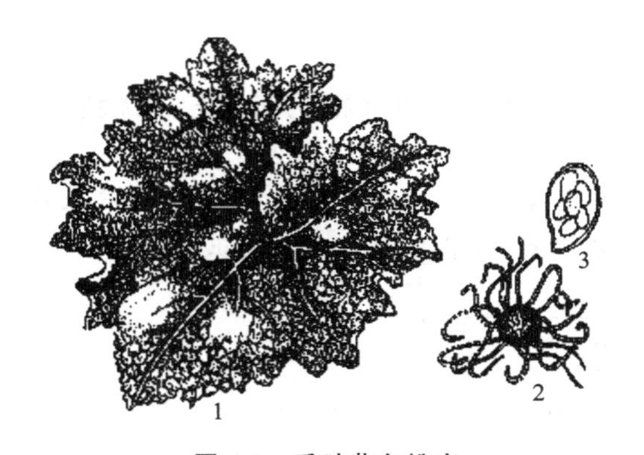

图 6-2　瓜叶菊白粉病

1—症状；2—闭囊壳；3—子囊孢子

肥过多，土壤缺少钙或钾时，易发月季白粉病。植株过密，通风透光不良，种植庭院内清洁卫生不佳，日常栽培管理差，浇水过多，可致发病严重。

1.2.2　瓜叶菊白粉病

瓜叶菊白粉病的病原菌以闭囊壳在病植株残体上越冬，成为初侵染源。条件适合时随风传播，自表皮直接侵入为害。瓜叶菊长出 2～3 片真叶时即显出病征。

1.3　白粉病的防治

（1）种植抗病品种。选用抗病品种是防治白粉病的重要措施之一，尽可能地选择抗病品种，繁殖时不使用感病株上的枝条或种子。

（2）清除侵染来源。秋、冬季结合清园扫除枯枝落叶，生长季节结合修剪整枝及时除去病芽、病叶和病梢，以减少侵染来源。

（3）加强栽培管理，提高园林植物的抗病性。适当增施磷肥、钾肥，合理使用氮肥；种植不要过密，适当疏伐，以利于通风透光；及时清除染病植株，摘除病叶，剪去病枝，是减少棚室花卉白粉病发生的一条有效措施。

（4）喷药防治。盆土或苗床、土壤药物杀菌，可用 50%甲基硫菌灵与 50%福美双（1∶1）混合药剂 600～700 倍液喷洒盆土或苗床、土壤，可达杀菌效果。

2. 锈病识别

2.1　症状识别

2.1.1　玫瑰锈病

玫瑰锈病（见图 6-3）为害嫩枝、叶片、花和果实，以叶和芽上的症状最明显。发病期间，被害叶片正面出现黄色小点，即病菌的性孢子器；叶片反面出现许多杏黄色粉状物，中部橙色，边缘淡黄色，空气潮湿时，其上溢出淡黄色黏液，黏液干后，病组织逐渐变肥厚，正面凹陷，背面隆起，最后散发黄褐色粉末，此为锈孢子堆，直径 0.5～1.5 mm。

2.1.2　海棠锈病

海棠锈病（见图 6-4）是各种海棠的常见病害，为害贴梗海棠、垂丝海棠、西府海棠及梨、木瓜等观赏植物。在我国各个省市均有发生，发病严重时，海棠叶片上病斑密布，致使叶片枯黄早落。该病同时还会为害桧柏、侧柏、龙柏、铺地柏等观赏树木，引起针叶及小枝枯死，影响观赏景观。

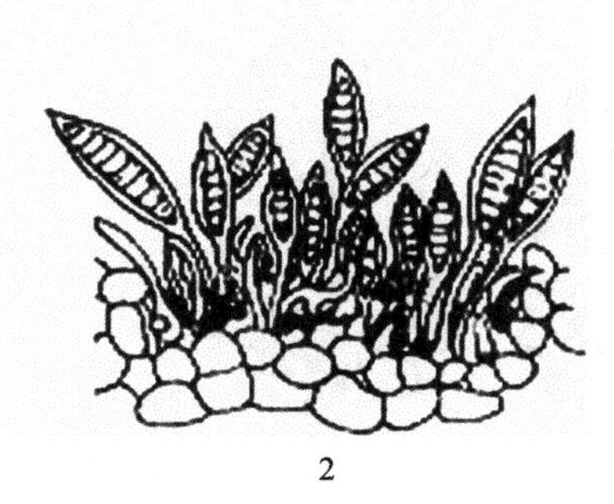

1　　2

图 6-3　玫瑰锈病

1—症状;2—冬孢子堆

图 6-4　海棠锈病

1—菌瘿;2—冬孢子萌发;3—海棠叶症状;4、5—性孢子器、锈孢子器

2.1.3　菊花白锈病

菊花白锈病(见图 6-5)的病菌主要为害菊花叶片,发病初期受害植株叶片在叶背上出现白色的细小斑点,逐渐扩大并在其上形成浅黄疙瘩状突起,即冬孢子堆。

2.1.4　松针锈病

松针锈病(见图 6-6)在我国南北各地都有分布,为害云南松、飞马尾松、樟子松、华山松、油松、黑松、红松、湿地松、火炬松等,常引起苗木或幼树的针叶枯死。

2.2　发生规律

2.2.1　玫瑰锈病

玫瑰锈病的病菌以菌丝体或冬孢子的形式在病芽、枝条病斑内越冬,于次年萌发形成担孢子。担孢子发芽侵入寄主叶片,产生性孢子器及锈孢子器(堆),锈孢子(堆)再侵染产生夏孢子堆。

2.2.2　海棠锈病

海棠锈病的病原菌以菌丝体在针叶树寄主体内越冬,可存活多年。该病的发生、流行和气候条件密切相关。春季多雨而气温低或早春干旱少雨,则发病轻;春季多雨而气温偏高,则发病重。

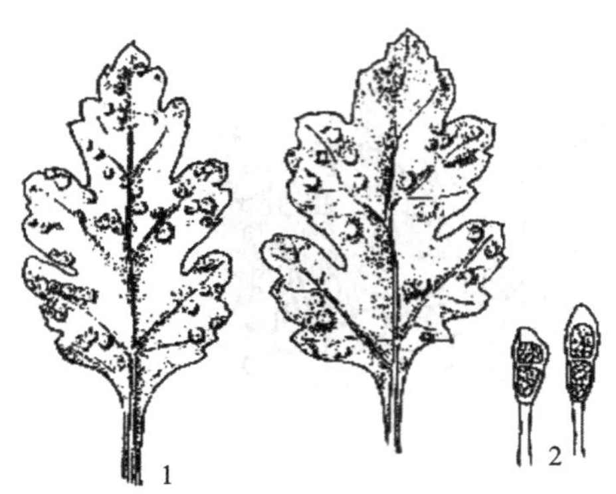

图 6-5　菊花白锈病

1—症状；2—冬孢子

图 6-6　松针锈病

1—针叶上锈孢子器；2—锈孢子切面

2.2.3　菊花白锈病

菊花白锈病的病菌以冬孢子在带病植株病枯叶上越冬，次年春散发产生厚垣孢子，随气流传播，侵染叶片。露地栽培的阴天，多雨水天气，发病严重，大棚内湿度过大易感病，防治不及时则蔓延为害迅速。

2.2.4　松针锈病

松针锈病的病菌以菌丝体在针叶中越冬，病害在坡顶较坡脚为重；迎风面较背风面严重；树冠下部较上部病重。油松和黄檗罗混交时病害严重。

2.3　锈病类的防治

(1) 加强管理。在观赏设计及定植时，避免海棠、苹果等与桧柏混栽，并加强栽培管理，提高抗病性。

(2) 清除侵染来源。结合庭园清理和修剪，及时除去病枝、病叶、病芽并集中烧毁。

(3) 化学防治。在休眠期喷洒 3°Be 的石硫合剂可以杀死在芽内及病部越冬的菌丝体；生长季节喷洒 25%粉锈宁可湿性粉剂 1 500～2 000 倍液，或 12.5%烯唑醇可湿性粉剂 3 000～6 000 倍液，或 65%的代森锰锌可湿性粉剂 500 倍液，可起到较好的防治效果。

3. 炭疽病识别

3.1　症状识别

3.1.1　兰花炭疽病

兰花炭疽病发病初期，叶尖呈现红褐色病斑，病斑下延致使叶片成段枯死，叶片中部病斑呈椭圆形或圆形。

3.1.2　君子兰炭疽病

君子兰炭疽病的病菌主要侵染叶尖和叶边缘部位，病状特征与叶斑病相似，发病初期呈现湿润状褐色病斑，有时出现粉红色胶质黏液，即病原菌的分生孢子盘及分生孢子堆。

3.1.3　仙人掌炭疽病

仙人掌炭疽病(见图 6-7)是仙人掌类的常见病，发生较为普遍，主要发生在江苏、福建、安徽等省，常造成茎节或球茎腐烂干枯。

3.1.4　牡丹(芍药)炭疽病

牡丹(芍药)炭疽病(见图6-8)在上海、南京、无锡、郑州、北京和西安等地均有发生。西安芍药受害最重。病害严重时常使病茎扭曲畸形,幼茎受侵染后则迅速枯萎死亡。牡丹(芍药)炭疽病可为害牡丹(芍药)的茎、叶、叶柄、芽鳞和花瓣等部位。

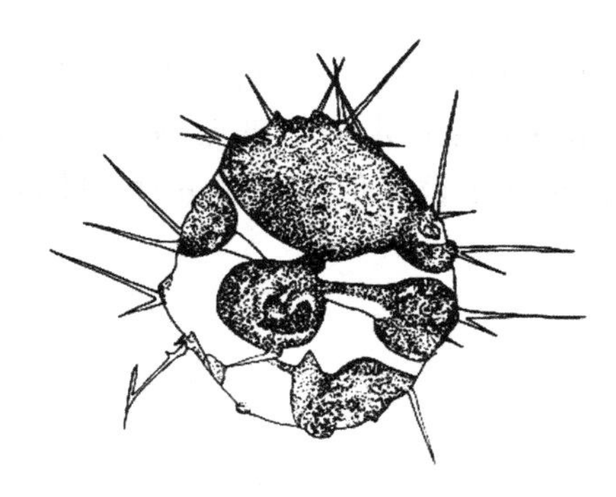

图6-7　仙人掌炭疽病

图6-8　牡丹(芍药)炭疽病

1—枝干症状;2—叶部症状

3.2　发病规律

3.2.1　兰花炭疽病

兰花炭疽病的病菌主要以菌丝体在病叶、病残体和枯萎的叶基苞片上越冬。病菌借风雨和昆虫传播。次年春末、夏初天气潮湿多雨时,病菌开始侵染,有伤口和急风暴雨更易感染,温度22～28 ℃,相对湿度90%以上,土壤pH 5.5～6有利于病菌孢子萌发。

3.2.2　君子兰炭疽病

君子兰炭疽病的病菌以菌丝在寄主残体或土壤中越冬,分生孢子靠气流、风雨、浇水等传播,多从伤口处侵入。

3.2.3　仙人掌炭疽病

仙人掌炭疽病的病菌以菌丝或分生孢子盘在病组织或病残体上越冬。第2年产生孢子成为初侵染源,分生孢子借风雨传播,主要通过伤口侵入并为害。

3.2.4　牡丹(芍药)炭疽病

牡丹(芍药)炭疽病的病菌以菌丝体在病叶、病茎上越冬。第2年越冬菌丝产生分生孢子盘和分生孢子,分生孢子借风雨传播,再次侵染寄主。

3.3　炭疽病的防治

(1) 清除病源。清除病源指秋季和早春彻底清除病茎和病叶残体,集中销毁。对苗木、插条进行消毒处理,减少侵染来源。

(2) 药剂防治。药剂防治是控制病害的有效手段。目前,常用的药剂有炭疽福美、退菌特、苯来特、代森锰锌、三环唑、百菌清、甲基托布津等。发病初期(5—6月)可喷洒70%炭疽福美500倍液或65%代森锰锌500倍液或50%苯菌灵可湿性粉剂1 500倍液,每隔10～15 d喷1次,连喷2次。

(3) 加强管理。注意更换新土,不重茬。改善生态环境,避免过湿,浇水时应从底部渗灌,防止浇泼、水流飞溅,传播病害。温室中注意通风换气,避免在有雨露的条件下进行田间

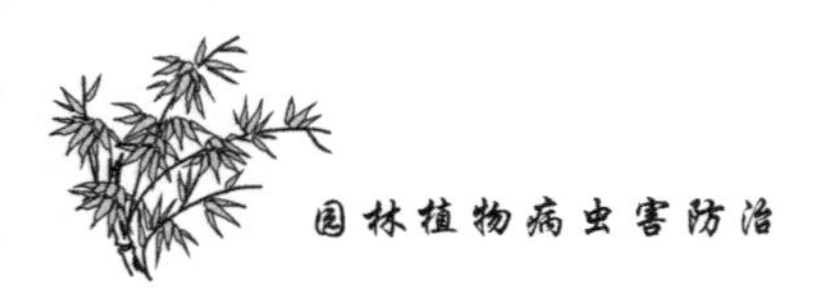

作业，提高植株的生长势，增强抗病能力，这是控制炭疽病根病的根本措施。

4. 灰霉病类

4.1 症状识别

4.1.1 仙客来灰霉病

仙客来灰霉病（见图 6-9）主要为害盆栽仙客来，并多发生在温室中，一般在 1—5 月发生严重，常常侵染叶片、叶柄、花瓣和块茎。叶片受害后出现暗绿色水渍状斑点，病斑逐渐扩大，使叶片呈褐色，之后干枯、脱落，发生严重时，叶片像被开水烫了似的萎蔫下垂。叶柄和花梗受害后呈水渍状腐烂，之后下垂。

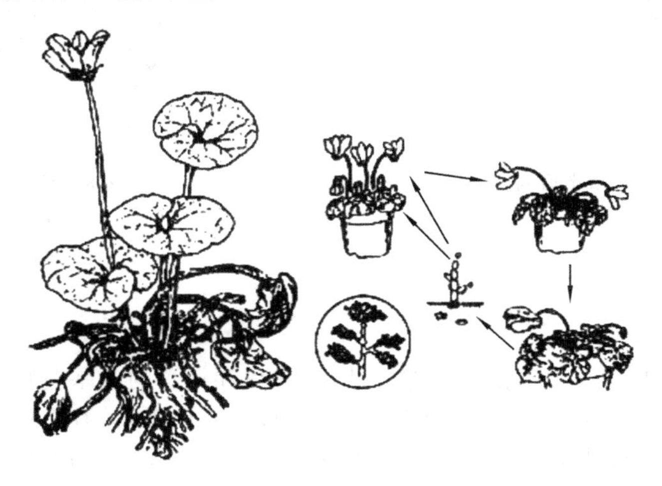

图 6-9 仙客来灰霉病症状及侵染循环图

4.1.2 蝴蝶兰灰霉病

蝴蝶兰灰霉病主要为害花器、萼片、花瓣、花梗，有时也为害叶片和茎。发病初期，花瓣、花萼受侵染后 24 h 即可产生小型半透明水渍状斑，随后病斑变成褐色，有时病斑四周还有白色或淡粉红色的圈。

4.2 发病规律

4.2.1 仙客来灰霉病

低温、高湿是诱导仙客来灰霉病发病的关键因素。北方温室在 12 月至次年 2 月，一般气温偏低、光照不足，夜间相对湿度在 70%左右，白天在 85%以上，这是诱发仙客来灰霉病的主要原因。

4.2.2 蝴蝶兰灰霉病

温暖、潮湿是蝴蝶兰灰霉病流行的主要条件。即相对湿度在 90%左右，温度在 18～25 ℃条件下该病最容易发生。

4.3 灰霉病类的防治

（1）加强栽培管理。灰霉病的病菌主要在土中越冬，因此，无论是园栽还是盆栽，要求土壤必须是无病新土，并对盆土、花盆、种球进行消毒。

（2）药剂防治。用种球、种苗种植的，种植前应先剔除病株，用 0.3%～0.5%的硫酸铜溶液浸泡 30 min，水洗晾干后再种植。目前还没有特效药，应以预防为主，抓准时机进行药剂防治。

5. 霜霉病类

5.1 症状识别

5.1.1 月季霜霉病

被月季霜霉病(见图 6-10)侵染后，叶片上出现黄灰色或暗紫色水浸状不定型小病斑，呈点状分布，后扩展为灰褐色或紫褐色多角形斑，病斑部略有凹陷，其症状很像药害。潮湿时病斑背面产生白色或灰色霉层。

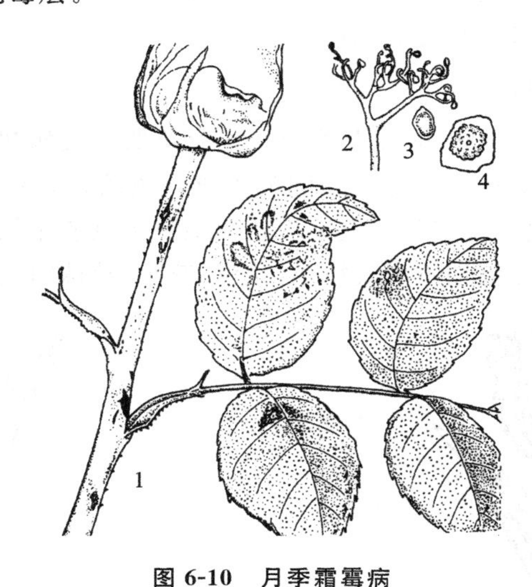

图 6-10　月季霜霉病

1—症状；2—孢囊梗；3—卵孢子；4—孢子囊

5.1.2 紫罗兰霜霉病

紫罗兰霜霉病主要为害叶片，叶片正面产生淡绿色斑块，后变为黄褐色至褐色的多角形病斑，叶片背面长出稀疏灰白色的霜霉层。

5.2 发病规律

5.2.1 月季霜霉病

月季霜霉病的病菌以卵孢子随病叶残体在土壤或枝条裂痕中潜伏。地势低洼、通风不良、肥水失调、光照不足、植株衰弱也有利于此病害的发生。

5.2.2 紫罗兰霜霉病

紫罗兰霜霉病在植株下层叶片发病较多，栽植过密，通风透光不良，或阴雨、潮湿天气发病重。

5.3 霜霉病类的防治

(1) 农业防治。及时清除病残组织并烧毁；从无病株采种，精选种子；换土、轮作或进行土壤消毒；控制好温湿度，做好通风、透光及排湿工作。

(2) 药剂防治。在发病早期及时喷药防治，可供选择的药剂有 1∶2∶200 的波尔多液、25%瑞毒霉可湿性粉剂 600～800 倍液、40%乙膦铝可湿性粉剂 200～300 倍液、40%达科宁悬浮剂稀释 500～1 200 倍液。

(3) 选用抗病品种。

6. 病毒病识别

6.1 症状识别

6.1.1 郁金香碎色病

郁金香碎色病(见图 6-11)主要为害花、叶,引起颜色改变,但不同品种对该病的侵染反应不同。在淡色或白色品种上,其花瓣碎色症状并不明显;在红色和紫色品种上,花变色较大,产生碎色花,花瓣上产生大小不等的斑驳状斑或条状斑;黑色花变为浅黑色。叶片被害后,出现浅绿色或灰白色条斑,有时造成花叶。

6.1.2 美人蕉花叶病

美人蕉花叶病(见图 6-12)侵染美人蕉的叶片及花器。发病初期,叶片上出现褪绿色小斑点,或呈花叶状,或有黄绿色和深绿色相间的条纹。条纹逐渐变为褐色坏死,叶片沿着坏死部位撕裂,叶片破碎不堪。某些品种上出现花瓣杂色斑点或条纹,呈碎锦。发病严重时芯叶畸形,内卷呈喇叭筒状,花穗抽不出或短小,花少,花小,植株明显矮化。

图 6-11 郁金香碎色病

图 6-12 美人蕉花叶病

6.2 发病规律

6.2.1 郁金香碎色病

郁金香碎色病的病菌在病鳞茎内越冬,成为次年初侵染来源。郁金香碎色病的病菌由蚜虫、汁液传播。此外,在带病的上年病株上所形成的子球也感染病毒,即使将种球栽植在消过毒的土壤中往往也会发病,一般栽培条件下,重瓣花易感病。

6.2.2 美人蕉花叶病

美人蕉花叶病的病菌在发病的块茎内越冬。该病菌可以由汁液传播,也可以由蚜虫等做非持久性传播,由病块茎做远距离传播。

6.3 病毒病类的防治

(1) 加强检疫。防止病苗及其他繁殖材料进入无病区;选用健康无病的插条、种球等作为繁殖材料;建立无病毒母本园,避免人为传播。对带毒的鳞茎可在 45 ℃的温水中浸泡1.5～3 h。

(2) 采取茎尖组培脱毒法得到无毒种苗,从而减少病毒病的发生。

(3) 在田间日常管理，如摘芯、掰芽、整枝等过程中，要用3%～5%的磷酸三钠或热肥皂水对手和工具进行消毒。

(4) 定期喷施杀虫剂，防止昆虫传播病毒。

(5) 发现病株，及时拔除并彻底销毁。

(6) 药剂防治。近几年来，随着科技的发展，已经研制出了几种对病毒病有效的药剂，如病毒A、病毒特、吗啉胍、83增抗剂、抗毒剂1号等，可根据实际情况选择使用。

7. 叶斑病识别

叶斑病是叶片组织受病菌的局部侵染，而形成各种类型斑点的一类病害的总称。叶斑病又可分为黑斑病、褐斑病、圆斑病、角斑病、斑枯病、轮斑病等种类。这类病害的大多数病害往往于后期在病斑上产生各种小颗粒或霉层。叶斑病严重影响叶片的光合作用效果，并导致叶片提早脱落，影响植物的生长和观赏效果。

7.1 芍药褐斑病

7.1.1 分布与为害

芍药褐斑病又称芍药红斑病，是芍药上的一种重要病害。我国的四川、河北、河南、浙江、江苏、陕西、吉林等地均有发生。

7.1.2 症状

芍药褐斑病（见图6-13）的病菌主要为害叶片，也能侵染枝条、花、果实。发病初期，叶背出现针尖大小的凹陷的斑点，逐渐扩大成近圆形或不规则形的病斑，叶缘的病斑多为半圆形。叶片正面的病斑为暗红色或黄褐色，有淡褐色不明显的轮纹。

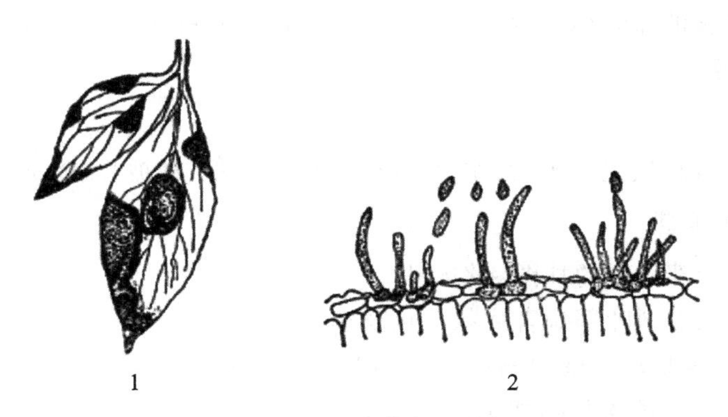

图6-13 芍药褐斑病

1—症状图；2—分生孢子及分生孢子梗

7.1.3 发病规律

芍药褐斑病的病菌主要以菌丝体在病部或病株残体上越冬。该病的发生与春天降雨情况、立地条件、种植密度关系密切。春雨早、雨量适中，则发病早、为害重；土壤贫瘠、含沙量大，植物生长势弱，则发病重；种植过密、株丛过大，致使通风不良，则加重病害发生。

7.2 月季黑斑病

7.2.1 分布与为害

月季黑斑病是月季的一种重要病害，我国各月季栽培地区均有发生。月季染病后，叶片

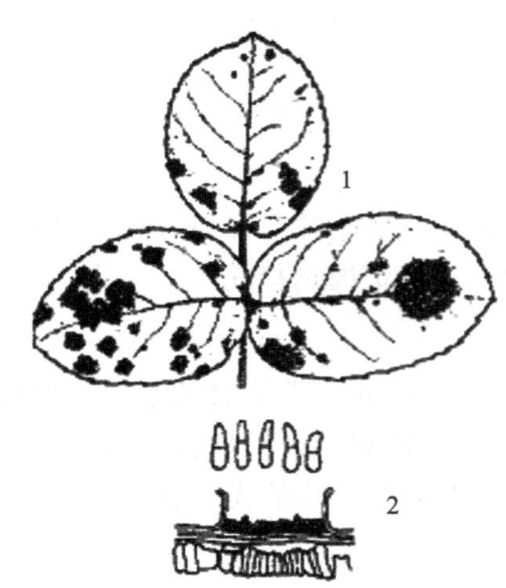

图 6-14　月季黑斑病

1—被害叶片；2—分生孢子盘及分生孢子

枯黄、早落，导致月季第 2 次发叶，严重影响月季的生长，降低切花产量，影响观赏效果。该病也能为害玫瑰、黄刺梅、金樱子等蔷薇属的多种植物。

7.2.2　症状

月季黑斑病（见图 6-14）的病菌主要为害叶片，也能侵害叶柄、嫩梢等部位。在叶片上，发病初期正面出现褐色小斑点，后逐渐扩大成圆形、近圆形、不规则形的黑紫色病斑，病斑边缘呈放射状，这是该病的特征性症状。病斑中央为灰白色，其上着生许多黑色小颗粒，即病菌的分生孢子盘。

7.2.3　发病规律

月季黑斑病的病菌以菌丝体或分生孢子盘在芽鳞、叶痕及枯枝落叶上越冬。早春展叶期，产生分生孢子，通过雨水、喷灌水或昆虫传播。雨水是该病害流行的主要条件。

任务实施

1. 材料及工具的准备

1.1　材料

材料为叶部病害的盒装标本、浸渍标本、病原菌的玻片标本、新鲜的叶部病害标本、叶部病害挂图、幻灯片等。

1.2　工具

工具为显微镜、镊子、无菌水、纱布、放大镜、挑针、刀片、载玻片、盖玻片等。

2. 任务实施步骤

（1）观看所有叶部病害的挂图和幻灯片。

（2）观察并记录下列叶部病害症状特点及病原形态。

① 白粉病类。观察瓜叶菊白粉病、月季白粉病、紫薇白粉病、大叶黄杨白粉病的症状。用挑针挑取病叶上的白色粉状物和子实体制片置于显微镜下观察。

② 锈病类。观察玫瑰锈病、草坪草锈病、杨叶锈病、海棠锈病、萱草锈病症状。这类病害的共同特征是被害部位产生锈色粉状物。

③ 霜霉病类。观察葡萄霜霉病、羽衣甘蓝霜霉病、紫罗兰霜霉病等病害的症状特点。这类病害的共同特征是在叶片正面形成多角形或不规则的褐色坏死斑，在叶片背面产生白色疏松的霜霉层。

④ 灰霉病类。观察仙客来灰霉病或四季海棠灰霉病症状，受害叶片初期出现水渍状斑点，逐渐扩大到全叶，使叶片变成褐色腐烂，最后全叶褐色干枯。

⑤ 叶斑病类。叶斑病种类很多，其病斑大小、颜色、形状各异，其共同特点是叶面上产生圆形、不规则形褐色至黑褐色的坏死斑，后期病部中央颜色变浅，并产生大量小黑点或霉层，即病菌的子实体，注意观察不同病害的症状差异。

⑥ 炭疽病类。炭疽病的典型特征为病斑圆形或半圆形,发生在叶缘、叶尖较普遍,边缘明显,红褐色至黑褐色稍隆起,病斑中央灰褐色至灰白色,后期散生或轮生黑色小点,即分生孢子器。潮湿条件下,病部往往产生淡红色分生孢子堆。

园林植物叶、花、果病害防治技术任务考核单如表6-1所示。

表6-1 园林植物叶、花、果病害防治技术任务考核单

序号	考核内容	考核标准	分值	得分
1	白粉病症状观察	能根据症状识别和防治白粉病	20	
2	锈病症状观察	能根据症状识别和防治锈病	20	
3	霜霉病症状观察	能根据症状识别和防治霜霉病	20	
4	叶斑病症状观察	能根据症状识别和防治叶斑病	20	
5	病毒病症状观察	能根据症状识别和防治病毒病	10	
6	炭疽病症状观察	能根据症状识别和防治炭疽病	10	

思考问题

(1) 园林植物常见叶、花、果病害有哪些？对植物造成什么样的损害？

(2) 什么环境条件影响叶、花、果病害的发生？

(3) 叶、花、果病害的发生规律是什么？

(4) 叶、花、果病害的综合防治方法有哪些？

(5) 叶、花、果病害的症状特点有哪些？

家庭花卉种养及病害防治

随着城市高层建筑的发展,人们大部分的时间是在室内活动。家庭居室内除了布置优美的家具及一些陈设外,如能把盆花、盆景及插花作为室内装饰,就更有独特风味,不但可以给居室带来浓厚的生活气息,且能使人怡情悦目,心情舒畅。

1. 家庭养花的环境布置

高楼居民种花,可利用阳台或窗台、室内。在阳台上可搭一小棚架,种植攀缘植物,既可遮挡夏季炎日照射,又可美化、绿化阳台。阳台上养花必须注意下面几点:一是光照;二是阳台的朝向。阳台上种植哪些花木为好,要根据阳台的朝向,以及本地的气候条件、花卉品种的习性来决定。

2. 家庭养花的常见病害及其防治

2.1 真菌性病害防治

家庭养花常见的真菌性病害有白粉病、炭疽病、黑斑病、褐斑病、叶斑病、灰霉病等。防治方法包括:一是深秋或早春清除枯枝落叶并及时剪除病枝、病叶并烧毁;二是发病前喷洒65%代森锰锌600倍液保护;三是合理施肥与浇水,注意通风透光;四是发病初期喷洒50%多菌灵或50%甲基托布津500～600倍液,或75%百菌清600～800倍液。

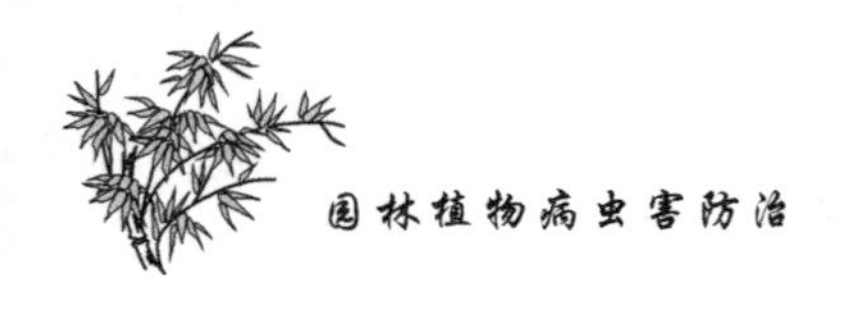

2.2　病毒性病害防治

防治病毒性病害更需以“预防为主，综合防治”的植保方针。适期喷洒40%乐果乳剂1 000～1 500倍液消灭蚜虫、粉虱等传毒昆虫；发现病株及时拔除并烧毁，接触过病株的手和工具要用肥皂水洗净，预防人为的接触传播。

2.3　细菌性病害防治

细菌性病害防治分为软腐病的防治和根癌病的防治。软腐病的防治：一是盆栽最好每年换一次新的培养土；二是发病后及时用敌克松600～800倍液浇灌病株根际土壤。根癌病的防治：一是栽种时选用无病菌苗木或用五氯硝基苯处理土壤；二是发病后立即切除病瘤，并用0.1%汞水消毒。

任务2　园林植物枝干病害防治技术

知识点：了解园林植物枝干病害的种类、症状、发生规律及防治方法。
能力点：根据枝干病害的典型症状准确诊断常发生枝干病害及对其进行防治。

任务提出

不论是草本花卉的茎，还是木本花卉的枝条或主干，在生长过程中都会遭受各种病害的为害。虽然观赏植物枝干病害种类不如叶、花、果病害多，但其为害情况影响很大，轻者引起枝枯，重者导致整株枯死，严重影响观赏效果和城市景观。如近年来在许多地方扩展蔓延的松材线虫病，导致大面积的松林枯死；主要行道树的日灼病日趋严重等，已成为制约城市绿化的主要因素。

任务分析

引起观赏植物枝干病害的病原包括侵染性病原（如真菌、细菌、植原体、寄生性种子植物、线虫等）和一些非侵染性病原（如日灼、冻害等）。其中真菌仍然是主要的病原。

观赏植物枝干病害的防治原则：清除侵染来源（有些锈病需铲除转主寄主，病毒、植原体病害需消除媒介昆虫），是减少和控制病害发生的重要手段；加强养护管理，提高观赏植物的抗病力，是防治由弱寄生性病原物引起的病害和由环境不适引起的病害的有效手段；选育抗病品种是防治危险性枝干病害的良好途径。

任务实施的相关专业知识

1. 腐烂、溃疡病类

1.1　腐烂、溃疡病类概述

1.1.1　杨树烂皮病

杨树烂皮病是常见病和多发病，对杨属和柳、榆等树种为害极大。该病是潜伏侵染性病害。

(1) 症状识别。杨树烂皮病（见图6-15）的病害发生在杨树、柳树等枝干皮部。染病初期，皮部出现不规则隆起，触之较软，剥皮则有淡淡酒精味。隆起斑块渐渐失水，随后干缩下陷，甚至产生龟裂。剥皮观看时，可见皮下形成层腐烂，木质部表面出现褐色区。

（2）发病规律。杨树烂皮病的病菌在病皮中连年存活生长，4月形成分生孢子，5月产生量最多。分生孢子角在雨后或潮湿天气下更多，借雨水溶开孢子角后，孢子借风、雨、昆虫、鸟类传播，从无伤的死皮侵入定居潜育。栽植用苗木过大、移植时根系受伤、移植次数过多、假植太久的大苗或幼树，在移植后不易恢复生机，因而易染病。

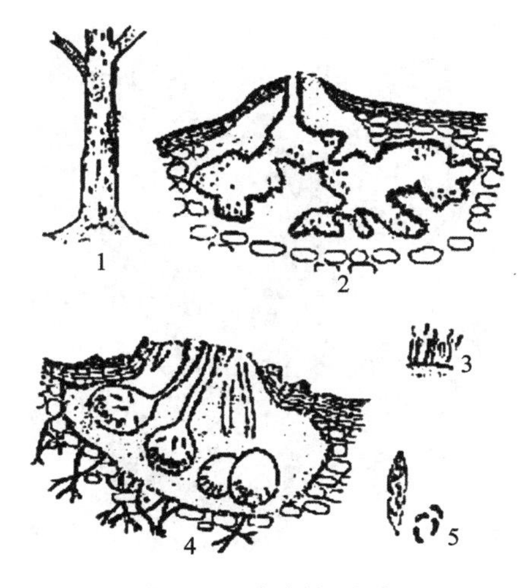

图 6-15 杨树烂皮病

1—示病株上的干腐和枯枝型症状；2—分生孢子器；3—分生孢子梗和分生孢子；4—子囊壳；5—子囊及子囊孢子

1.1.2 杨树溃疡病

杨树溃疡病以前仅在我国北方发生，但近年来随着杨树栽植面积的不断扩大，该病向我国南方扩展迅速。

（1）症状识别。杨树溃疡病（见图 6-16）的典型症状是在树干或枝条上开始时产生圆形或椭圆形的变色病斑，逐渐扩展，通常纵向扩展较快，病斑组织为水渍状，或形成水泡，或有液体流出，具有臭味，失水后稍凹陷，病部出现病菌的子实体，内皮层和木质部变褐色。当病斑环绕枝干后，病斑以上枝干枯死。

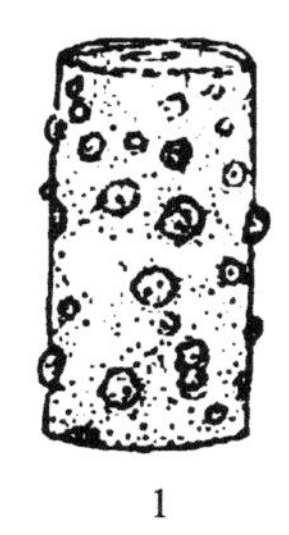

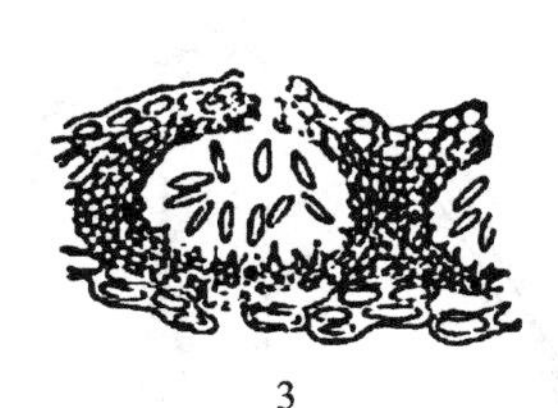

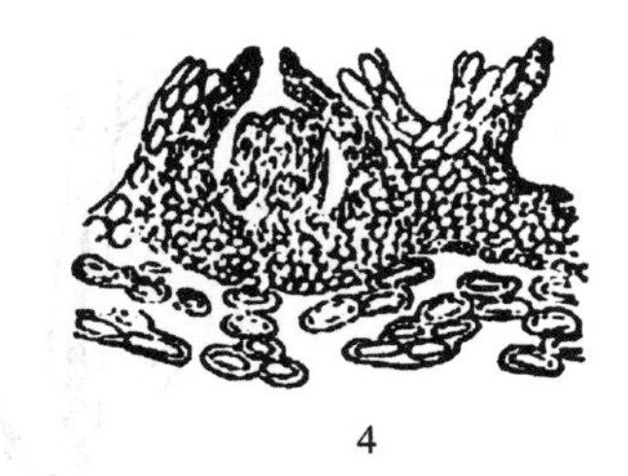

图 6-16 杨树溃疡病

1—树干上的水泡症状；2—病害后期的溃疡斑；3—分生孢子器及分生孢子；4—子囊腔、子囊及子囊孢子

（2）发病规律。杨树溃疡病的病菌以菌丝体和未成熟的子实体在病组织内越冬。病菌从伤口或皮孔进入，潜育期约1个月。潜伏侵染是杨树溃疡病的重要特点，当树势衰弱时，有利于发生病害。当年在健壮的树上发病的病斑，翌年有些可以自然愈合。同一株病树，阳面病斑多于阴面。

1.1.3 月季枝枯病

世界各地栽培月季的地区普遍发生月季枝枯病。此病常引起月季枝条顶梢部分干枯，严重受害的植株甚至全株枯死。除月季外，该病还为害玫瑰、蔷薇等多种蔷薇属植物。

（1）症状识别。月季枝枯病（见图 6-17）限于在茎秆上发生溃疡斑，初在茎上发生小的紫红色的斑点，小点扩大，颜色加深，边缘更加明显。斑点的中心变为浅褐色至灰白色。围绕病斑周围，红褐色和紫色的边缘与茎的绿色对比十分明显。病菌的分生孢子呈微小的突起出现。随着分生孢子器的增大，其上的表皮出现了纵向裂缝，潮湿时涌出黑色的孢子堆，此为该病特有的症状。发病严重时，病斑迅速环绕枝条，病部以上部分萎缩枯死，变黑向下蔓延并下陷。

图 6-17 月季枝枯病

（2）发病规律。月季枝枯病病菌以分生孢子器和菌丝在植株病组织内越冬，为次年初侵染来源。病菌借风、雨传播，主要从伤口侵入，特别是修剪后的伤口或虫伤等，嫁接苗也可以从嫁接口侵入。

1.1.4 毛竹枯梢病

毛竹枯梢病分布于我国安徽、江苏、上海、浙江、福建、江西等省。1959 年浙江东部沿海暴发成灾，1973 年蔓延全省，被害毛竹林 500 000 余亩（1 亩＝667 平方米）。被害毛竹枝条、竹梢枯死，严重者成片竹林枯死。

（1）症状识别。毛竹枯梢病（见图 6-18）7 月上中旬开始发病，先在当年新竹梢头或枝条分叉部位陆续出现浅褐色斑点，随气温升高，扩展为大小不一的深褐色棱形斑，在病枝基部内侧形成深褐色较长舌形斑。病斑扩展，病梢、病枝及以上部分相继枯死，竹叶枯落；被害严重者，整株枯死。

（2）发病规律。毛竹枯梢病的病原以菌丝体在病竹病部组织越冬，一般可存活 3 年，个别可达 5 年。孢子随风、雨扩散传播，子囊孢子在水滴中萌发，适温 25～35 ℃。孢子萌发后可从伤口或直接侵入当年新竹，经 1～3 个月潜育期，于 7—9 月发病。

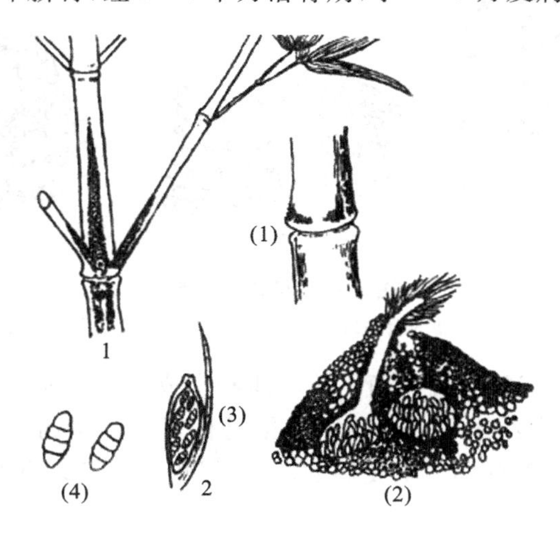

图 6-18 毛竹枯梢病

1—症状；2—病原；(1)—疣状子实体；(2)—子囊壳；(3)—子囊及子囊孢子；(4)—子囊孢子

1.2 腐烂、溃疡病类的防治

（1）加强栽培管理。促进观赏树木生长，增强树势，提高抗病力是防治此类病害的有效途径。

（2）刮病斑。目前还只用直观法检查，刮除病部，范围可大于病部 0.5～1 cm，要及时彻底刮净。伤口保护可涂用下列各种药剂：2％粉锈宁糊浆、40％福美砷可湿性粉剂 50 倍液、15％氯硅酸水剂 30 倍液。为了增加伤口愈合能力，还可增加 1％～3％腐殖酸钠药剂防治。

（3）药剂防治。发病初期可用多菌灵或甲基托布津 200 倍液、50 单位的内疗素、50％代森锰锌、50% 843 康复剂或神农液涂抹病斑。

(4) 白涂剂。白涂剂对枝干溃疡有一定的保护作用，但涂抹之前一定要清理树干，不然白涂剂反而会掩盖病害不能及时治疗。

2. 丛枝病类

2.1 丛枝病类概述

2.1.1 竹丛枝病

竹丛枝病又称雀巢病、扫帚病，分布于河南、江苏、浙江、湖南、贵州等省，但以华东地区为常见，寄主有淡竹、箬竹、刺竹、刚竹。病竹生长衰弱，发笋减少，重病株逐渐枯死，在发病严重的竹林中，常造成整个竹林衰败。

(1) 症状识别。竹丛枝病(见图 6-19)的病枝在健康新梢停止生长后继续生长，病枝细长，叶形变小，顶端易死亡，产生大量分枝，以后逐年产生大量分枝，节间缩短，枝条越来越细，叶片呈鳞片状，细枝丛生呈鸟巢状，病株先从少数竹枝发病，数年内逐步发展到全部竹枝。

(2) 发病规律。竹丛枝病病菌的传播与侵染的途径还不清楚，推测可能是接触传染。病害的发生是由个别竹枝发展至其他竹枝，由点扩展至片。

2.1.2 泡桐丛枝病

泡桐丛枝病又名凤凰窝，分布于河北正定、山东、河南、陕西、安徽、湖南、湖北、江苏、浙江、江西等地区。

(1) 症状识别。泡桐丛枝病(见图 6-20)为害泡桐，在枝、叶、干、花、根部均可表现畸形。隐芽大量萌发，侧枝丛生，纤细，呈扫帚状。叶小，黄化，有时皱缩，幼苗病后矮化。花瓣变为叶状，花柄或柱头生出小枝，花萼变薄，花托多裂，花蕾变形。

(2) 发病规律。泡桐丛枝病可借嫁接传播，烟草盲蝽、茶翅蝽和南方菟丝子能传毒。病枝、叶浸出液以摩擦、注射等方法接种，均不发病。

图 6-19 竹丛枝病

图 6-20 泡桐丛枝病

2.2 丛枝病的防治

(1) 选育抗病品种。培育无病苗木，严格用无病植株作为采种和采根母树，不留平茬苗和留根苗，尽可能采用种子繁殖，培育实生苗。

（2）加强管理。秋季当病害停止发生后，在树液向根部回流前，彻底修除病枝，春季当树液向上回升之前，对树枝进行环状剥皮，然后再去掉死枝，以防疤过大，可减轻被害率。

（3）药剂防治。用1万～2万单位/mL盐酸四环素土霉素碱；2%或5%硼酸钠溶液15～30 mL，或通过髓心注射、根吸等方式注入苗木髓心内，或叶面喷洒，均有明显的治疗效果。

3．枯萎病类

3.1　枯萎病类概述

3.1.1　香石竹枯萎病

香石竹枯萎病是香石竹发生普遍而严重的病害，我国上海、天津、广州、杭州等市均有发生，除杭州外，其他城市为害较为严重。该病为害香石竹、石竹、美国石竹等多种石竹属植物，会引起植株枯萎死亡。

图6-21　香石竹枯萎病

（1）症状识别。香石竹枯萎病（见图6-21）的植株在生长发育的任何时期都可受害。首先是植株嫩枝生长扭曲、畸形和生长停滞；幼株受侵染导致迅速死亡，纵切病茎，可看到维管束中有暗褐色条纹，从横断面可见到明显的暗褐色环纹；根部受侵染后迅速向茎部蔓延，植株最终枯萎死亡。

（2）发病规律。香石竹枯萎病的病原菌在病株残体或土壤中存活，病株根或茎的腐烂处在潮湿环境中产生子实体、孢子借气流或雨水、灌溉水的溅泼传播；通过根和茎基部或插条的伤口侵入，病菌进入维管束系统并逐渐向上蔓延扩展。一般在春夏季节，土壤温度较高、阴雨连绵、土壤积水的条件下，病害发生则严重。栽培中氮肥施用过多，以及偏酸性的土壤，均有利于病菌的生长和侵染，可促进病害的发生和流行。广州地区香石竹枯萎病常于4—6月发生。

3.1.2　郁金香基腐病

郁金香基腐病为害植株的鳞茎，使鳞茎腐烂，导致植株叶片早衰，有的叶片直立且逐渐变为特有的紫色。感病鳞茎长出的花瘦小，变形，甚至枯萎。该病严重降低植株的观赏价值，使经济效益受损。

（1）症状识别。郁金香基腐病多发生于植株开花期，主要为害球茎和根，病害多发生在球茎基部。在郁金香花凋谢时，田间即出现零星病株，叶片发黄、萎蔫，茎叶提早变红枯黄，枝干基部腐烂，呈现疏松纤维状，根系少，极易拔出。种球流胶，淀粉组织分解腐烂。

（2）发病规律。郁金香基腐病的病菌在感病种球和土壤中越冬。郁金香生长期和贮藏期均可受害。6月是该病的发生高峰期，种球带菌是病害传播的主要途径，种球上的伤口和贮藏期通风不良是病害发生流行的主要条件。

3.2　枯萎病的防治

（1）减少侵染源。菊花、香石竹、水仙等平时常用扦插繁殖，插条成为病害的传播途径之一，应从无病枝上选取健康枝条、球茎、块茎用于繁殖。

（2）减少菌源。根据枯萎病的发生特点，发现病株及时拔除，减少土壤中病菌积累；不用病残体堆肥而使病菌返回土中；实行轮作，更换无病土壤，必要时进行土壤处理（70%五氯硝基苯粉剂 8～9 g/m^2、氯化苦 60～120 g/m^2、1∶50 甲醛 4～8 g/m^2、福美双 1～2 g/m^2 等）。

（3）加强管理。适时播种，提前挖掘鳞茎，尽量避开高温期。注意防涝排水，控制土壤含水量。

（4）选育抗病品种。不同品种的发病有显著差异，特别是菊花、翠菊等品种。因此，尽量选育抗病品种是可行的防治措施。

4. 锈病类

4.1 锈病类概述

锈病是花卉和景观绿化树木较常见和严重的一类病害，全球均有分布，我国各地多有发生。锈病种类很多，在观赏方面主要为害蔷薇科、豆科、百合科、禾本科、松科、柏科和杨柳科等近百种花木。

4.1.1 竹秆锈病

竹秆锈病又称竹褥病。在我国江苏、浙江、安徽、山东、湖南、湖北、河南、陕西、贵州、四川等地区均有发生。竹秆被害部位变黑，材质发脆，影响工艺价值。发病严重的竹子容易整株死亡，不少竹林因此被毁坏。该病主要为害淡竹、刚竹、旱竹、哺鸡竹、箭竹、刺竹等 16 种以上的竹种。

（1）症状识别。竹秆锈病（见图 6-22）的病害多发生在竹秆的中、下部或近地面的秆基部，严重时也可发生在竹秆上部甚至小枝。在发病部位产生明显的椭圆形、长条形或不规则形，紧密结合不易分离的橙黄色垫状物，即病菌的冬孢子堆，且多生于近竹节处。病斑逐年扩展，当包围竹秆一周时，病竹即枯死。

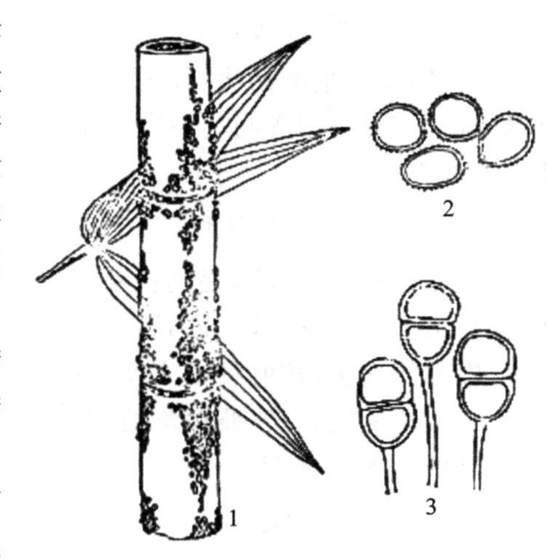

图 6-22 竹秆锈病

1—竹秆上的症状；2—病菌夏孢子；3—冬孢子

（2）病原。竹秆锈病的病原菌为皮下硬层锈菌属担子菌亚门、冬孢纲、锈菌目、硬层锈菌（毡锈菌）属。

（3）发病规律。经多年观察，竹秆锈病的病竹上只产生夏孢子堆和冬孢子堆，未见性孢子和锈孢子阶段，也未发现它的转主寄主。病菌以菌丝体或不成熟的冬孢子堆在发病组织内越冬。菌丝体可在寄主体内存活多年。

病害发生与地势、大气温度和竹种有一定的关系。凡地势低洼、通风不良、较阴湿的竹林发病较重；反之，则轻。

4.1.2 松-芍药锈病

松-芍药锈病为松疱锈病的一种，是针松类的主要病害。我国的樟子松、油松、赤松、马尾松、云南松均有发生，以樟子松和马尾松发病较普遍。病害严重时，常引起枝干枯死。转主寄主为芍药属、马先蒿属、马鞭草属、小米草属等植物。

（1）症状识别。松-芍药锈病（见图 6-23）主要为害松树的枝条和主干的皮部，但以侧枝

发病为多。病枝略显肿胀，呈纺锤形，病部皮层变色，粗糙而开裂，严重时木质部外露并流脂。

(2) 发病规律。松-芍药锈病病原菌的冬孢子于 7 月中、下旬在芍药叶背的夏孢子堆附近形成，当年秋季成熟后，遇湿即可萌发产生担子和担孢子。担孢子借气流传播，萌发后由气孔侵入松树的针叶，菌丝逐渐向枝干皮部延伸，在韧皮部内发育多年产生菌丝。两三年后松树皮部出现病状，于当年秋季病部产生蜜滴，其中混有性孢子。

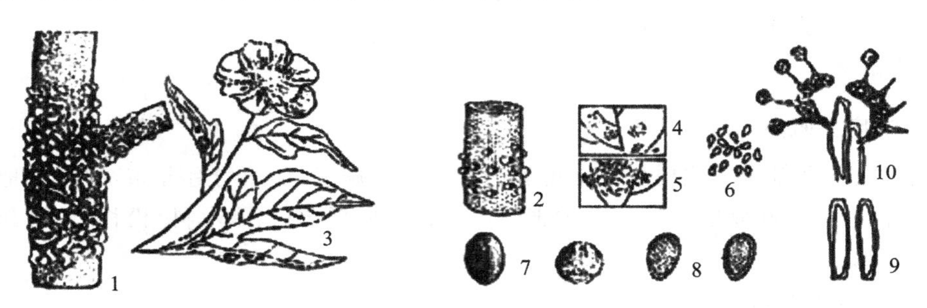

图 6-23 松-芍药锈病

1—松树主干上的锈孢子器；2—病树上的蜜滴；3—芍药叶背的冬孢子堆；4—病菌夏孢子放大图；5—冬孢子放大图；6—精子；7—锈孢子 8—夏孢子；9—冬孢子；10—担子及担孢子

4.2 枝干锈病的防治

4.2.1 杜绝或减少菌源

防治转主寄生的锈病，如配置新建公园的景观植物时，将观赏植物与转主植物严格隔离，如海棠、苹果、梨等与转主寄主柏树要相隔 5 km；杜鹃与云杉、铁杉，紫菀等与二针松、三针松等都不能混植。

4.2.2 加强养护管理

改善植物生长环境，提高抗病力，建园前选择合适地段，做好土壤改良，增加土壤通透性，提高土地肥力，整理好园地灌排系统；选用健壮无病虫枝作为插条、接穗等无性繁殖材料，严格去除病菌；控制种植密度，不宜过密；及时排除积水；科学施肥，多施腐熟有机肥和磷钾肥，不偏施氮肥；经常修剪整枝，除病虫弱枝，使园内通风透光良好；设施栽培要加强通风换气，降低棚室内湿度。

4.2.3 药剂防治

(1) 冬季施药。秋末到次年萌芽前，在清扫田园剪病枝后再施药预防，可喷 2～5°Be 石硫合剂，或 45%结晶石硫合剂 100～150 倍液，或五氯酚钠 200～300 倍液。

(2) 生长季施药。在花木发病初期喷 0.2～0.3°Be 石硫合剂，或 45%结晶石硫合剂 300～500 倍液，或 70%代森锰锌可湿性粉剂 500 倍液，或 25%三唑酮 1 500 倍液。

(3) 严格检疫。许多树木枝干锈病是检疫对象，应从无病区引入苗木，从无病母株上采集插枝等无性繁殖材料。

(4) 选育抗病品种。花木种类不同，抗锈病能力有明显差异。因此，选育抗锈病花木品种，是防治锈病的经济有效的途径。

1. 材料及工具的准备

1.1 材料

材料为枯萎病(翠菊枯萎病、香石竹枯萎病、郁金香基腐病、水仙基腐病、合欢枯萎病、银杏茎腐病)、炭疽病类(牡丹炭疽病、仙人掌炭疽病)、细菌性软腐病(鸢尾细菌性软腐病、君子兰细菌性软腐病、大丽花青枯病、紫罗兰细菌性腐烂病、菊花枯萎病)等主要病害病原菌的玻片标本。

1.2 工具

工具为显微镜、放大镜、镊子、挑针、培养皿、载玻片、盖玻片。

2. 任务实施步骤

2.1 枝干溃疡、腐烂病观察

观察月季枝枯病、菊花菌核性茎腐病、仙人掌茎腐病、柑橘溃疡病、槐树溃疡病、鸢尾细菌性软腐病的症状。主要特征是病部为水渍状,病斑组织软化,皮层腐烂,失水后产生下陷,病部开裂,后期病斑上产生许多小粒点,即病菌子实体。比较其病斑形状、颜色、边缘及病菌子实体形态的差异。

2.2 丛枝病观察

观察竹丛枝病、枫杨丛枝病、泡桐丛枝病、翠菊黄化病症状。典型症状是叶变小而革质化,腋芽萌发,节间缩短,形成丛枝,花器返祖,花、叶变色,生长发育受阻,整个植株矮化等。

2.3 枝干锈病观察

观察竹秆锈病、松瘤锈病的症状特点。这类病害大多出现大量锈色、橙色、黄色甚至白色的病斑,以后表皮破裂露出铁锈色孢子堆,有的产生肿瘤。认真观察不同锈病的症状,及其在转主寄主上的特征。用显微镜观察上述锈病病原菌形态,比较其各类孢子的差异。

2.4 枯萎病观察

观察松材线虫病、香石竹枯萎病症状特征。在显微镜下观察病原线虫的特点和石竹尖镰孢的特点。

园林植物枝干部病害防治技术任务考核单如表6-2所示。

表6-2 园林植物枝干部病害防治技术任务考核单

序号	考核内容	考核标准	分值	得分
1	溃疡、腐烂病观察	正确诊断溃疡、腐烂病并制订其防治方案	20	
2	丛枝病观察	正确诊断丛枝病并制订其防治方案	20	
3	枝干锈病观察	正确诊断枝干锈病并制订其防治方案	20	
4	枯萎病观察	正确诊断枯萎病并制订其防治方案	20	
5	问题思考与回答	在完成整个任务过程中积极参与,独立思考	20	

思考问题

（1）枝干病害的病原都在什么地方越冬？

（2）如何控制环境条件来预防枝干病害的发生？

（3）如何根据枝干病害的典型症状进行诊断？

（4）枝干病害的综合防治措施有哪些？

观赏植物枝干病害的防治方案

1. 观赏植物枝干病害的防治原则

（1）清除侵染来源、铲除转主寄主、消除昆虫媒介是减少和控制病害发生的重要手段。

（2）加强养护管理，提高观赏植物的抗病力，是防治由弱寄生性病原物引起的病害和由环境不适引起的病害的有效手段。

（3）选育抗病品种是防治危险性枝干病害的良好途径。

2. 杆锈病类的防治措施

（1）清除转主寄主，不与转主寄主植物混栽，是防治杆锈病的有效途径。

（2）加强检疫，禁止将疫区的苗木、幼树运往无病区，防止松疱锈病的扩散蔓延。

（3）及时、合理地修除病枝，及时清除病株，减少侵染来源。

（4）药剂防治。用松焦油原液、70%百菌清乳剂 300 倍液直接涂于发病部位；或者用65%代森锰锌可湿性粉剂 500 倍液或 25%粉锈宁 500 倍液喷雾。

3. 丛枝病类的防治措施

（1）加强检疫，防止危险性病害的传播。

（2）栽植抗病品种或选用培育无毒苗、实生苗。

（3）及时剪除病枝，挖除病株，可以减轻病害的发生。

（4）喷药防治如下。①植原体引起的丛枝病可用四环素、土霉素、金霉素、氯霉素 4 000 倍液喷雾；②真菌引起的丛枝病可在发病初期直接喷 50%多菌灵或 25%三唑酮的 500 倍液进行防治，每周喷 1 次，连喷 3 次，防治效果很明显。

4. 枯萎病类的防治措施

（1）加强检疫，防治危险性病害的扩展与蔓延。

（2）加强对传病昆虫的防治是防止松材线虫扩散蔓延的有效手段。

（3）清除侵染来源。

（4）药剂防治。

防治香石竹枯萎病可在发病初期用 50%多菌灵可湿性粉剂 800～1 000 倍液，或 50%苯来特 500～1 000 倍液，灌注根部土壤，每隔 10 d 一次，连灌 2～3 次。

任务 3　园林植物根部病害防治技术

知识点：了解园林植物根部病害的种类、症状、发生规律及防治方法。

能力点：根据病害的症状正确诊断及防治常发生园林植物根部病害。

任务提出

虽然园林植物的根部病害是园林植物各类病害中种类最少的，但其危害性却很大，常常是毁灭性的。染病的幼苗几天即可枯死，幼树在一个生长季节可造成枯萎，大树延续几年后也可枯死。根部病害主要破坏植物的根系，影响水分、矿物质、养分的输送，往往引起植株的死亡，而且由于病害是在地下发展的，初期不容易被发觉，等到地上部分表现出明显症状时，病害往往已经发展到严重阶段，植株也已经无法挽救了。

任务分析

园林植物根部病害的症状类型可分为：根部及根茎部皮层腐烂，并产生特征性的白色菌丝、菌核、菌索；根部和根茎部肿瘤；病菌从根部侵入并在输导组织定植导致植株枯萎；根部或干基部腐朽并可见大型子实体等。根部病害发生后的地上部分往往表现出叶色发黄、发叶迟缓、叶形变小、提早落叶、植株矮化等症状。

引起园林植物根部病害的病原有两类：一类是非侵染性病原，如土壤积水、酸碱度不适、土壤板结、施肥不当等；另一类是侵染性病原，如真菌、细菌、寄生线虫等。

园林植物根部病害的防治原则：严格实施检疫措施、土壤消毒、病根清除和植前处理，是减少侵染来源的重要措施；加强栽培管理，促进植物健康生长，提高植株抗病力，对由土壤习居菌引起的病害有十分重要的意义；开展以菌治病工作，探索根部病害防治的新途径。

任务实施的相关专业知识

1. 苗木猝倒病

1.1　分布与为害

猝倒病是世界各国苗圃最常见的病害，主要为害针叶树和阔叶树幼苗，以松杉类针叶树苗最易染病。被害率达30%～60%不等，严重时有的达70%～90%。

1.2　症状类型

（1）种芽腐烂型。种芽还未出土或刚露出土，即被病菌侵染死亡，引起种芽腐烂，地上缺苗断垄，也称种腐或芽腐。

（2）猝倒型。幼苗出土后，嫩茎尚未木质化，病菌自茎基部侵入，产生褐色斑点，受侵部呈现水状腐烂，幼苗迅速倒伏，此时嫩叶仍呈绿色，随后病部向两端扩展，根部相继腐烂，然后全苗干枯。猝倒型多发生于4月中旬至5月中旬多雨时期，是最严重的一种类型。杉苗猝倒病如图6-24(a)所示。

（3）立枯型。幼苗木质化后，土壤病菌较多，或环境对病菌有利，病菌从根部侵入，引起苗根染病腐烂，茎叶枯黄，但死苗站着不倒，而易拔起，故称为立枯病。杉苗立枯病如图6-24(b)所示。

（4）叶枯型。幼苗出土后，若苗床低凹、阴雨连绵、苗木过于密集而苗丛内光照不足，易致苗木下部叶片染病腐烂枯死，在枯死的茎叶上，常有灰白色蛛网状的菌丝体，常造成苗木成簇死亡，也称苗腐或顶腐。

1.3　病原

苗木猝倒病的病原有非侵染性病原和侵染性病原两类。非侵染性病原包括以下因素：

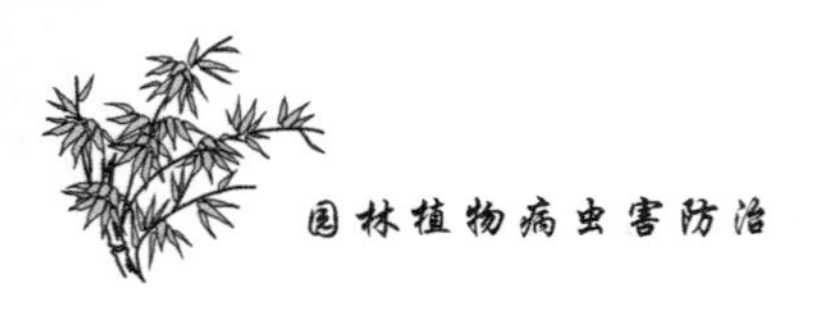

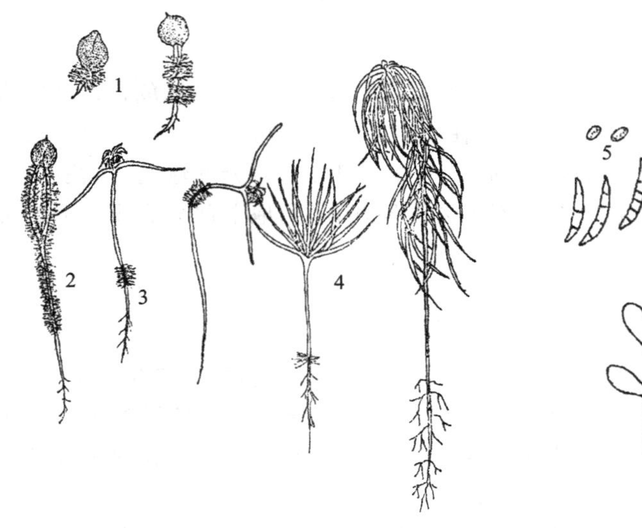

(a) 杉苗猝倒病

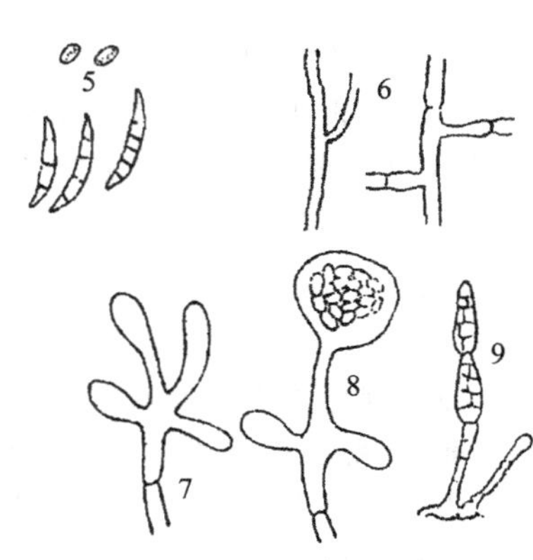

(b) 杉苗立枯病

图 6-24　杉苗猝倒病和立枯病

1—种芽腐烂；2—茎叶腐烂；3—幼苗猝倒；4—苗木立枯；
5—镰刀菌；6—菌丝；7—游离孢子囊；8—游动孢子；9—交链孢菌

圃地积水，造成根系窒息；土壤干旱，表土板结；地表温度过高灼伤根茎。侵染性病原主要是真菌中的腐霉菌、丝核菌和镰刀菌，偶尔也可由交链孢菌和多生孢菌引起。

1.4　发病规律

腐霉菌、丝核菌、镰刀菌都有较强的腐生习性，平时能在土壤的植物残体上腐生。它们分别以卵孢子、厚垣孢子和菌核渡过不良环境，一旦遇到合适的寄主和潮湿的环境，便侵染为害。腐霉菌和丝核菌的生长温度为 4～28 ℃。病原菌可借雨水、灌溉水传播，在适宜条件下进行再侵染。发病严重的原因，一般与以下因素有关。

(1) 前作染病。前作时染病植物的病株残体多，病菌繁殖快，苗木易于发生病。

(2) 雨天操作。无论是整地、作床或播种，如果在雨天进行，因土壤潮湿、板结，不利于种子生长，种芽容易腐烂。

(3) 圃地粗糙、床面不平，不利于苗木生长，苗木生长纤弱，抗病力差，病害容易发生。

(4) 施用未经充分腐熟的有机肥料，肥料在腐熟过程中，易烧苗，且常混有病菌。

(5) 播种晚，致使幼苗出土较晚，出土后如果遇阴雨，湿度大，有利于病菌生长，加上苗茎幼小，抗病力差，病害容易发生。

(6) 揭草过晚。若种子质量差，种子发芽势弱，幼苗出土不齐，不能及时揭除覆草，致使苗生长弱，抗病力差，容易发病。

(7) 苗木过密，会使苗间湿度大，有利于病菌蔓延，病害发生。

(8) 天气干旱，苗木缺水或地表温度过高，根颈烫伤，有利于病害发生。

1.5　防治措施

(1) 综合防治。猝倒病的防治应采取以栽培技术为主的综合治理措施，培育壮苗，提高抗病性，不选用瓜菜地和土质黏重、排水不良的地块作为圃地。精选种子，适时播种。推广高床育苗及营养钵育苗，加强苗期管理，培育壮苗。

(2) 土壤消毒。土壤消毒可用溴甲烷进行熏蒸处理,用药量为 50 g/m^2。消毒时一定要在密闭的小拱棚内进行,熏蒸 2～3 d,揭开薄膜通风 14 d 以上。

(3) 幼苗消毒。幼苗出土后,可喷洒 1∶1∶200 倍波尔多液,每隔 10～15 d 喷洒 1 次。

2. 花木白绢病

2.1 分布与为害

白绢病又称菌核性根腐病,分布于我国长江以南各省。观赏植物上常见的寄主有水仙、郁金香、香石竹、菊、芍药、牡丹、凤仙花、吊兰、美人蕉、一品红、油桐、泡桐、茶、柑橘、葡萄、松树和乌桕等。白绢病一般发生在苗木上,植物受害后轻者生长衰弱,重者死亡。

2.2 症状

各种感病植物的白绢病症状大致相似,主要发生于植物的根、茎基部。初发生时,病部皮层变褐,逐渐向四周发展,并在病部产生白色绢丝状菌丝,菌丝呈扇形扩展,蔓延至附近的土表上,以后在病苗的基部表面或土表的菌丝层上形成菜子状的茶褐色菌核。苗木受害后,茎基部及根部皮层腐烂,植物的水分和养分输送被阻断,叶片变黄枯萎,全株死亡。花木白绢病如图 6-25 所示。

图 6-25 花木白绢病

1—健康油菜菌;2—染病油菜菌;3—担子和担孢子;4—病原菌的担子层;5—病苗根部放大(示菌核)

2.3 发生规律

白绢病的病菌以菌丝与菌核在病株残体、杂草上或土壤中越冬,菌核可在土壤中存活 5～6 年。在适宜条件下,由菌核产生菌丝进行侵染。病菌可由病苗、病土和水流传播,直接侵入或从伤口侵入。土壤疏松湿润、株丛过密有利于发病;连作地发病严重;在酸性至中性(pH 5～7)土壤中病害发生多,而在碱性土壤发病则少;土壤黏重板结的园地,被害率高。

2.4 防治方法

(1) 选地。选好圃地,要求不积水,透水性良好,不连作,前作不是茄科等最易染病的植物。加强管理,及时松土、除草,并增施氮肥和有机肥,以促进苗木生长健壮,增强抗病能力。

(2) 外科治疗。用刀将根颈部病斑彻底刮除,并用 401 抗生素 50 倍液或 1%硫酸铜溶液消毒,再涂波尔多液等保护剂,最后覆盖新土。

(3) 药剂防治。土壤消毒用 70%五氯硝基苯或 80%敌菌丹粉可预防苗期发病;苗木消毒可用 70%甲基硫菌灵或多菌灵 800～1 000 倍液、2%的石灰水、0.5%硫酸铜溶液浸 10～30 min;发病初期,用 1%硫酸铜溶液浇灌苗根,可防止病害蔓延。

3. 根结线虫病

3.1 分布与为害

根结线虫病在我国南北各省都有发生,常见的寄主有楸、石竹、柳、月季、海棠、桂花、仙人掌、仙客来、凤仙花、菊花、栀子、马蹄莲、唐菖蒲、凤尾兰、百日草等苗木,病株生长缓慢、停

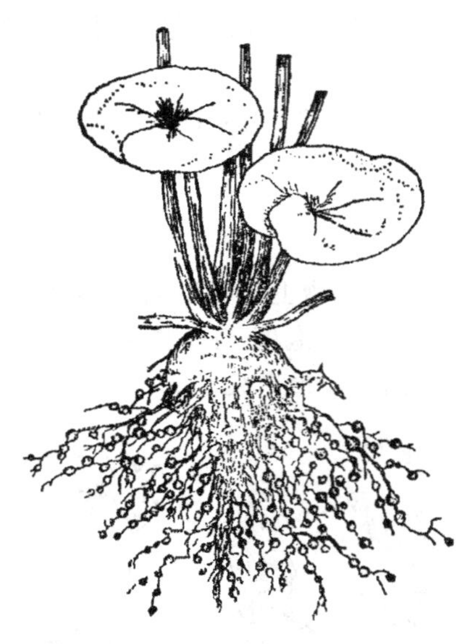
图 6-26　仙客来根结线虫病

滞，严重时会使苗木凋萎枯死。

3.2　症状

仙客来根结线虫病（见图 6-26）被害植株的侧根和支根产生许多大小不等的瘤状物，初期表面光滑，为淡黄色，后期粗糙，质软。剖视可见，瘤内有白色透明的小粒状物，即根瘤线虫的雌成虫。病株根系吸收机能减弱，生长衰弱，叶小，发黄，易脱落或枯萎，有时会发生枝枯，严重的整株枯死。

3.3　发病规律

病土是根结线虫病最主要的侵染来源。根结线虫病的传播主要依靠种苗、肥料、工具、水流及线虫本身的移动。在病土内越冬的幼虫，可直接侵入寄主的幼根，刺激寄主，从而形成巨型细胞，并形成根结。

3.4　防治措施

（1）加强植物检疫。防止根结线虫病扩展蔓延。

（2）轮作。有根结线虫病发生的圃地，应避免连作染病寄主，应与杉、松、柏等不染病的树种轮作 2～3 年。圃地深翻或浸水两个月可减轻病情。

（3）药剂防治。利用溴甲烷处理土壤；用 3%克百威（呋喃丹）颗粒剂或 15%涕灭威（铁灭克）颗粒剂分别按 4～6 g/m^{2}及 1.2～2.6 g/m^{2}的用量拌细土，施于播种沟或种植穴内；也可用 10%苯线磷颗粒剂处理土壤，具体用量为 30～60 kg/hm^2。

（4）盆土药剂处理。将 5%苯线磷按土重的 0.1%与土壤充分混匀，进行消毒；也可将 5%苯线磷或 10%丙线磷施入花盆中。该药可在植物生长季节使用，不会产生药害。

（5）盆土物理处理。炒土或蒸土 40 min，注意加温不要超过 80 ℃，以免土壤变劣；或在夏季高温季节进行暴晒，在水泥地上将土壤摊成薄层，白天暴晒，晚上收集后用塑料膜覆盖，反复暴晒 2 周，其间要防水浸，避免污染。

4. 根癌病

4.1　分布与为害

根癌病又称冠瘿病、根瘤病，在国内分布广泛。其寄主范围广，除为害樱花外，还为害石竹、天竺葵、桃、月季、菊花、大丽菊、蔷薇、梅、夹竹桃、柳、核桃、花柏、南洋杉、银杏和罗汉松等。

4.2　症状

根癌病主要发生在根颈部，也可发生在主根、侧根以及地上部的主干与侧枝上，发病初期病部膨大，呈球形的瘤状物，幼瘤初为白色，质地柔软，表面光滑，以后肿瘤逐渐增大，质地变硬，褐色或黑褐色，表面粗糙皲裂。图 6-27 所示为樱花根癌病。

4.3　发病规律

根癌病的病原菌可在染病寄主肿瘤内或土壤病株残体上生活一年以上。病菌可由灌溉水、雨水、插条、嫁接、园艺工具和地下害虫等进行传播。远距离传播靠病苗和种条的运输，碱性、湿度大的沙壤土被害率较高，连作有利于病害发生，嫁接时切接比芽接被害率高。苗木根部伤口多时发病重。

4.4 防治措施

（1）病土处理。病土须经热处理或药剂处理后方可使用，或用溴甲烷进行消毒，病区应实施两年以上的轮作。

（2）病苗处理。病苗须经药液处理后方可栽植，可选用500～2 000 mg/kg链霉素30 min或在1%硫酸铜溶液中浸泡5 min。发病植株可用70%抗菌剂402乳油300～400倍液浇灌或切除肿瘤后用500～2 000 mg/kg链霉素或用500～1 000 mg/kg土霉素涂抹伤口。

（3）外科治疗。对于初起病株，用刀切除病瘤，然后用石灰液或波尔多液涂抹伤口，或用甲冰碘液（甲醇50份、冰醋酸25份、碘片12份），或用二硝基邻甲酚钠20份混合涂瘤，可使病瘤消除。

（4）加强检疫。禁止病株进入无病地区。

图6-27 樱花根癌病
1—症状；2—病原

5. 纹羽病

5.1 花木紫纹羽病

5.1.1 分布与为害

花木紫纹羽病又称紫色根腐病，是观赏植物、树木、果树、农作物上的常见病害。我国东北各省、河北、河南、安徽、江苏、浙江等地均有发生。松、杉、柏、刺槐、杨、柳等都易受害。苗木受害后，病害发展很快，常导致苗木枯死；大树发病后，生长衰弱，个别严重的植物会因根茎腐烂而死亡。

5.1.2 症状

花木紫纹羽病（见图6-28）从小根开始发病，逐渐蔓延至侧根及主根，甚至到树干基部，皮层腐烂，易与木质部剥离，病根及干基部表面有紫色网状菌丝层或菌丝束，有的形成一层质地较厚的毛绒状紫褐色菌膜，如膏药状贴在干基处，夏天在上面形成一层很薄的白粉状孢子层。在病根表面菌丝层中有时还有紫色球状的菌核。病株地上部分表现为：顶梢不发芽，叶形变小、发黄、皱缩卷曲，枝条干枯，最后全株死亡。

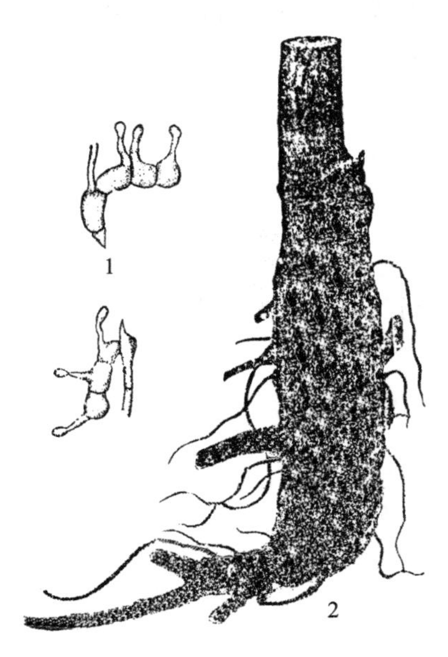

图6-28 花木紫纹羽病
1—担子及担孢子；2—病根症状

5.1.3 病原

花木紫纹羽病的病原菌为紫卷担子菌，属担子菌亚门、层菌纲、银耳目、卷担子菌属。

5.1.4 发病规律

花木紫纹羽病的病原菌利用它在病根上的菌丝体和菌核潜伏在土壤内。地势低洼，排水不良的地方容易发病。但在北京香山公园较干旱的山坡侧柏干基部也有发现。

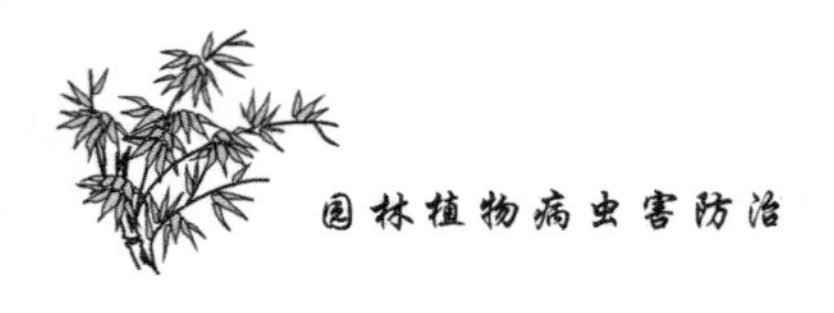

5.2 花木白纹羽病

5.2.1 分布与为害

花木白纹羽病分布于我国辽宁、河北、山东、江苏等省，寄主有栎、栗、榆、槭、云杉、冷杉、落叶松等，常引起根部腐烂，造成整株枯死。

5.2.2 症状

花木白纹羽病的病菌侵害根部，最初是须根腐烂，后扩展到侧根和主根。被害部位的表层缠绕有白色或灰白色的丝网状物，即根状菌索。近土表根际处展布白色蛛网状的菌丝膜，有时形成小黑点，即病菌的子囊壳。

5.2.3 病原

花木白纹羽病的病原菌为核座坚壳菌，属子囊菌亚门、核菌纲、球壳菌目、座坚壳属。

5.2.4 发病规律

花木白纹羽病的病菌以菌核和菌索在土壤中或病株残体上越冬。病害的蔓延主要通过病、健根的接触和根状菌索的延伸。病菌的孢子在病害传播上作用不是很大。

5.3 防治方法

（1）不在有病地建园。

（2）在病区或病树外围挖 1 m 深的沟，隔离或阻断病菌的传播。

（3）不用刺槐作防护林，如用要挖根隔离，以防病菌随根系传入果园。

（4）低洼地积水应及时排出，增施有机肥，改良土壤，整形修剪，加强对其他病虫害的防治，增强树体抗病力。

（5）选用无病苗木，并对苗木进行消毒处理，可以用50%甲基硫菌灵或50%多菌灵可湿性粉剂 800～1 000 倍液或用 0.5%～1%的硫酸铜溶液浸苗 10～20 min。

（6）对于发病较轻的植株，可扒开根部土壤，找出发病的部位，并仔细清除病根，然后用50%的代森铵水剂 400～500 倍液，最后涂波尔多液等保护剂。

任务实施

1. 材料及工具的准备

1.1 材料

苗木猝倒病和立枯病标本；苗木紫纹羽病、花木白纹羽病的标本；花木白绢病、花木根腐病、根结线虫病、根癌病等根部病害的各种标本。

1.2 工具

放大镜、体视显微镜、泡沫塑料板、镊子。

2. 任务实施步骤

2.1 根腐病观察

2.1.1 苗木猝倒病和立枯病症状观察

观察种芽腐烂型、猝倒型、立枯型、叶枯型病状，掌握其生长不同时期的症状。用显微镜观察腐霉菌、丝核菌、镰刀菌玻片标本，了解这些病菌的形态。

2.1.2 苗木紫纹羽病症状及病原观察

植物被害后，根部表面产生紫红色丝网状物或紫红色绒布状菌丝膜，有的可见细小紫红色菌核。

2.1.3 花木白纹羽病症状及病原观察

植物被害部位的表层缠绕有白色或灰白色的丝网状物，即根状菌索。近土表根际处展布白色蛛网状的菌丝膜，有时形成小黑点。

2.1.4 花木白绢病症状及病原观察

观察花木白绢病的症状，根茎部皮层变褐坏死，病部及周围根际土壤表面产生白色绢丝状菌丝体，并出现菜子状小菌核。用显微镜观察病原菌特点，菌丝体白色，菌核球形或近球形，表面茶褐色，内部灰白色。

2.1.5 花木根腐病症状及病原观察

皮层和木质部间有白色扇形的菌膜；在病根皮层内、病根表面及病根附近的土壤内，可见深褐色或黑色扁圆形的根状菌；秋季在濒死或已死亡的病株干茎和周围地面，常出现成丛的蜜环菌的子实体。

2.2 根瘤病观察

2.2.1 根结线虫病症状及病原观察

观察仙客来根结线虫病的特征，被害嫩根产生许多大小不等的瘤状物，剖开可见瘤内有白色透明的小粒状物，即根瘤线虫的雌成虫。根结线虫特征观察，雌雄异形，雌虫乳白色，头尖腹圆，呈梨形，雄虫蠕虫形，细长，尾短而钝圆，有两根弯刺状的交合刺。

2.2.2 根癌病症状及病原观察

病部膨大呈球形的瘤状物。幼瘤为白色，质地柔软，表面光滑，后瘤状物逐渐增大，质地变硬，褐色或黑褐色，表面粗糙、皲裂。

园林植物根部病害防治技术任务考核单如表6-3所示。

表6-3 园林植物根部病害防治技术任务考核单

序号	考核内容	考核标准	分值	得分
1	猝倒病症状观察	能根据症状识别并制订猝倒病的防治方案	20	
2	立枯病症状观察	能根据症状识别并制订立枯病的防治方案	15	
3	花木白纹羽病观察	能根据症状识别并制订花木白纹羽病的防治方案	15	
4	花木白绢病观察	能根据症状识别并制订花木白绢病的防治方案	10	
5	花木根腐病观察	能根据症状识别并制订花木根腐病的防治方案	10	
6	根瘤病观察	能根据症状识别并制订根瘤病的防治方案	10	
7	问题思考与回答	在完成整个任务过程中积极参与，独立思考	20	

（1）根部病害对园林植物有什么样的影响？

(2) 根部病害的地下和地上症状各有哪些特点?

(3) 根部病害的发生条件是什么?

(4) 如何正确诊断并防治园林植物根部病害?

拓展提高

观赏树木的冻害防护

冻害是树木因受低温伤害而致细胞和组织受伤,甚至死亡的现象。

1. 冻害的表现

(1) 芽的表现。花芽受冻后,内部变褐,初期只见到芽鳞松散,后期芽不萌发,干缩枯死。

(2) 枝条的表现。枝条的冻害与其成熟度有关。成熟的枝条在休眠期以形成层最抗寒,皮层次之,而木质部、髓部最不抗寒。

(3) 枝杈和基角。枝杈冻害的表现是皮层或形成层变褐,而后干枯凹陷,有的树皮成块冻坏,有的顺着主干垂直冻裂形成劈枝。主枝与树干的夹角越小则冻害越严重。

(4) 主干受冻后形成纵裂,一般称为“冻裂”,树皮成块状脱离木质部,或沿裂缝向外侧卷折。

(5) 根颈的表现。根颈受冻后,树皮先变色后干枯,对植株为害大。

2. 冻害的预防

2.1 宏观预防

(1) 贯彻适地适树的原则。因地制宜地种植抗寒力强的树种、品种和砧木,选小气候条件较好的地方种植抗寒力低的边缘树种,可以大大减少越冬防寒措施,同时注意栽植防护林和设置风障,改善小气候条件,预防和减轻冻害。

(2) 加强栽培管理,提高抗寒性。加强栽培管理(尤其重视后期管理)有助于树体内营养物质的贮备。

(3) 加强树体保护。对树体的保护措施很多,一般的树木采用浇冻水和灌春水的方法预防冻害。

2.2 微观预防

(1) 熏烟法。凌晨 2:00 左右在上风方点燃草堆或化学药剂,利用烟雾防霜。这种方法简便经济,效果较好。

(2) 灌水法。土壤灌水后可使田块温度提高 2～3 ℃,并能维持两三夜。

(3) 覆盖法。用稻草、草木灰、尼龙薄膜覆盖田块,减少地面热量散失。

3. 冻害的补救措施

受冻后树木的养护极为重要,因为受冻树木的输导组织受树脂状物质的淤塞,树木根的吸收、输导,叶的蒸腾、光合作用以及植株的生长等均受到破坏。为此,应尽快恢复输导系统,治愈伤口,缓和缺水现象,促进休眠芽萌发和叶片迅速增大,促使受冻树木快速恢复生长。受冻后的树,一般均表现为生长不良,因此首先要加强管理,保证前期的水肥供应,亦可以早期追肥和根外追肥,补给养分以尽量使树体恢复生长。

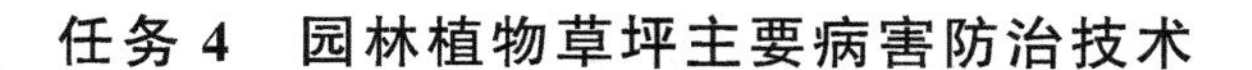

任务4　园林植物草坪主要病害防治技术

知识点：了解园林植物草坪病害的种类、症状特点、发生条件，掌握草坪病害的防治方法。
能力点：能准确诊断并制订园林植物草坪病害的防治方案。

任务提出

目前大部分草坪建造方法粗放，养护管理技术落后，通常在铺设的当年就相继出现斑秃、杂草、病虫害及退化现象。因此，草坪有害生物防治成为当前制约草坪发展的主要因素之一。经济简便、安全有效地控制病虫害的发生发展，遵循以草坪生态系统为基础，调整和控制生态系中的各个因素，使有害生物的为害降低到最低程度，从而保证草坪的优质美观，收到最佳的经济、生态、社会效益，这对于保护和巩固已有成果和促进草坪业的进一步发展具有十分重要的意义。

任务分析

草坪病害发生的原因与其他植物病害一样，都是包括生物因素和非生物因素两类。已知草坪病害有50多种，并且侵染性病害中以真菌病原物所致的病害为主，主要有褐斑病、腐霉枯萎病、镰孢菌枯萎病、锈病、白粉病和叶斑(叶枯)病等。

病害是影响草坪质量和景观的一类重要因素。它主要为害种子和植株的叶、鞘、茎、根、花和穗等各个部位，造成烂种、苗腐、叶枯和其他部位的腐烂坏死，甚至整株死亡。

任务实施的相关专业知识

1. 草坪草褐斑病

1.1　分布与为害

草坪草褐斑病广泛分布于世界各地，可以侵染所有草坪草，如草地早熟禾、高羊茅、多年生黑麦草、剪股颖、结缕草、野牛草和狗牙根等250余种禾草，以冷季型草坪受害最重。

1.2　症状

初期感染草坪草褐斑病的叶片或叶鞘常出现梭形、长条形或不规则病斑，病斑内部呈青灰色水浸状，边缘红褐色，以后病斑变褐色甚至整叶呈水浸状腐烂。严重时病菌侵入茎秆，条件适宜时有烟圈。在病叶鞘、茎基部有初期为白色，后期变成黑褐色的菌核，易脱落。

1.3　发病规律

草坪草褐斑病是主要由立枯丝核菌引起的一种真菌病害。丝核菌以菌核形式或在草坪草残体上的菌丝形式渡过不良的环境条件。

1.4　防治措施

建草坪时禁止填入垃圾土、生土，土质黏重时掺入河沙或沙质土；定期修剪，及时清除枯草层和病残体，减少菌源量。

(1) 加强草坪管理，平衡施肥，增施磷、钾肥，避免偏施氮肥，避免漫灌和积水，避免傍晚灌水。改善草坪通风透光条件，降低湿度，及时修剪，夏季剪草不要过低。

（2）选育和种植耐病草种（品种）。

（3）药剂防治。用三唑酮、三唑醇等杀菌剂拌种，用量为种子质量的0.2%～0.3%。发病草坪春季及早喷洒12.5%烯唑醇超微可湿性粉剂2 500倍液、25%丙环唑（敌力脱）乳油1 000倍液、50%灭酶灵可湿性粉剂500～800倍液。

2. 草坪草腐霉枯萎病

2.1 分布与为害

草坪草腐霉枯萎病又称油斑病、絮状疫病，是一种毁灭性病害。在全国各地普遍发生，是草坪上的重要病害。所有草坪草都会感染此病，其中冷季型草坪受害最重，如早熟禾、草地早熟禾、匍匐剪股颖、高羊茅、细叶羊茅、粗茎早熟禾、多年生黑麦草、意大利黑麦草和暖季型的狗牙根、红顶草等。

2.2 症状

草坪草腐霉枯萎病主要造成芽腐、苗腐、幼苗猝倒、整株腐烂死亡。尤其在高温、高湿季节，对草坪的破坏最甚，常会使草坪突然出现直径2～5 cm的圆形黄褐色枯草斑。清晨有露水时，病叶呈水浸状，暗绿色，变软、黏滑，连在一起，有油腻感，故得名为油斑病。当湿度很高时，尤其是在雨后的清晨或晚上，腐烂叶片成簇趴在地上且出现一层绒毛状的白色菌丝层，在枯草病区的外缘也能看到白色或紫色的菌丝体。

2.3 防治措施

（1）改善草坪立地条件。建植前要平整土地，黏重土壤或含沙量高的土壤需要改良，要有排水设施，避免雨后积水，降低水位。

（2）加强草坪管理。及时清除枯草层，高温季节有露水时不修剪，以避免病菌传播。平衡施肥，避免试用过量氮肥，增施磷肥和有机肥，合理灌溉，要求土壤见干见湿。

（3）种植耐病品种，提倡不同草种或不同品种混合建植，如高羊茅、黑麦草、早熟禾按不同比例混合种植。

（4）药剂防治。用0.2%灭酶灵药剂拌种是防治烂种和幼苗猝倒的简单易行、有效的方法。高温、高湿季节可选择800～1 000倍（具体浓度按药剂说明）甲霜灵、乙膦铝、甲霜灵锰锌、霜酶威（普力克）等药剂，进行及时防治控制病害。

3. 草坪草镰孢菌枯萎病

3.1 分布与为害

草坪草镰孢菌枯萎病在全国各地草坪均有发生，可侵染多种草坪禾草，如早熟禾、高羊茅、剪股颖等。

3.2 症状

草坪草镰孢菌枯萎病主要造成烂芽、苗腐、根腐、茎基腐、叶斑和叶腐、匍匐茎和根状茎腐烂等一系列复杂症状。草坪上枯萎斑呈圆形或不规则，直径为2～30 cm。当高湿时，病部有白色至粉红色的菌丝体和大量的分生孢子团。老草坪枯草斑常呈蛙眼状，多在夏季湿度过高或过低时出现。

3.3 防治措施

（1）种植抗病、耐病草种或品种。草种间的抗病性差异明显，如抗病性剪股颖>草地早熟禾＞高羊茅，提倡草地早熟禾与高羊茅、黑麦草等混种。

(2) 用种子质量 0.2%～0.3%的灭酶灵、代森锰锌或甲基硫菌灵等药剂进行拌种。

(3) 加强养护管理。提倡重施秋肥，轻施春肥，增施有机肥和磷钾肥，控制氮肥用量。减少灌溉次数，控制灌水量，保证干湿均匀，及时清除枯草层。

(4) 在根茎腐症状未发生前施用 70%甲基硫菌灵可湿性粉剂 800～1 000 倍液，用药量为 500 g/m^2。

4. 草坪草锈病

4.1 分布与为害

草坪草锈病分布广、为害重，几乎每种禾草上都有一种或数种锈病为害。其中以狗牙根、结缕草、多年生黑麦草、高羊茅和草地早熟禾受害最重。

4.2 症状

草坪草锈病主要为害叶片、叶鞘或茎秆，在染病部位生成黄色至铁锈色的夏孢子堆和黑色冬孢子堆。禾草感染锈病后叶绿素被破坏，光合作用降低，呼吸作用失调，蒸腾作用增强，大量失水，叶片变黄枯死，草坪稀疏、瘦弱，景观被破坏。

4.3 防治措施

(1) 加强养护管理　生长季节多施磷钾肥，适量施用氮肥，合理灌水，降低湿度。发病后适时剪草，减少菌源数量。适当减少草坪周围的树木和灌木，保证通风透光。

(2) 药剂防治　发病初期喷洒 25%三唑酮可湿性粉剂 1 500 倍液，防治效果可达 93%以上；或用 70%甲基硫菌灵可湿性粉剂 1 000 倍液防治效果也较好；或用 12.5%烯唑醇(速保利)超微可湿性粉剂稀释 3 000～4 000 倍液、10%苯醚甲环唑(世高)水分散粒剂稀释 6 000～8 000 倍液喷雾。

5. 白粉病

5.1 分布与危害

白粉病广泛分布于世界各地，为草坪禾草的常见病害。可侵染狗牙根、草地早熟禾、细叶羊茅、匍匐剪股颖和鸭茅等多种禾草，其中以早熟禾、细叶羊茅和狗牙根发病最重。

5.2 症状

白粉病主要侵染叶片和叶鞘，也为害茎秆和穗。受害叶片开始出现 1～2 mm 大小病斑，以正面较多，以后逐渐扩大呈近圆形、椭圆形绒絮状霉斑，初为白色，后变为灰白色至灰褐色，后期病斑上有黑色的小粒点。随着病情发展，叶片变黄，早枯死亡。草坪呈灰色，像是被撒了一层面粉。

5.3 发病规律

白粉病是由白粉菌引起的真菌病害。环境温、湿度与白粉病发生程度有密切关系，15～20 ℃为发病适温，25 ℃以上时病害发展受抑制。空气相对湿度较高有利于分生孢子萌发和侵入，但雨水太多又不利于其生成和传播。水肥管理不当、荫蔽、通风不良等都是诱发病害发生的重要因素。

5.4 防治措施

(1) 种植抗病草种和品种并合理布局。

(2) 加强养护管理。适时修剪,注意通风透光;减少氮肥,增施磷钾肥;合理灌溉,勿过干或过湿等。

(3) 化学防治。发病初期喷施15%三唑酮(粉锈宁)可湿性粉剂1 500~2 000倍液、25%丙环唑(敌力脱)乳油2 500~5 000倍液、40%氟硅唑(福星)乳油8 000~10 000倍液、45%特克多悬浮液300~800倍液。

6. 草坪草叶斑(叶枯)病

草坪草叶斑(叶枯)病是草坪草的另一类重要病害,常造成叶片大面积枯死,影响草坪景观,常见的病害有德氏霉叶枯病、离孢叶枯病和尾孢叶枯病等。

6.1 德氏霉叶枯病

6.1.1 分布与为害

德氏霉属真菌寄主多种禾本科草坪植物,属世界性草坪病害。

6.1.2 症状

德氏霉叶枯病致叶斑和叶枯,也为害芽、根、根状茎和根茎等部位,产生种腐、芽腐、苗枯、根腐和茎基腐等复杂症状。在适宜条件下,病情发展迅速,造成草坪早衰,出现枯草斑和枯草区。其寄主主要是早熟禾、紫羊茅、黑麦草及狗牙根等。

6.1.3 发病规律

该病害由德氏霉叶枯病菌引起,主要侵染草地早熟禾、紫羊茅和多年生黑麦草等。德氏霉叶枯病的侵染菌源来自于种子和土壤,病原菌主要以菌丝体潜伏在种皮内或以分生孢子附着在种子表面。在草坪种子萌发、出苗过程中,由于病原菌的侵染造成烂芽、烂根、苗腐等复杂症状。病苗产生大量分生孢子,经气流、水流、工具传播,种子是最初侵染源,且能引起广泛的传播,因此,加强种子检疫十分关键。

6.1.4 防治措施

(1) 加强草坪的养护管理　早春以烧草等方式清除病残体和清理枯草层。叶面定期喷施1%~2%的磷酸二氢钾溶液,提高植株的抗病性;加强水分管理,防止长期积水。

(2) 化学防治　用种子质量的0.2%~0.3%的15%三唑酮或50%福美双可湿性粉剂拌种可以预防病害发生。

6.2 尾孢叶斑病

6.2.1 分布与为害

尾孢叶斑病广泛分布于世界各地,主要为害狗牙根、钝叶草、剪股颖和高羊茅等禾草。

6.2.2 症状

尾孢叶斑病发病初期,叶片及叶鞘上出现褐色至紫褐色、椭圆形或不规则的病斑,病斑沿叶脉平行伸长,大小为1 mm×4 mm。病斑中央黄褐色或灰白色,潮湿时有大量灰白色的霉层(即大量分生孢子)产生,严重时叶片枯黄甚至死亡,草坪稀疏。

6.2.3 发病规律

尾孢叶斑病是由半知菌(尾孢属)引起的一种真菌病害。病菌以分生孢子和休眠菌丝体在病叶及病残体上越冬。在生长季节,病菌只有在叶面湿润状态下才能萌发侵染,分生孢子借风雨传播,引起再侵染。

6.2.4　防治措施

参考德氏霉叶枯病的防治措施。

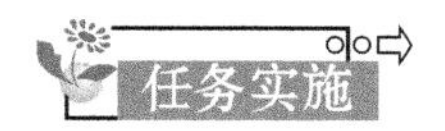
任务实施

1. 材料及工具的准备

1.1　材料

材料为草坪草白粉病、草坪草锈病、草坪草褐斑病、草坪草腐霉枯萎病、草坪草镰刀菌枯萎病德氏霉叶枯病等草坪植物病害症状实物标本及症状类型挂图。

1.2　工具

按组配备双目体视显微镜、放大镜、镊子、解剖针等工具。

2. 任务实施步骤

4～6人一组，在教师指导下对供试草坪植物各种病害标本进行观察识别。

第一步　观察所有草坪草病害的挂图及幻灯片。

第二步　以下列病害为代表，辨别其病状特点及病原形态。

(1) 草坪草白粉病。辨析草坪草白粉病的为害状。同时用挑针挑取白粉及小黑点，制片镜检分生孢子、闭囊壳及附属丝。用挑针轻轻挤压盖玻片，注意观察挤压出来的子囊及子囊孢子。

(2) 草坪草锈病。辨析草坪草锈病的为害状。切片或挑片镜检草坪草锈病的夏孢子及冬孢子堆。注意辨识其形态，冬孢子双孢、有柄、壁厚；夏孢子单胞、无柄、壁薄。

(3) 草坪草褐斑病。辨析草坪草褐斑病的为害状。用挑针挑取菌丝镜检，观察菌丝的分枝处是否呈直角，用放大镜观察菌核的外部形态。该病害主要结合发病现场及资料图片进行观察识别。

(4) 草坪草腐霉枯萎病。辨析草坪草腐霉枯萎病的为害状。用挑针挑取菌丝镜检，观察菌丝有无隔膜，能否见到姜瓣状的孢子囊。该病害主要结合发病现场及资料图片进行观察识别。

(5) 草坪草镰刀菌枯萎病。辨析草坪草镰刀菌枯萎病的为害状。用挑针挑取粉红色的霉层镜检，观察其孢子是否为镰刀形。该病害也可结合发病现场及资料图片进行观察识别。

(6) 德氏霉叶枯病。辨析德氏霉叶枯病的为害状。用挑针挑取霉层镜检，观察其分生孢子是否为长棍棒形，多分隔。该病害也可结合发病现场及资料图片进行观察识别。

任务考核

园林植物草坪主要病害防治技术任务考核单如表6-4所示。

表6-4　园林植物草坪主要病害防治技术任务考核单

序号	考核内容	考核标准	分值	得分
1	草坪病害的症状观察	正确识别草坪病害的典型症状	25	
2	草坪病害的发生环境	指出草坪病害发生的环境条件	25	
3	草坪病害的防治措施	能根据症状制订防治方案	25	
4	问题思考与回答	在完成整个任务过程中积极参与，独立思考	25	

思考问题

(1) 草坪病害有哪几大类,应如何判断?

(2) 什么是草坪病害,草坪病害发生的原因有哪些?

(3) 草坪病害的发生受哪些因素的影响?

拓展提高

草坪病害的发生与可持续控制策略

随着我国草坪面积的不断增加,草坪病害的防治也显得越来越重要,一种草坪疾病的流行,可导致草坪局部或大面积的衰败直至死亡,使整个草坪遭到毁灭。草坪病害的成因复杂、影响因素众多、生态系统复杂以及草坪生长的特殊性,给草坪病害防治工作带来了极大的难度。在草坪建植与养护管理过程中必须实行病害的综合治理,即加强草种检疫、选择抗病草种、完善养护管理,注重物理防治、生物防治、化学药剂防治的有机结合,协调草坪、病害、环境所组成的生态系统的关系,建设生态草坪,走可持续控制之路。

1. 草坪病害的发生特点

草坪生态系统是一个特殊、多变且以人为核心的生态系统,在草坪系统的附近区域往往人口密集,因而更易遭受人为的破坏(如践踏等),受到工业"三废"及汽车尾气的污染;同时,草坪在养护管理(尤其是肥水管理)上没有农作物那样精细,有些单位甚至利用废水浇灌,使得草坪草长势衰弱,因而,病害的发生更为频繁、严重。

2. 草坪病害的可持续控制策略

2.1 草种检疫

目前,我国90%以上冷季型草种都是从国外调入的,传入危险性病害的风险很大,因而必须加强草种检疫。与草坪草有关的检疫性病害有禾草腥黑穗病、剪股颖粒线虫病、小麦矮腥黑穗病、小麦印度腥黑穗病等。

2.2 建植措施

(1) 选用抗病草种、品种是综合防治技术体系的核心和基础,是防治草坪病害最经济、有效的方法。

(2) 利用带有内生真菌的草种和品种。

(3) 混合播种。混播是根据草坪的使用目的、环境条件及养护水平选择两种或更多种草种(或同一草种中的不同品种)混合播种,组建一个多元群体的草坪植物群落。

2.3 养护措施

(1) 合理修剪。合理修剪可以促进草坪植物的生长、调节草坪的绿期并直接减少轻病原物的数量,但修剪造成的伤口又有利于病原菌的侵入,并且还可以通过剪草机携带及传播病害。

(2) 合理灌溉。每次灌水量以水分浸入地表15~20 cm深为宜。灌水量过大,土壤中的空间充满水分,草坪草根系细胞呼吸受到伤害,根系功能受到影响,严重时可窒息而死亡。

学习小结

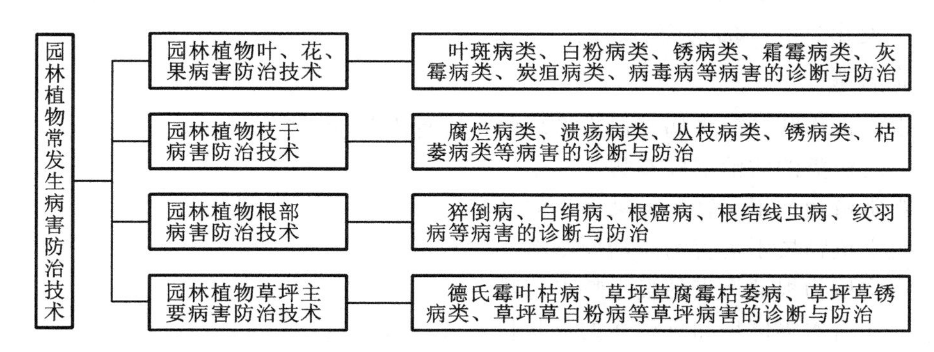

目标检测

一、判断题

（1）炭疽病的潜伏期较短，一般为3～7 d。（　　）

（2）茎芯淋雨或浇水不慎灌入茎芯，是君子兰细菌性软腐病发生的主要诱因。（　　）

（3）大部分溃疡病的病菌为兼性寄生菌，经常在寄主的外皮或枯枝上营腐生生活，当有利于病害发生的条件出现时，即侵染为害。（　　）

（4）冬季低温冻伤根茎是银杏茎腐病发生的诱因。（　　）

（5）毛竹枯梢病的病菌以子囊壳在林内历年老竹病组织内越冬。（　　）

二、多项选择题

（1）以下病害中由植原体引起的有（　　）。

A. 竹丛枝病　　B. 枫杨丛枝病　　C. 泡桐丛枝病　　D. 翠菊黄化病

（2）以下锈病中已发现转主寄主的有（　　）。

A. 玫瑰锈病　　B. 松瘤锈病　　C. 海棠锈病

D. 松疱锈病　　E. 竹秆锈病

（3）以下观赏病害中由担子菌引起的病害有（　　）。

A. 花木根癌病　　B. 竹秆锈病　　C. 桃缩叶病

D. 杜鹃饼病　　E. 花木白纹羽病　　F. 花木紫纹羽病

（4）以下病害中由线虫引起的病害有（　　）。

A. 花木根癌病　　B. 花木根结线虫病　　C. 松萎蔫病　　D. 香石竹枯萎病

（5）以下病害中由细菌引起的病害有（　　）。

A. 柑橘溃疡病　　B. 花木根癌病　　C. 杜鹃疫霉根腐病　　D. 香石竹蚀环病

三、填空题

（1）观赏植物叶、花、果病害的症状的主要类型有（　　）、（　　）和（　　）等。

（2）灰霉病的病征很明显，在潮湿情况下病部会形成显著的（　　）。

（3）叶斑病是（　　）的一类病害的总称。叶斑病又可分为（　　）、（　　）和（　　）等种类。这类病害的后期往往在（　　）上产生各种小颗粒或霉层。

（4）毛毡病的病原物是（　　），属（　　）纲、（　　）总科、（　　）属。

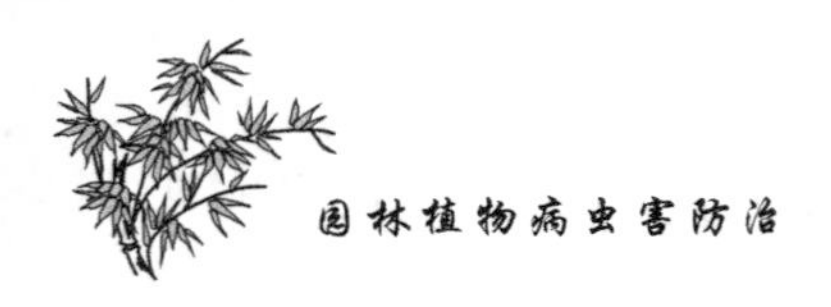

(5) 藻斑病的病原物是(　　)和(　　),两者均为(　　)纲、(　　)科、(　　)属。

(6) 炭疽病的主要症状特点是子实体呈轮状排列,在潮湿情况下病部有(　　)出现。炭疽病主要是由(　　)的真菌引起的。

四、简答题

(1) 观赏植物叶、花、果病害侵染循环的主要特点是什么?

(2) 叶斑病类的防治措施有哪些?

(3) 观赏植物枝干病害的侵染循环的特点有哪些?

(4) 观赏植物枝干病害的防治原则有哪些?

(5) 观赏植物根部病害的发生特点有哪些?

(6) 简述苗木猝倒病和立枯病的症状特点及防治措施。

(7) 白涓病的发病规律如何?

(8) 根结线虫病的发病规律如何?

(9) 海棠锈病的发病规律如何?

(10) 月季枝枯病的症状特点是什么?

项目 7　园林植物常发生害虫防治技术

学习内容

掌握园林植物常发生的食叶害虫、枝干害虫、吸汁害虫、地下害虫的形态特征、生物学特性、发生规律、主要习性和防治方法。

教学目标

能通过对园林植物常发生害虫的形态观察、生物学特性的了解,正确识别和防治观赏植物常发生害虫,为园林植物养护中的害虫防治奠定基础。

技能目标

能准确识别食叶害虫、枝干害虫、吸汁害虫、地下害虫,能制订出合理有效的防治方案。

园林植物在栽培养护过程中,会受到很多害虫的侵害,为害轻时会影响园林植物的观赏性和美感,为害重时会对园林植物造成毁灭性的打击。面对害虫对园林植物的为害,我们又能做些什么呢?在本项目中,我们将通过观察了解常发生害虫的形态特征,掌握它们的发生发展规律,熟知它们的各种习性,进而制订出安全有效的防治方案,把害虫控制在经济允许水平之下而又能保持物种的多样性。

园林植物种类多而杂,而为害园林植物的害虫种类就更多了,形态更是千差万别,那么如何有效利用益虫和控制害虫呢?我们可以根据害虫为害部位的不同而对它们进行分类研究。

任务1 园林植物食叶害虫防治技术

知识点：了解园林植物食叶害虫的种类、外部形态特征、发生规律，掌握园林植物食叶害虫的防治方法。

能力点：能根据实际生产需要，准确识别园林植物食叶害虫，并对园林植物食叶害虫制订防治方案。

任务提出

我们经常能看到园林植物的叶片被各种害虫咬食成缺刻、孔洞，严重时叶片被吃光，仅留叶柄、枝干或叶片主脉；有些嫩梢也被咬断；有些叶片中间被蛀食。而这些害虫繁殖能力很强，很容易就会爆发成灾，那到底是什么虫子造成的呢？它们又有什么特征？发生的规律是怎么样的呢？又该如何进行防治呢？

任务分析

通过调查可知园林植物食叶害虫种类很多，主要属于四个目，常见的有鳞翅目的蛾、蝶类，鞘翅目的叶甲、金龟甲，膜翅目的叶蜂，直翅目的蝗虫等。这些害虫的发生特点是：以幼虫或成虫为害健康的植株，导致植株生长缓慢。本任务我们主要研究园林植物食叶害虫的形态特征、生物学特性及防治方法。

任务实施的相关专业知识

1. 刺蛾认知

刺蛾类属鳞翅目刺蛾科，该科幼虫又称洋辣子，蛹外有光滑坚硬的茧。

1.1 种类、分布与为害

常见种类有黄刺蛾、褐边绿刺蛾、褐刺蛾、扁刺蛾等。

(1) 黄刺蛾。黄刺蛾又称刺毛虫。国内除宁夏、新疆、贵州、西藏外，其他地区均有分布，为害石榴、月季、山楂、芍药等园林植物。

(2) 褐边绿刺蛾。褐边绿刺蛾别名青刺蛾、四点刺蛾、曲纹绿刺蛾等。国内分布北起黑龙江、内蒙古，南至台湾、海南、广东、广西、云南，西到甘肃、四川。其主要寄主有冬青、白蜡树、梅花、海棠、月季、樱花等。

1.2 形态特征

(1) 黄刺蛾(见图7-1)。成虫体长15 mm，翅展33 mm左右，体肥大，黄褐色，头胸及腹前后端背面黄色，触角为丝状灰褐色，复眼为球形黑色。

(2) 褐边绿刺蛾(见图7-2)。成虫体长16 mm，翅展38～40 mm。触角为棕色，雄虫触角呈栉齿状，雌虫触角呈丝状。头、胸、背绿色，胸背中央有一棕色纵线，腹部为灰黄色。

1.3 发生规律

(1) 黄刺蛾。一年发生1～2代，以老熟幼虫在枝干上的茧内越冬。成虫昼伏夜出，有趋光性，羽化后不久交配产卵。

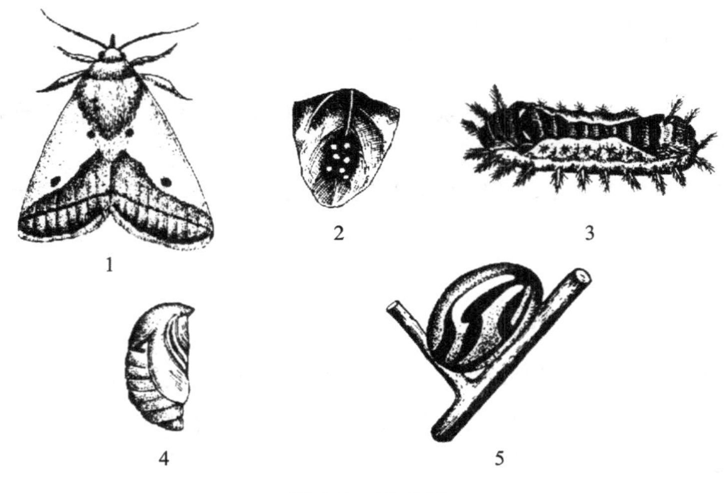

图 7-1　黄刺蛾

1—成虫；2—卵；3—幼虫；4—蛹；5—茧

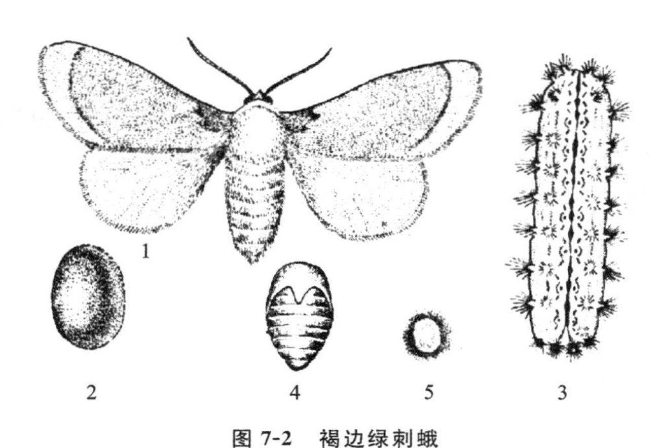

图 7-2　褐边绿刺蛾

1—成虫；2—茧；3—幼虫；4—蛹；5—卵

（2）褐边绿刺蛾。河南和长江下游一年 2 代，江西一年 3 代，以老熟幼虫于茧内越冬，结茧场所为干基浅土层或枝干上。成虫昼伏夜出，有趋光性。

1.4　综合治理办法

（1）人工防治。秋冬季消灭过冬虫茧中的幼虫，及时摘除虫叶，杀死刚孵化尚未分散的幼虫。

（2）生物防治。秋冬季摘虫茧，放入纱笼，网孔以刺蛾成虫不能逃出为准，保护和引放寄生蜂。于低龄幼虫期喷洒 10 000 倍的 20%除虫脲（灭幼脲 1 号）悬浮剂，或于较高龄幼虫期喷 500～1 000 倍的每毫升含孢子 100 亿以上的 Bt 乳剂等。

（3）化学防治。必要时在幼虫盛发期喷洒 80%敌敌畏乳油 1 000～1 200 倍液或 50%辛硫磷乳油 1 000～1 500 倍液、50%马拉硫磷乳油 1 000 倍液、5%来福灵乳油 3 000 倍液。

（4）灯光诱杀。利用黑光灯诱杀成虫。

2. 袋蛾认知

袋蛾类又称蓑蛾，俗名避债虫，属鳞翅目袋蛾科。袋蛾成虫为性二型。

2.1 种类、分布与为害

常见的有大袋蛾、茶袋蛾、桉袋蛾、白囊袋蛾为害樟、杨、柳、榆、桑、槐、栎(栗)、乌桕、悬铃木、枫杨、木麻黄、扁柏等。

2.2 形态特征

(1) 大袋蛾(见图7-3)。雌虫长22～30 mm,乳白色。雄虫长15～20 mm,前翅近外缘有四块透明斑。体为黑褐色,具有灰褐色长毛。

(2) 桉袋蛾。雌虫长6～8 mm,黑褐色。雄虫长4 mm,前翅为黑色,后翅底面为银灰色,具有光泽。

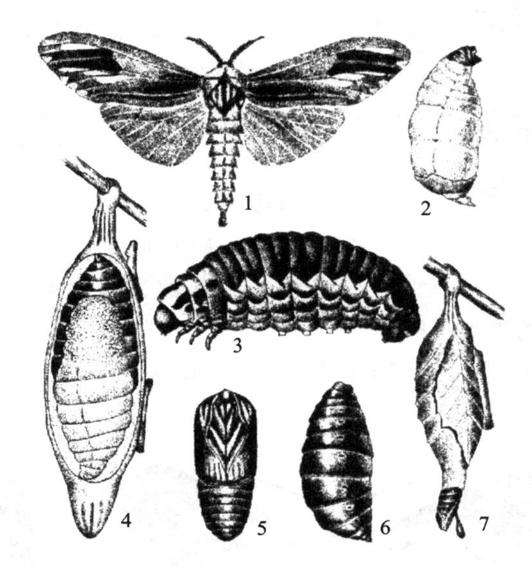

图7-3 大袋蛾

1—雄成虫;2—雌成虫;3—雌袋;4—幼虫;5、6—蛹;7—雄袋

2.3 发生规律

4—6月越冬老熟幼虫在袋囊中调转头向下,最后一次皮化成蛹,蛹头向着排泄口,以利成虫羽化爬出袋囊。

2.4 综合治理办法

(1) 人工摘除袋囊。秋冬季树木落叶后,护囊暴露,结合整枝、修剪,摘除护囊,消灭越冬幼虫。

(2) 诱杀成虫。利用大袋蛾雄性成虫的趋光性,用黑光灯诱杀。此外,也可用大袋蛾性外激素诱杀雄性成虫。

(3) 生物防治。幼虫和蛹期有多种寄生性和捕食性天敌,如鸟类、姬蜂、寄生蝇及致病微生物等,应注意保护利用。微生物农药防治大袋蛾效果非常明显。

(4) 化学防治。在初龄幼虫阶段,每公顷用90%的晶体美曲膦酯或80%敌敌畏乳油、50%杀螟松乳油、50%辛硫磷乳油、40%乐斯本乳油、20%抑食肼胶悬剂1 000～1 500 mL或25%灭幼脲胶悬剂、5%抑太保乳油1 000～2 000 mL、2.5%溴氰菊酯乳油、2.5%功夫乳油450～600 mL,加水1 200～2 000 kg,喷雾。根据幼虫多在傍晚活动的特点,一般选择在傍晚喷药,喷雾时要注意喷到树冠的顶部,并喷湿护囊。

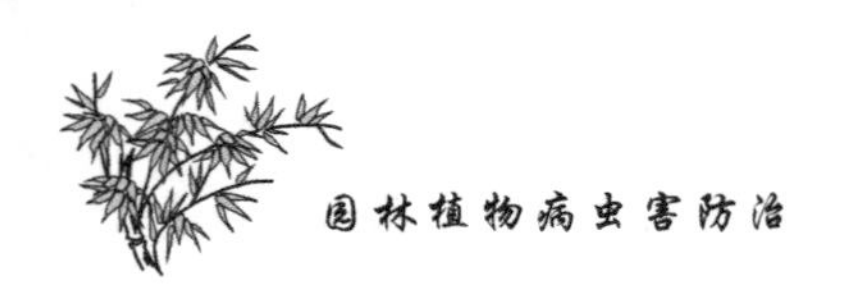

3. 螟蛾认知

螟蛾类属于鳞翅目螟蛾科，为小型至中型蛾类。多数螟蛾有卷叶，钻蛀茎、干、果实、种子等习性，许多种类为植物的大害虫。

3.1 种类、分布与为害

为害观赏植物叶片的螟蛾主要有黄杨绢野螟、樟叶瘤丛螟、竹织叶野螟、松梢螟等。

（1）樟叶瘤丛螟。樟叶瘤丛螟又称樟巢螟、樟丛螟，分布于江苏、浙江、江西、湖北、四川、云南、广西等地区，主要为害樟树、山苍子、山胡椒、刨花楠、银木、红楠等树种。

（2）黄杨绢野螟。黄杨绢野螟又称黄杨野螟，分布于浙江、江苏、山东、上海、陕西、北京、广东、贵州、西藏等地区，主要为害黄杨、雀舌黄杨、瓜子黄杨等黄杨科植物。

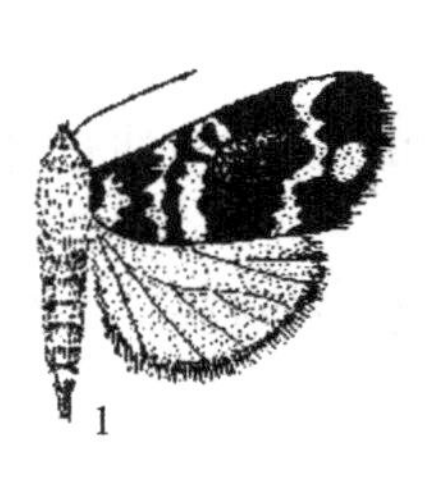

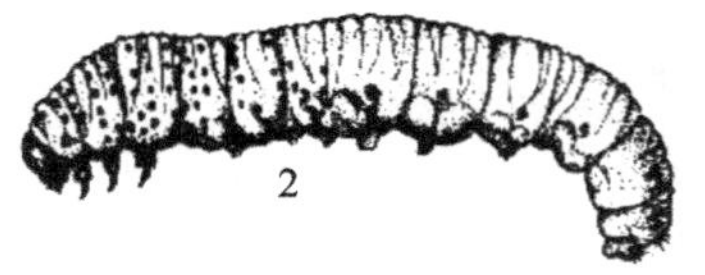

图 7-4　樟叶瘤丛螟

1—成虫；2—幼虫；3—蛹

3.2 形态特征

（1）樟叶瘤丛螟（见图 7-4）。成虫体长 8～13 mm，翅展 22～30 mm。头部为淡黄褐色，触角为黑褐色，雄蛾微毛状基节后方混合淡白的黑褐色鳞片。

（2）黄杨绢野螟（见图 7-5）。成虫体长 20～30 mm，翅展 30～50 mm。头部为暗褐色，老熟幼虫体长约 35 mm。

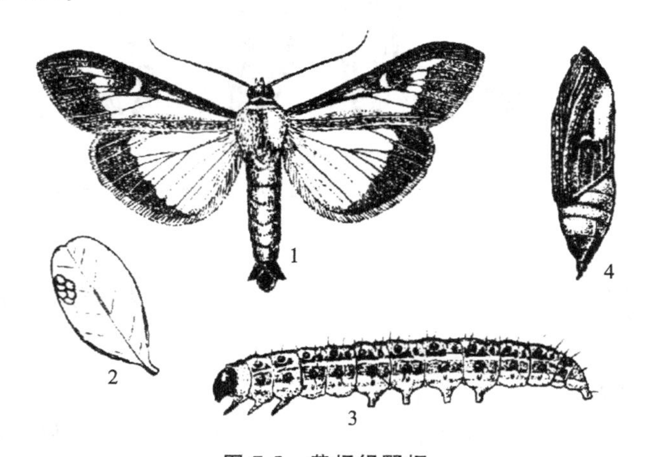

图 7-5　黄杨绢野螟

1—成虫；2—卵；3—幼虫；4—蛹

3.3 发生规律

（1）樟叶瘤丛螟。一年发生 2 代，以老熟幼虫在树冠下的浅土层中结茧越冬。初孵幼虫群集吐丝缀合小枝、嫩叶成虫包，匿居其中取食。

（2）黄杨绢野螟。以各代 3～4 龄幼虫缀叶结薄茧越冬。主要天敌昆虫有甲腹茧蜂、绢野螟长绒茧蜂、广大腿小蜂和寄蝇。

3.4 综合治理办法

（1）人工捕杀。结合管护修剪，在为害期、越冬期摘除虫巢、虫包，集中烧毁，或冬季在被害树的根际周围和树冠下，挖除虫茧或翻耕树冠下的土壤，消灭越冬虫茧。

(2) 生物防治。螟蛾类有姬蜂、茧蜂和寄蝇等多种天敌昆虫，也可在幼虫期喷施Bt乳剂500倍液进行防治。

(3) 灯光诱杀。利用黑光灯诱杀成虫。

(4) 药剂防治。在幼虫大发生时期用50%的杀螟松乳油1 500倍液，或90%晶体美曲膦酯、50%辛硫磷1 000倍液，或20%杀灭菊酯乳油2 000倍液喷雾；或在幼虫下树入土时以25%速灭威粉剂配成毒土毒杀入土结茧的幼虫。

4. 卷蛾认知

卷蛾类属于鳞翅目卷蛾科。小至中型，多为褐、黄、棕灰等色。为害观赏植物的卷蛾类害虫主要有茶长卷蛾、苹褐卷蛾、忍冬双斜卷蛾。下面重点介绍茶长卷蛾。

4.1 分布与为害

茶长卷蛾又称茶卷叶蛾、褐带长卷叶蛾，分布于江苏、安徽、湖北、四川、广东、广西、云南、湖南、江西等地区。茶长卷蛾为害茶、栎、樟、柑橘、柿、梨、桃等。

4.2 形态特征

茶长卷蛾(见图7-6)的成虫雌体长10 mm左右，翅展23～30 mm，体为浅棕色，触角为丝状。老熟幼虫体长18～26 mm，体为黄绿色，头为黄褐色，蛹长11～13 mm，深褐色，臀棘长，有8个钩刺。

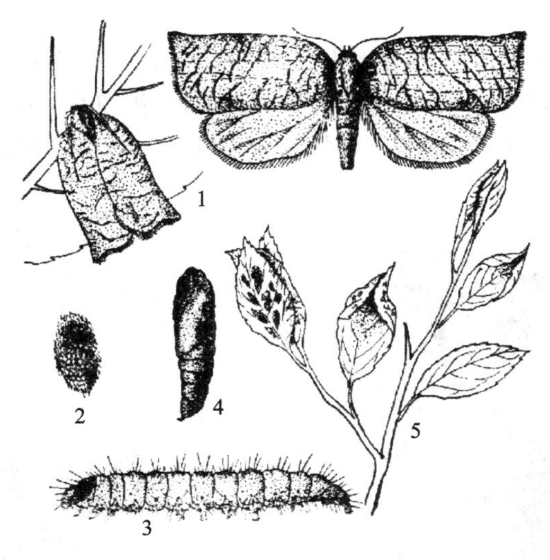

图7-6 茶长卷蛾

1—成虫；2—卵；3—幼虫；4—蛹；5—被害状

4.3 发生规律

浙江、安徽一年发生4代，台湾一年发生6代，以幼虫蛰伏在卷包里越冬。成虫多于清晨6时羽化，白天栖息在茶丛叶片上，日出前、日落后1～2 h最活跃，有趋光性、趋化性。

4.4 综合治理办法

(1) 人工防治。幼虫发生为害数量不多时，可根据为害状，随时摘除虫卷叶，以减轻危害和减少下一代的发生量。秋后在树干上绑草把或草绳诱杀越冬幼虫。

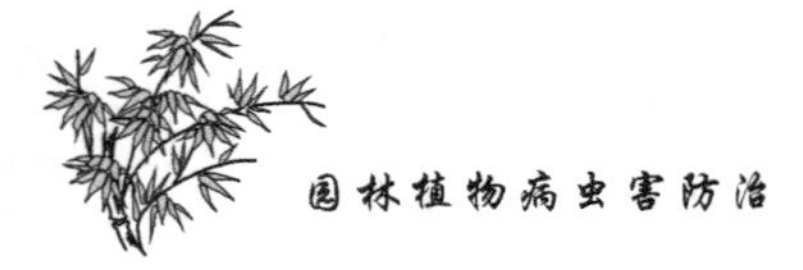

(2) 灯光诱杀。成虫有趋光性，在成虫发生季节，可用黑光灯诱杀成虫。

(3) 生物防治。保护和利用天敌昆虫，也可用每毫升含 100 亿活孢子的 Bt 生物制剂的 800 倍液防治幼虫。

(4) 药剂防治。发生严重时，可用 90%晶体美曲膦酯或 80%敌敌畏乳油 800～1 000 倍液，或者 2.5%溴氰菊酯乳油或 50%巴丹可湿性粉剂 1 500～2 000 倍液，或者 10%氯氰菊酯乳油 2 000～2 500 倍液进行喷雾防治。

5. 毒蛾认知

毒蛾类属于鳞翅目毒蛾科。幼虫有群集为害习性。

5.1 种类、分布及为害

为害观赏植物的毒蛾主要有豆毒蛾、茶毒蛾、黄尾毒蛾等。

(1) 豆毒蛾。豆毒蛾又称肾毒蛾，分布北起黑龙江、内蒙古，南至台湾、广东、广西、云南，寄主有柳、榆、茶、荷花、月季、紫藤等。

(2) 黄尾毒蛾。黄尾毒蛾分布于东北、华北、华东、西南各省，为害樱桃、梨、苹果、杏、梅、茶、柳、枫杨、桑、枣等及多种蔷薇科的花木。

5.2 形态特征

(1) 豆毒蛾(见图 7-7)。成虫雄蛾翅展 34～40 mm，雌蛾翅展 45～50 mm。触角为黄褐色，幼虫体长 40 mm 左右，头部为黑褐色、有光泽。蛹为红褐色，背面有长毛，腹部前 4 节有灰色瘤状突起。

(2) 桑树桑毛虫(见图 7-8)。成虫雌体长 14～18 mm，翅展 36～40 mm；雄体长 12～14 mm，翅展 28～32 mm。卵直径 0.6～0.7 mm，扁圆形，灰白色，半透明。卵块呈馒头状，上覆黄毛。幼虫体长 26～40 mm，黄色。蛹体长 9～11.5 mm，黄褐色。

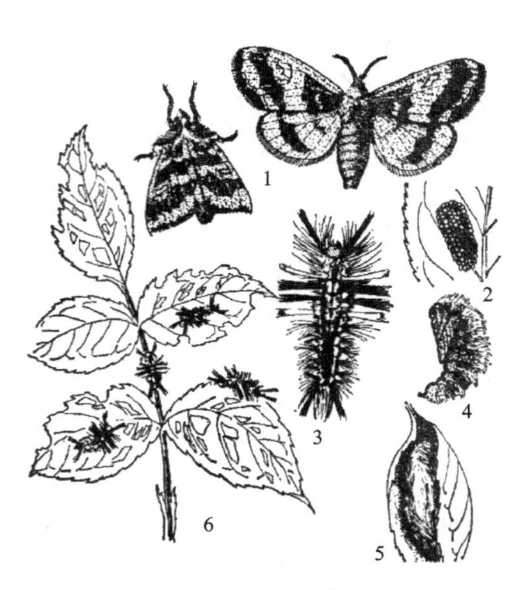

图 7-7　豆毒蛾

1—成虫；2—卵；3—幼虫；4—蛹；5—茧；6—被害状

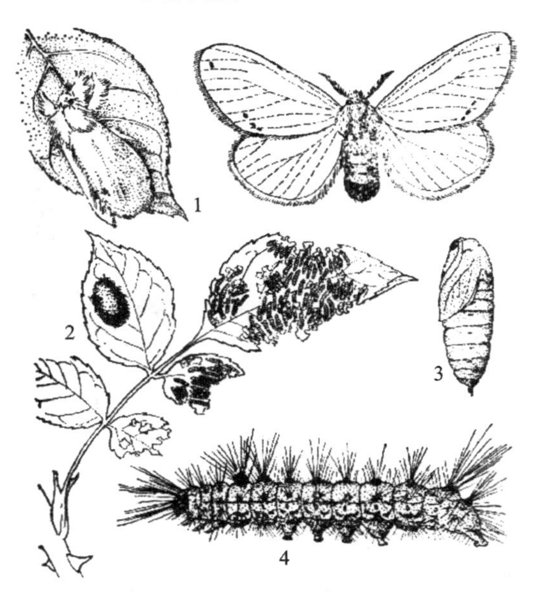

图 7-8　桑树桑毛虫

1—成虫；2—卵；3—幼虫；4—蛹

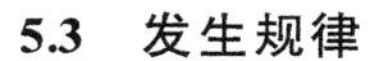

5.3　发生规律

（1）豆毒蛾。在长江流域一年发生3代，以幼虫越冬。4月开始为害，5月老熟幼虫以体毛和丝作茧化蛹。6月第1代成虫出现，有趋光性，卵产于叶背。

（2）桑树桑毛虫。江浙一带一年发生3～4代。以3～4龄幼虫在树干裂缝或枯叶内结茧越冬。翌年4月上旬，出蛰取食春芽、嫩叶，咬断叶柄。6月上旬成虫羽化，成虫有趋光性。

5.4　综合治理办法

（1）人工防治。在低矮观赏植物、花卉上，结合养护管理摘除卵块及初孵尚群集的幼虫，还可束草把诱集下树的幼虫。

（2）灯光诱杀。利用黑光灯诱杀成虫。

（3）生物防治。保护天敌昆虫，喷施微生物制剂，可用每克或每毫升含孢子100～108亿以上的青虫菌制剂500～1 000倍液在幼虫期喷雾。

（4）药剂防治。用50%杀螟松乳油或90%晶体美曲膦酯1 000倍液，或10 mg/kg灭幼脲1号，防治幼虫。当树体高、虫口密度大时，可用触杀性很强的农药如菊酯类农药涂刷树干，毒杀下树的幼虫。

6．枯叶蛾认知

枯叶蛾类属鳞翅目枯叶蛾科。

6.1　种类、分布及为害

为害观赏植物的枯叶蛾主要有马尾松毛虫、黄褐天幕毛虫。

（1）马尾松毛虫。马尾松毛虫俗称狗毛虫。以幼虫取食松树针叶为害。

（2）黄褐天幕毛虫。黄褐天幕毛虫又称天幕枯叶蛾，俗称顶针虫、春黏虫。国内除新疆、西藏外，其他各省（区）均有分布，主要为害杨、柳、榆等林木及苹果、山楂、梨、桃等果树。

6.2　形态特征

（1）马尾松毛虫（见图7-9）。成虫体色有灰白、灰褐、茶褐、黄褐等色，体长20～32 mm。

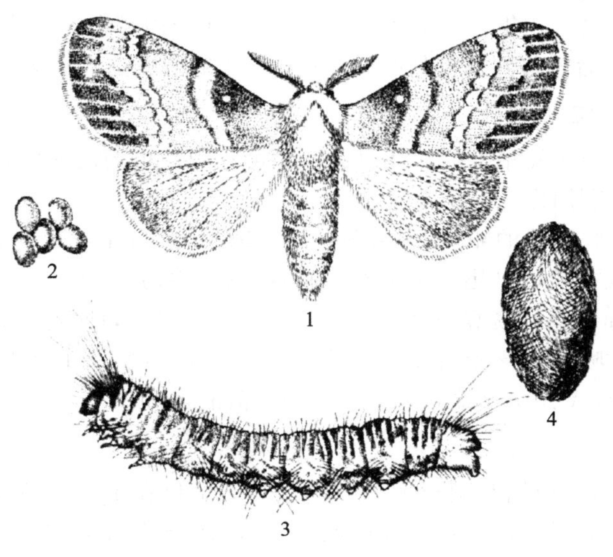

图7-9　马尾松毛虫

1—成虫；2—卵；3—幼虫；4—茧

雌蛾触角呈短栉齿状，雄蛾触角呈羽毛状。

(2) 黄褐天幕毛虫(见图 7-10)。成虫雌雄差异很大。雌成虫体长约 20 mm，翅展长为 29～39 mm，体翅褐黄色，腹部色较深，前翅中央有一条镶有米黄色细边的赤褐色横带。雄成虫体长约 15 mm，翅展长为 24～32 mm，全体淡黄色，前翅中央有两条深褐色的细横线，两线间的部分较深，呈褐色宽带，缘毛褐灰色相间。

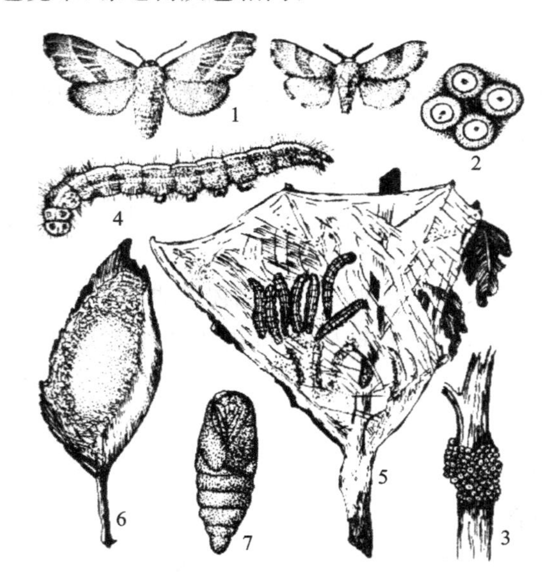

图 7-10　黄褐天幕毛虫

1—成虫；2、3—卵及卵块；4、5—幼虫及被害状；6、7—蛹及茧

6.3　发生规律

(1) 马尾松毛虫。一年发生 3～4 代，幼虫在翘树皮下、地面枯枝落叶层中越冬。成虫有趋光性。

(2) 黄褐天幕毛虫。一年发生 1 代，以小幼虫在卵壳内越冬。春季花木发芽时，幼虫钻出卵壳，为害嫩叶，以后转移到枝杈处吐丝张网，1～4 龄幼虫白天群集在网幕中。

6.4　综合治理办法

(1) 人工防治。剪除枝梢上的卵环、虫茧，也可利用幼虫的假死性，进行振落捕杀。

(2) 灯光诱杀。利用黑光灯诱杀成虫。

(3) 生物防治。将采回的卵环、虫茧等存放在细纱笼内，让寄生性天敌昆虫可正常羽化飞出。用松毛虫赤眼蜂防治马尾松毛虫卵，用白僵菌防治幼虫，也可利用林间自然感染病毒病死亡的虫尸捣烂加水进行喷雾使其幼虫染病。在林间设巢，招引益鸟。

(4) 化学防治。喷施 90%晶体美曲膦酯或 80%敌敌畏乳油 1 000 倍液，或者 20%杀灭菊酯乳油 2 000 倍液，或者 50%辛硫磷乳油 1 500 倍液，防治幼虫。

7. 尺蛾认知

尺蛾类属鳞翅目尺蛾科，小型至大型蛾类。其幼虫仅在第 6 腹节和末节上各具有 1 对足，行动时，弓背而行，如同以手量物，故称尺蠖。幼虫模拟枝条，裸栖食叶。

7.1　种类、分布及为害

为害观赏植物的尺蛾主要有丝棉木金星尺蛾、棉花大造桥虫、木燎尺蛾、樟三角尺蛾、槐尺蛾等。

(1) 槐尺蛾。槐尺蛾又称槐尺蠖。我国华北、华中、西北等地区都有发生,主要为害国槐、龙爪槐的叶片,为暴食性害虫。

(2) 丝棉木金星尺蛾。丝棉木金星尺蛾又称大叶黄杨尺蠖、卫矛尺蛾,分布于华北、中南、华东、西北等地,为害丝棉木、黄杨、卫矛、榆树、杨、柳等。

7.2　形态特征

(1) 槐尺蛾(见图7-11)。成虫体长12～17 mm,全体为灰黄色。卵为扁椭圆形,长0.58～0.67 mm,宽0.42～0.48 mm,初产时为鲜绿色,孵化时为灰黑色。

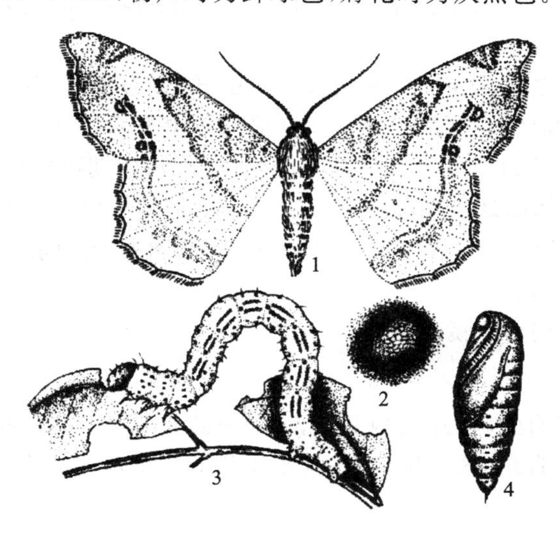

图7-11　槐尺蛾

1—成虫;2—卵;3—幼虫;4—蛹

(2) 丝棉木金星尺蛾(见图7-12)。雌成虫体长13～15 mm,翅展37～43 mm。卵为椭圆形,黄绿色。幼虫全体为黑色,体长33 mm,前胸背板黄色,有5个近方形的黑斑。

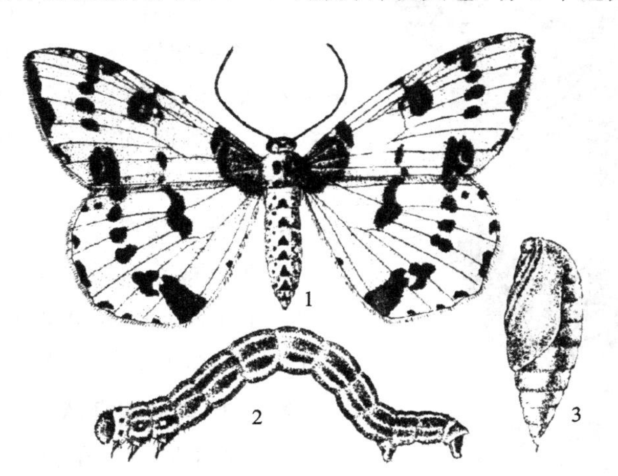

图7-12　丝棉木金星尺蛾

1—成虫;2—幼虫;3—蛹

7.3 发生规律

（1）槐尺蛾。在北京一年发生3代，以蛹在松土里越冬。成虫喜灯光，白天多在墙壁上或灌木丛中停落，夜晚活动，喜在树冠顶端和外缘产卵。

（2）丝棉木金星尺蛾。在江西一年发生3～4代，以蛹在寄主根际表土中越冬，成虫白天栖息于枝叶隐蔽处，夜出活动、交尾、产卵，卵产在叶背，具有较强趋光性。

7.4 综合治理办法

（1）人工防治。挖蛹消灭虫源，最好放在笼内让寄生性天敌昆虫飞出；幼虫期可突然摇树或振枝使虫吐丝下垂并用竹竿挑下杀死；捕杀寻找化蛹场所的老熟幼虫；在墙壁上、树丛中捕杀成虫；刮除卵块。

（2）生物防治。首先注意保护和利用天敌昆虫；幼虫为害期，低龄幼虫可喷10 000倍的20%除虫脲悬浮剂，较高龄时可喷600～1 000倍的每毫升含孢子100亿以上的Bt乳剂，或在空气湿度较高的地区喷每毫升含1亿孢子的白僵菌液；卵期可释放赤眼蜂。

（3）化学防治。于幼龄幼虫期喷施1 000～1 500倍的辛硫磷乳油，或者2 000倍的20%菊杀乳油，或者1 000倍的90%晶体美曲膦酯或50%马拉硫磷乳油，或者300～500倍的25%西维因可湿性粉剂等。

（4）灯光诱杀。利用灯光诱杀成虫。

8. 舟蛾认知

舟蛾类属于鳞翅目舟蛾科，幼虫栖息时，一般靠腹足攀附，头尾翘起，呈舟形。为害观赏植物的舟蛾主要有黄掌舟蛾、杨二尾舟蛾、槐羽舟蛾等。下面主要介绍黄掌舟蛾。

8.1 分布及为害

黄掌舟蛾又称榆掌舟蛾，分布于我国东北地区以及河北、陕西、山东、河南、安徽、江苏、浙江、湖北、江西、四川等地区。其寄主有栗、栎、榆、白杨、梨、樱花、桃等。

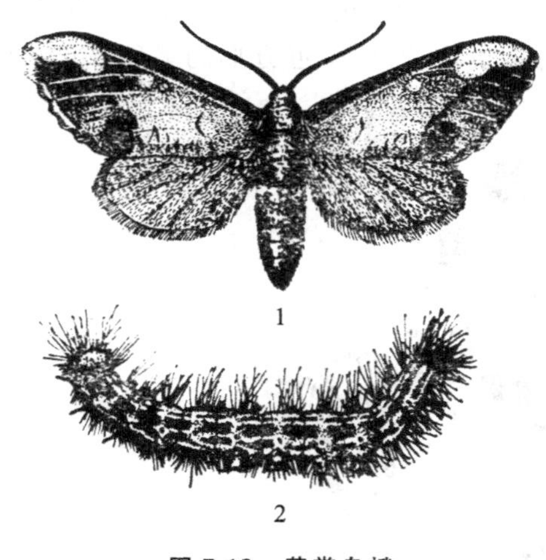

图7-13　黄掌舟蛾

1—成虫；2—幼虫

8.2 形态特征

黄掌舟蛾如图7-13所示，成虫雄蛾翅展44～45 mm，雌蛾翅展48～60 mm。头顶为淡黄色，触角为丝状。幼虫体长约55 mm，头为黑色，身体为暗红色，老熟时为黑色。蛹长22～25 mm，黑褐色。

8.3 发生规律

黄掌舟蛾在我国各地均一年发生1代，以蛹在树下土中越冬。成虫羽化后白天潜伏在树冠内的叶片上，夜间活动，趋光性较强。

8.4 综合治理办法

（1）人工防治。在幼虫发生期，幼龄幼虫尚未分散前组织人力采摘有虫叶片。幼虫分散后可振动树干，击落幼虫，集中杀死；秋后至春季挖蛹，或用锤、棒击杀树干上的茧、蛹。

（2）灯光诱杀。利用成虫的趋光性用黑光灯诱杀。

(3) 生物防治。在幼虫落地入土期，可往地面喷施白僵菌粉剂；在卵期可释放赤眼蜂，每次30万～45万头/hm^2。

(4) 药剂防治。在幼虫为害期，可往树上喷25%敌灭灵可湿性粉剂或25%灭幼脲3号胶悬剂1 500倍液，或者青虫菌6号悬浮剂或Bt乳剂1 000倍液，对幼虫有较好的防治效果。也可喷洒50%对硫磷乳油2 000倍液或90%美曲膦酯晶体1 500倍液。

9. 叶甲认知

叶甲类属于鞘翅目叶甲科，又称金花虫。

9.1 种类、分布及为害

为害观赏植物的叶甲主要有柳蓝叶甲、榆紫叶甲、白杨叶甲等。

(1) 柳蓝叶甲。柳蓝叶甲又称柳圆叶甲，分布于黑龙江、吉林、辽宁、内蒙古、甘肃、宁夏、河北、山西、陕西、山东、江苏、河南、湖北、安徽、浙江、贵州、四川、云南等地区，为害各种柳树和杨树。以成虫和幼虫取食叶片，成缺刻和孔洞。

(2) 白杨叶甲。白杨叶甲分布于新疆、内蒙古、宁夏、陕西、山西、河南、山东、湖南、四川及东北三省，以成虫和幼虫为害多种杨树及柳树等。

9.2 形态特征

(1) 柳蓝叶甲(见图7-14)。成虫体长4 mm左右，近圆形，深蓝色，具有金属光泽。幼虫体长约6 mm，灰褐色。蛹长4 mm，椭圆形，黄褐色。腹部背面有4列黑斑。

(2) 白杨叶甲。雌虫体长12～15 mm，雄虫体长10～11 mm。体近椭圆形，后半部略宽。鞘翅橙红色，触角短，前胸背板蓝紫色，具有金属光泽。

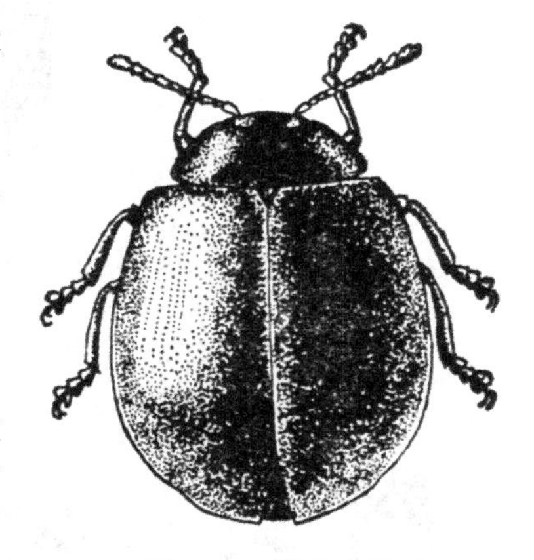

图7-14　柳蓝叶甲

9.3 发生规律

(1) 柳蓝叶甲。河南一年发生4～5代，北京一年发生5～6代，以成虫在土壤中、落叶和杂草丛中越冬，具有假死性。

(2) 白杨叶甲。一年发生1～2代，以成虫在落叶层下、表土中越冬。

9.4 综合治理办法

(1) 人工防治。利用成虫的假死性振落杀灭；冬季扫除枯枝落叶、深翻土地、清除杂草，消灭越冬虫源。

(2) 化学防治。可用90%晶体美曲膦酯或80%敌敌畏乳油或50%辛硫磷乳油或50%马拉松乳油1 000乳液，或者2.5%溴氰菊酯乳油或10%氯氰菊酯乳油3 000倍液喷雾防治成虫和幼虫。

10. 蝶类认知

蝶类属鳞翅目中的锤角亚目。蝶类的成虫身体纤细，触角前面数节逐渐膨大呈棒状或球杆状，均在白天活动，静止时翅直立于体背。

10.1 种类、分布与为害

为害观赏植物的主要蝶类害虫有凤蝶科的柑橘凤蝶、玉带凤蝶、木兰青凤蝶、樟青凤蝶，

蛱蝶科的茶褐樟蛱蝶、黑脉蛱蝶，粉蝶科的菜粉蝶，弄蝶科的香蕉弄蝶，灰蝶科的曲纹紫灰蝶等。这里重点介绍柑橘凤蝶和菜粉蝶。

10.2　形态特征

（1）柑橘凤蝶（见图 7-15）。成虫体长 25～30 mm，翅展 70～100 mm，体为黄绿色，卵直径约 1 mm，圆球形。

（2）菜粉蝶（见图 7-16）。成虫体长 12～20 mm，翅展 45～55 mm，体为灰黑色。幼虫体长 35 mm，全体为青绿色。蛹长 18～21 mm，纺锤形，体背有 3 条纵脊，体色有青绿色和灰褐色等。

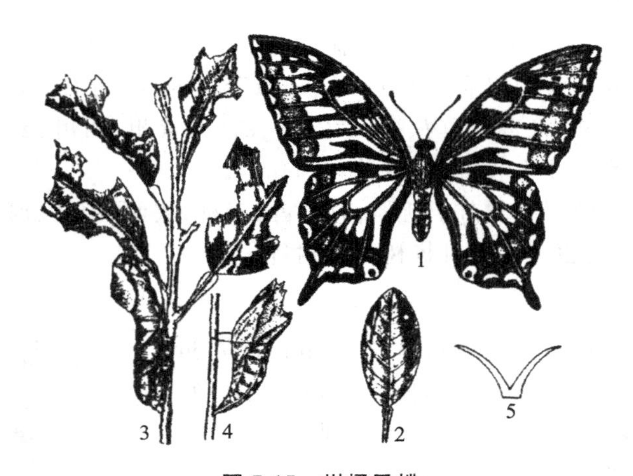

图 7-15　柑橘凤蝶

1—成虫；2—卵；3—幼虫及被害状；4—蛹；5—幼虫前胸翻缩腺

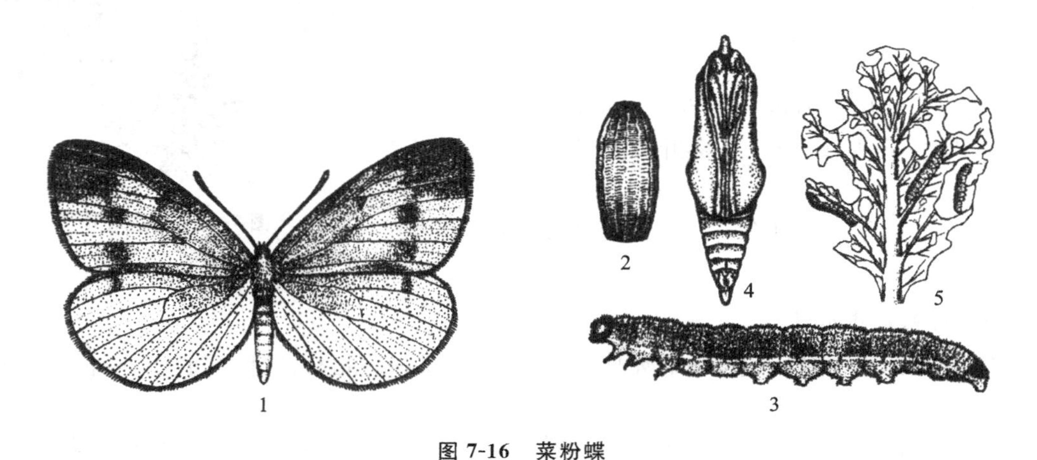

图 7-16　菜粉蝶

1—成虫；2—卵；3—幼虫；4—蛹；5—被害状

10.3　发生规律

（1）柑橘凤蝶。在浙江、四川、湖南一年发生 3 代，福建、台湾一年发生 5～6 代，广东一年发生 6 代。均以蛹附着在橘树叶背、枝干及其他比较隐蔽场所越冬。

（2）菜粉蝶。各地发生代数、历期不同，内蒙古、辽宁、河北一年发生 4～5 代，上海一年发生 5～6 代，南京一年发生 7 代，武汉、杭州一年发生 8 代，长沙一年发生 8～9 代。均以蛹在发生地附近的墙壁屋檐下或篱笆、树干、杂草残株等处越冬，一般选在背阳的一面。

10.4　综合治理办法

(1) 加强检疫。加强对南方引进的铁树的检查，防治曲纹紫灰蝶的传入。

(2) 人工防治。人工捕杀幼虫和越冬蛹，在养护管理中摘除有虫叶和蛹。及时清除花坛绿地上的羽衣甘蓝老茬，以减少菜粉蝶虫源。成虫羽化期可用捕虫网捕捉成虫。

(3) 生物防治。在幼虫期，喷施青虫菌粉或浓缩液400～600倍液，加0.1%茶饼粉以增加药效；或喷施Bt乳剂300～400倍液。

(4) 化学防治。可于低龄幼虫期喷1 000倍的20%灭幼脲1号胶悬剂。如被害植物面积较大、虫口密度较高，可喷施40%敌·马乳油或40%菊·杀乳油或80%敌敌畏或50%杀螟松或马拉硫磷乳油1 000～1 500倍液、90%美曲膦酯晶体800～1 000倍液、10%溴·马乳油2 000倍液。

1. 材料及工具的准备

1.1　材料

材料为各种蛾类、叶甲类、蝶类等食叶害虫的标本。

1.2　工具

工具为手持放大镜、体视显微镜、泡沫塑料板、镊子、解剖针、蜡盘。

2. 任务实施步骤

2.1　刺蛾类观察

观察黄刺蛾、褐边绿刺蛾、褐刺蛾、扁刺蛾的各类标本，注意成虫前后翅的斑纹、幼虫的体型、茧的质地和花纹。

2.2　袋蛾类观察

观察大袋蛾、茶袋蛾、桉袋蛾、白囊袋蛾的各类标本，特别要注意袋囊的组分。

2.3　螟蛾类观察

观察黄杨绢野螟、樟叶瘤丛螟、棉花卷叶螟、竹织叶野螟、松梢螟、瓜绢野螟各类标本。

2.4　卷蛾类观察

观察茶长卷蛾、苹褐卷蛾、杉梢小卷蛾、忍冬双斜卷蛾各类标本。

2.5　毒蛾类观察

观察豆毒蛾、松茸毒蛾、乌桕毒蛾、茶毒蛾、黄尾毒蛾、侧柏毒蛾各类标本。

2.6　枯叶蛾类观察

观察马尾松毛虫、栎黄枯叶蛾、李枯叶蛾、黄褐天幕毛虫各类标本。

2.7　尺蛾类观察

观察丝棉木金星尺蛾、棉大造桥虫、木燎尺蛾、樟三角尺蛾、槐尺蛾各类标本。

2.8　舟蛾类观察

观察黄掌舟蛾、杨二尾舟蛾、槐羽舟蛾各类标本，可见其雄成虫触角多为栉齿状或锯齿状，雌虫触角多为丝状。

2.9　叶甲类观察

观察柳蓝叶甲、橘潜叶甲、榆紫叶甲各类标本，可见这些标本为小型至中型甲虫，体为卵形或圆形。体色变化大，具有金属光泽。

2.10　金龟类观察

观察斑点丽金龟、铜绿丽金龟、大绿丽金龟、黄斑短突花金龟、白星花金龟、苹毛丽金龟、小青花金龟成虫标本。

2.11　蝶类观察

观察柑橘凤蝶、玉带凤蝶、菜粉蝶、香蕉弄蝶各类标本，注意各种蝶的翅面斑纹的特点，特别要注意观察凤蝶成虫后其翅的尾突和幼虫头部的“Y”腺。

园林植物食叶害虫防治技术任务考核单如表 7-1 所示。

表 7-1　园林植物食叶害虫防治技术任务考核单

序号	考核内容	考核标准	分值	得分
1	蛾类的形态观察	能准确识别各种蛾类	20	
2	蛾类的习性认知	了解蛾类的共有习性	20	
3	蛾类的发生规律认知	了解蛾类的发生时期、越冬场所和方式	20	
4	蛾类的防治方法	掌握蛾类的主要防治措施	20	
5	叶甲类识别与防治	能准确识别各种叶甲类，并对叶甲类进行防治	10	
6	蝶类识别与防治	能准确识别各种蝶类，并对蝶类进行防治	10	

思考问题

（1）为害观赏植物的蛾类有哪些？各有什么特点？

（2）蛾类有共同的习性吗？有哪些习性？

（3）叶甲类的发生规律与防治措施有哪些？

（4）蝶类的发生规律与防治措施有哪些？

食叶害虫防治方案

1. 防治对策

根据“预防为主，综合治理”的植保方针和保护生态环境的原则，食叶害虫防治要坚持以适地适树和以抗性树种为主的营林措施为基础，以生物制剂、仿生农药和植物性杀虫剂为主导，协调运用人工、物理和化学方法防治，降低虫口密度，压缩发生面积，切实控制为害蔓延。

2. 防治措施

2.1　人工物理防治

越冬（越夏）是应用人工措施防治的有利时机，由于树体高大，加强对蛹和成虫的防治会取得事半功倍的效果。

2.2 Bt等生物防治

在幼虫3龄期前喷施生物农药和病毒防治。地面喷雾树高在12 m以下的中幼龄林，用药量分别为：Bt 200亿国际单位/亩、青虫菌乳剂1亿～2亿孢子/mL、阿维菌素6 000～8 000倍。

2.3 打孔注药防治

对发生严重、喷药困难的高大树体，可打孔注药防治。利用打孔注药机在树胸径处不同方向打3～4个孔，注入疏导性强的40%氧化乐果乳油、50%甲胺磷乳油、40%久效磷乳油、25%杀虫双水剂。

2.4 毒环和毒绳防治

对于有上、下树干和越冬后上树习性的害虫，可利用将药剂在树干涂环或绑扎毒绳的方法防治。在幼虫上树前，用10 mL 2.5%溴氰菊酯、10 mL氧化乐果、1 kg废机油混合液，在树干上涂3～5 cm宽的闭合环。

任务2 园林植物枝干害虫防治技术

知识点：了解园林植物枝干害虫的种类、外部形态特征、发生规律，掌握枝干害虫的防治方法。

能力点：能根据实际生产需要，准确识别园林植物枝干害虫和制订枝干害虫的防治方案。

任务提出

我们经常能看到园林植物的树干、茎、新梢及花、果、种子等被蛀空，这类害虫对园林植物的生长发育造成较大程度的为害，严重时会造成园林植物成株成片死亡。具有钻蛀习性的害虫都有哪些种类呢？它们又有什么特征？发生的规律是怎么样的呢？又该如何进行防治呢？

任务分析

钻蛀性害虫是指以幼虫或成虫钻蛀植物的枝干、茎、嫩梢及果实、种子，匿居其中的昆虫。常见的钻蛀性害虫有鞘翅目的天牛类、小蠹类、吉丁类、象甲类；鳞翅目的木蠹蛾类、辉蛾类、透翅蛾类、夜蛾类、螟蛾类、卷蛾类；膜翅目的茎蜂类、树蜂类；双翅目的瘿蚊类、花蝇类。应在未蛀入树干之前防治此类害虫。

任务实施的相关专业知识

1. 天牛的认知

天牛是观赏植物重要的枝干害虫，属鞘翅目，天牛科。全世界已知20 000种，我国已知2 000多种。主要以幼虫钻蛀植株枝干，在韧皮部和木质部形成蛀道为害。

1.1 分布及为害

（1）星天牛。星天牛又称柑橘星天牛、白星天牛，分布于吉林、辽宁、甘肃、陕西、四川、云南、广东、台湾等地区，主要为害杨、柳、榆、刺等观赏树木。

（2）云斑天牛。云斑天牛又称多斑白条天牛，分布于河北、陕西、安徽、江苏、浙江、江西、湖南、湖北、福建、台湾等地区，主要为害桑、杨、柳、栎、榕、榆等。

1.2 形态特征

（1）星天牛（见图 7-17）。雌成虫体长 27～41 mm，雄成虫体长 27～36 mm，体为黑色，略带金属光泽。卵为长椭圆形，初产时为白色，以后渐变为浅黄白色至灰褐色。老熟幼虫体长 38～60 mm，乳白色到淡黄色。蛹呈纺锤形，长 30～38 mm，初为淡黄色，羽化前逐渐变为黄褐色至黑色。

（2）云斑天牛（见图 7-18）。成虫体长 34～61 mm，体宽 18 mm。体为黑色或黑褐色。卵为椭圆形，乳白色至黄白色，老熟时体长 70～80 mm，乳白色至淡黄色，粗而多皱，头部为深褐色，前胸背板有"凸"字形的褐斑。蛹为淡黄白色，裸蛹，长 40～70 mm，末端锥尖，尖端斜向后上方。

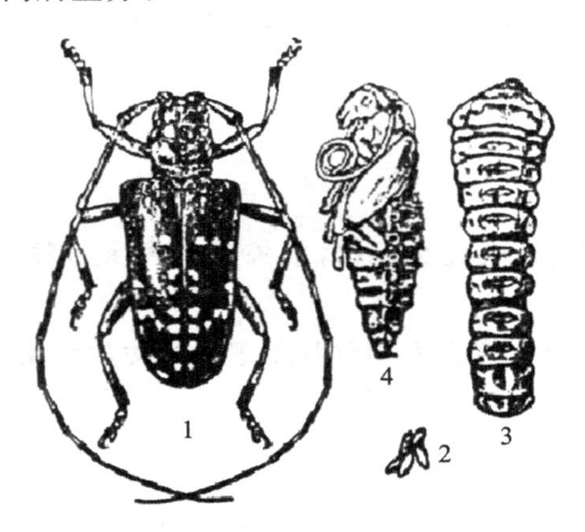

图 7-17 星天牛

1—成虫；2—卵；3—幼虫；4—蛹

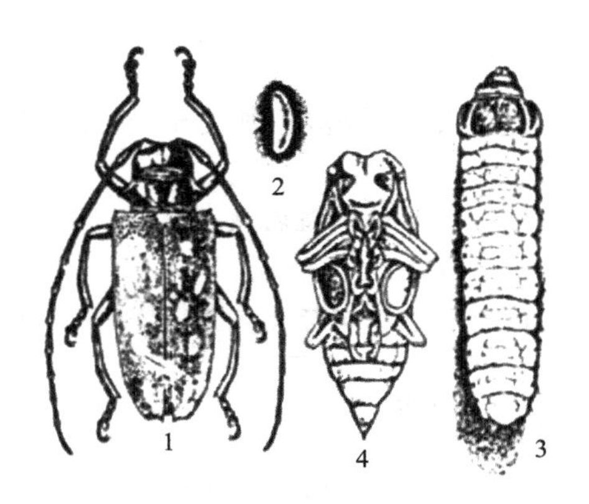

图 7-18 云斑天牛

1—成虫；2—卵；3—幼虫；4—蛹

1.3 发生规律

（1）星天牛。南方一年发生 1 代，北方 2～3 年发生 1 代。以幼虫在被害寄主木质部内越冬。越冬幼虫于翌年 3 月开始活动，至清明节前后有排泄物出现。

（2）云斑天牛。各地均 2～3 年发生 1 代。以幼虫和成虫在蛀道蛹室内越冬。成虫食叶或新枝嫩皮补充营养，昼夜均能飞翔活动，但以晚间活动为多。卵大多产于树干离地面 1.7 m左右处，在胸径 10～20 cm 的树干上，围绕树干连续产卵 5～8 次。

1.4 防治方法

（1）植物检疫。严格执行检疫制度，对可能携带天牛的苗木、种条、幼树、原木、木材实行检疫，检验有无天牛的卵槽、入侵孔、羽化孔、虫瘿、虫道和活虫体。

（2）观赏技术防治。加强水肥管理，增强树势，提高抗虫能力，选育抗虫品种，及时剪除及伐除严重受害株，剪除被害枝梢，消灭幼虫。

（3）机械防治。利用成虫飞翔力不强、有假死性，可骤然振落树干进行人工捕捉。人工击卵，根据天牛咬刻槽产卵的习性，找到产卵槽，用硬物击之杀卵。

（4）物理防治。根据许多天牛成虫具有趋光性，可设置黑光灯诱杀。

（5）化学防治。受害株率较高、虫口密度较大时，可选用内吸性药剂喷施受害树干。如杀螟松、磷胺、敌敌畏等 100～200 倍液，对成虫都有效。用 80%敌敌畏 500 倍液注射入蛀孔内或用浸药棉塞孔(外用泥封孔)，或者用溴氰菊酯等农药做成毒签插入蛀孔中，可毒杀幼虫。

(6) 生物防治。保护并利用天敌，天牛的天敌有花绒坚甲、肿腿蜂、啄木鸟等，可在天牛幼虫期释放肿腿蜂。此外，白僵菌和绿僵菌也可用来防治天牛幼虫。

2. 木蠹蛾类

木蠹蛾属鳞翅目，木蠹蛾总科，为中型至大型蛾子。木蠹蛾都以幼虫蛀害树干和树梢，为重要钻蛀性害虫。

2.1　分布及为害

(1) 芳香木蠹蛾。芳香木蠹蛾又称蒙古木蠹蛾，分布于东北、华北、西北、华东、华中、西南等地，主要为害丁香、柳、杨、榆、栎、核桃、稠李、山荆子、香椿、苹果、白蜡、沙棘等。

(2) 槐木蠹蛾。槐木蠹蛾又称国槐木蠹蛾、小木蠹蛾、小线角木蠹蛾，分布于东北、华北、华东等地，主要为害槐树、龙爪槐、白蜡、元宝枫、海棠、银杏、丁香、麻栎、苹果、山楂、榆叶梅等树木。

2.2　形态特征

(1) 芳香木蠹蛾。雌虫体长 28.1～41.8 mm，雄虫体长 22.6～36.7 mm。雌虫翅展 61.1～82.6 mm，雄虫翅展 50.9～71.9 mm。体、翅均为灰褐色，粗壮。老龄幼虫体长 58～90 mm，扁圆筒形，体粗壮。头部为黑色。

(2) 槐木蠹蛾。成虫体长 18 mm 左右，翅展 38～72 mm，体为灰褐色。老熟时体长 35 mm左右，宽 6 mm 左右，体为扁圆筒形，腹面扁平，头部为黑紫色，胸、腹部背面为紫红色，有光泽，腹面为黄白色。

2.3　发生规律

(1) 芳香木蠹蛾。每 2 年发生 1 代，第 1 年以幼虫在树干内越冬，第 2 年老熟后离树干入土越冬。

(2) 槐木蠹蛾。北京每 2 年发生 1 代。以幼虫在被害枝干内越冬。雌雄交尾后，喜产卵于树干、大枝的伤疤和裂皮缝处。卵成堆，每堆数粒至数十粒。

2.4　木蠹蛾的防治方法

(1) 加强管理。合理配置观赏树种，加强水、肥等管理；注意减少树木损伤，增强树势，以减少虫害发生；结合冬季修剪，及时剪伐新枯死带虫枝条和树木，消灭虫源。

(2) 诱杀。在成虫羽化期用黑光灯和性引诱剂诱杀成虫，夜间使用捕虫器诱杀成虫。

(3) 人工捕杀。秋季人工捕捉下地越冬的幼虫，刮除树皮缝处的卵块。

(4) 药剂防治。在幼虫孵化期，未蛀入前向树干喷施 50%杀螨松乳油或 40%氧化乐果乳剂 1 000 倍液，每隔 10～15 d 喷 1 次，毒杀初孵幼虫。

(5) 生物防治。用喷注器在蛀虫孔注入 $5\times(10^8\sim10^9)$ IV/mL 白僵菌液。斯氏线虫也可用来防治木蠹蛾。

3. 小蠹虫类

小蠹虫属于鞘翅目小蠹甲科，为小型甲虫。全世界已知 3 000 多种，我国记载 500 种以上，大多数种类寄生于树皮下，有的侵入木质部。种类不同，钻蛀的坑道形式不同。

3.1 分布及为害

(1) 松纵坑切梢小蠹。松纵坑切梢小蠹的分布广，我国的松林均有分布；主要为害云南松、马尾松、赤松、华山松、油松、樟子松、黑松、雪松等。

(2) 松横坑切梢小蠹。松横坑切梢小蠹主要分布在江西、河南、陕西、四川、云南等省；主要为害马尾松、油松、黑松、红松、云南松、糖松等。

3.2 形态特性

(1) 松纵坑切梢小蠹(见图 7-19)。成虫体长 3.5～4.5 mm，椭圆形。坑道为单纵坑，在树皮下层，微触及边材，坑道长一般为 5～6 cm，最长约 14 cm，子坑道在母坑道两侧，与母坑道略垂直，长而弯曲，通常 10～15 条。

(2) 松横坑切梢小蠹(见图 7-20)。成虫体长 3.8～4.4 mm。母坑道为复横坑，由交配室分出左右两条横坑，呈弧形，在立木上弧形的两端皆朝下方，在倒木上则方向不一。子坑道短而稀，长 2～3 cm，自母坑道上、下方分出。蛹室在边材上或皮内。

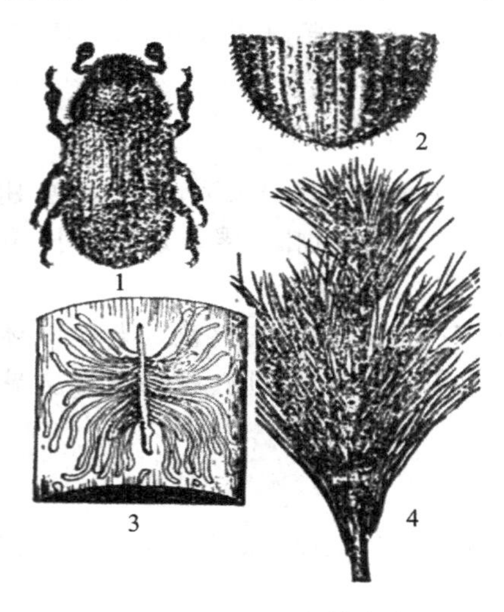

图 7-19 松纵坑切梢小蠹

1—成虫；2—成虫鞘翅末端；
3、4—干、枝被害状

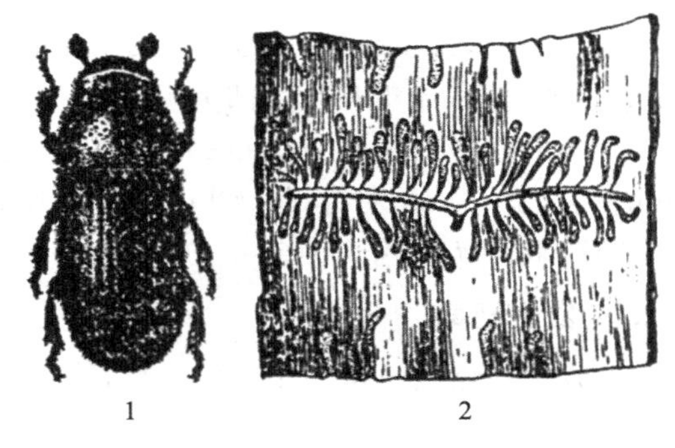

图 7-20 松横坑切梢小蠹

1—成虫；2—被害状

3.3 发生规律

(1) 松纵坑切梢小蠹。一年发生 1 代，以成虫越冬。干基部越冬坑常被枯草覆盖，在越冬坑外残留蛀屑。

(2) 松横坑切梢小蠹。松横坑切梢小蠹常与松纵坑切梢小蠹伴随发生，一年发生 1 代，以成虫在松树嫩梢或土内越冬。松横坑切梢小蠹主要侵害衰弱木和濒死木，也侵害健康木。

3.4 小蠹虫的防治方法

(1) 加强检疫。严禁调运虫害木，一旦发现要及时进行药剂或剥皮处理，以防止扩散。

(2) 加强管理。及时浇水、施肥、松土，增强树势，减少侵入。及时剪伐虫害严重的新枯死枝干，消灭虫源，防止蔓延。

(3) 诱杀成虫。于早春或晚秋设置饵木，在受害树木附近放置刚开始衰弱的松柏枝条，引诱成虫潜入，然后处理，消灭诱到的成虫。

（4）生物防治。减少杀虫剂的使用，注意保护天敌昆虫，同时人工饲养和繁殖小蠹虫天敌。

（5）药剂防治。在成虫羽化盛期或越冬成虫出蛰盛期，喷施80%敌敌畏乳油1 000倍液，或40%氧化乐果乳油或80%磷胺乳油100～200倍液于活立木枝干。

4. 透翅蛾类

透翅蛾属鳞翅目，透翅蛾科。全世界已知100种以上，我国已知10余种。成虫很像胡蜂，白天活动。幼虫蛀食枝干、枝条，形成肿瘤。

4.1 分布及为害

（1）白杨透翅蛾。白杨透翅蛾又称杨透翅蛾，分布于河北、河南、北京、内蒙古、山西、陕西、江苏、新疆、浙江等地区；主要为害杨树、柳树，以银白杨、毛白杨为害最重。幼虫钻蛀枝干和顶芽，枝梢被害后枯萎下垂，顶芽生长受抑制，徒生侧枝，形成秃梢。

（2）苹果透翅蛾。苹果透翅蛾又称苹果小透翅蛾，主要分布在华北等地，为害海棠、苹果、樱桃、李、杏、梅等。

4.2 形态特征

（1）白杨透翅蛾（见图7-21）。体长11～20 mm，翅展22～38 mm，外形似胡蜂。老熟幼虫体长30～33 mm，圆筒形。初孵幼虫为淡红色，老熟时为黄白色。

（2）苹果透翅蛾（见图7-22）。体长12～16 mm，翅展20 mm左右，体为黑色并具有蓝黑色光泽。

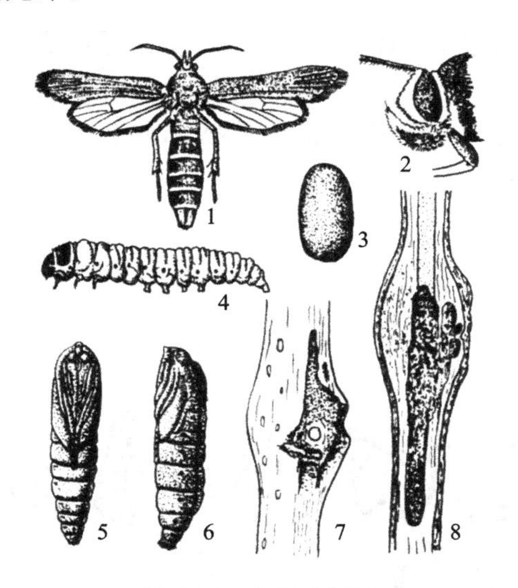

图7-21 白杨透翅蛾

1—成虫；2—成虫头部侧面；3—卵；4—幼虫；5—蛹的正面；6—蛹的侧面；7、8—为害状

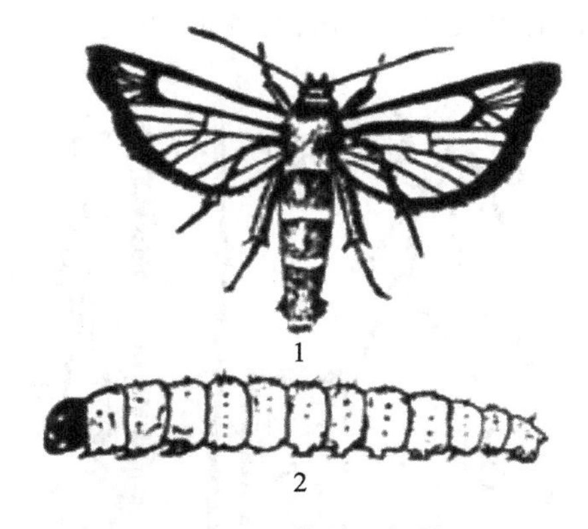

图7-22 苹果透翅蛾

1—成虫；2—幼虫

4.3 发生规律

（1）白杨透翅蛾。多为一年发生1代，少数一年发生2代。以幼虫在枝干木质部内越冬。

（2）苹果透翅蛾。北京一年发生1代。以幼虫在树皮下越冬。

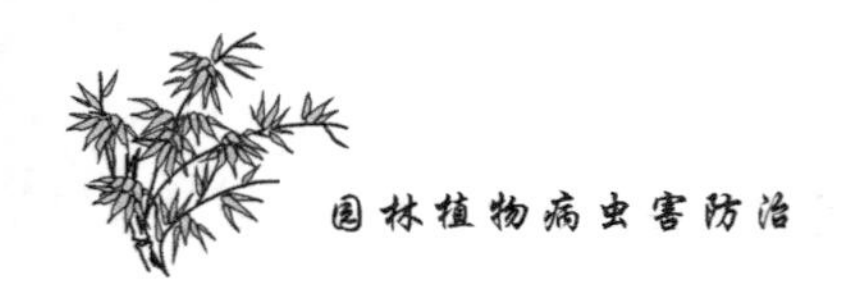

4.4 透翅蛾的防治方法

(1) 选择抗虫树种。如有些杂交杨树对白杨透翅蛾有较强的抗性。

(2) 加强检疫。在引进或输出苗木和枝条时,严格检验,发现虫瘿要剪下烧毁,以杜绝虫源。

(3) 人工防治。幼虫初蛀入时会有蛀屑或小瘤,一旦发现,要及时剪除或削掉,或在虫瘿的排粪处钩、刺杀幼虫。秋后修剪时将虫瘿剪下烧毁。

(4) 生物防治。保护并利用天敌,在天敌羽化期减少杀虫剂的使用。或用蘸有白僵菌、绿僵菌的棉球堵塞虫孔。在成虫羽化期应用信息素诱杀成虫,效果明显。

(5) 药剂防治。在幼虫侵入枝干后、表面有明显排泄物时,可用50%磷胺乳油加水20～30倍液涂环状药带,或滴、注蛀孔,药杀幼虫。用蘸有三硫化碳的棉球塞蛀孔,孔外堵塞黏泥,能杀死潜至隧道深处的幼虫。

5. 象甲类

象甲类属于鞘翅目,象甲科,也称象鼻虫,是重要的观赏植物钻蛀类害虫。

5.1 分布及为害

(1) 杨干象。杨干象又称杨干隐喙象虫,分布于东北及内蒙古、河北、山西、陕西、甘肃等地区。危害加拿大杨、小青杨、白毛杨、香杨和旱柳等。

(2) 北京枝瘿象。成虫和幼虫均能为害。取食植物的根、茎、叶、果实和种子,分布于北京、河北等地区。

5.2 形态特征

(1) 杨干象(见图7-23)。成虫体为长椭圆形,体长8～10 mm、黑褐色,触角为赤褐色,9节,膝状。幼虫为乳白色,全体疏生黄色短毛。

(2) 北京枝瘿象(见图7-24)。成虫体长7 mm左右、椭圆形、褐色,体密被白色细毛。老熟幼虫体长约6 mm、纺锤形、稍弯曲、黄白色,头褐色。

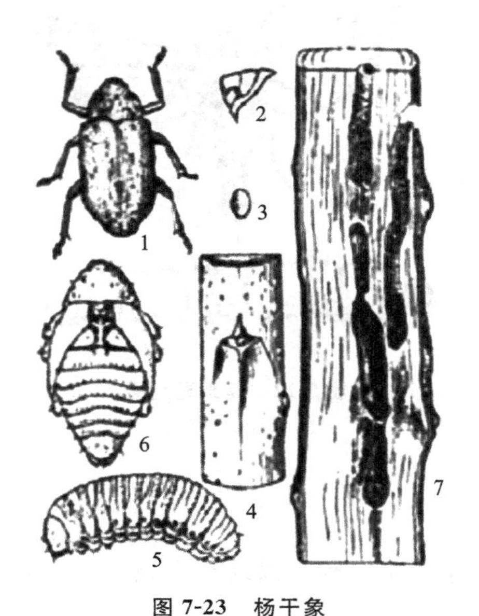

图7-23 杨干象

1—成虫;2—头部侧面;3—卵;4—产卵孔;5—幼虫;6—蛹;7—为害状

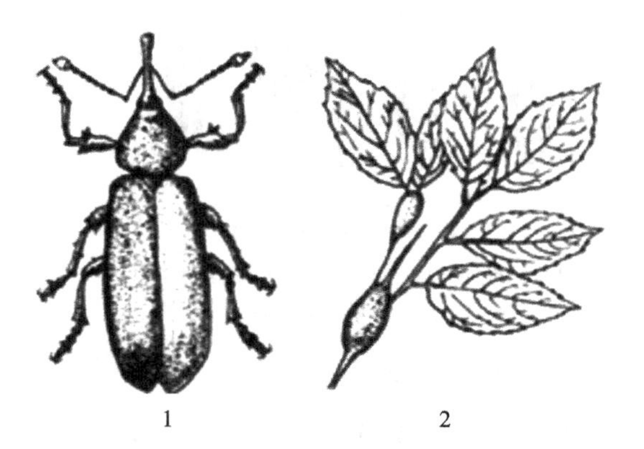

图7-24 北京枝瘿象

1—成虫;2—为害状

5.3　发生规律

(1) 杨干象。辽宁地区一年发生1代，以卵及初孵幼虫越冬，蛹期为6～12 d。6月中旬到10月成虫发生，盛期为7月中旬，以嫩枝干或叶片做补充营养，在树干上咬一圆孔至形成层内取食，使被害枝干上留有无数针眼状小孔。

(2) 北京枝瘿象。北京一年发生1代，以成虫在虫瘿内越冬。4月初幼虫开始孵出，并蛀入新梢为害，刺激细胞增生，开始形成虫瘿。

5.4　象甲的防治方法

(1) 加强检疫。严禁调入、调出带虫苗木，防止其传播蔓延。

(2) 清洁田园。及时清除枯死枝干，剪除虫瘿及被害枝条，消灭虫源。

(3) 人工捕捉成虫。利用成虫的假死性，于成虫期振落捕杀。

(4) 保护并利用天敌。保护和利用寄生蝇、啄木鸟和蟾蜍等天敌。

(5) 药剂防治。成虫外出期喷20%菊杀乳油1 500～2 000倍液1～2次，或者2.5%溴氰菊酯乳油2 000～2 500倍液，或者50%辛硫磷乳油1 000倍液。

6. 吉丁甲类

吉丁甲类属鞘翅目吉丁甲科。

6.1　种类、分布及为害

(1) 金缘吉丁虫。金缘吉丁虫分布于长江流域、黄河流域和山西、河北、陕西、甘肃等地区，为害梨、苹果、沙果、桃等。幼虫蛀食皮层，被害组织颜色变深，被害处外观变黑。

(2) 六星吉丁虫。六星吉丁虫分布于江苏、浙江、上海等地区，为害重阳木、悬铃木、枫杨等。

6.2　形态特征

(1) 金缘吉丁虫(见图7-25)。成虫体长13～17 mm，全体为翠绿色，具有金属光泽，身体扁平，密布刻点。卵为椭圆形，长约2 mm，宽约1.4 mm，初为乳白色，后渐变为黄褐色。裸蛹，长15～20 mm，宽约8 mm，初为乳白色，后变为紫绿色，具有光泽。

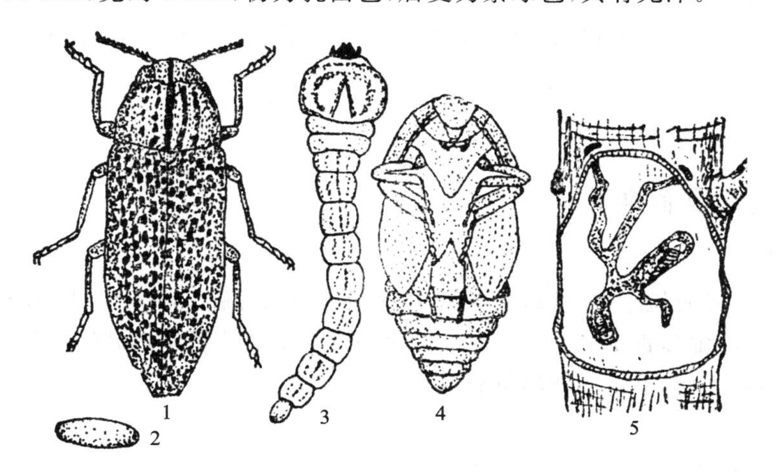

图7-25　金缘吉丁虫

1—成虫；2—卵；3—幼虫；4—蛹；5—被害状

(2) 六星吉丁虫(见图7-26)。成虫体长10 mm，略呈纺锤形，常为褐色，具有金属光泽。鞘翅不光滑，上有6个全绿斑点。老熟幼虫体长约30 mm，身体扁平，头小。蛹为乳白色。

体形大小与成虫相似。

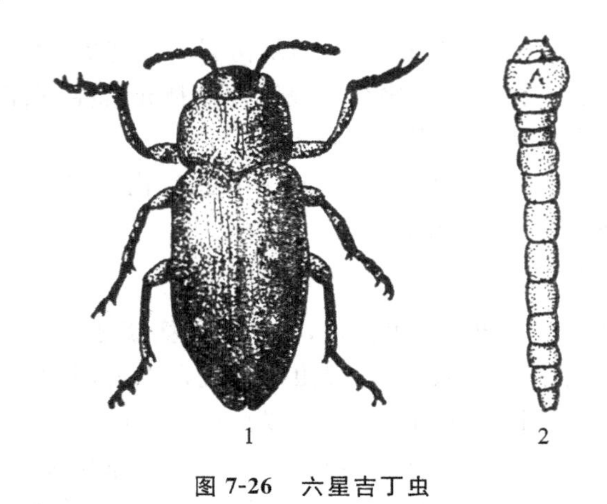

图 7-26　六星吉丁虫

1—成虫;2—幼虫

6.3　发生规律

(1) 金缘吉丁虫。每两年发生 1 代,以幼虫过冬。越冬部位多在外皮层,老熟越冬幼虫已潜入木质部。

(2) 六星吉丁虫。在上海一年发生 1 代,以幼虫越冬。成虫在晨露未干前较迟钝,并有假死性,卵产在皮层缝隙间。幼虫孵化后先在皮层为害,排泄物不排向外面。8 月下旬幼虫老熟,蛀入木质部化蛹。

6.4　综合治理办法

(1) 加强栽培管理。改进肥水管理,增强树势,提高抗虫能力,并尽量避免伤口,以减轻受害。

(2) 人工防治。刮除树皮消灭幼虫,及时清理田间被害死树、死枝,减少虫源。成虫发生期,组织人力清晨振树捕杀成虫。

(3) 药剂防治。成虫羽化期,树干喷洒 20%菊杀乳油 800～1 000 倍液,或者 90%美曲膦酯 600 倍液。

任务实施

1. 材料及工具的准备

1.1　材料

准备星天牛、光肩星天牛、云斑白条天牛、双斑锦天牛、菊小筒天牛、松墨天牛,松纵坑切梢小蠹、柏肤小蠹,金缘吉丁虫、六星吉丁虫,杨干象、北京枝瘿象,咖啡木蠹蛾、芳香木蠹蛾东方亚种,白杨透翅蛾、苹果透翅蛾等各类标本。

1.2　工具

工具为手持放大镜、体视显微镜、泡沫塑料板、镊子、解剖针、蜡盘。

2. 任务实施步骤

2.1　天牛的观察

观察星天牛、光肩星天牛、云斑白条天牛、双斑锦天牛、菊小筒天牛、松墨天牛各类标本,应特别注意观察幼虫前胸背板上的斑纹。

2.2　小蠹类观察

观察松纵坑切梢小蠹、柏肤小蠹各类标本，应特别注意蛀道的形状。可见其为小型甲虫。

2.3　吉丁甲类观察

观察金缘吉丁虫、六星吉丁虫的各类标本。可见其体为小型至大型，成虫色彩鲜艳，具有金属光泽，多为绿色、蓝色、青色、紫色或古铜色。其触角为锯齿状，前胸背板无突出的侧后角。

2.4　象甲类观察

观察杨干象、北京枝瘿象的标本。可见其体为小型至大型，许多种类头部延长成管状，状如象鼻，长短不一。体色变化大，多为暗色，部分种类具有金属光泽。

2.5　木蠹蛾类观察

观察咖啡木蠹蛾、芳香木蠹蛾东方亚种的各类标本，可见其为中型至大型蛾类，体粗壮。

2.6　透翅蛾类观察

观察白杨透翅蛾、苹果透翅蛾的标本。可见其成虫最显著的特征是前后翅大部分透明无鳞片，很像胡蜂，白天活动。幼虫蛀食枝干、枝条，形成肿瘤。

园林植物枝干害虫防治技术任务考核单如表7-2所示。

表7-2　园林植物枝干害虫防治技术任务考核单

序号	考核内容	考核标准	分值	得分
1	天牛的识别与防治	正确识别天牛并能说出有效的防治方法	20	
2	小蠹的识别与防治	正确识别小蠹并能说出有效的防治方法	15	
3	吉丁甲的识别与防治	正确识别吉丁甲并能说出有效的防治方法	15	
4	象甲的识别与防治	正确识别象甲并能说出有效的防治方法	10	
5	木蠹蛾的识别与防治	正确识别木蠹蛾并能说出有效的防治方法	10	
6	透翅蛾的识别与防治	正确识别透翅蛾并能说出有效的防治方法	10	
7	问题思考与回答	在完成整个任务过程中积极参与，独立思考	20	

思考问题

（1）如何识别与防治天牛？

（2）如何识别与防治小蠹？

（3）如何识别与防治吉丁甲？

（4）如何识别与防治象甲？

（5）如何识别与防治木蠹蛾？

（6）如何识别与防治透翅蛾？

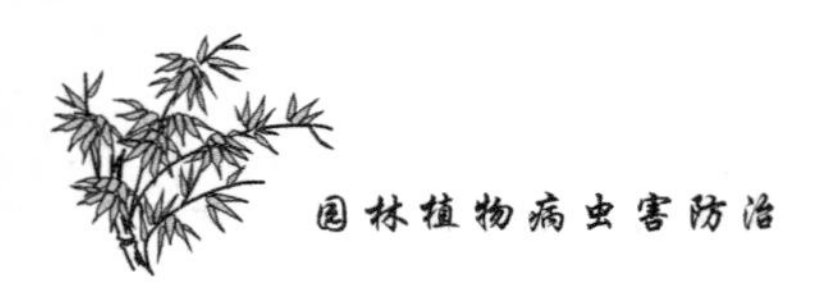

拓展提高

其他枝干害虫识别与防治

1. 茎蜂类

茎蜂类属于膜翅目茎蜂科，为害观赏植物的茎蜂类害虫主要是月季茎蜂。

1.1 分布及为害

月季茎蜂，又称钻心虫、折梢虫，分布于华北、华东各地，除为害月季外，还为害蔷薇、玫瑰等花卉。以幼虫蛀食花卉的枝干，常从蛀孔处倒折、萎蔫，对月季为害很大。

1.2 形态特征

月季茎蜂如图 7-27 所示。雌成虫的体长 16 mm(不包括产卵管)，翅展 22～26 mm。体为黑色，具有光泽，卵为黄白色，直径约 1.2 mm。幼虫为乳白色，头部为浅黄色，体长约 17 mm。蛹为棕红色，呈纺锤形。

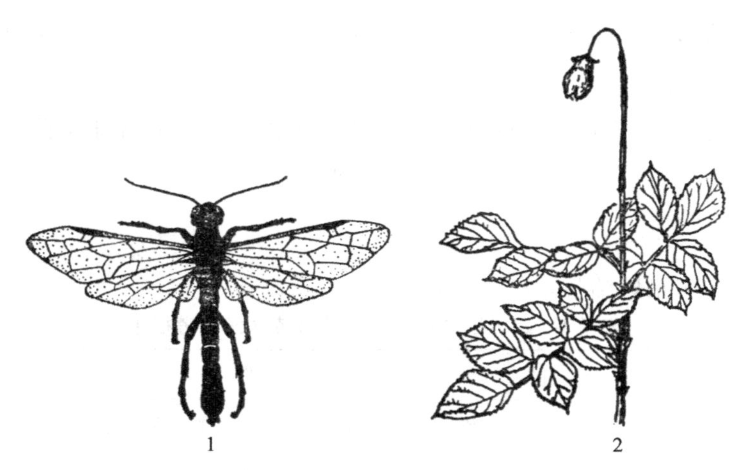

图 7-27 月季茎蜂

1—成虫；2—被害状

1.3 发生规律

月季茎蜂一年发生 1 代，以幼虫在蛀害茎内越冬。翌年 4 月间化蛹，5 月上、中旬出现成虫。卵产在当年的新梢和含苞待放的花梗上，当幼虫孵化蛀入枝干后就导致植物倒折、萎蔫。

1.4 综合治理办法

(1) 及时剪除并销毁受害的枝条。

(2) 在越冬代成虫羽化初期(柳絮盛飞期)和卵孵化期，使用 40%氧化乐果 1 000 倍液，或者 20%菊杀乳油 1 500～2 000 倍液毒杀成虫和幼虫。

2. 蚊蝇类

为害观赏植物的常见蚊蝇类害虫主要有瘿蚊科的柳瘿蚊、菊瘿蚊和花蝇科的竹笋泉蝇。

2.1 柳瘿蚊

2.1.1 分布及为害

柳瘿蚊在我国东北、华北、华中、华东均有分布，主要为害柳树，特别是对旱柳、垂柳为害严重，被为害后树木枝干迅速加粗，呈纺锤形瘤状突起。

2.1.2　形态特征

柳瘿蚊如图7-28所示。成虫体长3～4 mm，翅展5～7 mm，紫红色或紫黑色。卵为长椭圆形，橘红色，半透明。幼虫初孵时为乳白色，半透明；老熟时为橘黄色，前端尖，腹部粗大，体长4 mm左右。蛹为赤褐色。

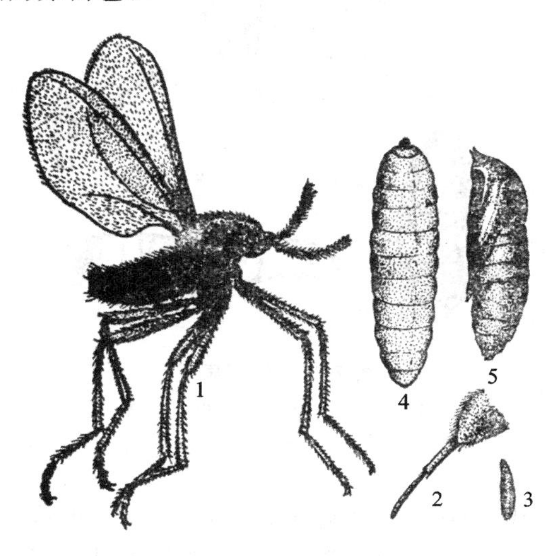

图7-28　柳瘿蚊

1—成虫；2—成虫腹部末端；3—卵；4—幼虫；5—蛹

2.1.3　发生规律

柳瘿蚊一年发生1代，以成熟幼虫集中在为害部树皮中越冬。初孵幼虫就近扩散为害，从嫩芽基部钻入枝干皮下引起新生组织不断增生，瘿瘤越来越大，枝干很快衰弱，会在两三年内干枯死亡。

2.1.4　防治方法

（1）人工防治。对于较小或初期为害的树木，在冬季或在3月底以前，把为害部树皮铲下，或把瘿瘤锯下，集中烧毁。

（2）药剂防治。3月下旬用40%氧化乐果原液兑水2倍涂刷瘿瘤及新侵害部位，并用塑料薄膜包扎涂药部位，可彻底杀死幼虫、卵和成虫。春季在成虫羽化前用机油乳剂或废机油仔细涂刷瘿瘤及新侵害部位，可以杀死未羽化的老熟幼虫、蛹和羽化的成虫。

2.2　竹笋泉蝇

2.2.1　分布及为害

竹笋泉蝇分布于江苏、浙江、上海、江西等地区，为害毛竹、淡竹、刚竹、早竹、石竹等。以幼虫蛀食竹笋，使内部腐烂，造成退笋。

2.2.2　形态特征

竹笋泉蝇如图7-29所示。成虫体为暗灰色，长5～7 mm，复眼为紫褐色，单眼有3个。幼虫体长约10 mm，蛆状，黄白色；老熟幼虫尾部变黑。围蛹，长5.5～7.5 mm，呈黄褐色。

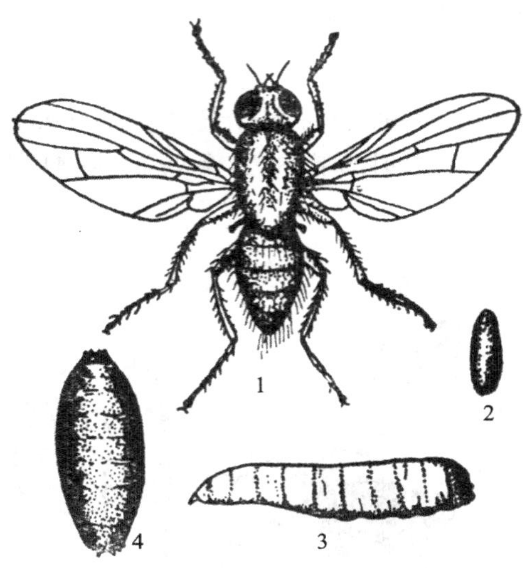

图 7-29 竹笋泉蝇

1—成虫;2—卵;3—幼虫;4—蛹

2.2.3 发生规律

竹笋泉蝇每年发生 1 代,以蛹在土中越冬,越冬蛹于次年出笋前 15～20 d 羽化为成虫飞出,当笋出土 3～5 cm 时,成虫即产卵于笋箨内壁,笋外不易发现。老熟幼虫于 5 月中旬出笋入土化蛹越冬。

2.2.4 防治方法

(1) 人工防治。及早挖除虫害笋,杀死幼虫,减少入土化蛹的虫口密度。

(2) 诱杀成虫。在成虫羽化初期用糖醋或鲜竹笋等加少量美曲膦酯,放入诱捕笼捕杀。

(3) 保护并利用天敌。蜘蛛、蚂蚁、瓢虫等能捕食竹笋泉蝇卵块,应加以保护和利用。

(4) 药剂防治。大面积竹林在竹笋出笋前喷药 1 次,出笋后喷 1 次,每 7 d 喷 1 次药,连续 2～3 次。

任务 3 园林植物吸汁类害虫防治技术

知识点:了解园林植物吸汁类害虫的种类、外部形态特征、发生规律,掌握园林植物吸汁类害虫的防治方法。

能力点:能准确识别园林植物吸汁类害虫,并能根据其发生规律制订防治方案。

任务提出

有一类害虫,它们均以刺吸式口器为害观赏植物,它们吸取植物汁液,造成枝叶枯萎,甚至整株死亡,同时还传播病毒病。而这类吸汁害虫因个体小,发生初期为害症状不明显,易被人们忽视。那这类害虫都有哪些种类呢?发生规律如何呢?如何才能有效地防治呢?

任务分析

吸汁类害虫是指成虫、若虫以刺吸式或锉吸式口器取食植物汁液为害的昆虫,是观赏植物害虫中较大的一个类群，其中以刺吸口器害虫种类最多。常见的吸汁类害虫有同翅目的蝉类、蚜虫类、木虱类、蚧虫类、粉虱类，半翅目的蝽类，缨翅目的蓟马类，此外，节肢动物门蛛形纲蜱螨目的螨类也常被视做吸汁类害虫。这类害虫繁殖力强，扩散蔓延快，在防治时只有抓住有利时机，采取综合防治措施，才能达到满意的防治效果。

任务实施的相关专业知识

1. 蝉类认知

蝉类属于同翅目蝉亚目，蝉类成虫体形为小型至大型，触角为刚毛状或锥状，跗节3节，翅脉发达。雌性有由3对产卵瓣形成的产卵器。

1.1 种类及分布

为害园林植物的蝉类害虫主要有蚱蝉、大青叶蝉、桃一点斑叶蝉、青蛾蜡蝉等。

(1) 蚱蝉。蚱蝉又称知了，我国华南、西南、华东、西北及华北大部分地区都有分布，为害桂花、紫玉兰、白玉兰、梅花、腊梅等多种林木。

(2) 大青叶蝉。大青叶蝉又称青叶跳蝉、青叶蝉、大绿浮尘子等，分布于东北、华北、中南、西南、西北、华东各地，为害圆柏、丁香、海棠、梅、樱花等。

1.2 形态特征

(1) 蚱蝉(见图7-30)。成虫体长40～48 mm，全身为黑色，具有光泽。卵为长椭圆形，长约2.5 mm，乳白色，有光泽。老熟若虫头宽11～12 mm，体长25～39 mm，黄褐色。

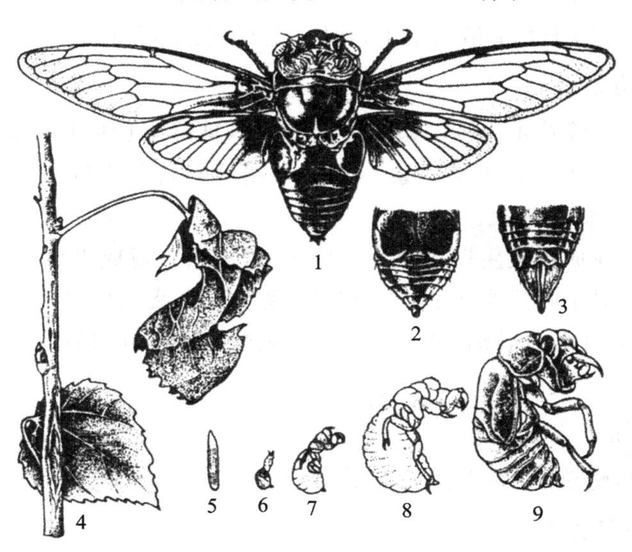

图7-30 蚱蝉

1—成虫；2—雌虫腹面观；3—雄虫腹面观；4—被害状；5—卵；6、7、8、9—若虫

(2) 大青叶蝉(见图7-31)。成虫体长7～10 mm，雄蝉较雌蝉略小，青绿色。卵为长卵圆形，微弯曲，一端较尖，长约1.6 mm，乳白色至黄白色。若虫共5龄，老熟若虫体长6～7 mm，头部有2个黑斑，胸背及两侧有4条褐色纵纹直达腹端。

1.3 发生规律

(1) 蚱蝉。生活史长，一年世代要经12～13年，以卵和若虫分别在被害枝内和土中越

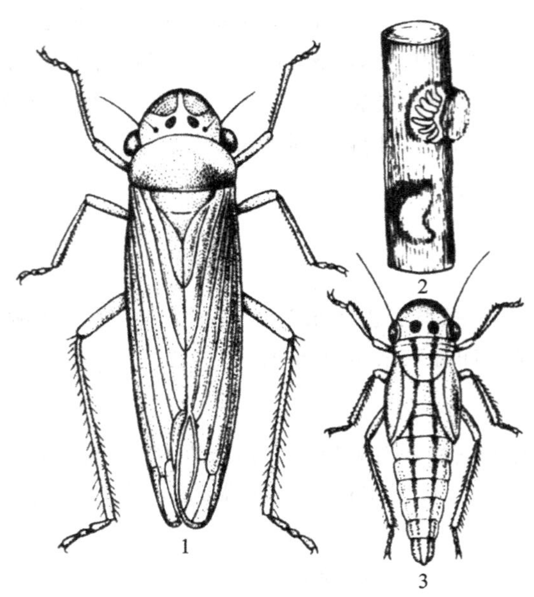

图 7-31　大青叶蝉

1—成虫；2—卵；3—若虫

冬。初孵若虫钻入土中，吸食植物根部汁液。雄成虫善鸣是蚱蝉最突出的特点。

(2) 大青叶蝉。一年发生 3～5 代，以卵于树木枝条表皮下越冬。成虫有趋光性，夏季颇强，晚秋不明显。产卵于寄主植物茎干、叶柄、主脉、枝条等组织内，以卵越冬。

1.4　综合治理办法

(1) 人工防治。清除花木周围的杂草；结合修剪，剪除有产卵伤痕的枝条，并集中烧毁。对于蚱蝉可在成虫羽化前在树干绑一条 3～4 cm 宽的塑料薄膜带，拦截出土上树羽化的若虫，于傍晚或清晨进行捕捉消灭。

(2) 灯光诱杀。在成虫发生期用黑光灯诱杀，可消灭大量成虫。

(3) 药剂防治。对于叶蝉类害虫，主要应掌握在若虫盛发期喷药防治。可用 40%乐果乳油 1 000 倍液，50%叶蝉散乳油、90%晶体美曲膦酯 400～500 倍液，20%杀灭菊酯 1 500～2 000 倍液喷雾。

2. 蚜虫类认知

蚜虫类属同翅目蚜总科，为小型多态性昆虫。

2.1　种类、分布及为害

为害观赏植物的蚜虫类害虫主要有竹蚜、菊姬长管蚜、月季长管蚜、桃蚜等。

(1) 月季长管蚜。分布于吉林、辽宁、北京、河北、山西东部、安徽、江苏、上海、浙江、江西、湖南、湖北、福建、贵州、四川等地区，为害月季、蔷薇、白兰、十姊妹等蔷薇属植物。

(2) 桃蚜。桃蚜又称桃赤蚜、烟蚜、菜蚜、温室蚜，分布于全国各地，主要为害桃、樱花、月季、蜀葵、香石竹、仙客来及一二年生草本花卉。

2.2　形态特征

(1) 月季长管蚜(见图 7-32)。无翅孤雌蚜体长约 4.2 mm，宽约 1.4 mm，长椭圆形。有翅孤雌蚜体长 3～5 mm，宽 1～3 mm，草绿色，中胸为土黄色或暗红色。初孵若蚜体长 1.0 mm 左右，初孵出时为白绿色，渐变为淡黄绿色。

（2）桃蚜（见图 7-33）。无翅孤雌成蚜体长 2.2 mm，体为绿色、黄绿色、粉红色或褐色。有翅孤雌蚜体长同无翅蚜，头胸为黑色，腹部为淡绿色。卵为椭圆形，初为绿色，后变为黑色。若虫近似无翅孤雌胎生蚜，淡绿或淡红色，体较小。

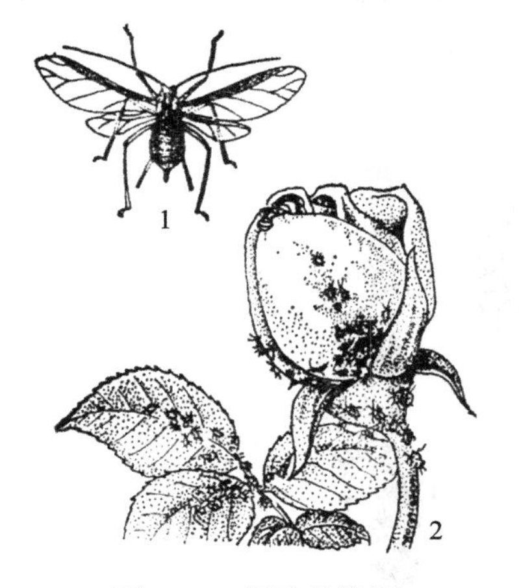

图 7-32　月季长管蚜

1—成虫；2—被害状

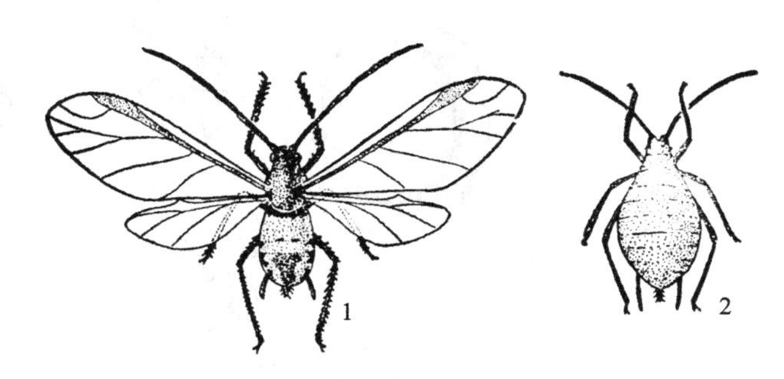

图 7-33　桃蚜

1—有翅胎生雌蚜；2—无翅胎生雌蚜

2.3　发生规律

（1）月季长管蚜。一年发生 10～20 代，冬季在温室内可继续繁殖为害。在北方以卵在寄主植物的芽间越冬；在南方以成蚜、若蚜在梢上越冬。气候干燥、气温适宜、平均气温在 20 ℃左右，是月季长管蚜大发生的有利因素。

（2）桃蚜。一年发生 30～40 代，以卵在桃树的叶芽、花芽基部和树皮缝、小枝中越冬，属乔迁式。春末夏初及秋季是桃蚜为害严重的季节。

2.4　综合治理方法

（1）人工防治。结合观赏措施剪除有卵的枝叶或刮除枝干上的越冬卵。

（2）利用色板诱杀有翅蚜。

（3）保护天敌瓢虫、草蛉，抑制蚜虫的蔓延。

（4）在寄主植物休眠期，喷洒 3～5°Be 石硫合剂。在发生期喷洒 50%灭蚜松乳油 1 000～1 500 倍液或 50%抗蚜威可湿性粉剂 1 000～1 500 倍液，或者 2.5%溴氰菊酯乳油 3 000～5 000 倍液，或者 10%吡虫啉可湿性粉剂 2 000～2 500 倍液，或者 40%氧化乐果乳油 1 000～1 500 倍液。

3. 蚧虫类认知

蚧虫类属同翅目蚧总科，又称介壳虫。

3.1　种类、分布及为害

为害观赏植物的蚧虫主要有日本龟蜡蚧、红蜡蚧、仙人掌白盾蚧、白蜡虫、紫薇绒蚧、吹绵蚧、矢尖盾蚧、糠片盾蚧、日本松干蚧等。

（1）日本龟蜡蚧。日本龟蜡蚧分布于河北、河南、山东、山西、陕西等地，为害茶、山茶、

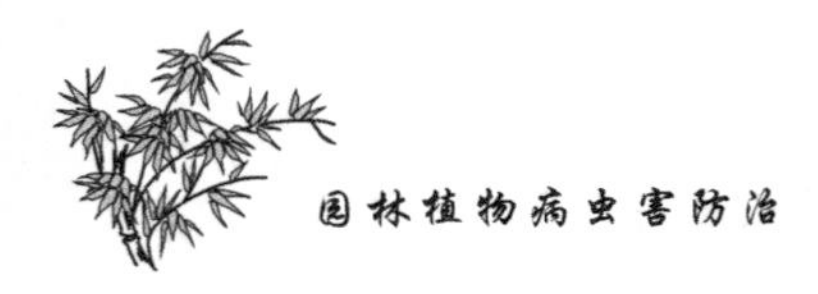

桑、枣等100多种植物。

（2）日本松干蚧。日本松干蚧主要为害马尾松和赤松、油松，其次为害黑松。此蚧为国内外检疫对象。

3.2 形态特征

（1）日本龟蜡蚧（见图7-34）。雌成虫体背有较厚的白蜡壳，呈椭圆形，长4～5 mm，背面隆起似半球形，中央隆起较高，表面具有龟甲状凹纹。

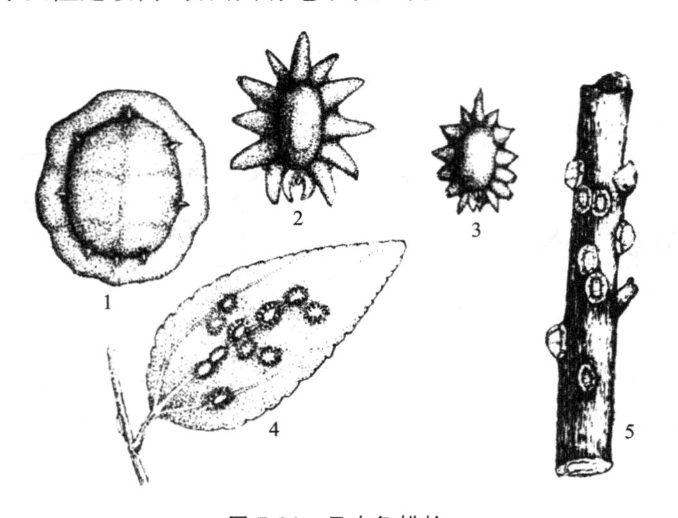

图7-34 日本龟蜡蚧

1—雌成虫；2—雄成虫；3—若虫；4、5—被害状

（2）日本松干蚧（见图7-35）。雌成虫体长2.5～3.3 mm，为卵圆形，橙褐色。触角为9节，念珠状。卵长约0.24 mm，宽约0.14 mm，椭圆形。

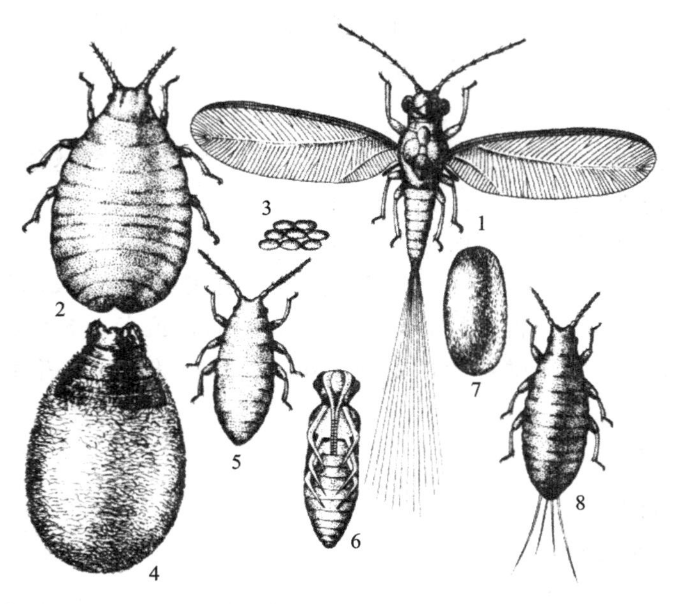

图7-35 日本松干蚧

1—雄成虫；2—雌成虫；3—卵；4—卵囊；5—3龄雄若虫；6—雄蛹；7—茧；8—1龄初孵若虫

3.3 发生规律

(1) 日本龟蜡蚧。一年发生1代，主要以受精雌虫在1～2年生枝上越冬。天敌有瓢虫、草蛉、寄生蜂等。

(2) 日本松干蚧。一年发生2代，以1龄寄生若虫越冬(或越夏)。若虫孵出后，喜沿树干向上爬行。通常活动1～2 d后，即潜入树皮缝隙、翘裂皮下和叶腋等处，口针刺入寄主组织开始固定寄生。

3.4 综合治理办法

(1) 加强检疫。日本松干蚧属于检疫对象，要做好苗木、接穗、砧木检疫工作。

(2) 人工防治。结合花木管护，剪除虫枝或刷除虫体，可以减轻蚧虫的为害。

(3) 保护并引放天敌。

(4) 药剂防治。①落叶后至发芽前喷含油量10%的柴油乳剂，如混用化学药剂效果更好。②初孵若虫分散转移期药剂防治，可用1～1.5°Be石硫合剂；卵囊盛期可用50%杀螟松乳油200～300倍液喷洒。

4. 木虱类认知

木虱类属同翅目木虱科，体为小型，形状如小蝉，善跳能飞。触角绝大多数为10节，最后一节端部有2根细刚毛，跗节2节。

4.1 种类、分布及为害

为害观赏植物的木虱类害虫主要有梧桐木虱和樟木虱。

(1) 梧桐木虱。梧桐木虱是青桐树上的重要害虫。该虫若虫和成虫多群集青桐叶背和幼枝嫩干上吸食为害。

(2) 樟木虱。樟木虱分布于浙江、江西、湖南、台湾、福建等地区，主要为害樟树。

4.2 形态特征

(1) 梧桐木虱(见图7-36)。成虫体为黄绿色，长4～5 mm，翅展约13 mm。卵略呈纺锤形，长约0.7 mm。初产时为淡黄白或黄褐色，孵化前为深红褐色。

(2) 樟木虱(见图7-37)。成虫体长1.6～2.0 mm，翅展4.5 mm。体为黄色或橙黄色。卵长约0.3 mm，呈纺锤形，一端尖，一端稍钝具柄，柄长0.06 mm。

4.3 发生规律

(1) 梧桐木虱。一年发生2代，以卵在枝干上越冬，次年4月底5月初越冬卵开始孵化为害，若虫期30多天。成虫羽化后须补充营养才能产卵。

(2) 樟木虱。一年发生1代，少数2代，以若虫在被害叶背面瘿内越冬。成虫产卵于嫩梢或嫩叶上，排列成行，或数粒排一平面上。初孵若虫爬行较慢。

4.4 综合治理方法

(1) 加强检疫。

(2) 4月上旬及时摘除着卵叶。

(3) 4月中旬至5月上旬，剪除有若虫的枝梢，集中烧毁。

(4) 在卵期、若虫期喷洒50%乐果乳油1 000倍液或50%马拉硫磷乳油1 000倍液，兼有杀卵效果。

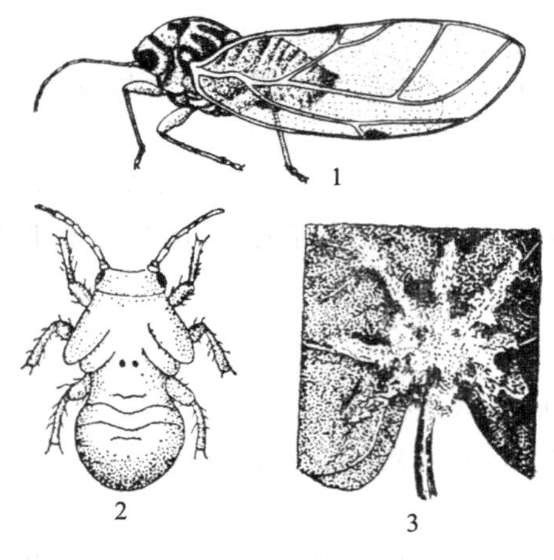

图 7-36 梧桐木虱

1—成虫；2—若虫；3—被害状

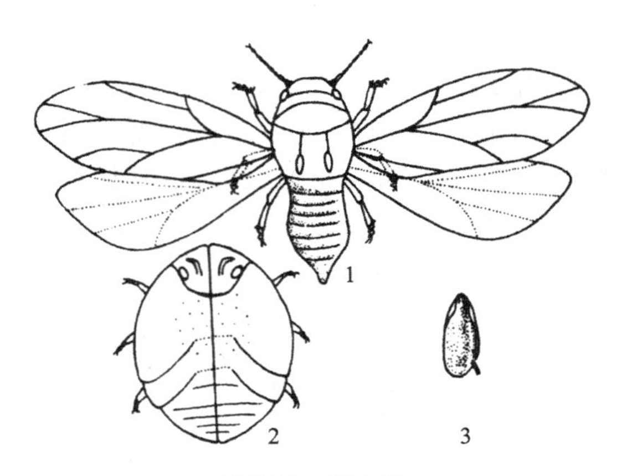

图 7-37 樟木虱

1—成虫；2—若虫；3—卵

5. 粉虱类认知

粉虱类属同翅目粉虱科。

5.1 种类、分布及为害

为害观赏植物的粉虱类害虫主要有黑刺粉虱、温室白粉虱。

(1) 黑刺粉虱。黑刺粉虱又称桔刺粉虱、刺粉虱，分布于江苏、安徽、河南以南至台湾、广东、广西、云南等地区，为害月季、白兰、榕树、樟树、山茶、柑橘等。

(2) 温室白粉虱。温室白粉虱俗称小白蛾子，分布于欧美各国温室，是园艺作物的重要害虫，为害一串红、倒挂金钟、瓜叶菊、杜鹃花、扶桑、茉莉、大丽花、万寿菊、夜来香、佛手等。

5.2 形态特征

(1) 黑刺粉虱(见图 7-38)。成虫体长 0.96～1.3 mm，橙黄色，薄敷白粉。复眼为肾形红色。前翅为紫褐色，上有 7 个白斑；后翅小，淡紫褐色。

(2) 温室白粉虱(见图 7-39)。成虫体长 1～1.5 mm，淡黄色。卵长约 0.2 mm，侧面观为长椭圆形。基部有卵柄，柄长 0.02 mm，从叶背的气孔插入植物组织中。

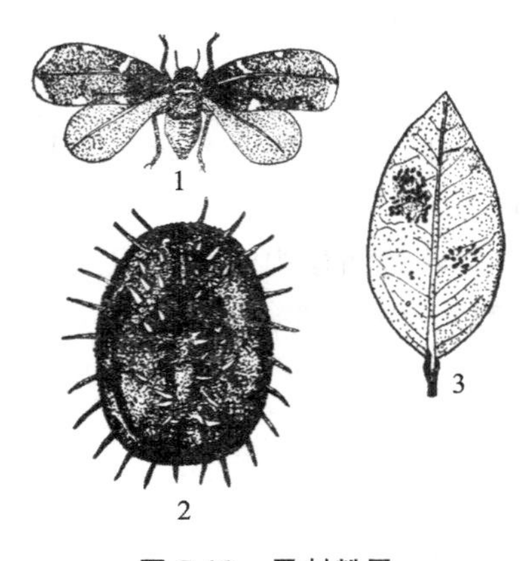

图 7-38 黑刺粉虱

1—雌成虫；2—雌蛹壳；3—被害状

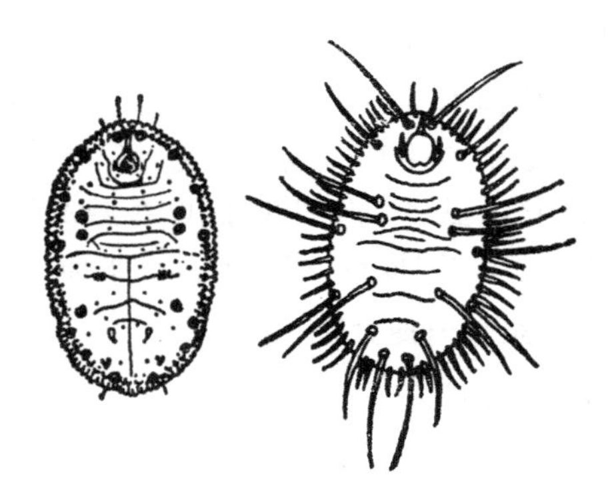

图 7-39 温室白粉虱

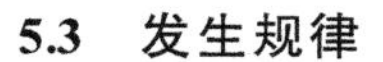

5.3　发生规律

（1）黑刺粉虱。一年发生4代，以若虫于叶背越冬。成虫喜较阴暗的环境，多在树冠内膛枝叶上活动，卵散产于叶背。初孵若虫多在卵壳附近爬动取食。天敌有瓢虫、草蛉、寄生蜂、寄生菌等。

（2）温室白粉虱。温室一年可发生10余代，以各虫态在温室越冬并继续为害。成虫有趋嫩性，在寄主植物打顶以前，成虫总是随着植株的生长不断追逐顶部嫩叶产卵。

5.4　综合治理方法

（1）加强管理，合理修剪，可减轻发生与为害。

（2）早春发芽前结合防治蚧虫、蚜虫、红蜘蛛等害虫，喷洒含油量5%的柴油乳剂或黏土柴油乳剂，对毒杀越冬若虫也有较好效果。

（3）1～2龄时施药效果好，可喷洒80%敌敌畏乳油或40%乐果乳油或50%杀螟松乳油1 000倍液，或者10%天王星乳油5 000～6 000倍液，或者25%灭螨猛乳油1 000倍液，或者20%吡虫啉3 000～4 000倍液。

（4）可人工繁殖释放丽蚜小蜂，每隔两周放一次，共3次。释放丽蚜小蜂的密度为成蜂15头/株。寄生蜂可在温室内建立种群并能有效地控制白粉虱为害。

（5）粉虱对黄色敏感，有强烈趋性，可在温室内设置黄板诱杀成虫。

6. 蝽类认知

蝽类属半翅目，又称臭虫。体形为小型至大型。体扁平而坚硬。触角为线状或棒状，3～5节。前翅为半鞘翅。

6.1　种类、分布及为害

为害观赏植物的蝽类害虫主要有麻皮蝽、绿盲蝽、杜鹃冠网蝽等。

（1）绿盲蝽。绿盲蝽又称棉青盲蝽、青色盲蝽、小臭虫、破叶疯、天狗蝇等，分布在全国各地，为害茶、苹果、梨、桃、石榴、葡萄等。成虫、若虫以刺吸方式为害茶树等幼嫩芽叶。

（2）杜鹃冠网蝽。杜鹃冠网蝽又称梨网蝽、梨花网蝽，分布在全国各地。以若虫、成虫为害杜鹃、月季、山茶、含笑、茉莉、蜡梅、紫藤等盆栽花木。

6.2　形态特征

（1）绿盲蝽（见图7-40）。成虫体长约5 mm，宽约2.2 mm，绿色，密被短毛。卵长1 mm，黄绿色，呈长口袋形。初孵时为绿色，复眼为桃红色。

（2）杜鹃冠网蝽（见图7-41）。成虫体长3.5 mm左右，体形扁平，黑褐色。触角为丝状，4节。卵为长椭圆形，一端弯曲，长约0.6 mm，初产时为淡绿色，半透明，后变为淡黄色。若虫初孵时为乳白色，后渐变为暗褐色，长约1.9 mm。

6.3　发生规律

（1）绿盲蝽。在江西一年发生6～7代，以卵在树皮或断枝内及土中越冬。成虫飞行力强，喜食花蜜，羽化后6～7 d开始产卵。

（2）杜鹃冠网蝽。在长江流域一年发生4～5代，均以成虫在枯枝、落叶、杂草、树皮裂缝及土、石缝隙中越冬。成虫喜在中午活动。

6.4　综合治理办法

（1）清除越冬虫源，即在冬季彻底清除落叶、杂草，并进行冬耕、冬翻。

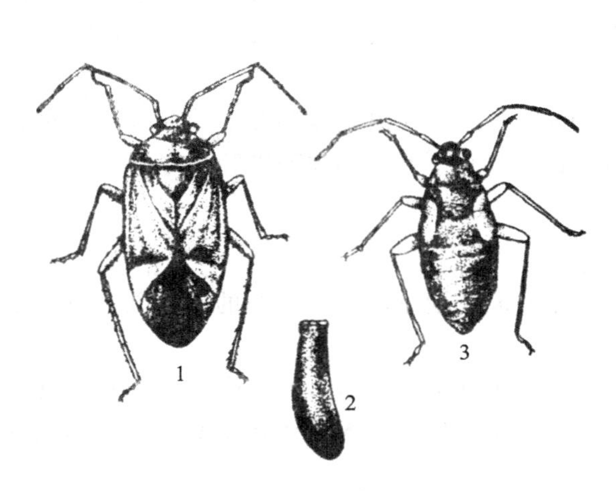

图 7-40　绿盲蝽

1—成虫；2—卵；3—若虫

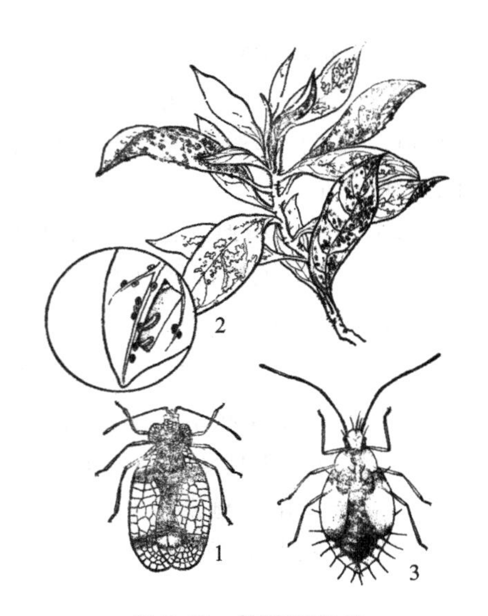

图 7-41　杜鹃冠网蝽

1—成虫；2—卵及被害状；3—若虫

(2) 对枝干较粗且较粗糙的植株，涂刷白涂剂。

(3) 药剂防治。在成虫、若虫发生盛期可喷 50%杀螟松 1 000 倍液，或者 43%新百灵乳油(辛·氟氯氰乳油)1 500 倍液，或者 10%～20%拟除虫菊酯类 1 000～2 000 倍液，或者 10%吡虫啉可湿性粉剂或 20%灭多威乳油或 5%抑太保乳油或 25%广克威乳油 2 000 倍液。每隔 10～15 d 喷施 1 次，连续喷施 2～3 次。

(4) 保护和利用天敌。

1. 材料及工具的准备

1.1　材料

材料为当地常见的园林植物吸汁类害虫的各类标本。

1.2　工具

工具为手持放大镜、体视显微镜、泡沫塑料板、镊子、解剖针、蜡盘。

2. 任务实施步骤

2.1　蝉类观察

观察蚱蝉、大青叶蝉、桃一点斑叶蝉和青蛾蜡蝉的各类标本。

2.2　蚜虫类观察

观察菊姬长管蚜、月季长管蚜、桃蚜的各类标本。可见其为小型多态性昆虫，同一种类有有翅和无翅之分。

2.3　蚧虫类观察

观察日本龟蜡蚧、红蜡蚧、仙人掌白盾蚧、白蜡虫、紫薇绒蚧、吹绵蚧、矢尖盾蚧、糠片盾蚧、日本松干蚧的各类标本，应特别注意蚧壳的形态。

2.4 木虱类观察

观察梧桐木虱、樟木虱的各类标本。可见其体为小型,形状如小蝉。

2.5 粉虱类观察

观察黑刺粉虱、温室白粉虱的各类标本。可见其体微小,雌、雄成虫均有翅,翅短而圆,膜质,翅脉极少。

2.6 蝽类观察

观察麻皮蝽、绿盲蝽、樟脊冠网蝽、杜鹃冠网蝽、缘蝽的各类标本,应特别注意半鞘翅的分区、脉纹等。

园林植物吸汁类害虫防治技术任务考核单如表7-3所示。

表7-3 园林植物吸汁类害虫防治技术任务考核单

序号	考核内容	考核标准	分值	得分
1	蝉类的识别与防治	能正确识别蝉类并说出具体的防治措施	20	
2	蚜虫类的识别与防治	能正确识别蚜虫类并说出具体的防治措施	15	
3	蚧虫类的识别与防治	能正确识别蚧虫类并说出具体的防治措施	15	
4	木虱类的识别与防治	能正确识别木虱类并说出具体的防治措施	15	
5	蝽类的识别与防治	能正确识别蝽类并说出具体的防治措施	15	
6	问题思考与回答	在完成整个任务过程中积极参与,独立思考	20	

思考问题

(1) 简述园林植物吸汁类害虫的为害特征。

(2) 园林植物吸汁类害虫的发生规律有哪些?

(3) 园林植物吸汁类害虫的综合防治措施有哪些?

(4) 试根据园林植物吸汁类害虫的习性制订其防治方案。

螨类的发生与防治

螨类,俗称红蜘蛛,属于节肢动物门、蛛形纲。螨类具有体积小、繁殖快、适应性强及易产生抗药性等特点,是公认的最难防治的有害生物。

1. 常见螨类的发生与为害

1.1 山楂叶螨

山楂叶螨又称山楂红蜘蛛,属蜱螨目、叶螨科,分布于华东、华北、西北部分地区,为害樱花、锦葵、海棠、碧桃、榆叶梅等花木。

(1) 形态特征。雌螨成虫为卵圆形,前端隆起,长0.54~0.59 mm,宽约0.36 mm。越冬型鲜红有光,非越冬型暗红色,背两侧有一大黑色斑,后半体纹为横向无菱纹。卵为圆球形。

(2) 生活习性。每年发生多代。以受精雌成虫群集于树干缝隙、树皮、枯枝落叶内及树干附近的表土缝隙内越冬。越冬雌螨抗寒能力很强,在−30 ℃时第二天才全部死亡。

1.2　朱砂叶螨

朱砂叶螨又称棉红蜘蛛,属蜱螨目、叶螨科,分布广泛,为害菊花、凤仙花、月季、桂花、一串红、香石竹、鸡冠花、木芙蓉等观赏植物。

(1) 形态特征。雌螨成虫体长 0.55 mm,宽 0.32 mm。体为椭圆形,锈红色或深红色。卵为圆球形,直径为 0.13 mm。初产时为透明无色,后变为橙黄色。幼螨为近圆形,半透明。

(2) 生活习性。一年发生 12～15 代。以成螨、若螨、卵在寄主植物及杂草上越冬,高温、干燥有利发生。

2. **螨类的防治方法**

红蜘蛛的防治应充分利用其特性,坚持"预防为主,综合防治"的植保方针,以观赏技术防治为主,辅以药剂防治,同时注意保护和利用天敌,可收到理想的效果。

2.1　观赏技术防治法

及时清除枯枝落叶和杂草;对植株增施有机肥,减少氮肥使用量;在高温干旱季节,注意及时开穴浇水;对观赏植物加强修剪,增强树势,以减少红蜘蛛发生机会。

2.2　生物防治法

捕食螨、瓢虫、草蛉、蓟马等对红蜘蛛都具有一定控制作用。寄生性天敌中的虫生藻菌、芽枝霉等对螨类种群数量有一定制约作用。选择药剂时应考虑对天敌安全,若有条件,可人工释放天敌。

2.3　药剂防治法

(1) 在早春或冬季,向植株上喷洒 3～5 °Be 石硫合剂,并加入适量洗衣粉,以增强药剂附着力。此方法可杀死越冬螨,降低虫口基数。

(2) 在 4 月下旬至 5 月上旬、越冬卵孵化盛期,用 40%氧化乐果乳油 5～10 倍或 18%高渗氧化乐果乳油 30 倍液涂抹根际和枝干。

(3) 在田间出现少量若螨、成螨时即应喷药防治,喷药重点在叶背,药量要足。可用 15%扫螨净乳油 3 000 倍液均匀喷洒叶片正反面,也可用 73%克螨特乳油 1 000～1 500 倍液、0.6%海正灭虫灵乳油 1 500 倍液,还可兼治蓟马、蚜虫、潜叶蝇。另外,可用洗衣粉 400 倍液或洗衣粉 100 g 加尿素 250～500 g 兑水 50 kg 喷洒,防治效果好,且兼有追肥作用。

任务 4　园林植物地下害虫防治技术

> **知识点:**了解地下害虫的种类、外部形态特征、发生规律,掌握地下害虫的防治方法。
> **能力点:**能根据实际生产需要,准确识别地下害虫和制订其防治方案。

任务提出

有一类害虫长期生活在土壤内为害植物,这类害虫种类繁多,危害寄主广,它们主要取食观赏植物的种子、根、茎、幼苗、嫩叶等,常常造成缺苗、断垄或植株生长不良。这些害虫形态特征是什么样的呢?发生发展规律及控制措施有哪些?

任务分析

一生或一生中某个阶段生活在土壤中为害植物地下部分、种子、幼苗或近土表主茎的杂食性昆虫的种类很多，主要有蝼蛄、蛴螬、金针虫、地老虎、根蛆、根蝽、根蚜、拟地甲、蟋蟀、根蚧、根叶甲、根天牛、根象甲和白蚁等。作物等受害后轻者萎蔫，生长迟缓，重者干枯而死，造成缺苗断垄，以致减产。有的种类以幼虫为害，有的种类则成虫、幼(若)虫均可为害。由于它们分布广，食性杂，为害严重、隐蔽且混合发生，若疏忽大意，将会造成严重的损失。

任务实施的相关专业知识

1. 蝼蛄类认知

1.1 为害与分布

(1) 东方蝼蛄几乎遍及全国，但以南方各地发生较普遍。东方蝼蛄在低湿和较黏的土壤中发生多。

(2) 华北蝼蛄主要分布在北方地区，华北蝼蛄在盐碱地、沙壤土发生多。蝼蛄类终生在土中生活，是幼树和苗木根部的重要害虫。

1.2 形态特征

(1) 东方蝼蛄。成虫体为灰褐色，长 30～35 mm，体色初为黄白色，后变为黄褐色，孵化前变为暗紫色。

(2) 华北蝼蛄。体长 36～55 mm；体色初为乳白色，后变为黄褐色，孵化前变为暗灰色。

1.3 发生规律

东方蝼蛄与华北蝼蛄均昼伏夜出，晚 8 时至 11 时是活动取食高峰。初孵化幼虫有群集性，怕风、怕水、怕光，3～6 d 后即分散为害。东方蝼蛄与华北蝼蛄具有趋光性，趋厩肥习性，嗜好香甜物质；喜水湿，一般于低洼地、雨后和灌溉后危害最严重。非洲蝼蛄喜栖息在灌渠两旁的潮湿地带。

1.4 防治方法

(1) 灯光诱杀。蝼蛄类羽化期间，可用灯光诱杀，晴朗无风闷热天诱集量最多。

(2) 天敌防治。红脚隼、戴胜、喜鹊、黑枕黄鹂和红尾伯劳等食虫鸟类是蝼蛄类的天敌，可在苗圃周围栽防风林，招引益鸟栖息繁殖食虫。

(3) 毒土防治。作苗床(垄)时将粉剂农药加适量细土拌均匀，随粪翻入地下，利用毒土防治。

(4) 合理施肥。合理施用充分腐熟的有机肥，以减少该虫孳生。

(5) 药剂防治。发生期用毒饵诱杀。毒饵的配制方法是：40%乐果乳油与 90%美曲膦酯原药用热水化开，每 0.5 kg 加水 5 kg、拌饵料 50 kg。

2. 地老虎类认知

地老虎属鳞翅目、夜蛾科，目前国内已知有 10 余种，主要有小地老虎、大地老虎等。

2.1 分布与为害

(1) 小地老虎。小地老虎在全国各地均有分布，其严重为害地区为长江流域、东南沿海等。小地老虎主要危害松、杨、柳、广玉兰、大丽花、菊花、蜀葵、百日草、一串红、羽衣甘蓝等

40 余种观赏植物。

(2) 大地老虎。大地老虎只在局部地区如东北、华北、西北、西南、华东等地区造成危害。大地老虎主要为害杉木、罗汉松、柳杉、香石竹、月季、菊花、女贞、茶、凤仙花及多种草本植物。

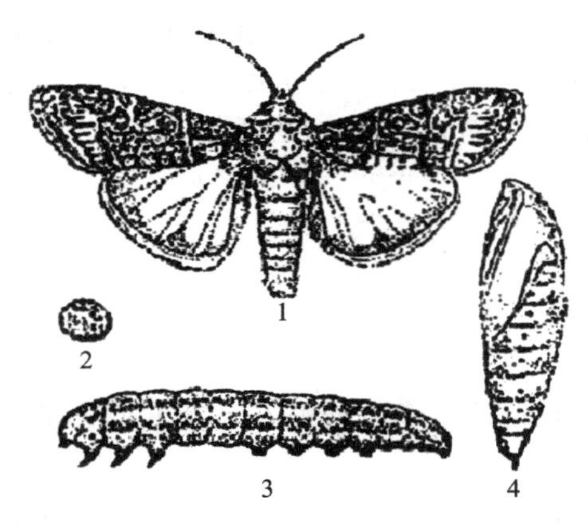

图 7-42 小地老虎

1—成虫；2—卵；3—幼虫；4—蛹

2.2 形态特征

(1) 小地老虎(见图 7-42)。成虫体长 16～23 mm，翅展 42～54 mm，深褐色，前翅由内横线、外横线将全翅分为 3 段，具有显著的肾状斑、环形纹、棒状纹和两个黑色剑状纹。

(2) 大地老虎。成虫体长 14～19 mm，翅展 32～43 mm，灰褐色至黄褐色。蛹长 16～19 mm，红褐色。

2.3 发生规律

(1) 小地老虎。小地老虎在全国各地一年发生 2～7 代。以蛹或老熟幼虫越冬。一年中常以第 1 代幼虫在春季发生数量为最多，造成的危害最严重。

(2) 大地老虎。大地老虎一年发生 1 代，以低龄幼虫在表土层或草丛根颈部越冬。第二年 3 月开始活动，昼伏夜出，咬食花木幼苗根颈和草根，造成大量苗木死亡。

2.4 防治方法

(1) 田园清洁。及时清除苗床及圃、地杂草，降低虫口密度。

(2) 诱杀。在播种前或幼苗出土前，用幼嫩多汁的新鲜杂草 70 份与 2.5%美曲膦酯粉 1 份配制成毒饵，于傍晚撒布地面，诱杀 3 龄以上幼虫。在春季成虫羽化盛期，用糖-醋-酒-液诱杀成虫。糖-醋-酒-液配制比为糖 6 份、醋 3 份、白酒 1 份、水 10 份加适量美曲膦酯。还可用黑光灯诱杀成虫。

(3) 机械防治。播种及栽植前深翻土壤，消灭其中的幼虫及蛹。幼虫取食为害期，可于清晨或傍晚在被咬断苗木附近土中搜寻捕杀。

(4) 药剂防治。幼虫为害期，用 90%美曲膦酯 500～1 000 倍液，毒杀为害苗木的初龄幼虫。或在幼虫初孵期喷 20%高卫士 1 000 倍液防治，兼治其他害虫。

3. 蛴螬类

蛴螬类是金龟甲幼虫的统称，属鞘翅目、金龟甲科。

3.1 分布与为害

(1) 铜绿丽金龟。铜绿丽金龟又称铜绿金龟子，铜绿异丽金龟，广泛分布于华东、华中、西南、东北、西北等地，为害杨、柳、榆、松、杉、栎、油桐等多种林木和果树。

(2) 东北大黑鳃金龟。东北大黑鳃金龟分布于东北、西北、华北等地，为害红松、落叶松、樟子松、赤松、杨、榆、桑、李、山楂、苹果等多种苗木根部、草坪草及多种农作物。

3.2 形态特征

(1) 铜绿丽金龟(见图 7-43)。成虫体长 15～18 mm，宽 8～10 mm。背面为铜绿色，具有光泽。头部较大，深铜绿色。复眼为黑色。触角为 9 节，黄褐色。鞘翅为黄铜绿色，具有光泽。

（2）东北大黑鳃金龟（见图 7-44）。成虫体长 16～21 mm，宽 8～11 mm，长椭圆形，黑褐色或黑色，具有光泽。

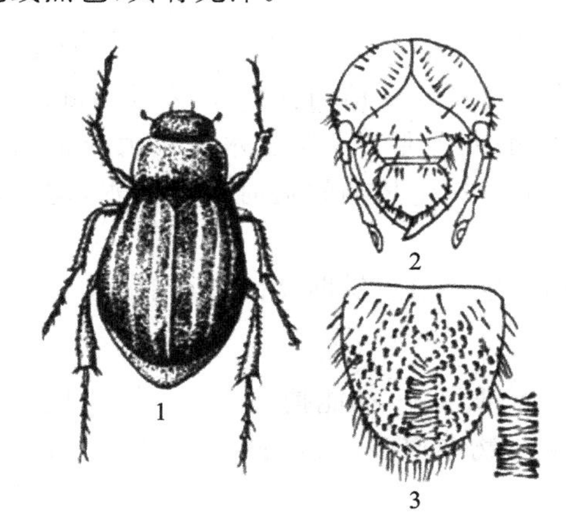

图 7-43 铜绿丽金龟

1—成虫；2—幼虫头部；3—幼虫肛腹片；

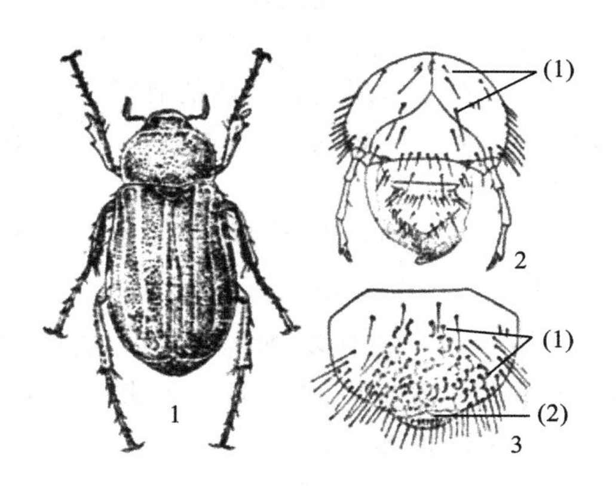

图 7-44 东北大黑鳃金龟

1—成虫；2—幼虫头部正面观；3—幼虫肛腹片

（1）—钩状刚毛；（2）—肛门孔

3.3 发生规律

（1）铜绿丽金龟。一年发生 1 代，以 3 龄幼虫在土中越冬。翌年 5 月开始化蛹，成虫的出现在南方略早于北方。成虫白天隐伏于灌木丛、草皮中或表土内，黄昏出土活动，闷热无雨的夜晚活动最盛。成虫具有假死性和强烈的趋光性。食性杂，食量大，群集危害，被害叶呈孔洞、缺刻状。

（2）东北大黑鳃金龟。东北大黑鳃金龟在东北及华北地区每两年发生 1 代。以成虫及幼虫越冬，成虫于傍晚出土活动，拂晓前全部钻回土中，先觅偶交配，然后取食，有趋光性，但雌虫很少扑灯。

3.4 防治方法

3.4.1 消灭成虫

（1）选择温暖、无风的下午 3 时至 7 时，用 1.5%乐果、5%氯丹等粉剂喷粉，每公顷用量 7.5～22.5 kg。

（2）对为害花的金龟子，于果树吐蕾和开花前，喷 50%对硫磷乳油 1 200 倍液，或者 40%乐果乳油 1 000 倍液，或者 75%辛硫磷乳油或 50%马拉硫磷乳油 1 500 倍液。

（3）金龟子发生为害的初期和盛期，于日落后或日出前，施放烟雾剂，每公顷用量 15 kg。

（4）夜出性金龟子大多数都有趋光性，可设黑光灯诱杀。

（5）金龟子一般都有假死性，可振落捕杀，一般在黄昏时进行。

（6）有些金龟子嗜食蓖麻叶，饱食后会麻痹中毒，甚至死亡。可在金龟子发生区种植蓖麻作为诱杀带，有一定效果。

（7）利用性激素诱捕金龟子。对苹毛丽金龟、小云斑鳃金龟等效果均较明显，有待于进

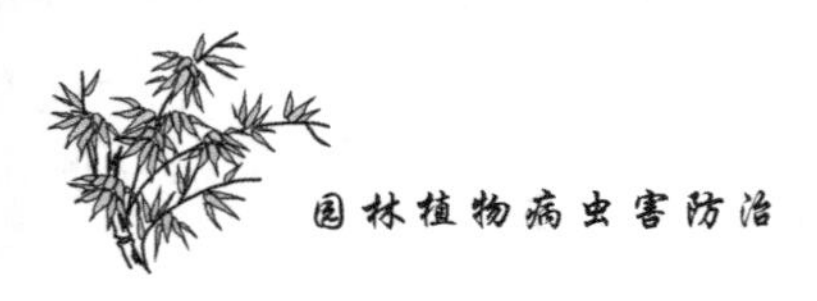

一步研究应用。

3.4.2　除治蛴螬

(1) 选择适当杀虫粉剂，按一定比例掺细土，充分混合，制成毒土，均匀撒于地面，于播种或插条前随施药，随耕翻，随耙匀。

(2) 苗木生长期发现蛴螬为害，可用50%对硫磷乳油或25%辛硫磷乳油或25%乙酰甲胺磷乳油或25%异丙磷乳油或90%美曲膦酯原药等加水1 000倍的稀释液，灌注根际。

(3) 育苗地施用充分腐熟的有机肥，防止招引成虫来产卵。土壤含水量过大或被水久淹，蛴螬数量会下降，可于11月前后冬灌，或于5月上中旬生长期间适时浇灌大水，均可减轻为害。

(4) 加强苗圃管理、中耕锄草、松土，以破坏蛴螬适生环境或借助器械将其杀死。

3.4.3　生物防治

金龟子的天敌很多，如各种益鸟、刺猬、青蛙、蟾蜍、步甲等，都能捕食成虫、幼虫，应予以保护和利用。寄生蜂、寄生蝇和乳状菌等各种病原微生物亦很多，也需进一步研究和利用。

4. 金针虫类

金针虫是叩头虫的幼虫，属鞘翅目、叩头甲科，金针虫类的种类较多，观赏植物最常见的有细胸金针虫与宽背金针虫两种。

4.1　分布与为害

(1) 细胸金针虫。细胸金针虫分布在包括从黑龙江沿岸至淮河流域，西至陕西、甘肃等地区，为害丁香、海棠、元宝枫、悬铃木、松、柏等。

(2) 宽背金针虫。宽背金针虫主要分布于东北和西北1 000米以上高海拔地区，以沿河流开放草原流域、退化黑淋溶钙土、栗钙土地带发生较重。

4.2　形态特征

(1) 细胸金针虫(见图7-45)。成虫体长8～9 mm，宽2.5 mm，体为暗褐色，鞘翅长约胸

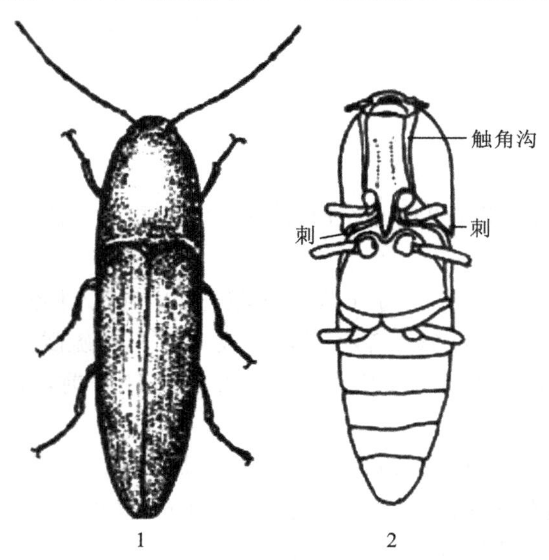

图7-45　细胸金针虫

1—成虫；2—腹面

部的2倍,上有9条纵列刻点。幼虫体长23 mm,体为淡黄色,尾节圆锥形不分叉,近基部两侧各有1个圆斑。

(2) 宽背金针虫。成虫体长9～13 mm,宽约4 mm,体为黑色,鞘翅长约前胸的2倍,纵沟窄,沟间突出。幼虫体长20～22 mm,体为棕褐色,尾节分叉,叉上各有2个结节,4个齿突。

4.3 发生规律

(1) 细胸金针虫。一年发生1代,以成虫和幼虫在土壤中越冬。成虫昼伏夜出,喜食麦叶,有假死性。

(2) 宽背金针虫。需4～5年发生1代,以成虫和幼虫在土壤中越冬。成虫白天活动,善于飞翔。越冬成虫5—6月出土活动开始产卵,幼虫6—7月为害。

4.4 防治方法

(1) 农业防治。适当浇水,当土壤湿度达到35%～40%时,即停止为害,下潜到10～30 cm深的土壤中。精耕细作,将虫体翻出土面让鸟类捕食,以降低虫口密度。加强苗地管理,避免施用未腐熟的厩肥。

(2) 诱杀成虫。用3%亚砷酸钠浸过的禾本科杂草诱杀成虫。

(3) 土壤处理。做床育苗时,采用5%的辛硫磷颗粒剂按每公顷30～45 kg施入表土层。

(4) 药液灌根。若发生较重,可用40%乐果乳剂或50%辛硫磷乳剂1 000～1 500倍液灌根。

(5) 药剂拌种。用25%对硫磷微胶囊缓释剂拌种或50%辛硫磷微胶囊缓释剂拌种或40%甲基异柳磷乳剂拌种。

任务实施

1. 材料及工具的准备

1.1 材料

材料为金龟子成虫和幼虫标本,蝼蛄的不同虫期标本,地老虎的各类标本,金针虫的各类标本。

1.2 工具

工具为手持放大镜、体视显微镜、泡沫塑料板、镊子、解剖针、蜡盘。

2. 任务实施步骤

2.1 蛴螬类的形态观察

观察暗黑鳃金龟、铜绿丽金龟的成虫和幼虫标本,应特别注意观察幼虫头部的刚毛和臀节上的刺毛。蛴螬的体形肥大、弯曲呈"C"形,大多为白色,有的为黄白色。

2.2 蝼蛄类的形态观察

观察东方蝼蛄、非洲蝼蛄的不同虫期标本,可见其前足为开掘足。前翅短,仅达腹部中部,后翅纵折伸过腹末端如尾。产卵器不发达。

2.3 地老虎类的形态观察

观察小地老虎、大地老虎和黄地老虎的各类标本。可见其成虫后翅脉发达,和其他脉一

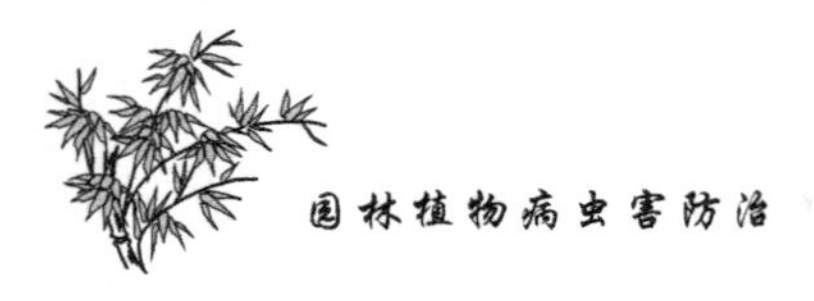

样粗细，中足胫节有刺。

2.4 金针虫类的形态观察

观察沟金针虫、细胸金针虫的各类标本。可见其幼虫多为黄褐色，体壁坚硬、光滑，体形似针。

园林植物地下害虫防治技术任务考核单如表 7-4 所示。

表 7-4 园林植物地下害虫防治技术任务考核单

序号	考核内容	考核标准	分值	得分
1	蛴螬类的形态观察	正确识别蛴螬类并能说出有效的防治方法	20	
2	蝼蛄类的形态观察	正确识别蝼蛄类并能说出有效的防治方法	20	
3	地老虎类的形态观察	正确识别地老虎类并能说出有效的防治方法	20	
4	金针虫类的形态观察	正确识别金针虫类并能说出有效的防治方法	20	
5	问题思考与回答	在完成整个任务过程中积极参与，独立思考	20	

（1）常发生的园林植物地下害虫的种类有哪些？为害特征如何？

（2）园林植物地下害虫的发生规律是怎样的？

（3）园林植物地下害虫有哪些习性？如何利用这些习性诱杀？

（4）怎么防治园林植物地下害虫？

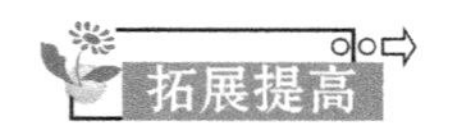

地下害虫综合防治方案

1. 影响地下害虫为害的因素

地下害虫的发生与土壤的质地、含水量、酸碱度、圃地的前作和周围的花木等情况有密切关系。

2. 观赏植物地下害虫的防治措施

地下害虫的特点是长期潜伏在土中，食性很杂，为害时期多集中在春、秋两季。防治时应抓住时机，采取综合防治。

2.1 农业防治

翻耙整地，精耕细作；合理使用肥料；种植诱集作物；铲除杂草，清洁田园；人工捕捉幼虫、成虫。当害虫的数量少时，可根据地下害虫的各自特点进行捕杀。

2.2 诱杀

（1）黑光灯诱杀。

（2）利用蝼蛄类趋向马粪的习性，可在圃地内挖垂直坑放入鲜马粪诱杀，还可在圃地栽蓖麻诱集金龟子成虫。

（3）糖醋液诱杀。在春季将糖、醋、水按 1∶3∶10 的比例配成糖浆，将 0.5 的 90％的美曲膦酯溶液放入盘中，于晴天的傍晚放在草坪内的不同位置诱杀。

(4) 毒饵诱杀。每亩用碾碎炒香的米糠或麦麸 5 kg，加入 90%的美曲膦酯 50 g 及少量水拌匀，或者用 50%的甲胺磷乳剂 60 g 混匀，傍晚撒于花木幼苗旁，对蝼蛄类、地老虎类的防治效果很好。

(5) 毒草诱杀。当小地老虎达高龄幼虫期(4 龄期)时，将鲜嫩草切碎，用 90%美曲膦酯或 50%辛硫磷或 50%甲胺磷 500 倍液喷洒后，每亩用毒草 10～15 kg，于傍晚分成小堆放置田间附近，进行诱杀，对减轻花木幼苗受害有很好的效果。为了减少蒸发，可在毒草上盖枯草。

2.3 生物防治

金龟子的捕食性天敌有鸟、鸡、猫、刺猬和屁步甲。捕食蛴螬的天敌有食虫虻幼虫。寄生蛴螬的天敌有寄生蜂、寄生螨、寄生蝇。目前，对蛴螬防治有效的病原微生物主要有绿僵菌，它的防治效果达 9%。应用乳状杆菌，可使某些种类的蛴螬感染乳臭病而致死。

用蓖麻叶 1 kg，捣碎，加清水 10 kg，浸泡 2 h，过滤，在受害区喷液灭杀金龟子。将侧柏叶晒干磨成细粉，随种子施入土中，可杀死金龟子幼虫。

2.4 药物防治

(1) 播种前处理。土壤处理：整地前用 40%甲基异柳磷或 3%地虫净或呋喃丹颗粒或 5%的辛硫磷颗粒均匀撒施地面，随即翻耙使药剂均匀分散于耕作层，既能触杀地下害虫，又能兼治其他潜伏在土中的害虫。

(2) 苗前处理。在春播花卉种子出苗前，每亩用 3%呋喃丹颗粒剂 1 kg，拌干细土 30 kg，均匀撒于地边沟内的杂草上，可药杀刚出土的金龟子。

(3) 生长季处理灌根。幼虫盛发期用 50%辛硫磷 600 倍液或 90%晶体美曲膦酯 800 倍液或 50%二嗪农乳油 500 倍液或 50%马拉硫磷 800 倍液或 25%乙酰甲胺磷 800 倍液灌根，8～10 d 灌一次，连续灌 2～3 次，对消灭地下害虫的幼虫有良效。

任务5 园林植物草坪主要害虫防治技术

知识点：了解园林植物草坪害虫的种类、外部形态特征、发生规律，掌握草坪害虫的防治方法。

能力点：能准确识别草坪害虫，并能根据其发生规律制订草坪害虫的防治方案。

任务提出

草坪是一个小生物群落，栖息了多种有害昆虫，严重影响草坪质量。害虫在草坪上主要是采食草坪草，传播疾病，为害植物。同时，草坪作为一类特殊的植物产品，一旦感染害虫，其观赏价值将会部分或全部丧失，在经济效益、观赏效果及生态效应等方面将会大打折扣。那草坪上常发生的害虫都有哪些呢？怎样才能防止其对草坪的破坏和为害呢？

任务分析

草坪害虫主要是通过咀嚼和刺吸方式来采食草坪草的。它们直接吞食草坪草的组织和汁液，从而抑制草坪草的正常生长。随着我国草坪的大面积发展及管理强度的增加，草坪害虫成了制约草坪质量的重要因素之一，能否控制好草坪害虫，是草坪养护管理成败的关键。

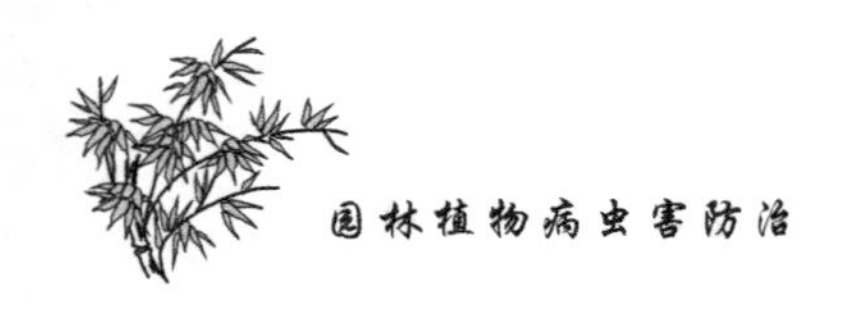

任务实施的相关专业知识

1. 黏虫认知

1.1 分布与为害

黏虫是世界性分布的、对禾本科植物为害极大的害虫，在我国分布也较广。黏虫的幼虫危害性较大，是一种暴食性害虫，大量发生时常把叶片吃光，甚至将整片的草地吃得干干净净，能为害黑麦草、早熟禾、剪股颖和高羊茅等多种草坪草。

1.2 形态特征

成虫体长 15～17 mm，体为灰褐色至暗褐色。前翅为灰褐色或黄褐色。环形斑与肾形斑均为黄色，在肾形斑下方有 1 个小白点，其两侧各有 1 个小黑点。后翅基部为淡褐色并向端部逐渐加深。老熟幼虫体长约 38 mm，圆筒形，体色多变，为黄褐色至黑褐色。

1.3 生活习性

一年发生多代，从东北的 2～3 代至华南的 7～8 代，并有随季风进行长距离南北迁飞的习性。成虫有较强的趋化性和趋光性。黏虫喜欢较凉爽、潮湿、郁闭的环境，高温、干旱对其不利。

1.4 防治方法

(1) 清除草坪周围杂草或于清晨在草丛中捕杀幼虫。

(2) 利用灯光诱杀成虫，或者利用成虫的趋化性，可用糖醋液诱杀，即将糖、酒、醋、水按 2∶1∶2∶2的比例混合，加少量辛硫磷。

(3) 初孵幼虫及时喷药，喷洒 40.7%毒死蜱乳油 1 000～2 000 倍液、50%辛硫磷乳油 1 000倍液，或者用每克菌粉含 100 亿活孢子的杀螟杆菌菌粉或青虫菌菌粉 2 000～3 000 倍液喷雾。

2. 草地螟认知

2.1 分布与为害

草地螟在我国北方普遍分布，食性广，可为害多种草坪禾草。初孵幼虫取食幼叶的叶肉，残留表皮，并非常喜欢在植株上结网躲藏，在草坪上称为"草皮网虫"，3 龄后食量大增，可使草坪失去应有的色泽、质地、密度和均匀性，甚至造成光秃，降低观赏和使用价值。

2.2 识别特征

成虫体较细长，长 9～12 mm，全体为灰褐色；前翅为灰褐色至暗褐色，中央稍近前缘有一个近似长方形的淡黄色或淡褐色斑，翅外缘为黄白色并有一串淡黄色小点组成的条纹；后翅为黄褐色或灰色，沿外缘有两条平行的黑色波状纹。老熟幼虫体长 16～25 mm，头部为黑色。

2.3 生活习性

草地螟一年发生 2～4 代。成虫昼伏夜出，趋光性很强，有群集性和远距离迁飞的习性。幼虫发生期为 6—9 月。幼虫活泼、性暴烈、稍被触动即可跳跃，高龄幼虫有群集和迁移习性。幼虫最适发育温度为 25～30 ℃，高温多雨年份危害严重。

2.4 防治措施

(1)人工防治。利用成虫白天不远飞的习性,用拉网法捕捉。

(2)药剂防治。用50%辛硫磷乳油100倍液,或者用每克菌粉含100亿活孢子的杀螟杆菌菌粉或青虫菌菌粉2 000~3 000倍液喷雾。

3. 稻纵卷叶螟认知

稻纵卷叶螟在我国各省、自治区均有分布,是以为害禾本科草坪叶片为主的重要迁飞性害虫。

3.1 形态特征

雌蛾体长8~9 mm,体翅为黄褐色,前翅前缘为暗褐色,外缘有暗褐色宽带。老熟幼虫体长14~19 mm,淡黄绿色。蛹长9~11 mm,细长,呈纺锤形,末端尖,棕褐色。

3.2 发生规律

在我国从北到南一年发生1~11代,长江中下游以南至秦岭以北一年发生5~6代。幼虫活泼,遇惊跳跃后退,吐丝下坠脱逃,末龄幼虫多在植株基部的枯黄叶片或叶鞘内侧吐丝结茧化蛹。主要天敌有赤眼蜂、绒茧蜂、蜘蛛、瓢虫、白僵菌等。

3.3 防治方法

(1)生物防治。在产卵期释放赤眼蜂,每公顷30万头;或在卵孵化期每公顷用Bt乳剂3 000 mL,兑水750 L均匀喷雾。

(2)化学防治。用50%杀螟松乳油1 000倍液或50%甲胺磷乳油1 500倍液或25%杀虫双水剂500倍液均匀喷雾。

4. 蝗虫认知

蝗虫属直翅目、蝗总科。蝗虫食性杂,可取食多种植物,但较嗜好禾本科和莎草本植物,喜食草坪禾草,成虫和蝗蝻取食叶片和嫩茎,大发生时可将寄主吃成光杆或全部吃光。

4.1 形态特征

(1)东亚飞蝗。雄成虫体长33~48 mm,雌成虫体长39~52 mm,有群居型、散居型和中间型三种类型,体为灰黄褐色(群居型)或头、胸、后足带绿色(散居型)。

(2)短额负蝗。成虫体长21~32 mm,体色多变,从淡绿色到褐色和浅黄色都有,并杂有黑色小斑。

4.2 生活习性

(1)东亚飞蝗。北京以北一年发生1代,黄海、淮海流域一年发生2代,南部地区一年发生3~4代,均以卵在土中越冬。

(2)短额负蝗。一年发生2代,以卵越冬。成虫、若虫大量发生时,常将叶片食光,仅留秃枝。初孵若虫有群集为害习性,2龄后分散为害。

4.3 蝗虫防治方法

(1)药剂喷洒。发生量较多时可采用药剂喷洒防治,常用的药剂及用量为:3.5%甲敌粉剂、4%敌马粉剂喷粉,30 kg/hm^2;40.7%毒死蜱乳油1 000~2 000倍液。

(2)毒饵防治。用麦麸100份+水100份+50%辛硫磷乳油0.15份,混合拌匀,22.5 kg/hm^2;也可用鲜草100份切碎加水30份拌入50%辛硫磷乳油0.15份,112.5 kg/hm^2。

随配随洒，不能过夜。阴雨、大风、温度过高或过低时不宜使用。

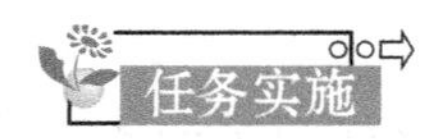

任务实施

1. 材料及工具的准备

1.1 材料

材料为当地草坪常发生的害虫标本（如成虫、卵、幼虫、蛹等）、为害状标本、临时采集的新鲜标本、挂图等。

1.2 工具

按组配备双目体视显微镜、放大镜、镊子、解剖针等工具。

2. 任务实施步骤

4～6人一组，在教师指导下对供试草坪植物各种害虫标本进行观察识别。

2.1 咀嚼式口器食叶害虫的形态及为害状识别

肉眼识别黏虫、斜纹夜蛾、草地螟、蝗虫、蜗牛、蛞蝓等害虫的形态及为害状，对照挂图或结合现场识别咀嚼式口器食叶害虫的为害状。

2.2 刺吸式口器害虫的形态及为害状识别

肉眼识别蚜虫类、叶蝉类、飞虱类、盲蝽类、叶螨类等害虫的形态及为害状，对照挂图或结合现场识别刺吸式口器害虫的为害状。

2.3 地下害虫的形态及为害状识别

肉眼识别蝼蛄类、蛴螬类、金针虫类、地老虎类等害虫的形态及为害状，并对照挂图或结合现场识别地下害虫的为害状。

2.4 线虫的形态及为害状识别

肉眼识别线虫的形态及为害状，并对照挂图或结合现场识别线虫的为害状。

任务考核

园林植物草坪害虫防治技术任务考核单如表7-5所示。

表7-5 园林植物草坪害虫防治技术任务考核单

序号	考核内容	考核标准	分值	得分
1	草坪食叶害虫观察	能正确识别食叶害虫并说出具体的防治措施	25	
2	草坪吸汁害虫观察	能正确识别吸汁害虫并说出具体的防治措施	25	
3	草坪地下害虫观察	能正确识别地下害虫并说出具体的防治措施	25	
4	问题思考与回答	在整个任务完成过程中积极参与，独立思考	25	

思考问题

（1）简述黏虫的发生规律与防治方法。

（2）简述蝗虫的发生规律与防治方法。

（3）草坪害虫的发生受哪些因素影响？

(4) 简述草坪害虫的分类、为害方式及为害状。

(5) 影响草坪害虫发生的环境条件有哪些?

草坪害虫的防治措施

1. 草种检疫

目前我国绝大部分冷季型草种是从国外引进的,传入危险性害虫的风险很大,因而必须加强草种检疫。草坪草的检疫性害虫有谷斑皮蠹、白缘象、日本金龟子、黑森瘿蚊等。

2. 建植措施

(1) 选用抗虫草种(品种) 如多年生黑麦草品种为近来培育的抗虫新品种。

(2) 利用带有内生真菌的草坪草草种和品种 内生真菌主要寄生在羊茅属和黑麦草属植物体内,可产生对植食性害虫有毒性的生物碱,这些生物碱主要分布在茎、叶、种子内。带内寄生菌的草坪草对食叶害虫有抗性,但对地下害虫效果较差。

(3) 适地适草 应根据当地的生态特点选择最适合的草种,否则草坪草生长不良,抗逆性差,也容易受到害虫的侵袭。

3. 养护措施

(1) 合理修剪可以直接降低害虫的数量。

(2) 合理、适时的灌溉可促进草坪草健康生长,避免因过干或过湿而对草坪生长不利。

(3) 施肥时要考虑到氮、磷、钾的平衡,既要促进草坪健康生长又要防止草坪徒长,同时还应防止因施化肥不当引起土壤酸碱度的大幅度变化。

(4) 由于枯草层可为多种害虫提供越冬场所,并降低草坪的通气性与透水性,降低草坪草活力及其抗性,因而应及时清除。一般枯草层的厚度不应超过 1.5~2 cm。

4. 生物防治

(1) 利用草坪或其周围区域的天敌如草蛉、瓢虫、寄生蜂、寄生蝇、蜘蛛、蛙类、鸟类等来消灭害虫。

(2) 能使昆虫染病的病原微生物有真菌、细菌、病毒、立克次氏体、原生动物及线虫等。目前生产上应用较多的是前三类。常见药剂有苏云金杆菌(细菌 NN)、白僵菌(真菌 NN)、核多角体病毒(病毒制剂)、斯氏线虫、微孢子虫等。

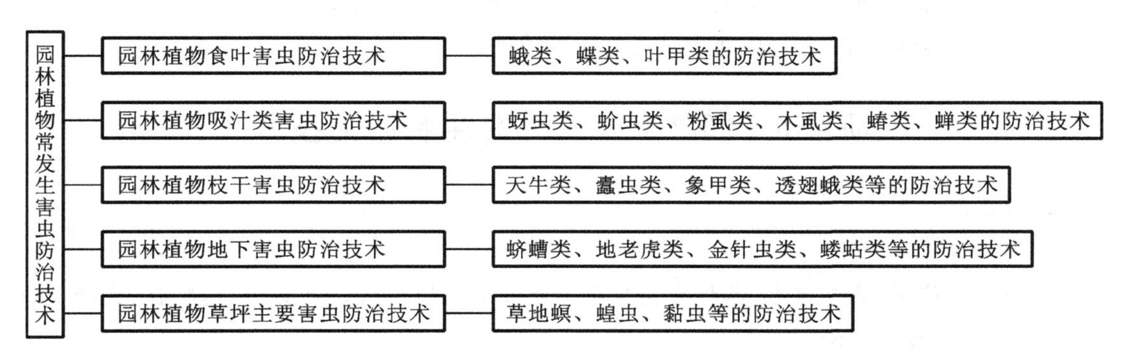

目标检测

一、填空题

(1) 金龟甲的幼虫肥胖,(　　)型弯曲,有(　　)胸足,俗称(　　);叩甲的幼虫多为(　　)色,体壁(　　)、光滑,体形似(　　),俗称(　　);尺蛾的幼虫仅在第6腹节和末节上各具(　　),行动时,弓背而行,如同以手量物,俗称(　　)。

(2) 观赏植物食叶害虫的种类很多,除鳞翅目的蛾、蝶类幼虫外,还有鞘翅目的(　　)、(　　)、(　　)、(　　)、(　　);膜翅目的(　　);直翅目的(　　)。

(3) 毒蛾类幼虫体多具(　　)毛,腹部第6～7节背面有(　　),有(　　)为害的习性。

(4) 芫菁科的1龄为(　　)型,行动活泼;2～4龄和6龄为(　　)型;5龄为(　　)型。

(5) 叶蜂类幼虫体表光滑,多皱纹,腹足(　　)对,无(　　)。

(6) 常见的吸汁类害虫有同翅目的(　　)、(　　)、(　　)、(　　)、(　　),半翅目的(　　),缨翅目的(　　)。此外,节肢动物门蛛形纲蜱螨目的(　　)也常划入吸汁类害虫。

二、选择题

(1) 下列害虫中,(　　)是卷叶或缀叶为害的。

A. 黄刺蛾　　B. 马尾松毛虫　　C. 香蕉弄蝶　　D. 黄杨绢野螟

(2) 下列害虫中,成虫和幼(若)虫都为害植物叶片的有(　　)。

A. 柳蓝叶甲　　B. 铜绿丽金龟　　C. 短额负蝗　　D. 樟叶蜂

(3) 下列刺蛾中,在地下结茧的有(　　)。

A. 黄刺蛾　　B. 扁刺蛾　　C. 褐边绿刺蛾　　D. 褐刺蛾

(4) 下列蛾、蝶类成虫中,白天活动的有(　　)。

A. 柑橘凤蝶　　B. 曲纹紫灰蝶　　C. 斜纹夜蛾　　D. 重阳木锦斑蛾

(5) 下列害虫对糖醋酒液有趋性的是(　　)。

A. 东方蝼蛄　　B. 小地老虎　　C. 斜纹夜蛾　　D. 白星花金龟

三、判断题

(1) 芫菁科的成虫和幼虫都是食叶害虫。　(　　)

(2) 黏虫有迁飞习性。　(　　)

(3) 利用东方蝼蛄对香甜物质的趋性,可以用糖醋酒液进行诱杀。　(　　)

(4) 天牛类枝干害虫为害时常可在蛀孔周围发现大量的虫粪。　(　　)

(5) 蛴螬、金针虫在土壤中的活动会应土温的变化而上下移动。　(　　)

(6) 小蠹的坑道是由成虫、幼虫钻蛀为害形成的。　(　　)

项目8　园林杂草与外来生物防治技术

学习内容

掌握园林苗圃、观赏树木、草坪常发生杂草和外来入侵生物的种类、形态特征、生物学特性、发生规律和防治方法。

教学目标

能通过对杂草和外来生物的形态观察、生物学特性的了解，正确识别园林杂草和外来入侵生物，并能有效对其进行防治。

技能目标

能准确识别园林常发生杂草和外来生物，能制订出合理有效的防治方案。

杂草一般是指非有意识栽培的植物。杂草种类，除极少数来源于草坪种子携带外，大多是农田中杂草种类的缩影。杂草是园林生产大敌，草坪一年中的养护费用及工作精力，大部分被防除杂草所占用。在园林苗圃栽培过程中，防除杂草是一项不可替代的重要工作。普及园林苗圃化学除草技术，适应城市园林建植发展和苗圃科学管理的需要，也逐渐成为当今园林苗圃经营管理中的重要技术之一。

外来生物入侵在全球范围内不断加剧，给生物多样性和人们的生产生活带来了极大危害，成为世界性难题。外来植物入侵，不仅在经济上对我国造成了惊人的直接损失，同时在环境方面，由于它们引起的生态系统平衡破坏、生物多样性丧失、对农业环境的破坏而造成的间接损失更是无法估量，有些外来物种具有入侵性，对生态系统、生境或物种造成不同程度的威胁，可引起生态系统的破坏、生物多样性的下降，甚至是物种的灭绝，常常导致重大的环境、经济、健康和社会问题，造成巨大的损失，严重影响到人类的生活。此外，外来生物入侵可导致本地生物物种的灭绝、生物多样性减少以及由于改变环境景观带来的美学价值的丧失。

任务1 园林杂草识别技术

知识点：了解杂草的种类、形态特征、发生规律。
能力点：能根据杂草的形态特征准确识别常见杂草。

任务提出

杂草种类多，形态各异，加之有些杂草具有拟态性，更增加了杂草识别的难度。为此，简要了解园林杂草的分类，是认识杂草和防除杂草的前提。我们能否根据杂草形态、生物学习性、生态学特性，以及研究和防除目的等方法对杂草进行分类识别呢？

任务分析

了解园林杂草的为害特点，对采取有效的控制措施具有重要的指导意义。掌握杂草的防除技术是保证草坪建植成功的关键，尤其是新建植的草坪，如不及时防除杂草，将会严重影响草坪的质量，甚至导致建植的失败。本任务重点学习草坪杂草的为害特点及其从建植到收获种子整个生育期的识别技术。

任务实施的相关专业知识

1. 草坪、园林园圃常见杂草

1.1 一年生早熟禾

一年生早熟禾(见图 8-1)为禾本科一年生杂草。在潮湿遮阴的土壤中生长良好。秆丛生、直立,基部稍向外倾斜。叶为舌圆形,膜质。叶片光滑柔软,顶端呈船形,边缘稍粗糙。圆锥花序开展,塔形,小穗有绿色柄,有花 3～5 朵。外稃为卵圆形,先端钝,边缘膜质。5 脉明显,脉下部均有柔毛,内稃等长或稍短于外稃。颖果呈纺锤形。

1.2 牛筋草

牛筋草(见图 8-2)又称蟋蟀草。禾本科一年生晚春杂草。茎扁平直立,高 10～60 cm,韧性大。叶光滑,叶脉明显,根须状,发达,入土深,很难拔除。穗状花柄 2～7 个,呈指状排列于秆顶,有时 1～2 枚生于花柄下面。小穗无柄,外稃无芒。颖果呈三角状卵形,有明显波状皱纹。

图 8-1 一年生早熟禾

图 8-2 牛筋草

1.3 马唐

马唐(见图 8-3)又称万根草、鸡爪草、抓根草。马唐多生于河畔、田间、田边、荒野湿地、宅旁草地及草坪等处。禾本科一年生杂草,春末和夏季萌发,春天变暖后,在整个生长期都可以发芽,需要不断防治。在草坪中竞争力很强,而且有扩展生长的习性,使草坪草的覆盖面积变小。株高 10～60 cm,茎多分枝,秆基部倾斜或横卧,着土后易生不定根。叶片为条状披针形,叶鞘无毛或疏毛,叶舌膜质。花序由 2～8 个细长的穗集成指状。小穗为披针形,长 5～15 cm,宽 3～12 cm。

1.4 野稗

野稗(见图 8-4)别名稗子、稗草、水稗子。野稗原产于欧洲,我国各地均有分布,多生长于湿润肥沃处,为世界十大恶性杂草之一,属禾本科一年生杂草。水、旱、园田都有生长,也生于路旁、田边、荒地、隙地；适应性极强，既耐干旱，又耐盐碱，喜温湿，能抗寒。繁殖力惊人，一株稗有种子数千粒，最多可结1万多粒。种子边成熟边脱落，体轻有芒，借风或水流传播。种子发芽深度为2～5 cm，为深层不发芽的种子，能保持发芽力10年以上。苗期4—5月，花果期7—10月。在低修剪的草坪中，可以在地面上平躺而且以半圆形向外扩展。圆锥花序，近塔形，长6～10 cm；小穗为卵形，长约5 mm，密集在穗轴一侧；颖果为卵形，长约16 mm，米黄色。

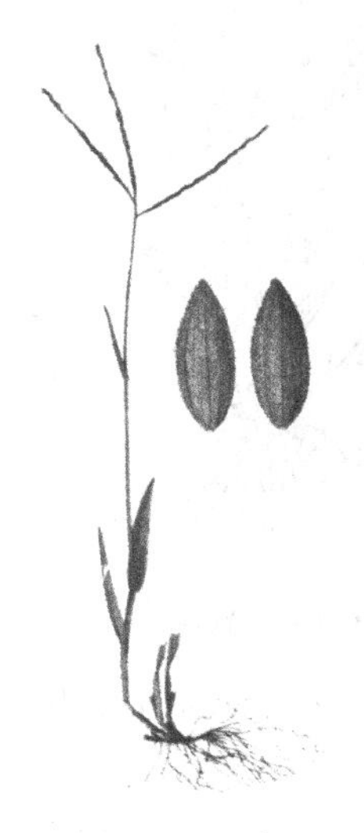

图8-3　马唐

图8-4　野稗

1.5　空心莲子草

空心莲子草（见图8-5）又称水花生，一年生杂草。茎基部匍匐，上部上升，中空，有分枝。叶对生，矩圆形或倒卵状披针形，长2.5～5 cm，宽7～20 mm，顶端圆钝，有芒尖，基部渐狭，上面有贴生毛，边缘有睫毛。头状花序，单生于叶腋。总梗长1～4 cm。

1.6　狗尾草

狗尾草（见图8-6）别名青狗尾草、谷莠子、狗毛草，禾本科一年生杂草。出苗深度2～6 cm，适宜发芽温度15～30 ℃。植株直立，茎高20～120 cm。叶鞘为圆筒状，边缘有细毛，叶为淡绿色，有毛状叶舌、叶耳，叶鞘与叶片交界处有一圆紫色带。秆直立或基部为屈膝状，上升，有分枝。穗状花序排列成狗尾状，穗为圆锥形，稍向一方弯垂。小穗基部刚毛粗糙，绿色或略带紫色。颖果为长圆形，扁平。

1.7　小旋花

小旋花（见图8-7）别名常春藤打碗花、打碗花、兔耳草，旋花科一年生杂草。茎蔓生，缠绕或匍匐分枝，有白色乳汁。叶互生，有柄；叶片为戟形，先端钝尖，基部具有4个对生叉状的侧裂片。花腋生，具有长梗，有两片卵圆形的苞片，紧包在花萼的外面，宿生。花冠为淡粉红色，漏斗状。蒴果为卵形，黄褐色。种子光滑，卵圆形，呈黑褐色。

1.8　反枝苋

反枝苋（见图8-8）别名西风谷、苋菜、野苋菜、红枝苋，为苋科一年生杂草。株高80～100 cm。茎直立，稍有钝棱，密生短柔毛。叶互生，有柄，叶片为倒卵状或卵状，披针形，先端

图 8-5　空心莲子草

图 8-6　狗尾草

钝尖，叶脉明显隆起。花簇多刺毛，集成稠密的顶生和腋生的圆锥花序，苞片干膜质。胞果为扁小球形，淡绿色。种子为倒卵圆形，表面光滑，黑色，有光泽。

图 8-7　小旋花

图 8-8　反枝苋

1.9　香附子

香附子(见图 8-9)别名回头青，莎草科多年生杂草。匍匐根状茎较长。有椭圆形的块茎。有香味，坚硬，褐色。秆为三棱形，平滑。叶较多，鞘为棕色。叶状苞片 2～3 枚，比花序长。聚伞花序，有 3～10 个辐射枝。小穗为条形，小穗轴有白色透明的翅，鳞片覆瓦状排列。花药为暗红色，花柱长，柱头 3 个，伸出鳞片之外。小坚果为倒卵形，有三棱。夏、秋间开花，茎从叶丛中抽出。以种子、根茎及果核繁殖，主要靠无性繁殖，能迅速繁殖形成群体。

1.10　藜

藜(见图 8-10)别名灰菜、灰条菜,黎科一年生早春杂草。茎光滑,直立,有棱,带绿色或紫红色条纹,多分枝,株高 60～120 cm。叶互生,长 3～6 cm,有细长柄,叶形有卵形、菱形或三角形,先端尖,基部宽楔形,边缘具有波状齿。幼时全体被白粉。花顶生或腋生,多花聚成团伞花簇。胞果为扁圆形,花被宿存。种子为黑色,肾形,无光泽。

图 8-9　香附子

图 8-10　藜

1—植株上部;2—部分茎叶;3—果实

1.11　刺儿菜

刺儿菜(见图 8-11)别名刺蓟、小蓟,菊科多年生根蘖杂草。茎直立,上部疏具分枝,株高 30～50 cm。叶互生,无柄,叶缘有硬刺,正反面均有丝状毛,叶片为披针形。头状花序,鲜紫色,单生于顶端,苞片数层,由内向外渐短。花两性或雌性。两种花不生于同一株上。生两性花的花序短,生雄花的花序长。果期冠毛与花冠近等长。瘦果为长卵形,褐色,具白色或褐色冠毛。

1.12　马齿苋

马齿苋(见图 8-12)别名马杓菜、长寿菜、马齿菜、马须菜,马齿苋科一年生杂草。有贮藏湿气的能力,故能在常热和干燥的天气里茂盛生长,在温暖、潮湿、肥沃土壤上生长良好,在新建草坪上竞争力很强。

茎为匍匐肉质,较光泽,无毛,紫红色,由基部四散分枝。叶为倒卵形,光滑,上表面为深绿色,下表面为淡绿色。花小,黄色,3～8 朵腋生,花瓣 5 片,花簇生,无梗。蒴果为圆锥形,盖裂。种子极多,肾状卵形,黑色,直径不到 1 mm,能在土壤中休眠许多年。

1.13　苦菜

苦菜(见图 8-13)别名苦荬菜、苦麻子、山苦荬、奶浆草,菊科多年生杂草。株高 20～40 cm,直立或下部稍斜。茎自基部多分枝,有白色乳汁。叶片为狭长披针形,羽裂或具有浅齿,裂片为线状,幼时常带紫色;茎叶互生,无柄,全缘或疏具齿牙。头状花序,排列成稀疏的伞房状的圆锥花丛。花为黄色或白色。瘦果为棕色,有条棱,冠毛白色。

图 8-11 刺儿菜

图 8-12 马齿苋

1.14 地锦

地锦(见图 8-14)别名红丝草、奶痈草、血见愁,大戟科一年生夏季杂草。匍匐伏卧,茎细,红色,多叉状分枝,全草有白汁。卵形或长卵形,全缘或微具细齿,叶背紫色,下具小托叶。杯状聚伞花序,单生于枝腋,花淡紫色。蒴果扁圆形,三棱状。

图 8-13 苦菜

图 8-14 地锦

1.15 繁缕

繁缕(见图 8-15)别名鹅肠草、乱眼子草,石竹科一年生杂草。分枝匍匐茎一侧具有柔毛,向外扩展生长能力强。株高 10～30 cm。茎细,淡绿色或紫色,基部多分枝,下部节上生根,茎上有一行短柔毛,其余部分无毛。叶对生,叶片为长卵形,顶端锐尖,茎上部的叶无柄,下部叶有长柄。花具细长梗，下垂，花瓣微带紫色。蒴果为卵形。种子黑色，表面有钝瘤。

1.16 车前

车前(见图 8-16)别名车前子，为车前科，车前属，须根杂草。株高 10～40 cm，具有粗壮根茎和大量须根。根叶簇生，有长柄，伏地呈莲座状。叶片为椭圆形，肉质肥厚，先端钝圆或微尖，基部微心形，全缘或疏具粗钝齿。花茎数条，小花多数，密集于花穗上部呈长穗状。花冠白色或微带紫色，子房为卵形。蒴果为卵形，果盖帽状，成熟时横裂。种子为长卵形，黑褐色。

图 8-15 繁缕

图 8-16 车前

1.17 独行菜

独行菜(见图 8-17)别名辣椒根、辣根菜、芝麻盐，十字花科，独行菜属，一年生或二年生草本，春、秋季都可以萌发。株高 5～30 cm，主根为白色，幼时有辣味。茎直立，多分枝，被头状腺毛。基生叶为狭匙形，羽状浅裂；茎生叶为披针形或条形，有疏齿或全缘。总状花序顶生，萼片呈舟状，花瓣退化。短角果近圆形，扁平，先端凹缺。种子为卵形，平滑，棕红色。

1.18 苣荬菜

苣荬菜(见图 8-18)别名苦麻菜、曲麻菜，菊科，多年生根蘖杂草，全株都有白色乳汁。茎直立，高 40～90 cm，具有横走根。叶为长圆状披针形，有稀疏的缺刻或浅羽裂，基部渐狭成柄，茎生叶无柄，基部呈耳状。头状花序，全为舌状花，黄色，冠毛白色。

1.19 荠菜

荠菜(见图 8-19)别名荠、吉吉菜，十字花科，荠属，一年生或二年生草本，春、秋季都可以萌发。全株稍被毛，株高 10～50 cm，茎直立，单一或下部分枝。基生叶为莲座状，平铺地面，大羽状分裂，裂片有锯齿，有柄；茎生叶不分裂，狭披针形，抱茎，边缘有缺刻或锯齿。总状花序顶生或腋生，花为白色，有长梗。短角果为倒三角形，扁平，先端微凹。种子 2 室，每室种子多数。种子为椭圆形，表面有细微的疣状突起。

图 8-17　独行菜

图 8-18　苣荬菜

1.20　蒲公英

蒲公英(见图 8-20)别名婆婆丁,菊科,蒲公英属,多年生直根杂草。株高 10～40 cm,有白色乳汁。根肥厚,肉质,圆锥形。叶呈莲座状,可平展为长圆状倒披针形或倒披针形,总苞片上部有鸡冠状突起,全为舌状花组成,黄色。瘦果有长 6～8 mm 的喙;冠毛为白色。

图 8-19　荠菜

图 8-20　蒲公英

2. 杂草区系构成

园林植物园圃、草坪内的杂草有三种类型:一年生、两年生和多年生。不同地区的杂草种类不同,不同生态小环境的杂草种类不同,不同季节杂草的主要种类也不同。

2.1　不同地区杂草的主要种类不同

我国幅员辽阔,南北地区气候差别较大,杂草的主要种类不同。

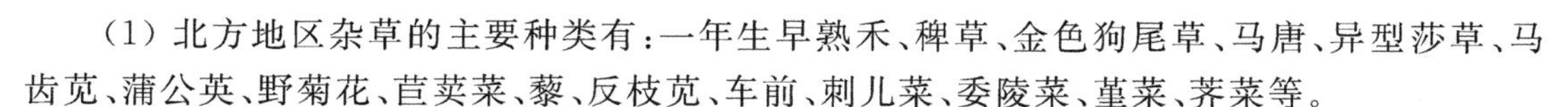

（1）北方地区杂草的主要种类有：一年生早熟禾、稗草、金色狗尾草、马唐、异型莎草、马齿苋、蒲公英、野菊花、苣荬菜、藜、反枝苋、车前、刺儿菜、委陵菜、堇菜、荠菜等。

（2）南方地区杂草主要种类有：升马唐、马齿苋、蒲公英、多头苦菜、雀稗、皱叶狗尾草、香附子、繁缕、阔叶锦葵、土荆芥、刺苋、阔叶车前、苍耳、酢浆草、野牛蓬草等。

2.2　不同的生态小环境杂草种类不同

如在草坪中，新建植草坪与已成坪草坪由于生态环境、管理方式等方面的差异，主要杂草的种类也会有所不同。如北方地区新建植草坪杂草的优势种群：藜、苋菜、马唐、稗草、莎草和马齿苋等；已成坪草坪的主要杂草种类是：马唐、狗尾草、蒲公英、苣荬菜、苋菜、车前、委陵菜及荠菜等。

地势低洼、容易积水的园圃以异型莎草、空心莲子草、香附子、野菊花等居多；地势高燥的园圃则以马唐、狗尾草、蒲公英、堇菜、苣荬菜、马齿苋等居多。

2.3　不同季节杂草优势种群不同

不同的杂草由于其生物学特性不同，其种子萌发、根茎生长的最适温度不同，因而形成了不同季节杂草种群的差异。一般春季杂草主要有野菊花、荠菜、蒲公英、附地菜及田旋花等；夏季杂草主要有稗草、藜、苋、马齿苋、牛筋草、马唐、莎草、苣荬菜等；秋季杂草主要有马唐、狗尾草、蒲公英、堇菜、委陵菜、车前等。

任务实施

1. 材料及工具的准备

1.1　材料

以冷季型或暖季型草坪现场为材料。

1.2　工具

按组配备病害标本采集箱、放大镜、剪刀、镊子、卷尺、笔记本、铅笔及有关资料。

2. 任务实施步骤

2.1　杂草现场调查与识别

4～6人组成一组，在教师指导下对供试草坪杂草进行调查。

每年的春、夏、秋、冬四个季节（具体时间因地而宜），教师应分别组织学生到草坪现场进行草坪杂草的一般情况调查，通常观察记载的项目及内容如下。

（1）草坪状况调查包括草坪类型（冷季型或暖季型）、草坪草的品种、草坪的建植时间（新建植或已成坪的草坪）、草坪的管理情况（精细管理或粗放管理）以及草坪的面积、长势、地势等内容。

（2）杂草基本情况调查包括杂草的类型（夏季一年生杂草，冬季一年生杂草，二年生或多年生杂草；禾本科杂草、莎草或阔叶杂草）、发生面积、危害程度、主要杂草的种类等。

（3）防除情况调查包括防除方法（如化学防除、人工拔除、机械除草或生物颉颃作用除草等）、除草剂的应用情况（包括使用的品种、浓度、次数、用药时间、防除效果等）等内容。此项内容需向草坪管理人员咨询并结合现场观察来进行。

现场调查时，应以学生为主体。可全班集体活动，也可分组进行，由任课教师带队，进行深入细致的调查、记载并采集标本。

2.2　室内鉴定

对于被害特征明显、现场容易识别的杂草种类可以当场鉴定确认。难以识别或新出现的杂草种类，则需带进实验室，在教师的指导下，查阅有关资料，完成进一步的调查鉴定工作。

2.3　填写调查报告

写出调查报告并列表描述被调查草坪的草坪杂草种类构成、发生程度、为害季节以及防除的基本情况，具体格式如表 8-1 所示。

表 8-1　草坪杂草的调查报告表

杂草名称	所属科	发生程度	主要为害季节	防除情况

注：(1) 草坪品种；(2) 调查时间：　　年　　月　　日

园林杂草识别技术任务考核单如表 8-2 所示。

表 8-2　园林杂草识别技术任务考核单

序号	考 核 内 容	考 核 标 准	分值	得分
1	杂草种类的调查	通过调查了解本地园林杂草的种类	20	
2	杂草为害的调查	通过调查了解本地园林杂草的为害情况	20	
3	杂草发生情况的调查	通过调查了解本地杂草的发生情况	20	
4	杂草形态的识别	能够准确识别当地常发生的杂草形态	20	
5	问题思考与回答	在完成整个任务过程中积极参与，独立思考	20	

(1) 草坪常见杂草的种类有哪些？

(2) 草坪杂草的区系构成是什么？

1. 杂草对草坪草的为害

(1) 与草坪草争水、肥等杂草适应性强，根系庞大，耗费水肥能力极强。据河南省农业科学院在郑州 2004—2005 年测定，每平方米草坪在 5—7 月的耗水量约为 54 kg，而蒺藜和猪殃殃在密植的情况下，每平方米在同期的耗水量分别约为 72 kg 和 103 kg。

(2) 侵占地上和地下部分空间，影响草坪草的光合作用。杂草种子数量远远高于草坪草的播种量，杂草的生长速度也远高于草坪草的生长速度，加上出苗早，很容易形成草荒，毁掉草坪草。

(3) 杂草是部分植物病害、虫害的中间寄主，如蚜虫、飞虱均可以通过杂草传播病毒病。

(4) 影响草坪的品质和观赏效果。在杂草生长季节，杂草比草坪草生长迅速，使草坪看起来参差不齐；在霜降来临后，杂草先行死亡，草坪出现大片斑秃，并一直延续到翌年，成为新杂草生长的有利空间。

(5) 鬼针草的种子容易刺入人的衣服，较难拔掉，刺入皮肤容易发炎；苣荬菜、泽漆的茎含有白色汁液，碰断后一旦沾到衣服上很难清洗；蒺藜的种子容易刺伤人的皮肤；一些人对豚草(破布草)的花粉过敏，严重者会出现哮喘、鼻炎或类似荨麻疹等症状；苍耳的种子、毛茛的茎被牲畜误食后容易中毒等。

2. 杂草的发生特点

(1) 大量种子。能产生大量种子繁衍后代，如马唐、绿狗尾、灰绿藜、马齿苋在上海地区一年可产生2～3代。一株马唐、马齿苋就可以产生2万～30万粒种子，一株异型莎草、蒺藜、地肤、小飞蓬可产生几万至几十万粒种子。如果草坪中没有很好除草，让杂草开花繁殖，必将留下数亿甚至数十亿粒种子，那么3～5年将很难除尽。

(2) 繁殖方式复杂多样。有些杂草不但能产生大量种子，还具有无性繁殖能力。无性繁殖的形式主要有：进行根蘖繁殖的有苣荬菜、小蓟、大蓟、田旋花等；进行根茎繁殖的有狗牙根、牛毛毡、眼子菜等；进行匍匐茎繁殖的有双穗雀稗等；进行块茎繁殖的有水莎草、香附子等；进行须根繁殖的有狼尾草、碱茅等；进行球茎繁殖的有野慈姑等；另外，眼子菜还可以通过鸡爪芽进行繁殖。

(3) 传播方式的多样性。杂草种子易脱落，且具有易于传播的特点，借助风、水、人、畜、机械等外力可以传播很远，分布很广。

(4) 种子的休眠性。种子具有休眠性，且休眠顺序、时间不一致。

(5) 种子寿命长。根据报道，野燕麦、看麦娘、蒲公英、冰草、牛筋草的种子可存活5年；金狗尾、荠菜、狼尾草、繁缕的种子可存活10年以上；狗尾草、蓼、马齿苋、龙葵、羊蹄、车前、蓟的种子可存活30年以上；反枝苋、豚草、独行菜等的种子可存活40年以上。

(6) 杂草出苗、成熟的不整齐性。大部分杂草出苗不整齐，例如荠菜、蒺藜、繁缕、婆婆纳等，除最冷的1—2月和最热的7—8月外，一年四季都能出苗、开花；看麦娘、牛繁缕、大巢菜等在上海郊区于9月至翌年2—3月都能出苗，早出苗的于3月中旬开花，晚出苗的至5月下旬还能陆续开花，先后延续2个多月；又如马唐、绿狗尾、马齿苋、牛筋草在上海地区从4月中旬开始出苗，一直延续到9月，先出苗的于6月下旬开花结果，先后相差3个月。即使同株杂草上开花也不一样，禾本科杂草如看麦娘、早熟禾等，穗顶端先开花，随后由上往下逐渐开花，种子成熟约相差1个月。牛繁缕、大巢菜属无限花序，4月中旬开始开花，边开花边结果可延续3～4个月。另外，种子的成熟期不一致，导致其休眠期、萌发期也不一致，这给杂草的防除带来了很大困难。

(7) 杂草的竞争力强，适应性广，抗逆性强。其吸收光能、水肥能力强，生长速度快，竞争力强，耐干旱的能力也很强。

3. 我国草坪杂草发生规律

(1) 北方草坪杂草发生有两个高峰期：第一个高峰期是4月上旬至5月上旬，以抱茎苣荬菜、荠菜、蒲公英为主；第二个高峰期是5月下旬至6月下旬，以狗尾草、马唐、扁蓄、旋复花、紫花地丁、黄花蒿为主。

(2) 南方地区草坪杂草发生种类当中以一年生禾本科杂草居多，其次是菊科，最后是莎

草科，如香附子等，且发生数量大。南方气候温暖、潮湿，杂草种子常年可以萌芽。

(3) 过渡地区气候因素比较温和，禾本科杂草和阔叶杂草都能适应，一年四季均有发生，草坪杂草共计162种，隶属于37科。其中大约80种为有害杂草。

任务2 园林杂草综合防除技术

知识点：了解园林杂草的防除方法、除草剂的种类及综合防除技术。

能力点：能根据当地园林杂草的发生情况制订杂草的综合防除方案。

任务提出

当园林植物随着气温的回升逐渐返青的同时，令人讨厌的杂草也先后崭露头角。在园林植物维护的各项工作中，防除杂草的工作量最大。据调查，目前全国草坪杂草问题日趋严重。不少地方的草坪已经斑驳得不成样子，有些甚至整个草坪荒废，不仅造成了大量浪费，也破坏了城市形象。

杂草是草坪有害生物的一个重要组成部分，杂草的为害对草坪是最大威胁。许多地方的草坪由于管理不善，造成杂草为害严重，降低了草坪的美观和观赏性，引起草坪质量的下降或退化。因此，要提高草坪的科学管理水平，保护草坪的质量，对除草的研究迫在眉睫。

任务分析

园林杂草在我国乃至整个世界都是阻碍园林绿化发展的一大难题，目前，园林杂草的防除在我国仍以物理防除为主，但物理防除杂草费工、费时，成本又高，解决这一问题的有效途径是化学除草，但国内的研究与应用都处于起步阶段，其中的药害或防效不高等问题十分普遍。为了获得高质量的园林绿化效果，我们既要借鉴国外的先进经验，更应立足于我们自己的实际，力求摸索出一套经济有效的防除园林杂草的方法。除上述使用物理和化学方法防除杂草外，我们应在引种时选择具有优良的抗逆性、繁殖快、分蘖力强的草坪种子，以此在与杂草的竞争中处于优势地位，对杂草生长的抑制是有效的。本任务在调查试验地常见草坪杂草的种类及其优势品种，为杂草的防治提供依据，并依据调查结果采取相应的措施，提高草坪的科学管理水平。

任务实施的相关专业知识

1. 草坪杂草的防除技术

草坪杂草的防除方法很多，依照作用原理可分为人工拔除、生物防治和化学防治。从理论上讲，生物防除是杂草防除的最佳方法，即对草坪施行合理的水肥管理，以促进草坪的生长，增强与杂草的竞争能力，并通过科学的修剪，抑制杂草的生长，以达到“预防为主，综合治理”的植保方针的目的。

1.1 人工拔除

人工拔除杂草在我国的草坪建植与养护管理中被普遍采用，其特点是见效比较快，但不适合大面积作业，且在拔除过程中会松动土壤，给杂草的继续萌发制造条件，促使杂草分蘖，另外也会对草坪造成一定的损伤。

人工拔除最好选择晴天进行。在拔除前最好在草坪上用线绳等划定出工作区，工作区宽度不宜过大，0.5～1.0 m 为宜，调配好人员，安排好工作区域，避免疏漏和重复。

1.2 生物防治

生物防治是新建植草坪防治杂草的一种有效途径，主要通过加大草坪播种量，或播种时混入先锋草种，或通过对目标草坪的强化施肥来实现。

(1) 加大播种量，促进草坪植物形成优势种群。在新建植草坪时加大播种量，造成草坪植物的种群优势，达到与杂草竞争水、肥、光的目的。通过与其他杂草防除方法如人工拔除及化学除草相结合，使草坪迅速郁闭成坪。由于杂草种子在土壤中的分布存在一定的位差，可以使那些处于土壤稍深层的杂草种子因缺乏光照而不能萌发。

(2) 混配先锋草种，抑制杂草生长。先锋草种如多年生黑麦草及高羊茅，这类草种出苗快，一般 6～7 d 即可出苗，且出苗后前期的生长速度比一般杂草旺盛，因此，可以在建植草坪时与其他草坪品种进行混播。绝大部分杂草均为喜光植物，种子萌发需要充足的光照，而早熟禾等冷季型草坪植物均为耐阴植物，种子萌发对光的要求不严格。由于先锋草种的快速生长，照射到地表的太阳光减少，这样就抑制了杂草种子的萌发及生长，而冷季型早熟禾等草坪植物种子萌发和生长不受影响，从而达到防治杂草的目的。但先锋草种的播种量最好不要超过 10%～20%，否则，也会抑制其他草坪植物的成长。

(3) 对目标草种强化施肥，促进草坪的郁闭。目标草坪植物如早熟禾等达到分蘖期以后，先采取人工拔除、化学除草等方法防除已出土的杂草，在新的杂草未长出之前，采取叶面施肥等方法，对草坪植物集中施肥，促进草坪底墒部位的快速生长及郁闭成坪，以达到抑制杂草的目的。喷施的肥料以促进植株地上部分生长的氮肥为主，适当加入植物生长调节剂、氨基酸及微量元素。

1.3 合理修剪抑制杂草

合理修剪可以促进草坪植物的生长，调节草坪的绿期及减轻病虫害的发生。同时，适当修剪还可以抑制杂草的生长。大多数植物的分蘖力很强，耐强修剪，而大多数的杂草，尤其是阔叶杂草则再生能力差，不耐修剪。

1.4 化学防治

禾本科草坪中阔叶杂草的化学防治已经具有相当长的历史，最早是从 2,4-D 丁酯开始。此后陆续开发了苯氧羧酸和苯甲酸等多种类型的除草剂。目前生产上应用的主要有 2,4-D 丁酯、二甲四氯、麦草畏、溴苯腈和使它隆等。

由于禾本科草坪植物与单子叶杂草的形态结构和生物学特性极其相似，采用化学除草剂防治杂草时有一定的困难，需要将时差、位差选择性与除草剂除草机理相结合。目前，主要以芽前除草剂为主，近几年又陆续开发了芽后除草剂，在草坪管理的应用中取得了较好的效果。

2. 草坪专用除草剂简介

2.1 除草剂分类

除草剂种类很多，可按作用方式和在植物体内运转情况进行分类。

2.1.1 按除草剂的作用方式分类

(1) 选择型除草剂。这类除草剂只能杀死某些植物，对另一些植物则无伤害，且对杂草具有选择能力。如2,4-D丁酯只杀阔叶杂草,阿特拉津、西玛津只杀一年生杂草。

(2) 灭生型除草剂。这类除草剂对一切植物都有杀灭作用,对任何植物无选择能力。如克芜踪、草甘膦。这类除草剂主要在植物栽植前,或者在播种后出苗前使用,也可以在休闲地、道路上使用。

2.1.2 按除草剂在植物体内运转情况分类

(1) 触杀型除草剂。这类除草剂的特点是指在接触植物后,只伤害接触部位,起到局部触杀的作用,不能在植物体内传导。药剂接触部位受害或死亡,未接触部位不受伤害。这类药剂虽见效快,但起不到斩草除根的作用。使用时必须喷洒均匀、周到,才能收到良好效果。如敌稗、杂草焚、百草枯、除草醚等。

(2) 内吸传导型除草剂。这类除草剂的特点是被茎、叶或根吸收后通过传导而被杀。药剂作用较缓慢,一般需要15～30 d,但除草效果好,能起根治作用。如2,4-D丁酯、拿捕净、稳杀得、草甘膦、阿特拉津等。

内吸传导型除草剂可分为以下3种类型:①能同时被根、茎、叶吸收的除草剂,如2,4-D丁酯,这类药剂可做叶面处理,也可做土壤处理。②主要被叶片吸收,然后随光合作用产物运输到根、茎及其他叶片,这类药剂主要做茎、叶处理,如茅草枯、草甘膦、甲砷钠等。③主要通过土壤被根系吸收:然后随茎内蒸腾上升,移动到叶片,产生毒杀作用,这类药剂主要做土壤处理,如阿特拉津、敌草隆等。

2.2 除草剂的选择性

由于草坪植被的特殊性,目前所有除草剂中只有约10%可用于草坪除草。除了应用非选择性除草剂进行局部处理或草坪重建以外,草坪除草剂必须在草坪群落内能有效地控制杂草而不伤害草坪植物。尽管某些除草剂在草坪上可以应用,但对特殊的草坪品种来说,由于抗性差,使用的限制性很大。因此,正确选择除草剂是草坪化学除草的关键。

使用除草剂的目的是消灭杂草,保护苗木。除草剂除草保苗是人们利用了除草剂的选择性,并采用一定的人为技术的结果。

归纳起来有三个方面,即生物原因、非生物原因和技术方面原因。

2.2.1 生物原因形成的选择性

(1) 生态上的选择。利用植物外部形态上的不同获得选择性。如单子叶植物和双子叶植物,外部形态上差别很大,造成双子叶植物容易被伤害。

(2) 生理生化上的选择。不同植物对同一种除草剂的反应往往不同。有的植物体内,由于具有某种酶类的存在,可以将某种有毒物质转化为无毒物质,因而不会产生毒害,这种解毒作用或钝化作用可以被利用。如西玛津可杀死一年生杂草,不伤害针叶树。

2.2.2 非生物原因形成的选择性

(1) 时差选择。有些除草剂残效期较短,但药剂迅速。利用这一特点,在播前或播后苗前施药,可将已出土的杂草杀死,而不为害种子及以后幼苗的生长。

(2) 位差选择。利用植物根系深浅不同及地上部分的高低差异进行化学除草,成为位差选择。一般情况下,园林苗木根系分布较深,杂草根系则分布较浅,并且大都分布在土壤表层。因此,把除草剂施于土壤表层,可以达到杀草保苗的目的。地上部高低差异也同样会获得选择性。如百草枯,对植物的光合作用具有强烈的抑制作用,入土失效,对根无效,对地上部无叶绿素的枝干部分也不起作用,因而可用于观赏树木间、苗圃等区域的除草。

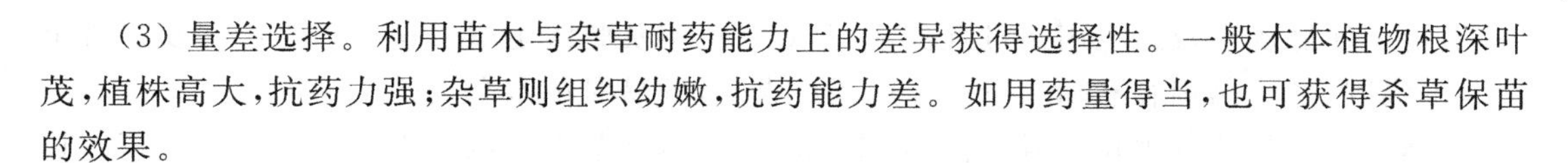

(3) 量差选择。利用苗木与杂草耐药能力上的差异获得选择性。一般木本植物根深叶茂,植株高大,抗药力强;杂草则组织幼嫩,抗药能力差。如用药量得当,也可获得杀草保苗的效果。

2.2.3 采用适当的技术措施获得选择性

(1) 采用定向喷雾保护苗木 如采用伞状喷雾器,只向杂草喷药,注意避开苗木。

(2) 在已经移栽的苗木上,采用遮盖措施进行保护 避免药剂接触苗木或其他栽培植物。对除草剂之所以有抗性,主要是上述某些选择性作用的结果。然而这些抗性是有条件的,条件变了,苗木也可能受到伤害。

2.3 除草剂的使用方法

除草剂的剂型有水剂、乳油、颗粒剂、粉剂等。水剂、乳油主要用于叶面喷雾处理,颗粒剂主要用于土壤处理,粉剂应用较少。

2.3.1 叶面处理

叶面处理是将除草剂溶液直接喷洒在植物体表面上,通过植物体的吸收起到杀灭的作用。这种方法可以在播种前或播种后出苗前应用。也可以在出苗后进行处理,但苗期叶面处理必须选择对苗木安全的除草剂。如果是灭生性除草剂,必须有保护板或保护罩之类将苗木保护起来,避免苗木接触药剂。叶面处理时,雾滴越细,附着在杂草上的药剂越多,杀草效果越好。但是雾滴过细,易随风产生漂移,或悬浮在空气中。对有蜡质层的杂草,药液不易在杂草叶面附着,可以加入少量黏着剂,以增加药剂附着能力,提高灭草效果。喷药时应选择晴朗无风的天气进行,喷药后如遇下雨应考虑重新喷药。

2.3.2 土壤处理

土壤处理是将除草剂通过不同的方法施到土壤中,使一定厚度的土壤含毒,并通过杂草种子、幼苗等吸收而杀死杂草。土壤处理多采用选择性不强的除草剂,但在苗木生长期则必须用选择性强的除草剂,以防苗木受害。土壤处理应注意两个问题:一是要考虑药剂的淋溶,在有机质含量少、沙性强、降水量多的情况下,药剂会溶到土壤的深层,使苗木受害,此时施药量应适当降低;二是土壤处理要注意除草剂的残效期。除草剂种类不同,残效期也不同,少则几天,如无氯酚钠 3~7 d,除草醚 20~30 d;多则数月至 1 年以上,如西玛津残效期可达 1~2 年。对残效期短的,可集中于杂草萌发旺盛期使用,对残效期长的,应考虑后茬植物的安全问题。

2.4 环境条件对除草效果的影响

除草剂的除草效果与环境条件关系密切,主要与气象因子和土壤因子有关。

(1) 温度。一般情况下,除草效果随温度升高而加快,气温高于 15 ℃时,效果较好,用药量也省;低于 15 ℃时,除草效果缓慢,有的 15 d 才达到除草效果。

(2) 光照。有些除草剂在有光照的条件下效果好,如利用除草醚除草,晴天比阴天效果快 10 倍,所以喷药应选择晴天进行。

(3) 天气。晴天无风时喷药效果好,以 9:00—16:00 喷药好。大风、有雾、有露水的早晨不宜喷药。因为风大容易造成药物漂移,有雾、有露水的早晨会使药剂浓度降低,影响喷药效果。

(4) 土壤条件。土壤的性质以及干湿状况,影响用药量及除草效果。一般来讲,沙质

土、贫瘠土比肥沃土及黏土用药量宜少，除草效果也不及肥沃土壤。这是因为沙土及贫瘠土对药剂吸附力差，药剂容易随水下渗。用药过大时，容易对苗木产生药害。

干燥的土壤，杂草生长缓慢，组织老化，抗药性强，杂草不易被灭杀；土壤湿润，杂草生长快，组织幼嫩，角质层薄，抗药力弱，容易消灭。此外，空气干燥，杂草气孔容易关闭，也会影响除草效果。

综上所述，为了充分发挥除草效果，应在晴天无风、气温较高的条件下施药。

2.5　常用的除草剂种类

(1) 20%二甲四氯钠盐水剂 50～100 g/亩，用于草坪建种前后茎叶处理，可杀灭已出土的阔叶杂草。气温高、杂草小用低限量；气温低、杂草大时宜用上限量。对马蹄金或豆科植物草坪禁用。

(2) 25%恶草灵乳油(60～200) mL/亩，用于狗牙根及多年生黑麦草草坪进行土壤处理，但不适用于高羊茅和剪股颖草坪。

(3) 10%绿磺隆可湿粉(8～10) g+10%甲磺隆可湿性(5～6) g/亩，可用于黑麦草、高羊茅以及狗牙根草坪进行土壤处理。

(4) 48%氟乐灵乳油(100～150) mL/亩，或 48%拉索乳油(200～400) mL/亩，或 50%乙草胺乳油(80～200) mL/亩用于豆科类植物草坪，喷药后即拌土、镇压，然后建植草坪，能防治多种禾本科杂草。

(5) 35%精稳杀得乳油(50～80) mL/亩或 10%禾草克乳油(50～100) mL/亩，或 12.5%盖草能乳油 40～60 mL/亩，茎叶处理可防治阔叶植物草坪(如马蹄金、豆科的三叶草等)中 1 年生和多年生禾本科杂草。

(6) 48%苯达松水剂(100～200) mL/亩，可防治禾本科草坪中的阔叶杂草。

(7) 坪安 1 号。禾本科草坪中莎草、阔叶杂草的克星坪安 1 号——消莎的特点。

① 杀草谱广。本品能高效防除绝大多数一年生和多年生双子叶杂草和莎草科杂草，如藜、马齿苋、车前、荠菜、猪殃殃、反枝苋、田旋花、繁缕、婆婆纳、播娘蒿、柳叶、刺蓼、叶蓼、扁蓄、小蓟、苣荬菜、苍耳、大巢菜、地肤、鸭跖草及多种莎草科杂草。

② 高效。用药后 1～2 d 杂草表现中毒症状，7～10 d 死亡，很难产生抗药性，综合防效高达 90%以上。对莎草科杂草一年施药 2～3 次有彻底根除的效果。

③ 可连续使用，间隔期 10 d，对草坪高度安全。适用草坪：所有禾本科草坪，三叶一芯后使用。三叶一芯前对草坪有抑制作用甚至对草坪有害。使用适期：杂草 3～7 叶为最佳施药期，7 叶以上酌增药。

2.6　不宜在花卉苗圃中使用的除草剂

除草剂与杀虫剂、杀菌剂不同，它是在高等植物中通过时差、位差、植物形态差异等表现选择性。花卉苗圃种植的苗木种类繁多，栽培方式亦多样，有许多除草剂不宜在花圃应用。现进行简单介绍。

(1) 防除阔叶杂草的除草剂：包括二甲四氯、2,4-D 丁酯、苯达松、百草敌、使它隆、虎威克莠灵、好事达等，其中二甲四氯、2,4-D 丁酯由于环境污染的原因，已在欧洲许多国家被禁用。2,4-D 丁酯的飘移污染，已造成大面积蔬菜、棉花、高尔夫球场的树木严重药害。2,4-D 丁酯的问题是容器污染，凡盛过 2,4-D 丁酯的喷雾器，即使洗干净后用来喷其他农药，也会对花卉苗木产生伤害。

(2) 长残效除草剂:包括磺酰脲类除草剂,如绿磺隆、甲磺隆、苄磺隆、吡嘧磺隆、苯磺隆、豆磺隆、胺苯磺隆、烟磺隆等;咪唑啉酮类的普杀特等。杂环类的快杀稗、广灭灵等。这类除草剂在土壤中的残效期太长,在用过这类除草剂的苗圃,2～3年以后的花卉苗木,都可能受到伤害。

(3) 对土壤有毒化作用的除草剂:包括酰胺类、脲类、均三氮苯类的一些除草剂如甲草胺、乙草胺、伏草胺、赛克津、西玛津、阿特拉津、扑草净等。应用这些除草剂后会造成土壤结构恶化、板结,影响苗木的根系发育。

(4) 毒性高或致癌的除草剂:除草剂中有两个品种的毒性很高,一是五氯酚钠,二是百草枯,这两个品种的除草剂在苗圃绝对禁用。拉索对动物有致癌作用,亦不宜在苗圃应用。最近报道,氟乐灵因致癌在欧洲被禁用。

(5) 有异味的除草剂:二甲四氯的气味对人有刺激,对苗木会产生药害,不宜在苗圃应用。取代脲类除草剂如绿麦隆、异丙隆等有异味,加之是内吸传导的除草剂,会降低花卉苗木的品质,亦不宜在花卉苗圃应用。

(6) 灭生性除草剂:包括草甘膦(农达)、百草枯(克无踪)等,虽然有些苗木对低剂量草甘膦有一定耐药性,但有时草甘膦对苗木的伤害是难以从直观上明确的,而且有时这种伤害是缓慢的,加上喷草甘膦难免会有飘移,会造成对周围敏感花卉苗木的伤害。

任务实施

1. 材料及工具的准备

1.1　材料

以冷季型或暖季型草坪现场为材料。

1.2　器材

各种剪草机械;人工除草用的铲子、小锄等工具;各种除草剂:2,4-D丁酯、苯达松、莠去津、地散磷、施田补等;喷雾器、量杯、天平、水桶、皮尺、笔记本、铅笔等。

2. 任务实施步骤

4～6人组成一组,在教师指导下对供试草坪杂草进行作业。

2.1　人工除草

组织学生到已成坪的老草坪或新建植的草坪现场,利用小锄、铲子等进行人工除草,此方案可结合劳动课等实施,比较不同草坪类型及不同杂草种类的除草难易,总结该方案的优缺点及适合状态。

2.2　修剪除草

结合草坪修剪,利用各种剪草机械进行剪除,通过观察、比较,总结出适于该方案铲除的杂草种类及适宜状态。

2.3　利用生物拮抗作用抑制杂草

通过加大草坪草的播种量、混配先锋草种、对目标草种强化施肥(生长促进剂)等措施,促进草坪草生长,抑制杂草生长。通过设置不同的对比试验,总结出不同状况下,对杂草的抑制差异。

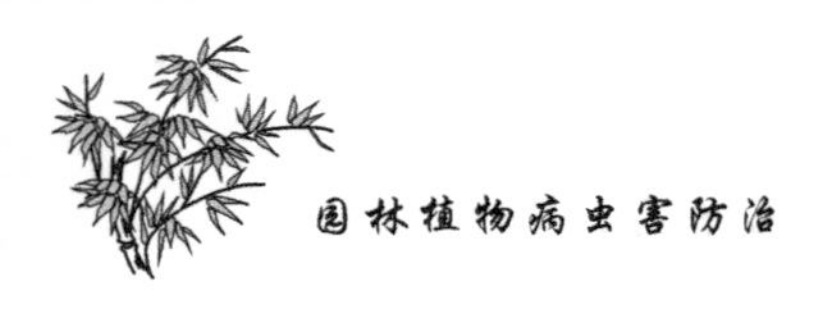

2.4 化学除草

(1) 使用芽前除草剂在杂草萌芽前，通过使用莠去津、地散磷、施田补等，进行除草实验，验证上述除草剂特点，掌握该类除草剂的使用方法及注意事项。

(2) 使用芽后除草剂在杂草萌芽后，通过使用灭草灵、2,4-D丁酯、苯达松等，进行除草实验，验证上述除草剂特点，掌握该类除草剂的使用方法及注意事项。

园林杂草综合防除技术任务考核单如表8-3所示。

表8-3 园林杂草综合防除技术任务考核单

序号	考核内容	考核标准	分值	得分
1	人工除草的实施	验证人工除草的特点，掌握方法及注意事项	20	
2	修剪除草的实施	验证修剪除草的特点，掌握方法及注意事项	20	
3	生物除草的实施	验证生物除草的特点，掌握方法及注意事项	20	
4	化学除草的实施	验证化学除草的特点，掌握方法及注意事项	20	
5.	问题思考与回答	在完成整个任务过程中积极参与，独立思考	20	

(1) 草坪杂草的综合防除技术有哪些？

(2) 环境条件对除草效果有哪些影响？

(3) 除草剂的除草原理是什么？

1. 春季草坪杂草化防除注意的事项

1.1 选择最佳施药时间

在春季，草坪化学除草应当把握“除早、除小”的原则。杂草株龄越大，抗药性就越强，就要增加药量，这样既增加了防治成本，也容易对草坪产生药害。在正常年份，草坪杂草出苗90%左右时，杂草幼苗组织幼嫩、抗药性弱，易被杀死。在日平均气温10 ℃以上时，用除草剂的推荐用药量的下限，便能取得95%以上的防除效果。

1.2 严格掌握用药量

由于杂草和草坪草都是植物，要保证除草剂杀死杂草又不伤草坪草，因除草剂的选择性有限，所以要严格掌握用药量，决不能盲目加大用药量。

1.3 注意施药时的温度

温度直接影响除草剂的药效。例如二甲四氯、2,4-D丁酯在10 ℃以下施药的药效极差，10 ℃以上时施药的药效才好。除草剂快灭灵、巨星的最终效果虽然受温度影响不大，但在低温下10～20 d后才表现出除草效果。所有除草剂都应在晴天气温较高时施药，才能充分发挥药效。

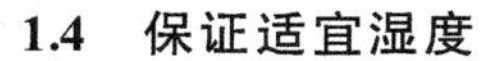

1.4　保证适宜湿度

不论是苗前土壤施药还是生长期叶面施药，土壤湿度均是影响药效高低的重要因素。苗前施药，若表土层湿度大，易形成严密的药土封杀层，且杂草种子发芽出土快，因此防效高。生长期施药，若土壤潮湿、杂草生长旺盛，有利于杂草对除草药剂的吸收和在体内运转，因此药效发挥快，除草效果好。

1.5　提高施药技术

施用除草剂一定要施药均匀，既不能重喷，也不能漏喷。如果相邻地块是除草剂的敏感植物，则要采取隔离措施，切记有风时不能喷药，以免为害相邻的敏感农作物。喷过药的喷雾器要用漂白粉冲洗几遍后再往其他植物上使用。施用除草剂的喷雾器最好是专用，以免伤害其他作物。

另外，有机质含量高的土壤颗粒细，对除草剂的吸附量大，而且土壤微生物数量多，活动频繁，药剂量被降解，可适当加大用药量；而沙壤土质颗粒粗，对药剂的吸附量小，药剂分子在土壤颗粒间多为游离状态，活性强，容易发生药害，用药量可适当减少。

多数除草剂在碱性土壤中稳定，不易降解，因此残效期更长，容易对后茬苗木产生药害，在这类土壤上施药时应尽量提前，并谨慎使用。

关于化学除草操作，大体说要做到五看施药：一看草坪苗株大小，二看杂草叶龄多少，三看天气是否晴朗，四看土壤湿润干燥，五看土质沙性、黏性谁强。

2. 化学除草剂除草的劣势和当前使用的几个误区

化学除草省工、省时，低成本、高效率，后期杂草发生量少，这是人工拔草所不能比的。但是我们也应当看到，化学除草不是万能的。

2.1　草坪除草剂的劣势

（1）施药时期有限。杂草越小，施药的杀灭效果越好，杂草越大，灭杂草的难度也越大。马唐分蘖在3枝左右，不定根扎下以前，加大药量，有较好的杀灭作用。但当马唐的匍匐枝不定根扎下去了，要打死它就增加了难度，一般用量只能使其根系萎缩，增加用药量既增加成本又对草坪不安全。

（2）灭草不彻底。在杂草的品种上，灭阔叶草易于灭禾本科杂草，灭小草易于灭大草。最好效果一次也只能杀死90%左右的杂草，而剩下的杂草必须多次补药或者人工拔除。

（3）对禾本科杂草效果不佳。我们所见到的草坪大多是禾本科草坪，一旦生长禾本科杂草，当前大多数草坪除草剂（坪安5号除外）往往无能为力，或者只能抑制其生长，而不能将其杀死。

（4）大多不能用于新播草坪除草。这些除草剂的一个共同特点是在草坪3叶以前禁止使用。实际情况是当草坪长至3叶期时至少要20 d的时间，而杂草这时已进入分蘖期，错过了最佳的化学除草施药期。这样，在杂草与草坪草间形成了一个非常大的个体差异，使草坪草原来的抗药优势因弱小而变得不明显，这就很难把握既保住草坪草又杀死杂草的药量。而且杂草为害越来越重，草坪草的竞争力会越来越弱，因此可能形成被动的局面。

2.2　当前使用草坪除草剂的几个误区

2.2.1　使用化学除草就可以不用人工除草

任何事物都不是万能的，即便是一个很有效的草坪除草剂，也不可能包揽草坪中所有的杂草防除。每一种除草剂都有缺陷，杂草对每一种除草剂都有一个敏感期。有经验的草坪管理者在除草时往往遵循一个原则，就是“除早、除小、除了”。一旦过了杂草的敏感期，单纯用药并不能解决问题，反而增加了管理成本，增加了对草坪的不安全系数。

2.2.2 修剪后打药除草效果好

有的草坪管理人员在使用除草剂进行除草的时候，发现修剪后马上进行施药除草效果特别明显，并津津乐道奉为至宝，殊不知这样做需要对除草对象有所区分，否则就有危险性。在禾本科草坪中防除阔叶杂草，修剪草坪后施药，阔叶杂草对除草剂抗性降低，而草坪草对除草剂的反应不明显；在禾本科草坪中防除禾本科杂草，如果修剪草坪草后施药，就有可能造成药害。以“坪安5号”为例，该除草剂中含有草坪解毒剂，喷施后草坪草能解除除草剂的毒性，禾本科杂草不能解毒而死亡，修剪后，草坪草的解毒性也会降低。如果是在夏季高温、高湿天气，或因修剪过度，或因伤口感染而降低草坪草对除草剂的解毒功能，这时候就很容易出现药害。

2.2.3 茎叶处理和封闭处理要兼顾

茎叶处理除草剂对杂草出苗后有效，而对尚未出土的杂草无效。土壤封闭处理除草剂在杂草出苗后喷雾无效，只能用于防除尚未出土的杂草。大多除草剂功能较单一，国内有一些企业对几种不同作用方式、不同杀草谱的除草剂进行复配，使除草剂的功能既可作为苗前土壤处理除草剂，又可防除苗后早期杂草。但是在专业的草坪除草剂领域，并不全是这样，茎叶处理效果突出的，封闭效果必然不好，相反，封闭效果突出的，茎叶处理效果也不会好，有利也有弊，万事万物都是这样。

任务3 园林外来生物防治技术

知识点：了解园林外来生物的种类、外部形态特征、发生规律。
能力点：能准确识别常见的园林外来生物，并制订其防治方案。

任务提出

外来生物是指从自然分布地区（可以是本国的其他地区或其他国家）通过有意或无意的人类活动而被引入，在当地的自然或半自然的生态系统中形成了自我再生能力，给当地生态系统或景观造成明显的损害或影响的物种。那它们又有什么特征？发生的规律是怎么样的呢？又如何进行防治呢？

任务分析

外来入侵性病虫害是通过无意引入、有意引入和自然传入途径进入的，了解外来入侵病虫的分布与为害，掌握其生活习性，做好园林植物外来入侵病虫害的防治措施，达到经济、生态和社会效益的统一。外来物种对生态环境的入侵，造成生物多样性丧失或削弱，引发本土生态灾难。我国常见的外来生物有松突圆蚧、美国白蛾、松材线虫、菊花白锈病、蔗扁蛾、美洲斑潜蝇、椰心叶甲、薇甘菊和紫茎泽兰等。

任务实施的相关专业知识

在园林植物上常见的外来病虫害有：松突圆蚧、日本松干蚧、美国白蛾、椰心叶甲、蔗扁

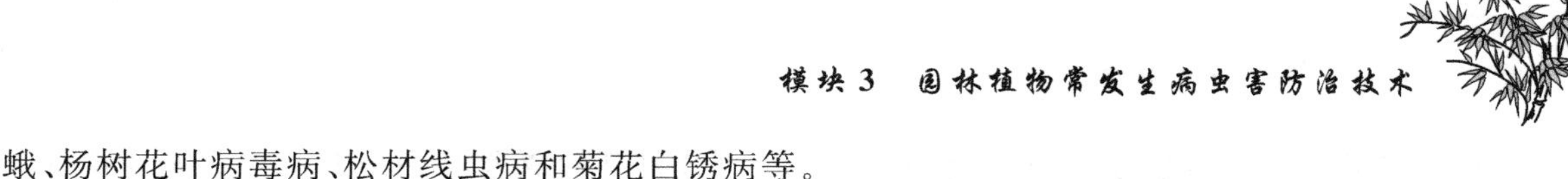

蛾、杨树花叶病毒病、松材线虫病和菊花白锈病等。

1. 松突圆蚧

1.1 分布与为害

松突圆蚧属同翅目盾蚧科，分布于广东、香港、澳门、福建和台湾等地区，为害马尾松、湿地松、火炬松、黑松、加勒比松和南亚松等松属植物。以成虫、若虫刺吸枝梢和针叶的汁液，被害处变色发黑、干缩或腐烂，针叶枯黄脱落，新抽的枝条变短变黄。

1.2 识别特征

雄成虫的介壳为长椭圆形，前端稍宽，后端略狭，有白色蜕皮壳1个，位于介壳前端中央。雄成虫体为橘黄色，触角为丝状，有3对发达的足。翅1对，后翅退化为平衡棒。交尾器发达，长而稍弯曲。雌成虫的介壳为圆形或椭圆形，隆起，白色或浅灰黄色，有蜕皮壳2个。雌成虫体为宽梨形，淡黄色，口器发达。

1.3 生活习性

广东省一年发生5代，世代重叠，无明显的越冬阶段。主要以雌蚧在松树叶鞘包被的老针叶茎部吸食汁液为害，其次在刚抽的嫩梢基部、新鲜球果的果鳞和新长针叶柔嫩的中下部。而在叶鞘上部的针叶、嫩梢和球果里多为雄蚧。

松突圆蚧为卵胎生，产卵与孵化几乎同时进行。雌成虫寿命长。初孵若虫有向上或来往迅速爬行一段时间的习性，找到适宜的场所后就固定寄生。1 h后即开始泌蜡，24～36 h后蜡壳可完全盖住虫体。产卵前期是雌虫大量取食阶段，对寄主造成严重为害。雌成虫产卵期长而卵期短，全年呈现世代重叠现象，3—6月是虫口密度最大、为害最严重时期。

松突圆蚧通过若虫爬行或借助风力做近距离扩散，也随苗木、接穗、新鲜球果、原木、盆景等的调运做远距离传播。

1.4 防治措施

(1) 严格检疫。疫区内的松枝、松针、球果严禁外运，一律就地做炭材处理。

(2) 药剂防治。用松脂柴油乳剂3～4倍稀释液喷雾，可取得比较好的防治效果。

(3) 生物防治。释放花角蚜小蜂和本地蜂。

2. 日本松干蚧

2.1 分布与为害

日本松干蚧又称松干蚧，属同翅目绵蚧科，分布于辽宁、山东、江苏、浙江和上海等地区，主要为害赤松、油松、马尾松及黑松等。树木被害后，树势衰弱，生长不良，针叶枯黄，芽梢枯萎。幼树严重被害后，易发生软化垂枝和树干弯曲，一般5～15年生松树受害较重。

2.2 识别特征

雄成虫体长1.3～1.5 mm，头、胸部为黑褐色，腹部为淡褐色。前翅发达，半透明，具有明显羽状纹，后翅退化成平衡棒。腹末分泌白色长蜡丝10～16条。3龄雄若虫为长椭圆形，橙褐色，腹部背面无背疤，腹末不向内凹入。雌成虫为卵圆形，体长约3 mm，橙褐色。体壁柔韧，体节不明显，头部较窄，腹部肥大。

2.3 生活习性

日本松干蚧一年发生2代，以1龄寄生若虫越冬。各代的发生期因我国南北方气候不

同而有差异。在山东、辽宁越冬寄生若虫于次年 3 月开始取食，4 月下旬雄虫开始变拟蛹，5 月上旬至 6 月中旬出现成虫。5 月下旬至 6 月下旬第 1 代若虫寄生，7 月上旬至 10 月中旬出现第 1 代雌、雄成虫。第 2 代若虫寄生后于 10—12 月上旬越冬。若虫孵化后沿树干向上爬行，扩散于树皮缝隙、翘列皮下和叶腋处，插入口针开始固定寄生。

2.4 防治措施

(1) 严格检疫。严禁从疫区调运苗木，一经发现就立即用溴甲烷熏蒸处理，用药量为 20～30 g/m^3，熏蒸 24 h。

(2) 药剂防治。用 10%吡虫啉乳油 2 000 倍液喷杀初孵若虫；于每年 3—9 月，用 10%吡虫啉乳油 5～10 倍打孔注药。

(3) 生物防治。可于若虫期释放蒙古光瓢虫、异色瓢虫等天敌。

3. 美国白蛾

3.1 分布与为害

美国白蛾又称秋幕毛虫，属鳞翅目，灯蛾科。国外分布于加拿大、墨西哥、匈牙利、美国、南斯拉夫、捷克斯洛伐克、波兰、保加利亚、法国、罗马尼亚、奥地利、意大利、日本、朝鲜和韩国等，国内分布于辽宁、天津、河北、山东、上海和陕西等地区；为害桑树、臭椿、山楂、苹果、梨、樱桃、白蜡、榆树、柳、杏、泡桐、葡萄、杨树、香椿、李、槐树和桃树等 200 多种植物。以幼虫在寄主植物上吐丝做网幕，取食叶片，是一种杂食性害虫。

3.2 识别特征

成虫体翅为白色，雌蛾体长 9～15 mm，雄蛾体长 9～14 mm。雌成虫触角锯齿状，雄成虫触角双栉齿状。雌蛾前翅为纯白色，雄蛾多数前翅散生有几个或多个黑褐色斑点。卵球形，初期为浅绿色，孵化前为褐色。幼虫体色变化很大，老熟幼虫体长 28～35 mm，根据头部色泽为红头型和黑头型两类。蛹为长纺锤形，暗红褐色，茧为褐色或暗红色，由稀疏的丝混杂幼虫体毛组成。

3.3 生活习性

在我国一年发生 2 代，以蛹越冬。翌年 5—6 月羽化成为成虫。卵产于叶背，块状，一个卵块 500～600 粒。幼虫孵化后几小时即可吐丝拉网，3～4 龄时网幕直径达 1 m 以上，有的高达 3 m，幼虫共 7 龄。6—7 月为第 1 代幼虫的危害盛期。8—9 月为第 2 代幼虫的危害盛期，9 月上旬开始陆续化蛹越冬。

美国白蛾幼虫耐饥饿能力强，远距离传播主要靠 5 龄以后的幼虫和蛹，随交通工具、包装材料等传播。

3.4 防治措施

(1) 加强植物检疫。对来自疫区的苗木、接穗及其他有关的植物产品以及包装物、交通工具等必须严格检疫。

(2) 发现疫情时，及时摘除卵块、尚未分散的网幕以及蛹、茧等。如幼虫已经分散可喷施 40%辛硫磷乳油或 40.7%乐斯本乳油 1 000 倍液，或 20%氰戊菊酯乳油 4 000 倍液。

(3) 对带虫原木进行熏蒸处理。用溴甲烷 20 g/m^3 熏蒸 24 h 或用 56%磷化铝片剂 15 g/m^3 熏蒸 72 h。

(4) 在疫区或疫情发生区，要尽快查清范围，并进行封锁和除治。

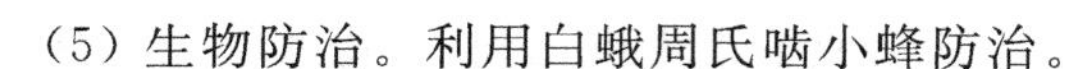

(5) 生物防治。利用白蛾周氏啮小蜂防治。

4. 椰心叶甲

4.1 分布与为害

椰心叶甲又称椰子红胸叶虫、椰棕扁叶甲，属于鞘翅目叶甲科。近年在我国海南、广东、台湾等地区出现，为害棕榈科植物。

4.2 识别特征

成虫体长 8～10 mm，体形稍扁。头部、复眼、触角均为黑褐色，前胸背面为橙黄色，鞘翅为蓝黑色且具有金属光泽，其上有由小刻点组成的纵纹数条。腹面为黑褐色，足为黄色。老熟幼虫 8～9 mm，体扁为黄白色，头部为黄褐色，尾突明显呈钳状。

4.3 生活习性

椰心叶甲每年发生 3～6 代，世代重叠。成虫和幼虫均群栖，潜藏在未展开的芯叶内或芯叶间，啮噬叶肉，留下表皮及大量虫粪。受害芯叶呈现失水青枯现象，新叶抽出伸展后为枯黄状，危害严重时顶部几张叶片均呈火燎焦枯，不久树势衰败至整株枯死。成虫羽化后约 12 d 发育成熟。雌虫产卵约 100 粒。成虫、幼虫喜欢为害 3～6 年生的棕榈科植物。

4.4 防治措施

(1) 加强植物检疫。

(2) 化学防治。

① 用 45%椰心叶甲清粉剂挂包法：用棉纱布制成 70 mm×40 mm 小袋包装，每袋质量为 10 g，每棵树上在未展开的新叶基部放置两个药包，用棉纱线固定。挂药包 2 个月后仍维持一定的药剂量，防治持续期长达 4 个月，防效达 90%以上，用药后 3 个月，受害植株可重新长出新叶。

② 选用 10%氯氰菊酯乳油+48%毒死蜱(乐斯本)乳油稀释 1 000 倍液或 2.5%溴氰菊酯乳油 3 000 倍液进行喷雾，重点喷树芯叶，喷至全株湿透滴水，每隔 7～10 d 喷 1 次，连续 2～3 次，可达到较好的效果。

5. 蔗扁蛾

5.1 分布与为害

蔗扁蛾是巴西木的一种世界性重要害虫，属于鳞翅目辉蛾科。南方各省均有发生，近年来迅速向北方蔓延，在北京地区有时被害率高达 80%以上，主要为害巴西木、鹤望兰、袖珍椰子、鹅掌柴、棕竹、一品红、凤梨和百合等近 50 种观赏植物。

5.2 识别特征

成虫为黄褐色，体长 7.5～9 mm，前翅为披针形，深褐色，中室端部上方及后缘 1/2 处各有 1 个黑斑点，后足胫节具有长毛。幼虫为乳黄色，近透明，老熟幼虫体长约 30 mm。蛹为暗红褐色，长 10 mm。

5.3 生活习性

北京地区一年发生 3～4 代。以幼虫在温室盆栽花卉根部附近土壤中越冬。次年春天幼虫上树为害枝干，3 年以上巴西木的木段受害严重，严重时 1 m 长的木段上有幼虫 50 多头，幼虫在皮层内蛀食，可将皮层及部分木质部蛀空，仅剩外表皮，皮下充满粪屑，表皮上有

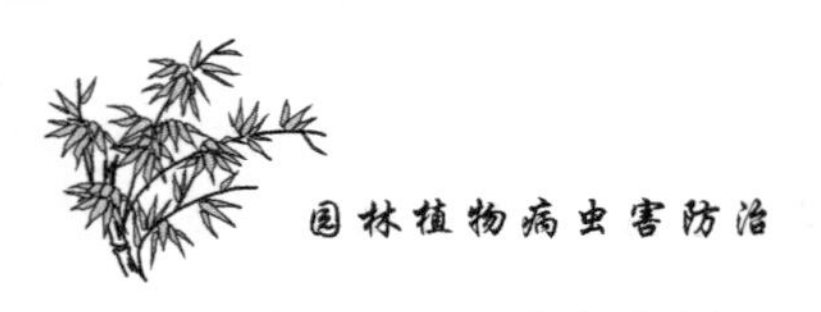

排粪通气孔，排出粪屑。生长季节幼虫常在树干顶部或干周表皮化蛹，羽化后蛹壳仍矗立其上，极易识别。

5.4　防治措施

(1) 加强检疫。从南方调运到北方的巴西木，应加强检疫，以减少该虫传播与蔓延。

(2) 药剂防治。在越冬季节撒毒土可取得显著效果。用90%美曲膦酯粉剂1∶200倍与沙土混匀，共2～3次，效果明显，或浇灌50%辛硫磷乳油1 000倍液。花卉生长季节可喷施10%吡虫啉乳油2 000倍液或20%菊杀乳油2 000倍液，每10～15 d喷1次。

6. 杨树花叶病

6.1　分布与为害

杨树花叶病于1935年在欧洲首次发现，目前已成为世界性病害。它不仅侵染美洲黑杨及细齿杨，也为害意大利各无性系杨树，已成为当前各国杨树生产中的重要病害。我国于1979年首次在北京发现该病，到1981年在山东、河南、河北、湖南和湖北等省的栽培区均有发生。有的地区发生严重，如湖北省潜江市的苗圃，杨树花叶病为害株率达100%，病情指数达0.75。该病为系统侵染性病害，为害形成层、韧皮部和木质部，使木材结构异常，生长量下降30%。

6.2　识别特征

初期在植株下部叶片出现点状褪绿，常聚集为不规则少量橘黄色斑点。叶片的明显症状从下部到中上部为：边缘褪色发焦，沿叶脉为晕状，透明，叶片上小支脉出现橘黄色线纹或叶面布有橘黄色斑点；主脉和侧脉出现紫红色坏死斑，叶片皱缩、变厚、变硬、变小，甚至畸形；叶柄上发现紫红色或黑色坏死斑点，叶柄基部周围隆起。顶梢或嫩茎皮层常破裂，发病严重的植株枝条变形，分枝处产生枯枝，树木明显生长不良。

6.3　生活习性

带毒植株是病毒主要的越冬场所和初侵染源。再侵染源是当年发病植株，主要由蚜虫传播。在苗圃中，病叶从春季到秋季均能发生，新梢增多的季节是发病高峰期。

6.4　防治措施

(1) 加强检疫。加强管理，加强检疫预测预报，控制苗木蚜虫为害，消除病株是防治杨树花叶病的重要手段。

(2) 控制苗木蚜虫为害，及时消除病株。在苗木培育阶段，要严格控制蚜虫，减少传毒媒介，减轻病害程度，避免苗木带毒造成大面积扩散。发现带毒病株要及时清除，集中销毁，减少毒源；清除杂草，减少蚜虫栖息场所，减少传毒媒介的密度。在集中培育苗木的地区，采用银灰色塑料膜，或用无毒高脂膜浓乳剂200倍液采用物理方法防治蚜虫。如遇蚜虫大发生，可用50%抗蚜威可湿性粉剂4 000～5 000倍液、25%西维因可湿性粉剂800倍液，或选择其他高效、低毒的药剂喷雾，杀灭蚜虫。

7. 松材线虫病

7.1　分布与为害

松树线虫病又称松树萎蔫病，是松树的一种毁灭性病害。国内分布于江苏、浙江、安徽、山东、重庆、贵州、广东、湖北、湖南、江西、香港和台湾等地区；国外分布于日本、美国、韩国和加拿大等国家。它主要为害赤松、马尾松、黄松、海岸松、黑松、火炬松、湿地松、琉球松和白皮松等属植物。该病致病力强，寄主死亡速度快，不仅造成巨大经济损失，也破坏了自然景观及生态环境，对我国松林资源构成较严重的威胁。

7.2 识别特征

松树受害后针叶失绿变为黄褐色至红褐色，萎蔫，最后整株枯死，但针叶长时间不脱落。外部症状的表现首先是树脂分泌急剧减少和停止，蒸腾作用下降，继而木材水分迅速降低。病树大多在9—10月死亡。

7.3 生活习性

松材线虫的传播媒介主要是松褐天牛。线虫由卵发育为成虫，其间要经过4龄幼虫期。雌虫交尾后产卵，产卵期约30 d，每只雌虫产卵约100粒。在生长最适温度(25 ℃)条件下约4 d完成1代。秋末冬初，病死树内的松材线虫逐渐停止繁殖，开始出现一种称为分散型的3龄虫，进入休眠阶段。翌年春，当媒介昆虫松褐天牛羽化时，分散型3龄虫蜕皮后形成分散型4龄虫，潜入天牛体内。

7.4 防治措施

(1) 加强植物检疫。严禁将疫区内的病死木材及其制品外运至无病区。

(2) 及时、彻底地清除病死木，并使用化学或物理方法进行灭疫处理。

(3) 防治传播媒介及其携带的松材线虫。每年3—9月在松褐天牛成虫活动期，木材间挂设诱捕器，应用引诱剂诱捕松褐天牛，达到检测和防治的目的，有条件的地方可在松材天牛羽化始期和盛期，喷洒0.5%杀螟硫磷、25%灭幼脲悬浮剂1 000～1 500倍液防治松褐天牛。

(4) 生物防治。应用花绒寄甲、天牛叩斑甲、肿腿蜂等天敌昆虫进行防治。

8. 菊花白锈病

8.1 分布与为害

菊花白锈病在日本和我国山东、南京、上海等地区发生严重。1984年上海发生菊花白锈病是因为从日本引进的品种而造成的，1997年山东潍坊从国外引进的秋菊上带有此菌，发病严重。

8.2 识别特征

菊花白锈病主要为害叶片，初期在叶片正面出现淡黄色斑点，相应叶背面出现疱状突起，由白色变为淡褐色至黄褐色，为病菌的冬孢子堆。严重时，叶上病斑很多，形成明显的白疱状物，因此称为白锈病。

8.3 生活习性

造成菊花白锈病的菊花白锈菌为低温型，冬孢子在12～20 ℃内萌发，超过24 ℃冬孢子很少萌发。多数菊花栽培地在夏季可以自然消灭，但在可越夏地区则可蔓延成灾。在内地分布不广，但在我国台湾和日本是比较重要的病害。病菌随菊苗传播，应加强检疫。露地，秋末多风雨天气有利于发病。

8.4 防治措施

(1) 严格检疫。尤其引进日本品种或从日本引进菊苗、插条时要严格进行检疫，严防白锈病传入和扩展。在国内要对疫区实行封锁，避免从疫区向其他菊花栽培区传播。

(2) 加强花圃管理，合理密植，合理灌水清理残叶、落叶，以减少病菌。

(3) 化学药剂处理。发病期可喷10%苯醚甲环唑水分散粒剂4 000倍液、40%氟硅唑乳油4 000倍液，7～10 d喷1次，连续2～3次。

9. 薇甘菊

薇甘菊（见图8-21）也称小花蔓泽兰或小花假泽兰。原产于中美洲，现已广泛传播到亚洲热带地区，成为当今世界热带、亚热带地区为害最严重的杂草之一。大约在1919年薇甘菊作为杂草在中国香港出现，1984年在深圳发现，2008年来已广泛分布在珠江三角洲地区。该种已列入世界上最有害的100种外来入侵物种之一，也列入中国首批外来入侵物种。

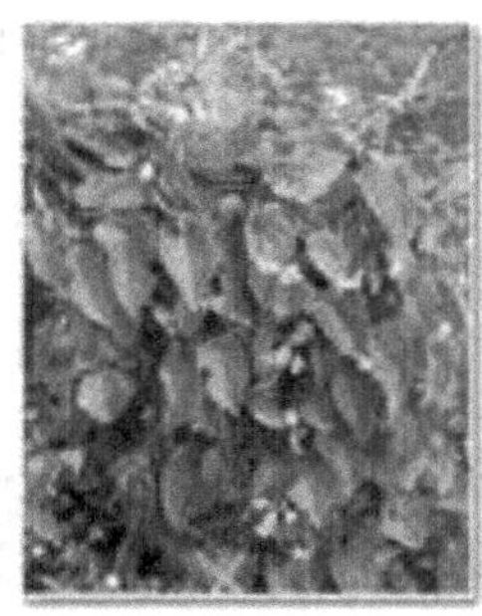

图8-21　薇甘菊

9.1　分布与为害

薇甘菊分布于印度、孟加拉国、斯里兰卡、泰国、菲律宾、马来西亚、印度尼西亚、巴布亚新几内亚和太平洋诸岛屿、毛里求斯、澳大利亚、中南美洲各国、美国南部。在中国的广东、香港、澳门、广西等地区也有分布。

薇甘菊是多年生藤本植物，在其适生地攀缘缠绕于乔、灌木植物，重压于其冠层顶部，阻碍寄主植物的光合作用继而导致寄主死亡，是世界上最具危险性的有害植物之一。

在中国，薇甘菊主要为害天然次生林、人工林，主要对当地6～8 m以下的几乎所有树种，尤其对一些郁闭度小的草坪为害最为严重。

薇甘菊生长迅速，不耐阴，通过攀缘缠绕并覆盖寄主植物，对森林和农田土地造成巨大影响。由于薇甘菊的快速生长，茎节随时可以生根并繁殖，快速覆盖生长环境，且有丰富的种子，能快速入侵，通过竞争或他感作用抑制自然植被和作物的生长。在马来西亚，由于薇甘菊的覆盖，橡胶树的种子萌发率降低27%，橡胶树的橡胶产量在早期32个月内减产27%～29%；在东南亚地区，薇甘菊严重威胁木本植物，油棕、椰子、可可、茶叶、橡胶、柚木等都受为害。由于薇甘菊常常攀缘至10 m高的树冠或灌木丛的上层，因此，清除它时常伤害寄主作物。

9.2　形态特征

薇甘菊为多年生草质或木质藤本，茎细长，匍匐或攀缘，多分枝，被短柔毛或近无毛，幼时为绿色，近圆柱形，老茎为淡褐色，具有多条肋纹。茎中部的叶为三角状卵形至卵形，长4.0～13.0 cm，宽2.0～9.0 cm，基部心形，偶有近戟形，先端渐尖，边缘具数个粗齿或浅波状圆锯齿，两面无毛，基部有3～7脉；叶柄长2.0～8.0 cm；上部的叶渐小，叶柄亦短，头状花序多数，在枝端常排成复伞房花序状，花序渐纤细，顶部的头状花序花先开放，依次向下逐渐开放，头状花序长 4.5～6.0 mm，含小花 4 朵，全为结实的两性花，总苞片 4 枚，狭长椭圆形，顶端渐尖，部分急尖，绿色，长 2～4.5 mm。

9.3 防治方法

（1）使用除莠剂草坝王和毒莠定处理薇甘菊种子，使用药剂浓度为 0.4%的草坝王、0.2%的毒莠定。

（2）使用 70%嘧磺隆，商品名森草净，用水稀释 2 500 倍液喷施。施用森草净应注意避开其他敏感植物（如叶榕、野苎麻、马樱丹等乔灌木及其他菊科、十字花科、禾本科植物），以免受药害。

（3）利用田野菟丝子控制薇甘菊为害，田野菟丝子能寄生并致死薇甘菊，使薇甘菊的覆盖度由 75%～95%降低至 18%～25%，较好地控制薇甘菊的为害，且不会对样地内其他植物如重要的果树、粮食作物、蔬菜及其他园林绿化植物造成伤害。

（4）利用紫红短须螨控制薇甘菊，通过接种紫红短须螨的虫卵，经过 3 个月后，可使薇甘菊的藤叶成片黄化卷曲，6 个月后，薇甘菊的茎叶黄化，边缘不整齐，横向较窄，随着时间的推移，薇甘菊逐渐枯死。绣线菊蚜却对薇甘菊也有较好的控制效果。

10. 紫茎泽兰

紫茎泽兰（见图 8-22）为多年生草本或亚灌木。植物界里的“杀手”，所到之处寸草不生，牛羊中毒。可进行有性繁殖和无性繁殖，对环境的适应性极强，无论在干旱贫瘠的荒坡隙地、墙头、岩坎，在石缝里也能生长。在 2010 年中国西南大旱后疯长蔓延，威胁到农作物的生长。

图 8-22 紫茎泽兰

10.1 起源和分布

中文别名破坏草、解放草、败马草、黑颈草等。菊科泽兰属多年生草本或半灌木。原产于中美洲、南美洲的墨西哥至哥斯达黎加一带，1865 年起始作为观赏植物引进到美国、英国、澳大利亚等地栽培，现已广泛分布于全世界的热带、亚热带地区。

紫茎泽兰主要分布于美国、澳大利亚、新西兰、南非、西班牙、印度、菲律宾、马来西亚、新加坡、印度尼西亚、巴布亚新几内亚、泰国、缅甸、越南、中国、尼泊尔、巴基斯坦以及太平洋岛屿等 30 多个国家和地区。

紫茎泽兰约于 20 世纪 40 年代由缅甸传入中国与其接壤的云南省临沧地区最南部的沧源、耿马等县，后迅速蔓延，经半个多世纪的传播扩散，现已在西南地区的云南、贵州、四川、广西、重庆、湖北、西藏等省区广泛分布和为害，并仍以每年大约 60 km 的速度，随西南风向东和向北扩散。其中云南省有 93 个县(市)分布，面积 250 多万公顷。

10.2 特征特性

紫茎泽兰的茎紫色、被腺状短柔毛。叶对生、卵状三角形，边缘具有粗锯齿。头状花序，直径可达 6 mm，排成伞房状，总苞片三四层，小花白色。株高 1～2.5 m。可有性或无性繁殖，每株可年产瘦果 1 万粒左右，借冠毛随风传播。根状茎发达，可依靠强大的根状茎快速

扩展蔓延。适应能力极强，干旱、瘠薄的荒坡隙地，甚至石缝和楼顶上都能生长。

10.3 综合利用

(1) 作为能源资源。紫茎泽兰可以制造成沼气、碳棒，或粉碎后作为燃料。

(2) 作为饲料资源。紫茎泽兰经过复合菌种处理，好氧发酵后，能显著降解其有毒物质，作为饲料原料配成饲料喂猪。

(3) 作为纤维板。以紫茎泽兰为原料，生产刨花板，有利于生态及环境的保护。

(4) 制作染料、香精和木糖醇。用紫茎泽兰染黄色布料，染出来的颜色鲜艳明亮、不易褪色，而且紫茎泽兰有一种特殊的气味，用它染出的布料有特别的驱除蚊虫功效；紫茎泽兰的香气能够成为制造香精的香料源；紫茎泽兰经过几种酵母发酵后，可生产木糖醇。

(5) 制作杀虫剂。紫茎泽兰提取液对天敌无害，可作为杀虫剂、杀菌剂、植物生长调节剂等。

(6) 培养食用菌。利用紫茎泽兰作为食用菌培养料，可栽培出平菇、凤尾菇、金针菇、木耳、猴头菇等5种食用菌。

10.4 为害情况

(1) 破坏畜牧业生产。紫茎泽兰对畜牧生产的为害，表现为侵占草地，造成牧草严重减产。天然草地被紫茎泽兰入侵三年就失去了放牧利用价值，常造成家畜误食中毒死亡。

(2) 破坏农业生产。紫茎泽兰生命力强，适应性广，化感作用强烈，易成为群落中的优势品种，甚至发展为单一优势群落。

(3) 破坏本地植被群落结构、影响园林、旅游业景观。紫茎泽兰的生命力、竞争力及生态可塑性极强，能迅速压倒其他一年生植物。

(4) 影响人类健康。紫茎泽兰植株内含有芳香和辛辣化学物质和一些尚不清楚的有毒物质，其花粉能引起人类过敏性疾病。

10.5 防除措施

10.5.1 人工拔除

在秋冬季节，人工挖除紫茎泽兰全株，集中晒干烧毁。此方法适用于经济价值高的农田、果园和草原草地。在人工拔除时注意防止土壤松动，以免引起水土流失。

10.5.2 生物防除

(1) 植物的替代控制。利用柠檬桉、皇竹草等作为替代植物来抑制紫茎泽兰的生长。

(2) 生物利用。利用泽兰实蝇、旋皮天牛和某些真菌有效控制紫茎泽兰的生长。泽兰实蝇属双翅目，实蝇科，具有专一寄生紫茎泽兰的特性，卵产在紫茎泽兰生长点上，孵化后即蛀入幼嫩部分取食，幼虫长大后形成虫瘿，阻碍紫茎泽兰的生长繁殖，削弱大面积传播为害；旋皮天牛在紫茎泽兰根颈部钻孔取食，造成机械损伤而致全株死亡；泽兰尾孢菌、飞机草链格孢菌、飞机草绒孢菌、叶斑真菌等可以引起紫茎泽兰叶斑病，造成叶子被侵染，失绿，生长受阻。

10.5.3 化学防治

在农田作物种植前，每亩用41%草甘膦异丙胺盐水剂360～400 g，兑水40～60 kg，均匀喷雾；松林每亩用70%嘧磺隆可溶性粉剂15～30 g，兑水40～60 kg，均匀喷雾；荒坡、公路沿线等，每亩用24%毒莠定水剂200～350 g，兑水40～60 kg，均匀喷雾；草地、果园中的紫茎泽兰用草甘膦进行防治，慎用甲嘧磺隆。化学防治时，选择晴朗天气，注意雾滴不要漂移到作物上，同时在施药区插上警示牌，避免造成人、畜中毒或其他意外。

1. 材料及工具的准备

1.1 材料

材料为松材线虫、美国白蛾、松突圆蚧、椰心叶甲、蔗扁蛾等等当地外来入侵生物的标本。

1.2 工具

工具为手持放大镜、体视显微镜、泡沫塑料板、镊子、解剖针、蜡盘。

2. 任务实施步骤

2.1 外来生物调查

(1) 入侵生物发生、为害调查。调查记录当地外来入侵生物的寄主植物种类，包括草皮、乔木、灌木等。

(2) 入侵生物来源调查。调查了解并记录外来生物的传入地、传入时间、传入途径及方式等。

(3) 防治措施调查。调查记录入侵地现行的防治措施，包括人工的、机械的、药剂的、替代的、生物防治等措施和防治效果。

2.2 外来入侵生物的识别与鉴定

(1) 仔细观察当地入侵生物标本，了解其为害情况和发生特点。

(2) 在放大镜下观察外来昆虫的形态特征。

任务考核

园林外来生物防治技术任务考核单如表8-4所示。

表8-4　园林外来生物防治技术任务考核单

序号	考核内容	考核标准	分值	得分
1	外来生物种类的调查	调查出当地发生的外来生物的种类	20	
2	外来生物为害的调查	了解外来生物对本地生物的为害情况	20	
3	外来生物的识别	能准确识别当地外来生物的形态特征	20	
4	外来生物防治的调查	了解当地对外来生物都采取了哪些防治措施	20	
5	问题思考与回答	在完成整个任务过程中积极参与，独立思考	20	

思考问题

(1) 什么是外来生物入侵现象？

(2) 目前我国为害严重的外来入侵物种主要有哪些？

(3) 简述美国白蛾、松突圆蚧、椰心叶甲的发生规律。

(4) 简述菊花白锈病、松材线虫病的症状特点。

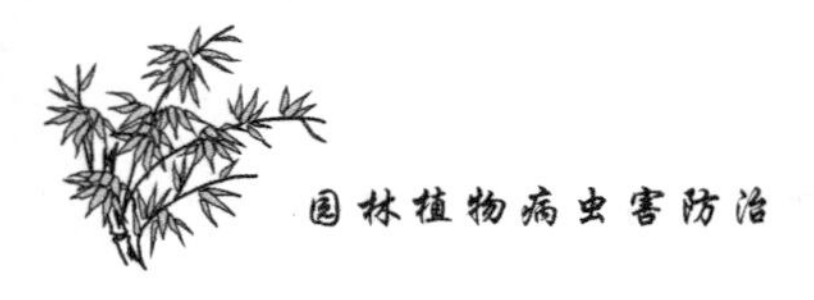

1. 我国外来入侵物种概况

我国的外来入侵物种几乎无处不在,表现在以下几个方面:一是涉及面广,全国 34 个省、市、自治区均发现入侵物种,除少数偏僻的保护区外,或多或少都能找到入侵物种;二是涉及的生态系统多,几乎所有的生态系统,如森林、农业区、水域、湿地、草地、城市居民区等都可以见到,其中以低海拔地区及热带岛屿生态系统的受损程度最为严重;三是涉及的物种类型多,从脊椎动物、无脊椎动及高、低等植物到细菌、病毒都能够找到例证。

我国是世界上物种多样性特别丰富的国家之一,已知有陆生脊椎动物 2 554 种、鱼类 3 862种,高等植物 30 000 种,包括昆虫在内的无脊椎动物、低等植物和真菌、细菌、放线菌种类更为繁多。在我国如此丰富的生物种类中,究竟有多少属于外来入侵物种,目前还没有很具体的报道。自 20 世纪 80 年代以来,随着外来入侵动植物的为害日益猖獗,我国加紧了防治工作。对外来害虫如松材线虫、松突圆蚧、美国白蛾、稻水象甲和美洲斑潜蝇以及外来有害植物水葫芦、水花生、豚草和紫茎泽兰等采取了一系列有效的防治方法并取得了不同程度的效果,但由于目前国家针对外来入侵物种没有制定具体的预防、控制和管理条例,各地在防治这些入侵物种时缺乏必要的技术指导和协调,虽然投入了大量的人力和资金,但有的防治并不理想。已传入的入侵物种继续扩散为害,新的为害入侵物种不断出现并构成潜在威胁。目前外来生物种类如下。

1.1 植物

我国对外来入侵植物种类的调查始于 20 世纪 90 年代。近年来,国内有关外来植物研究有了较大的进步。据调查发现,我国外来杂草有 108 种,隶属 23 科 76 属,其中被认为是全国性或是地区性的有 15 种。

1.2 动物

到目前为止,国内尚没有外来入侵动物种类的系统报道。根据大量资料总结,目前严重为害我国农林业的外来动物约有 40 种,害虫类包括美国白蛾、松材线虫、蔗扁蛾、松突圆蚧、稻水象甲、斑潜蝇、苹果棉蚜、葡萄根瘤蚜、二斑叶螨、马铃薯甲虫、橘小实蝇、白蚁等。

1.3 微生物

与外来入侵动物相比,我国对外来微生物种类的调查更为少见。据统计,外来入侵微生物有 19 种。如水稻细菌性条斑病、柑橘黄龙病、柑橘溃疡病、玉米霜霉病、烟草环斑病毒病、磷球茎线虫、菊花白锈病和杨树花叶病等。

2. 外来入侵物种的影响

外来入侵物种有别于普通外来种的最大的特征是它对本地生态系统带来“侵入”后果,入侵物种往往对生态系统的结构和功能产生较大的不良影响,危及本地物种特别是珍稀濒危物种的生存,造成生物多样性的丧失。有的入侵物种还对本地经济、社会构成了巨大危害。从生态角度来看,外来物种一般是不利于本地生态系统稳定的;但从经济和社会作用来看,一些外来物种虽然产生了不良的生态后果,但确实具有一定的经济价值。有的外来物种在刚刚引入时是有益的,但大肆扩散蔓延后变得有害;有的在某一些地区有益,但在其他地区有害。因此,评价外来种的利弊既具有时间性和空间性,又要有生态性和社会经济性。

2.1　破坏景观的自然性和完整性

凤眼莲原产南美，1901 年作为花卉引入中国，20 世纪五六十年代曾作为猪饲料水葫芦推广，此后大量逸生。在昆明滇池内，1994 年该种的覆盖面积约达 10 km^2，不但破坏当地的水生植被，堵塞水上交通，给当地的渔业和旅游业造成很大的损失，还严重损害当地水生植被的生态系统。

2.2　竞争、占据本地物种的生存空间

在广东，薇甘菊往往大片覆盖香蕉、荔枝、龙眼、野生橘及一些灌木和乔木，使这些植物难以进行正常的光合作用而死亡；在上海郊区，北美一枝黄花通过根和种子两种方式繁殖，有超强的繁殖能力，往往形成单一优势群落，占据空间，致使其他植物难以生存。20 世纪 60 年代在滇池草海曾有 16 种高等植物，但随着水葫芦大肆疯长，使大多数本地水生植物如海菜花等失去生存空间而死亡，到 20 世纪 90 年代，草海只剩下 3 种高等植物。

2.3　影响本地物种生存

外来害虫取食为害本地植物，造成植物种类和数量下降，同时与本地植食性昆虫竞争食物与生存空间，又致使本地昆虫多样性降低，并由此带来捕食性动物和寄生性动物种类和数量的变化，从而改变了生态系统的结构和功能。

2.4　为害植物多样性

入侵物种中的一些恶性杂草，如飞机草、薇甘菊、紫茎泽兰、豚草、小白酒草和反枝苋等种可分泌有化感作用的化合物抑制其他植物发芽和生长，排挤本土植物并阻碍植被的自然恢复。外域病虫害的入侵导致严重灾害。原产日本的松突圆蚧于 20 世纪 80 年代初入侵我国南部，据广东省森林病虫害防治与检疫总站统计，截至 2002 年，广东省有虫面积达 111.58 hm^2，发生为害面积为 31.88 hm^2，受害枯死或濒死已更新改造的马尾松林达 180 000 hm^2，还侵害一些狭域分布的松属植物，如南亚松。原产北美的美国白蛾 1979 年侵入我国，仅辽宁省的虫害发生区就有 100 多种本地植物受到危害。

2.5　影响遗传多样性

随着生镜片段化，残存的次生植被常被入侵物种分割、包围和渗透，使本土生物种群进一步破碎化。有些入侵物种可与同属近缘种，甚至不同属的种杂交。入侵物种与本地种的基因交流可能导致后者的遗传侵蚀。

2.6　对经济的影响

外来入侵物种可带来直接和间接的经济影响。据估计，我国每年几种主要外来入侵种造成的经济损失达 570 多亿元。

3. 我国外来入侵物种的传入途径

大多数外来物种的传入都与人类的活动有关。在对外交往中，人们有意或无意地将外来物种引入我国，但也有一些入侵物种类属于自然传入，与人类活动无关或没有明显关联。

3.1　无意引入

货物的进出口是外来物种进入我国的重要渠道。据检疫部门统计：我国“八五”期间共进口粮食达 6 500 万吨。大宗粮食进口主要来自美国、加拿大、澳大利亚、欧共体和阿根廷等。随着与毗邻国家边境贸易的发展，中国与越南、泰国、缅甸和尼泊尔等国粮食贸易也有

较大发展。由于进口粮食的国别多、渠道广、品种杂、数量大，带来有害杂草籽的概率高。根据1998年的统计资料，在包括大连、青岛、上海、张家港、南京和广州等12个口岸截获了547种和5个变种的杂草，分属于49科。这些杂草来自30个国家，随食品、饲料、棉花、羊毛、草皮和其他经济植物的种子进口时带入。其中有170种没有记录在册，有可能是随运输过程侵入到野外。轮船压舱水可能带入外域水生物种，这方面我国尚无深入报道。无意引入的病虫害在农、林、牧和园林等各个行业造成巨大经济损失的案例很多，并已经引起相关部门，包括海关检疫部门的重视。如松突圆蚧、美国白蛾和蔗扁蛾等。

3.2 有意引入

从国外引入植物的主要目的是为发展经济和保护生态环境。植物引种对我国的农林业等多种产业的发展起到重要的促进作用，但人为引种也导致了一些严重的生态学后果。根据资料统计，截至1970年，原产世界各地引种到我国来的植物就有837种，隶属于267科，约占我国栽培植物的25%～30%。另外，近30年来，随着对外经济和科技交流日益扩大，外来入境植物数量大为增加。例如我国草坪草种除结缕草种子外，其他草的种子几乎全部依赖进口，仅1997年进口量就达2 000吨以上。近些年来，在自然保护区、国家公园和风景名胜区涌现出了一批以开发旅游为目的的种植花园、动物园等人为设施，一味满足旅游者的好奇心，大量引入外来物种，这些物种常常是这些地区入侵物种的重要来源。在我国目前已知的外来有害植物中，超过一半的种类是人为引种的结果。

3.3 自然传入

外来入侵物种还可通过风力、水流自然传入，鸟类等动物还可传播杂草的种子，例如紫茎泽兰是从中缅、中越边境自然扩散入我国的。薇甘菊可能通过气流从东南亚传入广东。稻水象甲也可能是借助气流迁飞到中国内地。

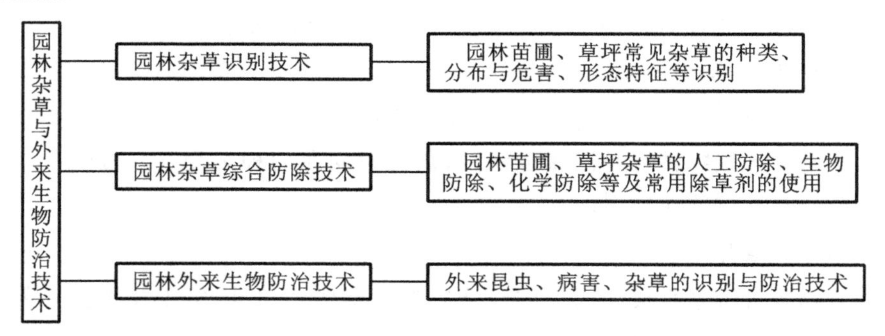

一、填空题

(1) 从草坪杂草防除的角度，人们又常将草坪杂草分为(　　)、(　　)和(　　)三个类型。

(2) 草坪杂草常见的防治措施有(　　)、(　　)、(　　)等。

(3) 根据除草剂对杂草的作用范围，可以分为(　　)和(　　)两类。

(4) 根据植物对除草剂的吸收状况，可分为(　　)和(　　)。

（5）草坪杂草的为害主要有（　　）、（　　）、（　　）和（　　）。

（6）草坪杂草的生物学特性（　　）、（　　）、（　　）、（　　）和（　　）。

二、综述题

（1）草坪杂草的为害有哪些？

（2）我国目前草坪杂草主要以人工拔除为主，你是如何看待这种现象的？

（3）在你的草坪建植与养护管理过程中，有没有感受到杂草入侵的可怕？谈谈你的感受、经验或教训，在建坪和养护过程中如何防止杂草严重入侵？

（4）冬季一年生、夏季一年生和多年生杂草的区别是什么？

（5）为什么正确的草坪养护计划会降低杂草的竞争力？

（6）单子叶和双子叶杂草有什么区别？

（7）除草剂分为哪几类？其除草原理是什么？

（8）什么是选择性除草剂和灭生性除草剂？如何应用？

（9）如何对一年生、多年生单子叶和双子叶进行化学防除？

（10）简述草坪杂草综合防除的原理及方法。

参考文献

[1] 费显伟.园艺植物病虫害防治[M].北京:高等教育出版社,2010.

[2] 夏希纳,丁梦然.园林观赏树木病虫害无公害防治[M].北京:中国农业出版社,2004.

[3] 管致和.植物保护概论[M].北京:中国农业大学出版社,1995.

[4] 李孟楼.森林昆虫学通论[M].北京:中国林业出版社,2010.

[5] 李剑书,张宝棣,甘廉生.南方果树病虫害原色图谱[M].北京:金盾出版社,1996.

[6] 李成德.森林昆虫学[M].北京:中国林业出版社,2004.

[7] 李清西,钱学聪.植物保护[M].北京:中国农业出版社,2002.

[8] 西北农学院植物保护系.农业昆虫学试验研究方法[M].上海:上海科学技术出版社,1981.

[9] 牟吉元,柳晶莹.普通昆虫学[M].北京:中国农业出版社,1989.

[10] 欧阳秩,吴帮承.观赏植物病害[M].北京:中国农业出版社,1996.

[11] 岑炳沾,苏星.景观植物病虫害防治[M].广东:广东科技出版社,2003.

[12] 忻介六,杨庆爽,胡成业.昆虫形态分类学[M].上海:复旦大学出版社,1985.

[13] 金波,刘春.花卉病虫害防治彩色图说[M].北京:中国农业出版社,1998.

[14] 郑进,孙丹萍.园林植物病虫害防治[M].北京:中国科学技术出版社,2007.

[15] 郑乐怡,归鸿.昆虫分类学(上,下)[M].南京:南京师范大学出版社,1999.

[16] 周尧.周尧昆虫图集[M].郑州:河南科学技术出版社,2001.

[17] 张维球.农业昆虫学[M].北京:农业出版社,1981.

[18] 张随榜.园林植物保护[M].北京:中国农业出版社,2001.

[19] 中国林业科学研究院.中国森林昆虫[M].北京:中国林业出版社,1983.

[20] 袁锋.昆虫分类学[M].北京:中国农业出版社,1996.

[21] 北京林学院.森林昆虫学[M].北京:中国农业出版社,1980.

[22] 北京农业大学.昆虫学通论(上,下)[M].北京:中国农业出版社,1981.

[23] 上海市园林学校.园林植物保护学[M].北京:中国林业出版社,1990.

[24] 陈雪芬.茶树病虫害防治[M].北京:金盾出版社,2008.

[25] 彩万志.普通昆虫学[M].北京:中国农业大学出版社,2001.

[26] 陈合明.昆虫学通论实验指导[M].北京:北京农业大学出版社,1991.

[27] 蔡邦华.昆虫分类学(中册)[M].北京:科学出版社,1973.

[28] 丁梦然,夏希纳,等.园林花卉病虫害防治彩色图谱[M].北京:中国农业出版社,2002.

[29] 王瑞灿,孙正农.园林花卉病虫害防治手册[M].上海:上海科学技术出版社,1999.

[30] 中国农业百科全书编辑部.中国农业百科全书(昆虫卷)[M].北京:中国农业出版社,1990.

[31] 蒋书楠.中国天牛幼虫[M].重庆:重庆出版社,1989.

[32] 江世宏,王书永.中国经济叩甲图志[M].北京:中国农业出版社,1999.

[33] 黑龙江牡丹江林业学校. 森林病虫害防治[M]. 北京：中国林业出版社，1988.
[34] 黄少彬，孙丹萍，朱承美. 园林植物病虫害防治[M]. 北京：中国林业出版社，2000.
[35] 黄其林，田立新，杨莲芳. 农业昆虫鉴定[M]. 上海：上海科学技术出版社，1984.
[36] 王琳瑶，张广学. 昆虫标本技术[M]. 北京：科学出版社，1983.
[37] 黄可训，刘秀琼，黄邦侃，等. 果树昆虫学[M]. 北京：中国农业出版社，1990.
[38] 胡金林. 中国农林蜘蛛[M]. 天津：天津科学技术出版社，1984.
[39] 韩召军. 植物保护学通论[M]. 北京：高等教育出版社，2001.
[40] 萧刚柔. 中国森林昆虫[M]. 2 版. 北京：中国林业出版社，1992.
[41] 徐明慧. 园林植物病虫害防治[M]. 北京：中国林业出版社，1993.
[42] 方志刚，王义平，周凯，周忠朗. 桑褐刺蛾的生物学特性及防治[J]. 浙江林学院学报，2001(2).
[43] 李翠芳，张玉峰. 杨枯叶蛾的形态特征和生物学特性[J]. 沈阳农业大学学报，1996(4).
[44] 戴漩颖，陈息林，浦冠勤. 桑褐刺蛾的发生与防治[J]. 江苏蚕业，2004(3).
[45] 袁锋，花保祯，杨丛军，等. 陕西省烟田昆虫区系调查与分类体系[J]. 西北农业大学学报，1997(2).
[46] 董守莲，朱林科. 杨白潜蛾观察初报[J]. 青海农林科技，1997(1).
[47] 王雄，刘强. 濒危植物沙冬青新害虫——灰斑古毒蛾的研究[J]. 内蒙古师范大学学报(自然科学汉文版)，2002(4).